江苏省金陵科技著作出版基金项目（JLKJ202101）资助
国家自然科学基金项目（52174216、51974300、51674252、51004106）资助
中国博士后科学基金项目（2014T70561、2012M510145）资助
国家重大人才工程青年项目资助

煤田岩浆岩影响区煤层瓦斯动力灾害防控理论与实践

王　亮　程远平　著

中国矿业大学出版社
·徐州·

内 容 简 介

本书以岩浆热事件侵入煤矿开采煤层为背景，以淮北煤田为重点研究对象，研究岩浆岩侵入对煤层瓦斯赋存的控制作用和该环境下瓦斯动力灾害防治技术的相关基础知识与工程应用，以便为岩浆岩侵入煤矿的煤与瓦斯资源的安全高效开采提供参考。本书共分8章，主要介绍煤田含煤地层与岩浆岩分布、煤矿岩浆岩侵入特征与热作用模型、岩浆岩热效应对煤变质及瓦斯生成的影响、岩浆岩对煤层瓦斯吸附-解吸特征与赋存规律的控制作用、岩浆岩对煤层煤与瓦斯突出灾害的影响、采动影响下厚硬岩浆岩床下伏煤层瓦斯动力灾变特征、岩浆岩影响区煤层瓦斯突出预测与效果检验、岩浆岩影响下煤岩动力灾害一体化防治技术。

本书可供普通高等学校矿业工程、安全工程、煤层气工程等相关专业师生使用，也可供煤炭企业技术人员和科研院所研究人员参考使用。

图书在版编目(CIP)数据

煤田岩浆岩影响区煤层瓦斯动力灾害防控理论与实践/王亮，程远平著. —徐州：中国矿业大学出版社，2023.9

ISBN 978-7-5646-5994-3

Ⅰ. ①煤… Ⅱ. ①王… ②程… Ⅲ. ①煤田—岩浆岩—影响—煤层瓦斯—灾害防治—研究 Ⅳ. ①TD712

中国国家版本馆CIP数据核字(2023)第184849号

书　　名　煤田岩浆岩影响区煤层瓦斯动力灾害防控理论与实践

著　　者　王　亮　程远平

责任编辑　黄本斌

审 图 号　陕S(2023)020号

出版发行　中国矿业大学出版社有限责任公司

(江苏省徐州市解放南路　邮编221008)

营销热线　(0516)83885370　83884103

出版服务　(0516)83995789　83884920

网　　址　http://www.cumtp.com　**E-mail**:cumtpvip@cumtp.com

印　　刷　苏州市古得堡数码印刷有限公司

开　　本　787 mm×1092 mm　1/16　**印张** 15.75　**字数** 403千字

版次印次　2023年9月第1版　2023年9月第1次印刷

定　　价　68.00元

前　言

瓦斯是严重威胁煤矿安全生产的主要因素之一。在近代煤炭开采史上，瓦斯灾害每年都造成大量的人员伤亡和巨大的财产损失。随着煤层开采深度的增加和机械化水平、开采强度的迅速提高，开采地质和技术条件越来越复杂，我国的煤炭资源中有48%的煤层为高瓦斯或具有煤与瓦斯突出危险性煤层，煤层瓦斯已成为制约矿井安全高效生产的关键因素，瓦斯爆炸和煤与瓦斯突出等瓦斯事故目前仍是矿井生产的第一大杀手。

我国含煤地层经历过多次大型构造运动，地质条件复杂，断层褶曲发育，许多煤田还遭受了岩浆（以硅酸盐为主要成分的高温熔融体）入侵影响。岩浆岩（又称火成岩）是由岩浆冷凝固结后形成的岩石。岩浆活动在时间演化上与地壳运动密切相关，在空间展布上受构造格局控制，岩浆岩在中国现代地貌中广泛分布。中国煤变质与中国大地构造格局的形成及演化息息相关，印支运动、燕山运动以及喜马拉雅运动，特别是燕山期的岩浆活动，对中国煤变质的程度产生了决定性的影响。岩浆侵入活动所带来的高温、高压、气体、液体促使煤层发生区域或接触热变质作用，这是多因素综合作用的复杂过程。

据统计，我国受岩浆侵入影响的煤田或矿区有30个以上，分布在8个亿吨级大型煤炭生产基地，包括：两淮、河南、蒙东、新疆、晋北、晋东、鲁西、冀中。淮北煤田是我国重要的煤炭资源开发基地，煤田内地质条件十分复杂，岩浆岩侵蚀严重，构造煤分布广泛，煤层稳定性差，煤层原始渗透性低，曾发生过万吨级煤与瓦斯突出事故，是我国煤与瓦斯突出灾害最严重的典型矿区之一。淮北煤田含煤地层形成过程中受到多次构造运动的影响，先后经历了多期的岩浆侵入活动，特别是燕山期煤田区内岩浆活动频繁，导致在宿临拗断褶带的北部和中部分别沿宿北断裂及宿州-南坪断裂走向有岩浆岩广泛分布。

岩浆作用对煤体及煤层瓦斯赋存规律的影响包括两大类：一类是以机械破坏、吞蚀熔化、接触变质等作用将全部或一部分煤层熔化，形成煤层消失或厚度异常的区域，瓦斯往往较低；另一类是侵入影响区域煤层受热演化作用和局部构造双重作用下，往往成为瓦斯的异常富集区。我国发生的2万多起煤与瓦斯突出灾害均与煤层的构造破坏带（包括断层、褶曲、岩浆岩侵入等）有关，多起煤与瓦斯突出事故案例表明，岩浆侵入的区域是煤与瓦斯突出的重点危险区域之一。岩浆的侵入对煤体的变质程度、孔隙结构、裂隙发育、渗透性、吸附-解吸特性等都产生了极大的改变，岩浆热演化区的高地应力、复杂构造与含瓦斯煤的耦合作用使瓦斯灾害更加严峻，特别是当煤层顶板覆岩存在厚硬岩浆岩床时，其往往起到矿井主关键层的作用，随着开采面积的增加，厚硬岩层的失稳破断往往形成冲击作用直接作用于高瓦斯煤体，导致其突出危险性大大增加，并导致冲击-突出耦合灾害的发生。

针对上述问题，中国矿业大学煤矿瓦斯治理研究团队系统开展了岩浆侵入对煤的多元物性参数、孔隙结构特征、吸附-解吸特性、渗透性能及瓦斯动力灾害的影响研究，构建了岩浆热事件背景下煤层热动力演化数学模型，提出了岩浆侵入对煤体结构多尺度改造、吸附-

解吸动力学和热变质作用机制，获得了厚硬岩浆岩下采动卸荷煤岩体损伤裂隙演化与瓦斯渗流耦合机制，揭示了岩浆侵入对煤层瓦斯圈闭、瓦斯突出和耦合动力灾害控制作用机制；基于上述研究，提出了适用于岩浆岩侵入复杂地层突出煤层瓦斯抽采效果评价指标体系，建立了岩浆侵入区高瓦斯煤层一体化瓦斯抽采和动力灾害综合防治关键技术体系。

中国矿业大学煤矿瓦斯治理研究团队长期从事煤矿瓦斯防治的基础理论和应用技术的研究工作，在煤的孔隙结构、瓦斯吸附-解吸性能、含瓦斯煤的力学性能、煤的渗透性能和煤层瓦斯流动理论等方面开展了卓有成效的研究工作，并将这些成果成功应用于瓦斯灾害防治和高效抽采。在充分借鉴国内外相关研究成果的基础上，有机融入了作者近些年在岩浆侵入煤层瓦斯灾害治理领域的创新性科研成果，撰写了《煤田岩浆岩影响区煤层瓦斯动力灾害防控理论与实践》，希望本书能够为提升我国煤矿瓦斯灾害防治水平、推动煤矿安全科技进步贡献一份力量。

本书由王亮和程远平撰写，凝聚了2006年以来研究团队该研究方向的博士研究生、硕士研究生的辛勤研究成果，其中研究团队的徐超、郭海军、孔胜利、姜海纳、安丰华、张开仲、蒋静宇、张晓磊、陈二涛、刘飞、陈大鹏、张锐、王瑞雪、吕明哲参与了搜集和整理资料工作，陆壮、郑思文、廖晓雪、朱子斌、杨良伟、欧阳林昊、孙毅民、王成浩、王浩、李靖、刘敏轩、李子威、杨威、付沈光帮助修订部分文字和修改绘制部分图表。

本书得到了江苏省金陵科技著作出版基金项目(JLKJ202101)、国家自然科学基金项目(52174216、51974300、51674252、51004106)、中国博士后科学基金项目(2014T70561、2012M510145)、国家重大人才工程青年项目和省级人才工程项目等的资助，在此表示衷心感谢。中国矿业大学出版社有关领导和编辑在本书出版过程中给予了大力支持，在此一并表示感谢。

作者水平有限，书中难免存在疏漏之处，恳请广大读者批评指正。

作　者

2023年1月于中国矿业大学南湖校区

目　录

第1章　煤田含煤地层与岩浆岩分布

我国地域幅员辽阔，地质条件极其复杂，区域煤系地层发育特征和状况各异，含煤盆地具有不连续性和不均匀性，煤系地层沉积演化与构造运动、岩浆岩侵入时空分布联系紧密。淮北煤田含煤地层形成过程中先后经历了多期的岩浆侵入活动，其中燕山期侵入的岩浆对煤层影响最大。煤田地质构造、含煤地层时空演化与岩浆岩分布特征联系紧密，多期构造运动导致了淮北煤田岩浆侵入的特征和侵入方式各有不同，对煤层热演化作用的程度也不同。本章通过对我国含煤地层和淮北煤田的地质资料收集整理与分析，对煤田地层沉积演化特征、构造分布与控制特征、煤层气资源分布特征以及岩浆岩时空分布特征进行了系统全面介绍。

1.1　煤系地层沉积与分布特征

1.1.1　中国地层系统

1.1.1.1　地质年代与地质构造发展阶段

地质年代表从最老的地层到最新的地层所代表的整个年代，是用来描述地球历史事件的时间单位，通常在地质学和考古学中使用[1]。地质学家和古生物学家把地球历史按时间表述单位分为宙、代、纪、世、期等，按地层表述单位分为宇、界、系、统、阶等；根据地层自然形成的先后顺序，将地质年代分为早期的太古宙和元古宙，以后的显生宙（包括古生代、中生代和新生代）。古生代分为寒武纪、奥陶纪、志留纪、泥盆纪、石炭纪和二叠纪，共6个纪；中生代分为三叠纪、侏罗纪和白垩纪，共3个纪；新生代分为古近纪、新近纪和第四纪，共3个纪。在各个不同时期的地层里，大都保存有古代动、植物的标准化石，如寒武纪的三叶虫、奥陶纪的珠角石、志留纪的笔石、泥盆纪的石燕、二叠纪的大羽羊齿、侏罗纪的恐龙等。主要地质年代表见表1-1。

地质年代可分为相对年代和绝对年龄（或同位素年龄）两种，其中绝对年龄是根据岩石中某种放射性元素及其蜕变产物的含量而计算出的岩石生成后距今的实际年数。例如，地球上最大的岩石年龄为45亿a，地球的年龄应在46亿a以上。而相对年代是指岩石和地层之间的相对新老关系和它们的年代顺序，是由该岩石地层单位与相邻已知岩石地层单位的相对层位的关系来决定的，它可以表示地质事件发生的顺序、地质历史的自然分期和地壳发展的阶段。

地质构造发展阶段主要是指地壳构造发展的阶段，主要依据构造格局和古地理轮廓的重要变化，并以构造运动期为划分标准。构造运动及其引起的构造变形具有短期的和突发的性质，因此可以利用构造运动期或造山期将地质历史分为不同的阶段。一般来说，构造大阶段和构造阶段基本上是全球性的，大阶段的划分标志是岩石圈稳定块体的形成和地表构

表 1-1 主要地质年代表[1-2]

<table>
<tr><th colspan="4">地质年代及其代号</th><th colspan="3">构造阶段</th></tr>
<tr><th>宙</th><th colspan="2">代</th><th>纪</th><th>大阶段</th><th colspan="2">阶段</th></tr>
<tr><td rowspan="12">显生宙(PH)</td><td colspan="2" rowspan="3">新生代(Cz)</td><td>第四纪(Q)</td><td rowspan="5">联合古陆解体</td><td colspan="2" rowspan="3">(新阿尔卑斯阶段)
喜马拉雅阶段</td></tr>
<tr><td>新近纪(N)</td></tr>
<tr><td>古近纪(E)</td></tr>
<tr><td colspan="2" rowspan="3">中生代(Mz)</td><td>白垩纪(K)</td><td colspan="2" rowspan="2">(老阿尔卑斯阶段)
燕山阶段</td></tr>
<tr><td>侏罗纪(J)</td></tr>
<tr><td>三叠纪(T)</td><td rowspan="7">联合古陆形成</td><td rowspan="4">印支-海西阶段</td><td>印支阶段</td></tr>
<tr><td rowspan="6">古生代(Pz)</td><td rowspan="3">晚古生代(Pz_2)</td><td>二叠纪(P)</td><td rowspan="3">海西阶段</td></tr>
<tr><td>石炭纪(C)</td></tr>
<tr><td>泥盆纪(D)</td></tr>
<tr><td rowspan="3">早古生代(Pz_1)</td><td>志留纪(S)</td><td colspan="2" rowspan="3">加里东阶段</td></tr>
<tr><td>奥陶纪(O)</td></tr>
<tr><td>寒武纪(∈)</td></tr>
</table>

造格局的改变，阶段的分界代表岩石圈构造发展的质变期，使用阶段和造山期有利于把长期演变过程的阶段概念与短期突发的造山变革概念区别开来。在前古生代时期，稳定陆壳单元的形成和扩展可能是构造发展的主要趋势，但从古生代开始，尤其是从海西(天山)晚期到印支-燕山期，重要的变化与大陆的解体和构造格局的变革有关(表 1-1)。

我国的地质构造格架主要由晋宁-印支期的海陆“开”“合”构成，地质构造面貌复杂，但在一定地域不同时期板块运动所形成的构造单元之间往往存在着规律性的演化关系，而且具有类似的动力体系、主体伸展方向和综合构造形态。为了反映这些构造类型的时间演化、空间展布、组合规律和动力体系，将我国的构造域划分为古亚洲构造域、特提斯构造域、古华夏构造域和滨太平洋构造域，它们之间有先后的重叠或干涉，往往不存在明显边界，但有各自的主要场所(或本部)。其中，古亚洲、古华夏构造域主要形成于晋宁-印支期，属古板块活动范畴；特提斯构造域包括主要形成于海西期的古特提斯和主要形成演化于燕山期与喜马拉雅期的新特提斯；滨太平洋构造域生成于中生～新生代，在我国东部大部分叠加在古亚洲、古华夏构造域之上，它与特提斯构造域为现代板块构造活动的产物[3]。

1.1.1.2 地层分区

中国地域辽阔，各个地区的地层发育特征和状况颇不相同，通过对比研究不同地区的地层，找出其差异并阐明其原因，进而划分出不同的地层区域，即为地层分区或地层区划。地层分区的目的是正确反映各区地层发育的全貌，即全部地层的总体特征，大致包含以下几个方面[4]：① 古生物，主要指生物区系及生物古地理；② 古地理，包括沉积的类型组合及其空间分布；③ 古构造，即构造活动的性质及其构造发展阶段。上述总体特征的最终控制因素是地区所处的构造条件(构造活动的幅度和速度)和部位(地区所处的大地构造位置)。

中国大陆自新元古代以来是由泛华夏陆块群、劳亚和冈瓦纳 2 个大陆边缘、3 个大洋(古亚洲洋、特提斯洋和太平洋)洋陆转换逐渐集合长大而成的[5-6]。在中国大陆增生过程中，经历了多个大洋岩石圈板块构造向大陆岩石圈构造转换、增生、碰撞聚集，形成了以华北、塔里木、扬子为核心的 3 个陆块(地台)区、8 个造山系(阿尔泰-兴蒙、天山-准噶尔-北山、秦-祁-昆、羌塘-三江、冈底斯、喜马拉雅、华夏、台东)镶嵌组成的复式大陆[6]。在造山系中，还包含了大洋消亡、陆陆碰撞形成的 6 个对接带(额尔齐斯-西拉木伦、南天山、宽坪-佛子岭、班公湖-双湖-怒江-昌宁-孟连、雅鲁藏布、江绍-郴州-钦防)[7-9]。

1.1.2　中国煤系地层分布

煤系地层(含煤地层或含煤岩系)是一套在成因上有共生关系并含有煤层(或煤线)的沉积岩系。在我国地质历史上，从震旦纪出现菌藻植物开始就有聚煤作用发生，但各时代的聚煤程度很不均衡，盛衰交替明显。自地球出现植物以来，世界范围先后产生了 5 个主要聚煤期，即石炭纪聚煤期、二叠纪聚煤期、早～中侏罗世聚煤期、晚侏罗～早白垩世聚煤期、晚白垩～始新世聚煤期[2]。我国主要成煤地质年代为石炭纪、二叠纪、侏罗纪(表 1-2)。就聚煤作用的规模而言，侏罗纪居首位，此间所形成的煤炭资源量占全国的 50%以上，主要集中于西北，包括鄂尔多斯盆地、准噶尔盆地、吐哈盆地、伊犁盆地等大型煤盆地，由陆相粉砂岩、砂砾岩、泥岩和煤层组成。随着鄂尔多斯、准噶尔等地煤田的开发，其重要性与日俱增。但目前我国主要煤炭工业基地的煤层多半仍然是在石炭纪和二叠纪形成的，故该期聚煤作用在我国占有重要地位。

表 1-2　地质年代(年代地层)、成煤植物与主要煤种[10]

<table>
<tr><th>代(界)</th><th>纪(系)</th><th>世界主要成煤期●</th><th>中国主要成煤期▲</th><th>成煤植物</th><th>煤种</th></tr>
<tr><td rowspan="3">新生代(界)</td><td>第四纪(系)</td><td></td><td></td><td rowspan="3">被子植物</td><td>泥炭</td></tr>
<tr><td>新近纪(系)</td><td rowspan="2">●</td><td></td><td rowspan="2">褐煤为主，少量烟煤</td></tr>
<tr><td>古近纪(系)</td><td></td></tr>
<tr><td rowspan="3">中生代(界)</td><td>白垩纪(系)</td><td rowspan="2">●</td><td></td><td rowspan="3">裸子植物</td><td rowspan="2">褐煤、烟煤为主，少量无烟煤</td></tr>
<tr><td>侏罗纪(系)</td><td>▲</td></tr>
<tr><td>三叠纪(系)</td><td></td><td></td><td></td></tr>
<tr><td rowspan="3">晚古生代
(上古生界)</td><td>二叠纪(系)</td><td rowspan="2">●</td><td>▲</td><td rowspan="2">蕨类植物</td><td rowspan="2">烟煤、无烟煤</td></tr>
<tr><td>石炭纪(系)</td><td>▲</td></tr>
<tr><td>泥盆纪(系)</td><td></td><td></td><td>裸蕨植物</td><td></td></tr>
</table>

我国石炭纪的聚煤时期主要在晚石炭世，形成了华北、华东及中南地区的煤系。二叠纪的早二叠世主要形成了以华北地区为中心的太原组和山西组煤系，而晚二叠世则主要形成了贵州境内的龙潭煤系。侏罗纪时期由于“燕山运动”遍及全国，此时期形成的煤田最多，主要集中于华北及西北地区。三叠纪含煤地层主要分布于西南、东南及西北地区，其中在西北地区鄂尔多斯盆地、库车盆地等处均有分布并含可采煤层，但由于这一地区侏罗纪的煤炭资源十分丰富，因此三叠纪的相对便不甚重要，另外两区三叠纪煤炭资源相对贫乏。白垩纪含煤地层主要指下白垩统，分布范围集中于我国东北部，包括东北三省和内蒙古东部。由于含煤地层发育于各个小型盆地群当中，新生代古近纪和新近纪均有重要含煤地层。古近纪含煤地层主要发育于我国东北地区，南岭以南及滇西也有分布。

综合考虑各年代含煤地层的分布、地质构造单元、含煤层位及含煤性等因素，可将我国境内大致划分为东北、西北、华北、西南、华南（包括台湾）五大聚煤区[11]，聚煤区的煤炭分布比例如图 1-1 所示。现将各聚煤区的主要特征归述如下。

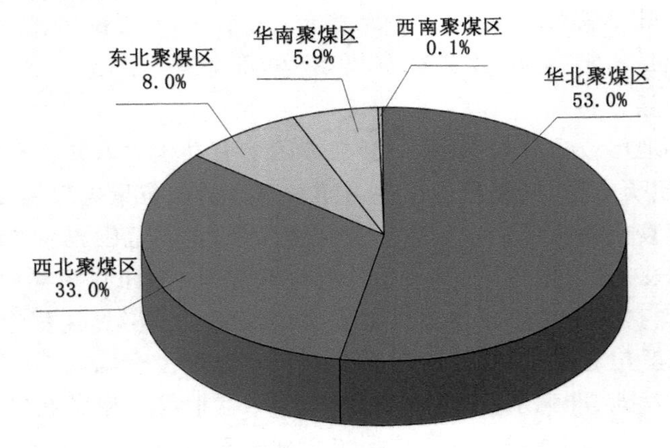

图 1-1 五大聚煤区煤炭分布比例[12]

（1）东北聚煤区：约以松辽盆地为界，东、西两部分分别卷入太平洋体系和古亚洲体系，包括内蒙古地轴北缘深断裂以北的内蒙古、黑龙江和吉林地区，以发育内陆小型断陷含煤盆地和煤盆地群最为特征。因主要受新华夏构造控制，构造带多呈北北东方向展布。含煤地层主要为下白垩统，在大兴安岭以西的内蒙古地区分布着规模不等的聚煤盆地 40 余个，煤层厚度巨厚，平均可采煤层总厚达 60 余米，常有巨厚煤层发育，但侧向不甚稳定，结构复杂，其次为下～中侏罗统和古近系，多沿深大断裂带呈串珠状展布，含煤性较好，常有巨厚煤层赋存，在抚顺、沈北等盆地煤层最厚可达 90 余米。

（2）西北聚煤区：以阿尔金断裂带为界，南、北两部分演化历程有所不同，包括贺兰山以西、昆仑山以北地区，主要发育内陆大中型和小型聚煤盆地。受区域构造的控制，构造带多呈近东西方向和北西方向展布。含煤地层主要为下～中侏罗统，分布于 80 余个不同规模的内陆坳陷盆地，其次为石炭系、下二叠统和上三叠统。新疆北部准噶尔盆地、吐哈盆地的下～中侏罗统含煤性甚佳，煤炭储量巨大，居全国各含煤盆地的首位。

（3）华北聚煤区：与华北地台的范围基本一致，包括中朝准地台贺兰山以东地区，广泛发育石炭～二叠纪近海型含煤地层，西部还上叠有鄂尔多斯大型内陆盆地，广布中侏罗世含煤地层。石炭～二叠纪含煤地层受北侧阴山构造带和南侧秦岭构造带的控制，沉积相带主要呈近东西方向展布，自北而南划分为北（含北缘带）、中、南三个带，分别是太原组、山西组以及下、上石盒子组的富煤带，且三带之间分带明显，可采煤层厚度呈现北厚南薄的总体展布趋势。含煤层位和富煤带的迁移与华北聚煤坳陷自北向南的海退过程有关。区内石炭～二叠系、侏罗系含煤性均佳，煤层较稳定，储量十分丰富，是我国最重要的聚煤区。

（4）西南聚煤区：包括昆仑山以南、龙门山-红河深断裂以西的广大地区。本区构造复杂，在晚古生代主要为复理式和浅海碳酸盐沉积，中生代主要为地槽型沉积，故含煤地层分布局限，含煤性也较差，主要为上三叠统、古近系和新近系，主要分布于唐古拉山山脉附近。下石炭统和上二叠统含煤地层分布面积较大，含煤 2 至 80 余层，单层厚度在 1 m 左右。上三叠统含煤 6 至 68 层，单层厚度一般小于 1 m。含煤盆地的展布均受褶皱系的控制，在西藏地区为东西方向，至藏东、滇西地区则转为近南北方向。

（5）华南聚煤区：包括秦岭-大别山以南，龙门山-红河深断裂以东的广大地区。晚古生代，本区为稳定～较稳定地台型沉积，沿古陆边缘及陆间海湾广泛发育海陆交互相含煤地层。受区内隆起和坳陷构造控制，构造带总体上呈北东方向展布。含煤地层有下石炭统、下二叠统、中二叠统和上二叠统，以后者含煤性最好。中生代，本区西部川滇地区发育晚三叠世含煤地层，属内陆盆地和近海型含煤沉积，煤层厚度呈现出中部厚、向四周变薄的总体展布趋势，周边煤层厚度一般小于5 m，中部煤层的发育特征在黔北-川南隆起带、黔中斜坡带、黔西断陷区和滇东斜坡区有所不同。本区也是我国新近纪陆相含煤地层的主要分布区。

1.1.3 煤系地层沉积演化

1.1.3.1 成煤作用

凡是由动、植物遗体等有机质形成的岩石都称作有机岩。煤是植物遗体经过复杂的生物化学、物理化学及地球化学变化而形成的一种固态的可燃有机岩。由植物死亡、堆积到转变为煤经过了一系列演变过程，在这个演变过程中所经受的各种作用总称为成煤作用。

成煤作用大致可分为两个阶段[13]（表1-3）：第一阶段为泥炭化作用或腐泥化作用阶段；第二阶段为煤化作用阶段。其中，第一阶段是植物在浅海或沼泽及湖泊中不断繁殖，其遗体在微生物参与下不断分解、化合、堆积的过程，在这一阶段中起主导作用的是生物化学作用。低等植物经过生物化学作用形成腐泥，高等植物形成泥炭。因此，成煤作用的第一阶段可称为泥炭化作用或腐泥化作用阶段。当已形成的泥炭和腐泥，由于地壳的下沉而被上覆沉积物所掩埋时，成煤作用就转入第二阶段——煤化作用阶段，即泥炭、腐泥在以温度和压力为主的作用下变为煤的过程。因此，成煤作用第二阶段包括成岩作用和变质作用。该阶段中起主要作用的是物理化学作用，在温度和压力影响下，泥炭和腐泥经成岩作用分别变为褐煤和腐泥煤，再经变质作用褐煤变为烟煤和无烟煤、腐泥煤变质程度不断增高。

表1-3 成煤作用阶段划分及其产物[14]

<table>
<tr><th rowspan="3">原始物质</th><th>第一阶段</th><th colspan="3">第二阶段</th></tr>
<tr><th rowspan="2">泥炭化作用或腐泥化作用</th><th colspan="3">煤化作用</th></tr>
<tr><th>成岩作用</th><th colspan="2">变质作用</th></tr>
<tr><td>高等植物</td><td>泥炭</td><td>褐煤</td><td>烟煤</td><td>无烟煤</td></tr>
<tr><td>低等植物</td><td>腐泥</td><td colspan="3">腐泥煤</td></tr>
</table>

1.1.3.2 煤层的形成

煤层是由泥炭层转化而来的，泥炭沼泽可以发育于各种各样的沉积环境之中，形成的煤层也可以赋存于各种不同的沉积序列之中。泥炭的堆积必须具备下列条件[14]：① 植物大量繁殖是泥炭的物质来源；② 沼泽水位逐步抬升，以避免有机质氧化分解；③ 碎屑沉积物贫乏，以保证泥炭质量。只有泥炭层堆积界面增高和沼泽水面抬升保持均衡，泥炭层才能不断增厚，一旦均衡状态遭到破坏，泥炭的堆积过程就会随之终止。由于受各种地质因素影响，沼泽水面抬升和植物遗体堆积加厚之间的平衡状态是有条件的、相对的和暂时的。泥炭堆积的整个过程往往是不同补偿方式的反复交替，因而形成不同的煤层形态和煤层结构。

我国不少煤盆地赋存有几十米，甚至百米以上的巨厚煤层，如辽宁抚顺古近纪煤盆地主煤层平均厚度50 m，最厚可达130 m，内蒙古胜利中生代晚期煤盆地单层褐煤厚度可达

190 m。厚煤层的形成主要取决于有利的沉积构造条件，断陷聚煤盆地常常发育厚、巨厚煤层，盆地的形成和演化受盆缘主断裂和盆地基底断裂系控制，具有间歇性单向沉陷特征。在盆地由快速裂陷向盆地范围沉降的过渡阶段，湖盆填积淤浅并沼泽化，可以形成煤层聚集带和巨厚煤层。在大气降水转化为稳定的地下水水源并不断补给盆地时，沼泽水面随泥炭堆积加厚而不断抬升，从而形成巨厚的单一结构煤层。

地史时期形成的泥炭层只有一小部分被保存下来并转化为煤层。煤层的形成不仅必须具备泥炭堆积条件，同时又必须具备泥炭层保存条件，即泥炭层堆积之后，只有在地壳沉降的构造背景下泥炭层才会被上覆沉积物掩埋而保存下来。

1.1.3.3 含煤沉积古地理类型

成煤的沉积古地理环境特征是控制煤系形成的直接因素。当具备发育含煤盆地的构造、古气候和古植物条件以后，含煤沉积盆地的沉积古地理面貌是决定聚煤特征的重要条件[10]。含煤岩系古地理分类的依据主要是含煤岩系形成的古环境、沉积物、含煤旋回、相组合特点，以及含煤性等。同一含煤岩系的形成环境不但随时间发生变化，而且在不同地段也有差别。含煤岩系可以划分为浅海型、近海型和内陆型三种古地理类型（部分学者提出还有陆表海型的四种古地理类型），然后再按其他古地理特点进一步划分亚型。只要清楚含煤岩系中的各种沉积体系，就不难恢复含煤岩系形成的古地理环境，并确定其古地理类型[15]。

（1）浅海型

这种类型多出现在早古生代，多为开阔的浅海环境。因为那时高等植物尚未发展起来，只有低等植物菌、藻类在浅海环境下繁殖，死亡后在一定条件下形成了石煤。沉积物以浅海相为主，煤层多形成于泥质沉积之上，而煤层上覆为碳酸盐沉积，旋回结构十分清楚。煤为腐泥煤，有机组分为菌、藻类，硫分、灰分含量较高。典型例子是陕南早寒武世含煤岩系、南方分布较广的早古生代含石煤的煤系等。

浅海陆棚沉积见于石炭系含煤地层中。石炭系由于海侵和海退构成了多次旋回，海侵时形成的以生物屑泥晶灰岩为主的碳酸盐沉积即属于浅海陆棚环境下的产物。石炭纪时两淮地区处于地壳升降幅度不大的稳定的地台阶段。陆棚开阔海的海底地形坡度极缓，水深估计为10～30 m，陆棚朝下地带可延伸几百千米，因此，在太原组形成时，多次大规模海侵之际，沉积了浅海陆棚相碳酸盐沉积，特征是呈深灰色，薄层至中厚层，富含有孔虫、珊瑚、三叶虫等动物化石和生物碎屑，胶结物均为灰泥，有时具有水平纹理或不清晰的微波状层理[16]。

（2）陆表海型

陆表海属于海盆地还是近海盆地抑或是过渡型盆地一直存在不同看法。多数学者把陆表海和陆缘海都归属于浅海。陆表海（或内陆海、陆内海、大陆海）是位于大陆内部或陆棚内部、低坡度、范围广阔的浅水海洋盆地。陆表海应该属于一种特殊的盆地类型，盆地的基底是陆壳，在发生海侵时属于海洋盆地，而海退时则暴露为陆地或呈现为适宜植物繁盛的沼泽环境。在海水进退的高频率变化的过程中发生成煤作用，因此可以形成海相沉积（如海相石灰岩）与过渡相沉积及陆相沉积等相交互、旋回十分清楚的含有煤层的一套沉积岩系。煤层可能形成于海退过程中，也可能形成于海侵过程中。例如，沁水盆地主要成煤时期的沉积环境类型为一套浅海型碳酸盐台地沉积体系及陆表海浅水三角洲沉积体系，其中浅海型碳酸盐台地沉积体系主要分布于本溪组和太原组，陆表海浅水三角洲沉积体系主要发育在本区山西组含煤岩系中[17]。

（3）近海型

近海型一般指在海岸线附近的地区，沉积区比较广阔，地形比较简单，海平面变化对沉积影响很大，是海与陆共同作用的区域，总体上应属于海陆过渡区。其特点是形成的煤系分布广、岩性岩相比较稳定、旋回结构清楚且易于对比、含煤性较好。近海型还可以进一步划分为滨海平原型、滨海三角洲型、障壁-潟湖型、滨海-扇三角洲型等。例如，阳泉-井陉一带石炭纪中、晚期及早二叠世早期沉积的古地理类型均为滨海平原型[18]。

（4）内陆型

内陆指远离海洋的大陆区和山间区。内陆型的聚煤古地理类型是比较复杂的，有的地区主要以河流作用为主，有的则以湖泊作用为主，有的可能既有河流作用又有湖泊作用，有的是冲积作用，其岩性、岩相以及含煤性相差较大。内陆型还可以进一步划分为内陆盆地型、山间盆地型、山间谷地型、冲积扇型和扇三角洲型等。在扇三角洲平原中，河道间和河道外侧的泛滥平原为重要的聚煤环境，煤层具有厚度较大，但横向延伸较近的特征，如祁连山含煤区西宁煤田大通县小煤洞[19]。

1.1.3.4　含煤盆地沉积演化

在中国地质构造发展过程中，相对长期的缓慢运动与相对急剧的构造变动总是交替进行，进而引起地史时期构造格局的重大变化。华北地块基底形成于1 900 Ma前的吕梁运动；塔里木地块与扬子地块基底形成于大约850 Ma前的晋宁运动。中国地壳明显以这些结晶地块为核心，周边由各种褶皱带从老到新依次镶嵌而成。古生代，随着陆生植物的繁盛，成煤区主要为巨型盆地，并且大多在地台构造背景下产生。中生代、新生代，褶皱山系强烈隆起，板块内部不断解体，聚煤盆地由以坳陷型为主逐渐转化为以断坳型和断陷型为主，呈现不同规模盆地分片发育的局面。中国大陆处于西伯利亚古陆与印度古陆之间，印支运动以来明显受到太平洋板块的影响，构造变动主要是在三面受压的动力学环境中进行的。

（1）古生代构造运动

早古生代，祁连加里东褶皱带逐渐形成，与华北地台相联结，构成广泛的北方大陆；南方的扬子地台东南方向发育一系列边缘海和岛群隆起带，最后褶皱抬升，形成华南加里东褶皱区；塔里木地台与伊宁地块之间发生断陷，形成南天山海槽。加里东运动确定了地球古生代海陆分布的基本面貌，中国大部分地区处于陆表海及陆缘海的环境。晚古生代，随着海域退缩与陆地扩展，石炭～二叠纪聚煤作用广泛发生，中国华北地台和扬子地台主体为巨型波状坳陷，构成当时中国主要聚煤区。

（2）中生代、新生代构造运动

中生代以后，中国地壳发展及含煤盆地演化的动力学特征随时间推移发生了明显的变化[20]。印支早期，中国北方大陆剥蚀区扩大，沉积范围缩小，盆地中普遍发育干旱气候下的红色沉积，海水逐渐退居秦岭-祁连山-昆仑山一线以南；印支晚期，结束了长期存在的南海北陆的古地理面貌，形成统一大陆，并开始出现东西分异的新格局，标志着东部太平洋洋壳与东亚陆壳间相互作用和影响的增强。燕山早期，东部太平洋域和西部古特提斯区相继褶皱隆升，新的聚煤坳陷，或叠加于早先克拉通内稳定盆地之上继承发育，或在块断基础上产生。燕山晚期至喜马拉雅早期，由于古特提斯洋壳的封闭和太平洋板块作用方式的改变，中国西部出现含煤区为褶皱山系分割环绕的宏观局面，中国东部的构造格局则由东升西降转变为东降西升，并多在断陷构造背景下发生盆地充填。喜马拉雅晚期，随着印度板块与中国大陆碰撞及太平洋沿岸岛弧体系的形成，基本确立挽近地质构造格局与煤的赋存状况。

以贺兰山-六盘山-龙门山经向构造带为界，其西部地区由于亚洲大陆与印度大陆相向移动，地球动力环境是板块的聚敛运动，地壳相对挤压，垂向增厚。西北区古生代褶皱山系与古老地块相间分布，褶皱带前渊发育巨厚陆相碎屑沉积，往古老地块内部，构造变动减弱，早～中侏罗世聚煤盆地主要分布于褶皱山系的前缘及其与古老地块的过渡地带，尤其以塔里木盆地、准噶尔盆地、吐哈盆地等处发育为好。受挤压产生强烈褶皱的青藏地区，迄今仍处于隆升状态，小型聚煤盆地主要形成于褶皱带上沿断裂出现的断陷之中。

中国东部，范围广阔的三叠纪沉积对古生代煤系的保存有着重要意义。至晚三叠世，北方沉积区明显向西萎缩，南方则出现狭长坳陷带与大型波状坳陷分别隅于东、西的格局。在燕山运动过程中，地球动力以引张作用为主，致使壳层减薄。大兴安岭-太行山-雪峰山一线以东，地壳抬升，聚煤坳陷早期主要产生于隆起背景下的地堑断陷，晚期在东北、华北（如松辽盆地、华北平原）发生盆地的超覆扩张。太平洋板块俯冲角度陡，波及范围有限，以三叠系、侏罗系为主体的大型坳陷如鄂尔多斯盆地、四川盆地得以长期继承性发展，除因受西部构造域的影响，西缘出现较大幅度的断陷外，这类大型盆地在重力负荷配套作用下，主要表现为整体的升降运动，具有岩性岩相稳定、厚度不大的特点。随着中生代聚煤带的向北迁移，晚侏罗～早白垩世一系列有成因联系的聚煤盆地沿大兴安岭西侧成群分布，多为断陷型，呈现以断陷盆地为主的构造面貌。

1.1.4 煤系地层瓦斯赋存

煤矿瓦斯（煤层气）是成煤作用的产物，现今煤层瓦斯的赋存状态是煤层经历历次构造运动演化作用的结果并受各种复杂地质因素控制，不同级别的断裂、褶曲或发生岩浆岩作用等，均控制着区域地质环境及其不同矿区、矿井、采区、采面内煤层瓦斯的赋存与变化[2]。中国石炭～二叠纪含煤地层形成后经历了印支运动、燕山运动和喜马拉雅运动等，每次构造运动的规模、涉及范围、构造应力场等均不尽相同，煤层瓦斯的生成、保存条件控制着瓦斯的赋存和分布，同时构造运动引起的煤层深成变质和岩浆热变质作用亦会引起生烃作用。瓦斯在漫长地质演化过程中极易逸散，现今煤层中储存的瓦斯仅占生成量的20%以下，主要原因是煤层形成后经历构造运动中的拉张裂陷活动使得煤层瓦斯大量逸散。不同级别的构造活动和构造应力场控制着构造作用的范围和强度，从而控制着煤层瓦斯赋存条件、煤体结构的破坏条件和范围，进而控制不同区域、不同范围煤层瓦斯的赋存和分布。中国东北地区和华北地区东部，新生代以来主要受拉张应力背景控制、以正断裂为主，遂使瓦斯大量释放；河南平顶山、新密、登封、焦作、鹤壁、安阳等煤田，石炭～二叠系煤层之上沉积了数千米厚的三叠系盖层，瓦斯保存条件好，因此煤与瓦斯突出和高瓦斯矿井广泛分布；山东省及其邻区鲁西断隆控制范围内90%以上矿井均为低瓦斯矿井，瓦斯风化带深达600～800 m，主要由于印支期开始中国东部先隆起，鲁西断隆隆起得早、普遍缺失三叠系盖层沉积，二叠系煤层遭受风化剥蚀使得煤层瓦斯大量逸散[2]。

1.2　岩浆岩的区域分布特征

中国现代的地貌反映了地质构造发展演化最新地质时期的形态，而岩浆岩在中国现代地貌中广泛分布。依据岩浆岩发育程度、岩性特征和成岩成矿关系等，可将我国岩浆岩的区域分布分为东、中、西三大部分[4]。

(1) 中国东部

岩浆岩分布以长江中下游近东西向褶皱带为界，可分成东北区和东南区。东北区包括东北平原西部的大兴安岭岩浆岩分布带及其东部张广才岭岩浆岩分布带，它们均沿北东向展布。东北区南边的岩浆岩分布带是著名的燕辽岩浆岩分布带，其延展方向已有改变，近乎北东东向，更南则是呈北西向延展的大别山岩浆岩分布带。以长江中下游岩浆岩分布带为界，东南部的岩浆岩分布带，有武夷山和沿海的偏北北东向的岩浆岩分布带。

(2) 中国西部

岩浆岩分布较清楚的是塔里木盆地以北的阿尔泰和天山岩浆岩分布带，总体呈北西向分布。塔里木盆地以南，是昆仑岩浆岩分布带和北北西向的雅鲁藏布江带，以及由近南北向转为北北西向的三江岩浆岩分布带。

(3) 中国中部

岩浆岩分布带大体可分以下几带：自北而南有呈近东西向的狼山-白云鄂博岩浆岩分布带、鄂尔多斯盆地东缘近南北向的中条山岩浆岩分布带和鄂尔多斯盆地及四川盆地之间东西向的秦岭-东昆仑岩浆岩分布带。东昆仑的北部为呈北西向延展的祁连山岩浆岩分布带、阿拉善岩浆岩分布带和马鬃山岩浆岩分布带。中国中部最南出现有云开大山一带北东向的岩浆岩分布带及其西部出现的呈南北向的哀牢山岩浆岩分布带。

总而言之，中国中、西部的岩浆岩分布与东部的显著不同，中、西部的近乎东西向，而东部的则为北东和北北东向。滇藏地区有些岩浆岩分布带还出现由北西西向转为近南北向的格局，说明岩浆岩分布带与我国区域构造带展布基本相符。

1.3　岩浆岩的活动期次

中国大陆上所有中生代、新生代的板内构造运动，实质上是印度板块、欧亚板块和太平洋板块彼此汇聚、碰撞和俯冲作用的表现[20]。在板块俯冲过程中，应力传递导致仰冲盘发生滑动、褶皱、断裂以及岩浆活动等。燕山期构造活动强烈，遍及全国各地。燕山早期，太平洋板块作北北西向运动，向欧亚板块俯冲，在中国东部形成剧烈的地壳活动，广大地区遭受挤压、变形，其中以华南地区最为显著。在地壳出现大规模隆起、褶皱以后，中国东部于燕山晚期前又经历了以断裂为主的地壳活动，一些古断裂也发生活化，大量岩浆上涌，并伴随一系列火山喷发。华北地区燕山期岩浆活动也很强烈，河北北部广泛出露花岗岩岩基或杂岩体，闪长岩岩株零星分布，并伴有大量安山岩、粗面岩、流纹岩和凝灰岩；河南的秦岭东段-大别山地区，燕山期中酸性岩浆侵入更为强烈；鲁西岩体产状多种多样，主要为中基性岩。华北地区的燕山期岩浆活动与两条北东向延伸的断裂带（太行山东缘断裂和郯庐断裂）有密切联系。以华北陆块南缘岩浆岩分布带为例，该岩浆岩分布带沿南缘断裂自西向东呈近东西向后转为北西向分布，宽 150～200 km，长约 1 200 km。根据岩体与围岩的侵入接触关系，结合岩体同位素年龄数据，将区内中生、新生代岩浆活动期次划分为印支期、燕山期、喜马拉雅期，各期岩浆活动对应于不同的构造旋回，如表 1-4 所列[21]。

表 1-4　华北陆块岩浆活动划分[21]

<table>
<tr><th colspan="3">地质年代</th><th>构造旋回</th><th colspan="2">岩浆活动期次</th></tr>
<tr><td rowspan="2">新生代</td><td>第四纪(Q)</td><td>Q</td><td rowspan="2">喜马拉雅旋回</td><td colspan="2" rowspan="2">喜马拉雅期</td></tr>
<tr><td>古近～新近纪(E-N)</td><td>E-N</td></tr>
<tr><td rowspan="8">中生代</td><td rowspan="2">白垩纪(K)</td><td>K_2</td><td rowspan="5">燕山旋回</td><td rowspan="5">燕山期</td><td rowspan="2">晚期</td></tr>
<tr><td>K_1</td></tr>
<tr><td rowspan="3">侏罗纪(J)</td><td>J_3</td><td rowspan="3">早期</td></tr>
<tr><td>J_2</td></tr>
<tr><td>J_1</td></tr>
<tr><td rowspan="3">三叠纪(T)</td><td>T_3</td><td rowspan="3">印支旋回</td><td colspan="2" rowspan="3">印支期</td></tr>
<tr><td>T_2</td></tr>
<tr><td>T_1</td></tr>
</table>

华北地区经历多期的构造运动，并伴随强弱程度不同的岩浆活动，华北聚煤区岩浆活动有如下特点[22]：

(1) 岩浆活动在时间演化上与地壳运动密切相关，集中于前震旦纪地槽演化阶段和中新代活动大陆边缘演化阶段。

(2) 岩浆活动在空间展布上受构造格局控制，与区域构造线一致，南侧秦岭-大别山为一条北西-北西西向的中新代构造岩浆岩分布带，以反映挤压环境的“S”形花岗岩为特征，而华北内部则发育三条北北东向中生～新生代裂谷型岩浆岩分布带，由西向东依次为：太行山东麓岩浆岩分布带，南端止于豫北太行山区；鲁中岩浆岩分布带，南端分支延续至兰考、永城一带；郯庐断裂岩浆岩分布带，徐州淮北地区位于北北东向断裂带与近东西向断裂带交会处，岩浆活动较为强烈，中生代岩体侵入煤系乃至顺层煤侵入现象十分普遍。

1.4　淮北煤田含煤特征与岩浆岩分布

安徽是我国重要产煤省之一，其成煤地质年代较多，主要含煤地层为石炭～二叠系，次为侏罗系，煤系分布较广，含煤总面积 18 000 km^2，约占省域面积的 12.9%。目前全省煤炭开采主要集中在淮南、淮北煤田。淮北煤田，位于安徽省北部地区，地处华北板块东南缘，豫淮坳陷的东部，东以郯庐断裂为界与扬子板块相接，西以夏邑-固始断裂为界与河淮沉降带为邻，北以丰沛断裂为界与丰沛隆起相接，南以太和-五河断裂为界与蚌埠隆起相邻(图 1-2)。淮北煤田东西长 40～150 km，南北宽 135 km 左右，面积约 12 350 km^2，煤炭保有资源量约 143.62 亿 t。煤田内煤类丰富，煤质优良，多为低～中灰、特低～低硫、特低～低磷、低～中高挥发分和中等～中高发热量的肥煤、气煤和焦煤，另有一定数量的 1/3 焦煤、贫煤、瘦煤和无烟煤。

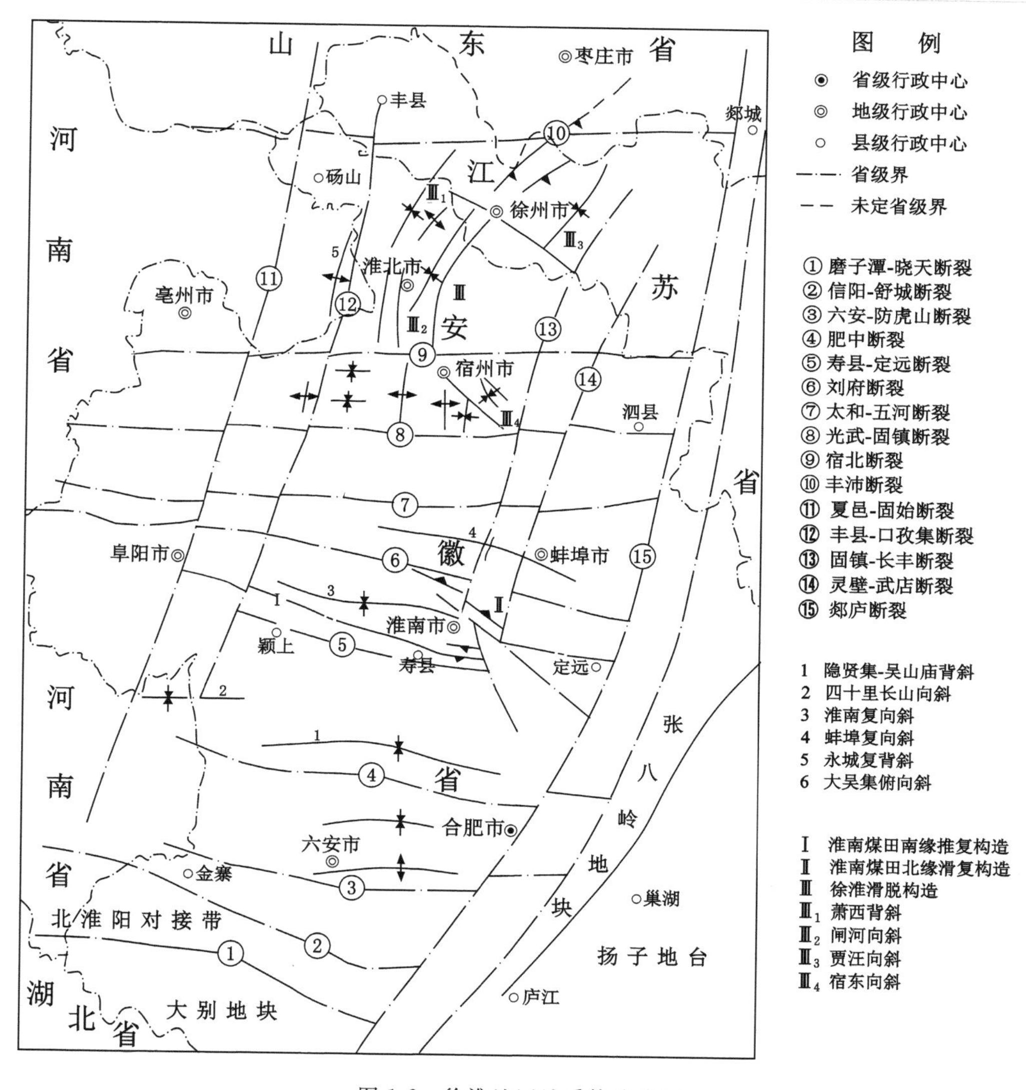

图 1-2　徐淮地区地质构造略图

淮北煤田包括濉萧、宿州、临涣、涡阳 4 个矿区，主要煤炭开发单位有淮北矿业集团和皖北煤电集团。目前，淮北矿业集团共有 18 对生产矿井，年产原煤 3 000 万 t，其中濉萧矿区有朱庄、朔里、石台和双龙 4 对矿井；宿州矿区有芦岭、朱仙庄、桃园、祁南 4 对矿井；临涣矿区有临涣、童亭、许疃、孙疃、杨柳、青东、袁店一井、神源煤化工 8 对矿井；涡阳矿区有涡北和袁店二井 2 对矿井。在 18 对生产矿井中，12 对矿井为煤与瓦斯突出矿井，5 对矿井为高瓦斯矿井。皖北煤电集团共有 10 对生产矿井，年产原煤 2 000 万 t，其中省外矿井 3 对，年产原煤 500 万 t 左右，省内矿井包括临涣矿区的任楼和五沟，宿州矿区的祁东和钱营孜以及濉萧矿区的孟庄、恒源和刘一。淮北煤田内矿井分布情况如图 1-3 所示(文字中未涉及图中已经关闭矿井)。

1.4.1　淮北煤田区域地质构造背景

淮北煤田位于中朝准地台东南部，其地质发展史与中朝准地台所经历的地质发展史基本一致[16,20]。淮北煤田经历了多个构造层的多旋回构造演化[23]，区内构造复杂，北北东向

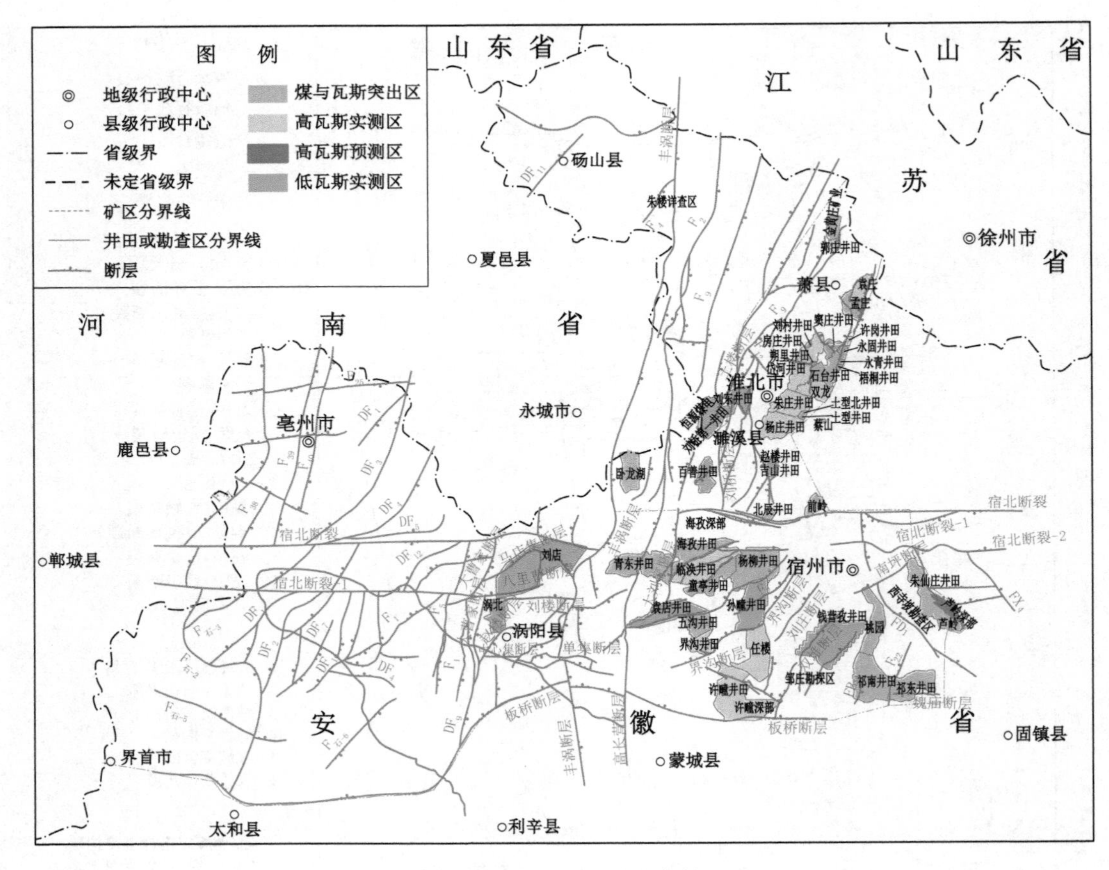

图 1-3 淮北煤田内矿井分布情况

的灵璧-武店断裂、固镇-长丰断裂、丰县-口孜集断裂与东西向的丰沛断裂、宿北断裂、光武-固镇断裂纵横交织，将煤田构造分布切割成网状[24]。淮北煤田构造格局具有南北分异、东西分带的特征，以宿北断裂为界，可以分为南、北两个区[25]。

印支期，随着华北、扬子两大板块聚合的完成，淮北煤田聚煤盆地沉积作用逐渐停止，在陆块南缘、东缘伴随聚合过程完成受到的挤压、缩短作用越来越强烈，区内发育基底网格状破裂面，同时发展一些区域性大断裂。燕山期，煤田总体上处于伸展裂解的大应力状态，主要断裂有丰沛断裂、宿北断裂等，共同组成了向南伸展的掀斜断块方式为主的构造格局。喜马拉雅早期，煤田整体应力状态又发生了变化，主要表现为沿东西方向上的伸展裂解作用，伸展扩张的中心在煤田西侧的河淮沉降带，该时期的构造形迹表现为整体上西坳东隆，构造活动西强东弱。自印支-燕山期以来，煤田受到弧冲推覆构造的影响，形成了大量构造复杂的褶皱和大型断裂，在此基础上形成了复杂而独特的地质构造，含煤地层也在成藏演化过程中受到了影响，如今煤系地层的展布也受其控制[16,23,26]。

濉萧矿区位于东西向展布的宿北断裂以北，主要受郯庐断裂、褶皱冲断带和燕山形成的北北东向构造的控制；宿州和临涣矿区位于东西向展布的蚌埠隆起北侧、宿北断裂南侧，并被夹在由两条东西向展布的宿北断裂和光武-固镇断裂形成的地堑构造里；涡阳矿区位于临涣矿区西侧，受北北东向丰涡断裂的影响和控制。

徐淮前陆褶皱冲断带和蚌埠隆起主要发生于海西运动末期和印支运动早中期，是由扬子板块沿大别-郯庐-苏鲁造山带与华北板块碰撞作用的结果。燕山期徐淮前陆褶皱冲断带又叠加了北北东向挤压构造，此时东西向构造发生拉张和左旋剪切活动作用，并形成了涡阳、临涣至宿州矿区的地堑构造。

淮北煤田煤系沉积时，基底先后发育两条近东西向的同沉积断裂，即板桥断裂和宿北断裂。煤田在印支期形成了近东西向的宽缓褶皱和断裂组合，而在燕山早中期进一步改造，东部逆冲推覆构造发育，从东向西呈叠瓦状推覆，并且发育一系列北南-北东向的断层，断层面上陡下缓，相间出现北南-北北东向的褶皱构造。位于宿北断裂以南的宿州、临涣矿区，其褶皱多为开阔短轴褶皱。褶皱轴向多变，主要以北北东、北东、近南北、北西向的短轴宽缓背斜、向斜为主。自东向西，主要褶皱为宿东向斜、芦岭向斜、宿南向斜、南坪向斜、五沟向斜及西阳集背斜。一般背斜、向斜两翼均发育次级北东向或北西向的断层，破坏了含煤地层的完整性，利于构造煤的发育和分层。由此可知，煤田构造的形成、发展与板内构造和板缘构造的演化密切相关。煤田内构造受东西向构造、北东向构造、徐宿弧形构造所控制，其中，东西向和北东向构造为主要格局。由于多期构造运动相互叠加，煤田内东西向大断裂和北北东向大断裂纵横交错，形成了许多近网状的断块构造。

（1）东西向构造

淮北煤田东西向构造沿南北方向上的垒堑构造组合自北向南有丰沛隆起、淮北坳陷（含徐州-淮北煤田、永夏煤田）、蚌埠隆起、淮南坳陷（淮南煤田）。大的东西向断裂自北向南有丰沛断裂、宿北断裂、太和-固镇断裂等。

（2）北北东向构造

淮北煤田内构造主要为北北东向大断裂，如固镇-长丰断裂、南坪-时村断裂、丰涡断裂、夏邑-阜阳断裂等，受控于这些断裂呈近北北东向展布的垒堑有河淮沉降带，永城-涡阳隆起、徐州-临涣坳陷、邳州-双堆隆起、支河-宿州沉降区等。淮北煤田一系列北东向展布的向斜、背斜如永城背斜、萧西向斜、萧县背斜、闸河向斜等散布于这些垒堑的不同部位。

（3）弧形构造

徐淮褶皱冲断带构造位于郯庐断裂左侧丰沛隆起和蚌埠隆起之间，呈向西凸出的弧形，其前缘（弧顶）自北向南沿山东台儿庄、江苏徐州、安徽淮北及宿州一线展布。弧形构造主体由一系列自东向西滑移逆冲的断片及与其相伴生的不对称线性或似线性褶曲组成，从前缘向后缘方向地层构成呈现由新到老变化趋势。淮北煤田萧县背斜、闸河向斜、宿南向斜均受弧形构造影响和控制，而宿东向斜则是位于西寺坡逆冲断层与东三铺逆冲断层之间的断片或滑块上。

1.4.2　淮北煤田煤系地层沉积演化

淮北煤田区域地层属于徐宿地层，处在华北地层板块的南侧。本区的地层出露较少，大部分被中生～新生代沉积地层所覆盖。区内发育古生代、中生代和新生代的部分地层，尚不明确是否存在中生代的三叠纪地层。淮北煤田地层划分简表如表1-5所列。

淮北煤田含煤地层主要包括石炭～二叠纪含煤段，含煤地层厚约1 200 m，其经过存在加里东运动和海西运动的古生代时期、存在印支-燕山运动的中生代时期以及新生代时期，部分煤系地层快速抬升而被大量剥蚀，而有些地区继续沉降形成深埋区，现今煤系地层保存厚度不一。文献[23]表明，淮北煤田根据煤系残留和分布情况大致可分为缺失区（东部区域）、剥蚀浅埋区（中部区域）和深埋区（西北区）。

表 1-5　淮北煤田地层划分简表[26]

界	系	统	组	厚度/m	主要岩性	构造阶段
新生界	新近～第四系	全新统	下段	18～20	砂土、亚砂土与粉质轻黏土、粉质重亚黏土互层	喜马拉雅阶段
		更新统 上更新统		30～130	杂色黏土、亚黏土	
		更新统 中更新统			砾石、亚砂土、顶面薄层砾石	
		更新统 下更新统		＞200	石灰质角砾岩，胶结物为黏土、胶磷质	
		上新统				
中生界	白垩系	上统	王氏组	＞392.5	灰、红褐色中粗粒砂岩、细砂岩、粉砂岩与泥岩	燕山阶段
		下统	青山组 上段	316.4～376.4	安山质凝灰岩及夹凝灰质粉砂岩、粗砂岩	
			青山组 下段	141.4～232.5	砂岩、砾岩夹凝灰质砂岩、砾岩	
	侏罗系	上统	泗县组	＞608	粉砂质泥岩夹泥质粉砂岩、细砂岩及石灰岩	
	三叠系					印支阶段
古生界	二叠系	上统	石千峰组	215.1	棕红色泥质粉砂岩、含砾粗砂岩互层	海西阶段
		中统	上石盒子组	567.3～636.5	砂岩、泥岩、砂质页岩、页岩互层，含煤 4～10 层	
			下石盒子组	140.2～304.8	粉砂岩至细砂岩与泥岩互层，含煤 3～6 层，底为长石石英砂岩、黏土岩	
		下统	山西组	31.5～140.2	砂岩、砂质页岩、泥岩，含煤 2～4 层	
	石炭系	上统	太原组	108.5～195.5	灰岩、砂质页岩、泥岩与薄煤互层	
			本溪组	8.0～57.4	铝质黏土岩、灰岩与泥岩互层	
	奥陶系	中统	老虎山组	34.4～41.2	白云岩夹灰岩	加里东阶段
			马家沟组	73.2～87.0	灰岩、豹皮状白云质灰岩与硅质结核灰岩互层	
		下统	萧县组	67.5～108.6	白云质灰岩、含燧石结核灰岩，底为角砾状灰岩	
			贾汪组	3.7～14.4	钙质页岩、白云质灰岩、含细角砾白云质、泥质灰岩	
	寒武系	上统	韩家组	20.5	硅质条带白云岩、灰紫色白云岩	
			凤山组	76.9～130.2	含泥质、白云质灰岩、大涡卷灰岩	
			长山组	21.6～66.0	灰岩、白云质灰岩	
			崮山组	44.4～60.7	鲕状白云质灰岩、薄层灰岩	
		中统	张夏组	177.5～220.9	鲕状白云岩、灰质白云岩、白云质灰岩、灰岩	
			徐庄组	84.6～146.2	鲕状含白云质灰岩、石英粉砂岩、砂灰岩	

固镇-长丰断裂以东为煤系缺失区，该区域的石炭～二叠系已被剥蚀殆尽。固镇-长丰断裂以西至夏邑-阜阳断裂之间为煤系浅埋区，石炭～二叠系残留厚度为 600～1 000 m，上

覆地层主要为新近系和第四系，浅部缺失三叠系，但邻区资料表明，虽然缺少三叠系上统和中统，但深部有三叠系下统存在，主要包括和尚沟组和刘家沟组，其残存厚度大于 446 m[27]。丰沛断裂南侧的黄口沉降带为煤系深埋区，在历次地质历史时期中基本上以沉降为主，煤系保存完整，石炭～二叠系残留厚度一般不小于 1 000 m。

1.4.2.1 煤系地层演化特征

两淮地区石炭纪经历了多次广泛的海侵和海退，海岸线迁移迅速，形成清晰的浅海-滨岸沉积旋遇结构，在障壁岛后潟湖、海湾或潮坪沉积中有不稳定的薄煤层形成，但没有形成具有工业价值的可采煤层。二叠纪早期出现三角洲的建设阶段，海水大规模地向南退却。在二叠纪山西组、下石盒子组和上石盒子组形成期间，两淮地区发育有广阔的上、下三角洲平原，发生泥炭沼泽化，形成大量可采煤层；晚二叠世早期三角洲曾一度废弃，由建设阶段转为破坏阶段，使两淮地区在短时间内又发育了三角洲间海岸的潟湖、海湾和潮坪沉积。此后，很快进入以冲积三角洲平原为主的陆相沉积发育阶段，结束了两淮地区的聚煤期[16]。

结合安徽区域地质志及相关参考文献[23,26-28]，可以将淮北煤田石炭～二叠纪煤系地层的演化过程表述如下：

淮北煤田煤系地层在经历早期构造运动后，形成了现今煤田的古老变质基底，为煤系地层的沉降奠定了基础，并在此时形成了大量的褶皱和断裂。古元古代末期构造运动使得地层隆起形成剥蚀区，至新元古代中期，沉降成为海域。在坳陷较深的徐淮地区沉积了约 3 000 m 厚的碎屑岩和盐酸盐岩，形成震旦纪的沉积盖层。中奥陶世晚期发生了波及整个华北地区的加里东运动，本区地壳整体上升为陆地。自沉积盖层形成到早石炭世期间地层未接受沉积，直到晚石炭世早期方缓慢下沉，导致广泛的海侵，普遍形成了石炭～二叠纪 1 700 m 左右的含煤屑岩和碳酸盐岩沉积[23]。

图 1-4 给出了淮北煤田石炭～二叠纪煤系地层埋藏演化简图（图中 R_o 为镜质组反射率）。从中生代开始，印支早期形成的煤系地层随着华北、扬子两大板块聚合的完成，聚煤盆地接受沉积作用，区内发育有基底网格状破裂面。印支晚期煤系地层最大埋深达 3 000 m 左右，该阶段局部煤层经历地温达 140～180 ℃，出现深成变质作用，普遍为气煤、肥煤[28]。在燕山期，燕山构造运动十分强烈，郯庐断裂使煤系地层的盖层形成北北东向的褶皱和区域性断裂，煤系地层开始抬升，在早、中期浅成岩浆岩侵入该地区，造成侵入区域的含煤地层发生第二次演化变质作用。在燕山期的晚白垩纪时地层抬升达到最大，局部地区的地层甚至出露地表，并被大量剥蚀，总剥蚀厚度为 2 000～2 500 m。淮北煤田煤系地层缺失三叠系，可能是在此期间地层抬升过程中被完全剥蚀，部分地区甚至二叠系也遭受不同程度的剥蚀，裸露煤层被部分或完全剥蚀。在喜马拉雅期，区域地层在拉张应力场作用下表现为断块差异升降运动，即有的块段抬升，而有

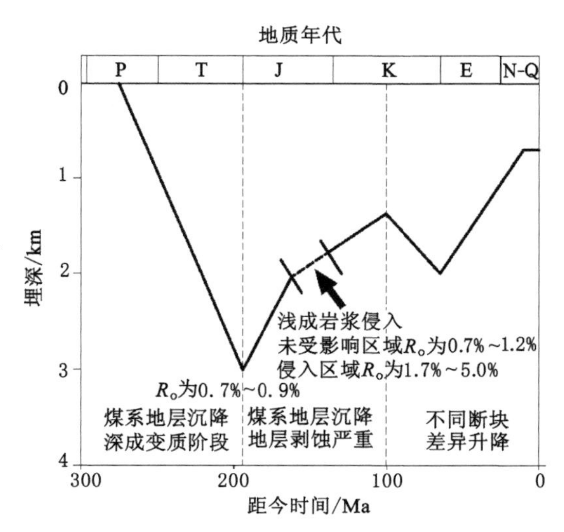

图 1-4 淮北煤田石炭～二叠纪煤系地层埋藏演化简图[29]

的块段沉降，形成了隆起坳陷相间的构造格局。此时淮北煤田西部深埋区迅速下降，形成周口坳陷区，但剥蚀浅埋区在第二次沉降后开始逐渐上升。至第四纪时期，淮北煤田整体仍为沉降区，但除阜阳-夏邑断裂以西沉降幅度较大外，剥蚀浅埋区沉降幅度较小，并逐渐接近现代煤系地层位置。

1.4.2.2 煤系地层组成

根据地质学的岩石成因分类，岩石分为岩浆岩、沉积岩和变质岩三大类[16]。煤系地层是在潮湿气候条件下沉积形成的，所以组成煤系地层沉积岩的颜色，主要是灰色、灰黑色、黑色和灰绿色。在煤系地层中除煤这种固体可燃有机岩外，煤层顶底板主要为泥岩、页岩、砂岩、粉砂岩、灰岩等沉积岩和岩浆侵入形成的浅成岩（如岩床和岩墙）。

表 1-6 给出了煤系地层煤岩力学参数。从表可以看出，煤系地层中煤岩力学参数差异性表现在以下方面[10]：

（1）岩石密度最小为 2.40 t/m^3，最大为 3.01 t/m^3，平均为 2.69 t/m^3；而原生煤密度为 1.49 t/m^3，构造煤密度为 1.32 t/m^3，平均为 1.41 t/m^3。

（2）岩石中岩浆岩的单轴抗压强度最大，泥岩的最小，砂岩的居中，灰岩的变化较大。原生煤的单轴抗压强度为 17.54 MPa，与最软泥岩的单轴抗压强度相当。而构造煤的单轴抗压强度为1.15 MPa，型煤的单轴抗压强度为 0.37 MPa，均远小于岩石和原生煤的单轴抗压强度。

（3）岩石具有一定的抗拉伸能力，其中岩浆岩的抗拉强度最大，泥岩的最小，砂岩和灰岩的居中。与岩石相比，原生煤的抗拉能力较小，构造煤几乎没有抗拉能力。

（4）岩石中岩浆岩的内聚力最大，泥岩的最小，砂岩的居中，灰岩的变化较大。原生煤的内聚力为 3.79 MPa，但构造煤的内聚力仅为 0.44 MPa。

（5）与岩石相比，煤的弹性模量较小。原生煤的弹性模量为 4 100 MPa，而构造煤的弹性模量仅为 300 MPa。

（6）与岩石相比，煤的泊松比较大。原生煤的泊松比为 0.26，构造煤的泊松比为 0.34，说明在相同轴向应力条件下煤样将产生更大的轴向变形。

表 1-6 煤系地层煤岩力学参数[10,30-31]

岩石	密度 ρ /(t/m^3)	单轴抗压强度 σ_c /MPa	抗拉强度 σ_t /MPa	内摩擦角 φ /(°)	内聚力 c /MPa	弹性模量 E /(10^4 MPa)	泊松比 μ
泥岩	2.68～2.69	15.82～27.77	1.80～2.24	31～33	1.69～2.21	1.46～2.06	0.19～0.24
粉砂岩	2.68～2.69	19.69～55.35	1.18～3.66	34～37	1.25～2.83	2.47～3.78	0.15～0.21
细砂岩	2.68～2.69	53.14～66.00	4.37～4.70	36～40	3.67～4.05	2.87～3.76	0.14～0.17
中砂岩	2.70～2.73	70.93～98.46	3.67～4.26	38～40	4.14～5.31	3.98～4.14	0.10～0.17
粗砂岩	2.69	91.85	4.34	40	4.05	4.56	0.12
岩浆岩	2.41～3.01	102.30～161.91	6.78～16.94	38～48	8.47～17.46	1.69～3.96	0.16～0.19
灰岩	2.40～2.69	29.00～245.00	2.90～4.90	35～50	9.80～49.00	2.40～3.80	0.19～0.35
原生煤	1.49	17.54		47	3.79	0.41	0.26
构造煤	1.32	1.15		34	0.44	0.03	0.34
型煤	1.13	0.37		34	0.30	0.01	0.37

1.4.3 淮北煤田煤层气资源分布和瓦斯灾害特征

1.4.3.1 煤田煤层气资源分布

淮北煤田煤炭资源估算储量73.26亿t(−1 200 m以浅),可采储量34.17亿t,主要含煤地层总厚度大于1 200 m,自上而下依次为上石盒子组、下石盒子组和山西组。淮北煤田共含煤8~36层,煤层总厚度7.10~21.95 m,主要煤层有11层,自上而下分别编号1~11。淮北煤田石炭~二叠纪经历了稳定的地台阶段和后期构造强烈变形阶段,最后又经过断块差异升降阶段而形成现今的复杂构造格局,使得不同矿区内的井田煤系形态呈现不同特征,部分煤矿的煤厚变化如图1-5所示。

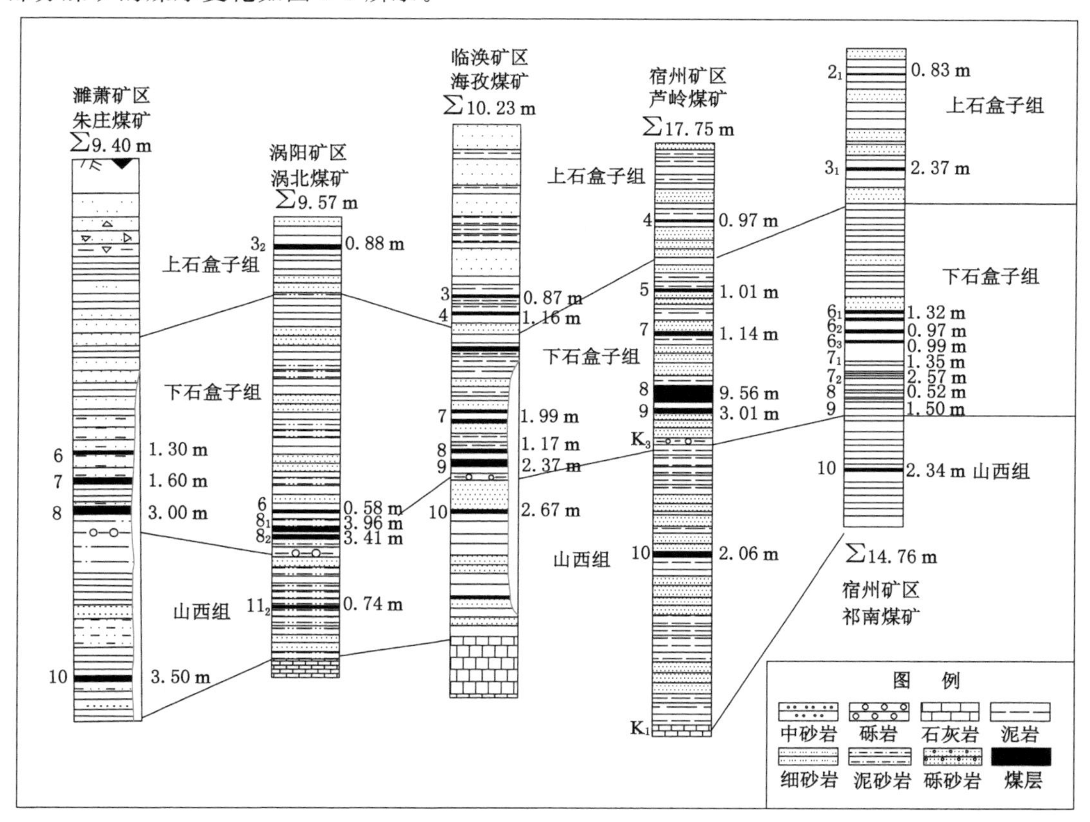

图1-5 淮北煤田不同矿区部分煤矿煤层赋存柱状图[32]

印支期以来,淮北煤田经历了复杂的构造演化历程,多期不同方向、不同性质和不同强度构造应力场的转换与叠加,对煤田内瓦斯的生成、运移、富集和保存产生了重大影响,致使区内不同矿区不同块段的煤层气储存产生明显的差异。濉萧矿区和涡阳矿区,由于受正断层开发系统的影响,煤层气保存条件差,含量一般小于6 m^3/t。宿州矿区位于本煤田的东部,主要有宿东向斜和宿南向斜,宿东向斜为徐宿逆冲推覆构造南部前缘,煤层流变和构造煤发育,煤层气保存好,含量大于15 m^3/t。宿南向斜处于徐宿逆冲推覆构造外缘,煤层气保存相对较好,含量一般为10~15 m^3/t,在深部区域大于15 m^3/t。临涣矿区构造极为发育,煤层气含量分布差异大,在海孜、杨柳、袁店和青东煤矿含量较高,一般为8~12 m^3/t。淮北煤田煤层气资源统计结果如表1-7所列。

表 1-7　淮北煤田煤层气资源统计结果

矿区	煤矿	煤炭资源/(10^8 t)	计算面积/km^2	煤层气资源量/(10^8 m^3)	储量丰度/(10^8 m^3/km^2)	矿区	煤矿	煤炭资源/(10^8 t)	计算面积/km^2	煤层气资源量/(10^8 m^3)	储量丰度/(10^8 m^3/km^2)
濉萧矿区	袁庄	0.11	10.70	0.07	0.006 5	涡阳矿区	花沟	2.32	216.92	12.61	0.058 1
	朱庄	0.41	25.00	0.99	0.039 6		张楼	1.97	83.54	8.13	0.097 3
	岱河	0.15	19.19	0.00	0.000 0		耿皇	1.56	42.38	9.38	0.221 3
	杨庄	0.40	35.00	2.37	0.067 7		涡北深部	0.36	16.67	2.85	0.171 0
	朔里	0.13	18.00	0.00	0.000 0		刘店深部	0.24	72.04	1.20	0.016 7
	石台	0.20	19.78	0.25	0.012 6		小计	16.98	790.03	135.32	0.171 3
	双龙	0.04	17.70	0.00	0.000 0	临涣矿区	临涣	3.90	50.00	18.52	0.370 4
	刘桥一矿	0.33	14.26	0.85	0.059 6		海孜	1.60	33.75	22.55	0.668 1
	孟庄	0.13	13.75	0.35	0.025 5		童亭	1.76	24.16	10.90	0.451 2
	卧龙湖	0.91	24.72	2.48	0.100 3		许疃	4.31	52.59	22.08	0.419 9
	恒源	1.67	19.10	2.66	0.139 3		孙疃	5.00	43.00	5.34	0.124 2
	刘桥二矿	0.33	14.26	0.00	0.000 0		五沟	1.33	21.65	1.83	0.084 5
	百善	0.90	22.50	0.00	0.000 0		任楼	2.05	42.07	26.24	0.623 7
	前岭	0.11	8.20	0.00	0.000 0		钱营孜	5.62	74.12	12.54	0.169 2
	刘桥深部	2.11	46.09	10.17	0.220 7		杨柳	4.21	60.38	44.52	0.737 3
	小计	7.93	308.25	20.19	0.065 5		青东	4.76	30.60	70.20	2.294 1
宿州矿区	芦岭	2.77	19.09	18.97	0.993 7		袁一	5.38	37.22	53.76	1.444 4
	朱仙庄	1.80	26.30	6.56	0.249 4		袁二	1.45	41.60	19.91	0.478 6
	祁东	2.12	35.43	22.59	0.637 6		邹庄	3.34	39.90	39.60	0.992 5
	桃园	2.13	29.45	16.88	0.573 2		赵集	4.36	56.58	78.97	1.395 7
	祁南	7.82	62.50	27.11	0.433 8		大段家	0.99	31.09	5.00	0.160 8
	祁东深部	1.96	30.19	30.56	1.012 3		许疃深部	2.74	22.46	41.17	1.833 0
	祁南深部	4.27	57.73	48.11	0.833 4		海孜深部	5.16	58.90	103.17	1.751 6
	芦岭深部	1.25	12.89	25.09	1.946 5		临涣镇北	1.06	41.30	10.65	0.257 9
	小计	24.12	273.58	195.87	0.716 0		杨柳深部	0.66	40.00	5.29	0.132 3
涡阳矿区	刘店	1.97	101.00	0.00	0.000 0		孙疃深部	5.80	76.80	46.40	0.604 2
	涡北	1.46	17.12	5.40	0.315 4		袁店深部	2.49	76.78	14.93	0.194 5
	徐广楼	2.10	90.87	31.55	0.347 2		任楼深部	2.53	23.22	18.86	0.812 2
	信湖	5.00	149.49	64.20	0.429 5		小计	70.50	978.17	672.43	0.687 4

注：上述数据来源于安徽省煤矿瓦斯地质图说明书。

淮北煤田计算煤层气资源的面积为 2 350.03 km^2，煤层气资源量为 1 023.81×10^8 m^3，储量丰度为 0.435 7×10^8 m^3/km^2。临涣矿区和宿州矿区煤层气资源储量丰度分别为 0.687 4×10^8 m^3/km^2和 0.716 0×10^8 m^3/km^2，为低储量丰度气田。濉萧矿区和涡阳矿区煤层气资源储量丰度分别为 0.065 5×10^8 m^3/km^2和 0.171 3×10^8 m^3/km^2，为特低储量丰

度气田。淮北煤田煤层气含量总体呈现出“南高北低、东高西低、东南部最高”的格局[25,33]，东南区域的宿州矿区是淮北煤田煤层气储量丰度最高的矿区，此后依次为临涣、涡阳和濉萧矿区，其中宿北断裂以北的濉萧矿区煤层气含量普遍小于 4 m^3/t。

1.4.3.2　煤层瓦斯灾害特征

淮北煤田地质条件十分复杂，岩浆岩侵蚀严重，构造极其发育，煤层稳定性很差，煤层原始煤体透气性差（透气性系数基本上均小于 0.1 mD），煤层瓦斯含量一般为 6～25 m^3/t，瓦斯压力为 0.1～5.3 MPa（实测）。随矿井开采规模的不断扩大和开采深度增加，煤层瓦斯压力愈来愈大，瓦斯含量愈来愈高，非突出煤层将向突出煤层转化，煤与瓦斯突出问题愈来愈严重。截至 2020 年，淮北矿业集团共发生有记载的煤与瓦斯突出和动力现象 55 起，突出强度大，突出类别多，如表 1-8 所列。

表 1-8　煤层瓦斯突出事故统计情况

突出情况	煤层			
	3	7	8、9	10
始突日期	1993 年 1 月	1997 年 3 月	1972 年 10 月	2009 年 4 月
最浅突出深度/m	188	405	321	590
突出次数	2	13	38	2
最大突出瓦斯量/万 m^3	0.48	1.15	123.00	1.32
最大突出煤量/t	11	200	10 500	656

注：表中数据来源于芦岭、海孜、祁南、朱仙庄、童亭、石台和杨柳等煤矿的突出事故统计。

在各煤层开采期间进行了大量的煤层瓦斯突出指标测定工作，如表 1-9 所列。根据所研究矿井的样本分析，淮北矿区主要突出煤层各项突出指标均超过了国家规定的临界值。

表 1-9　煤层瓦斯突出指标统计表

煤层	煤体破坏类型	瓦斯放散初速度 Δp/mmHg		煤体坚固性系数 f		瓦斯压力 p/MPa	
		最大值	样本数	平均值	样本数	最大值	样本数
3	Ⅲ	12	25	0.45	30	4.5	46
7	Ⅲ、Ⅳ、Ⅴ	48	30	0.36	40	4.1	70
8	Ⅲ、Ⅳ、Ⅴ	30	40	0.16	50	5.3	80
9	Ⅲ、Ⅳ、Ⅴ	18	10	0.23	20	3.1	50
10	Ⅲ、Ⅳ	26	25	0.41	26	2.1	68

注：① 表中数据来源于祁南、朱仙庄、桃园、杨柳、芦岭、海孜、临涣、童亭、石台、涡北、杨庄等煤矿的实测数据统计结果。
② 1 mmHg＝133.322 Pa，下同。

淮北煤田经历了多次构造运动，不仅形成了淮北煤田当今的构造格局，也是影响淮北煤田构造煤储层形成和分布特征的重要因素，特别是 7、8、10 煤层中，构造煤全层分布，平均厚度 1.39～7.65 m，多为糜棱煤，煤层多由发育劈理的鳞片状煤和无任何裂隙的土状煤组成，渗透性极差。多重地质构造运动的综合影响，造就了淮北煤田煤层及瓦斯赋存的“两极性”，在煤层厚度、煤体硬度、煤层顶底板、煤层倾角、煤质和岩浆侵入等多方面出现了“两极”分布情况，煤层瓦斯压力和瓦斯含量差异很大，导致煤层的煤与瓦斯突出危险性存在较大差别，如表 1-10 所列。

表 1-10　煤层及瓦斯赋存的“两极”特性指标汇总

项目	“危险”极	“安全”极
煤层厚度变化大	＞10 m(芦岭煤矿 8 煤层)	＜1.0 m
煤层坚固性系数变化大	0.1 左右	＞1
煤层顶底板差异大	顶板破坏严重	顶板岩性好
煤层倾角变化大	急倾斜	近水平
火成岩侵蚀不均	侵入严重(海孜、杨柳、石台等煤矿)	无火成岩
煤变质程度多样	无烟煤	气煤、肥煤
突出危险性差异大	万吨级突出	无突出
瓦斯压力差异大	实测达 5.3 MPa(桃园煤矿)	0.1 MPa 左右

通过实测发现，水平构造应力对淮北煤田煤与瓦斯突出起着主导作用，芦岭煤矿实测最大主水平应力(SE 方向)为垂直应力的 2.5 倍[33]。受区域构造影响，淮北煤田突出矿井多位于向斜或背斜轴部及其附近地带，尤其以褶曲转折端或倾伏端受水平应力挤压作用最强烈，突出也最严重。此外，岩浆岩对煤与瓦斯突出具有重要的控制作用，岩浆侵入区域是煤与瓦斯突出的危险区域之一。高构造应力决定了高瓦斯压力的存在，构造带的煤层瓦斯压力变化梯度往往大于静水压力梯度。淮北矿业集团各煤矿瓦斯压力梯度统计变化情况如表 1-11 所列。

表 1-11　瓦斯压力梯度统计变化情况

矿区	煤矿	煤层	瓦斯压力梯度/(MPa/m)	矿区	煤矿	煤层	瓦斯压力梯度/(MPa/m)
濉萧矿区	石台	3	0.000 7～0.010 0	临涣矿区	海孜	7	0.011 0
		10	0.001 9			10	0.017 4～0.036 9
	杨庄	5	0.000 8～0.001 2		童亭	7	0.004 1
		6	0.000 8		临涣	7	0.001 2～0.002 5
	袁庄	4	0.002 4			9	0.000 9～0.001 4
		6	0.000 8			10	0.003 1
	朱庄	4	0.001 1		孙疃	7_2	0.003 2
		5	0.000 3			8	0.003 2
		6	0.000 9			10	0.003 5～0.004 2
宿州矿区	祁南	3_2	0.012 5	涡阳矿区	刘店	7	0.003 4
		7_2	0.019 4			10	0.002 8
	朱仙庄	8	0.010 0～0.011 0		涡北	7	0.003 8
		10	0.001 3			10	0.004 2
	桃园	7_2	0.011 4				
		8_2	0.011 8				
		10	0.001 9				
	芦岭	8	0.006 2～0.009 3				
		10	0.007 1				

注：瓦斯压力梯度统计数据来源于现有不同地质单元生产采区瓦斯压力实测统计结果，并采用安全线法对结果进行处理[34]。

由表 1-11 可以看出，淮北矿业集团下属各煤矿受构造应力叠加作用十分明显，煤层瓦斯灾害威胁十分严重，特别是临涣矿区的海孜煤矿和宿州矿区的祁南煤矿的煤层瓦斯压力梯度普遍偏大，其中海孜煤矿煤层顶部存在 120 m 巨厚火成岩，对瓦斯赋存和煤层应力分布均起到控制作用；祁南煤矿煤层受到贯穿煤层的王楼背斜和张学屋向斜控制，现有生产采区均位于地质构造带控制区域。

1.4.4 淮北矿区岩浆岩活动时空分布特征

安徽省岩浆活动频繁，分布广泛，岩浆岩的出露面积近全省总面积的十分之一。其中侵入岩近 7 000 km^2，火山岩约 4 400 km^2。这些岩浆岩是新太古代以来多次岩浆活动的产物。岩石类型从超基性岩到酸性岩和碱性岩均有不同程度的分布，并以中酸性岩类为主。根据同位素地质年龄和矿物、岩石、岩石化学及地球化学等综合对比分析方法，全省岩浆活动分别归属蚌埠、凤阳、皖南、霍邱、印支、燕山和喜马拉雅 7 个构造岩浆旋回，如表 1-12 所列。

表 1-12 安徽省岩浆活动地质年代划分简表[35]

地质年代		构造岩浆旋回		侵入岩岩性	潜火山岩岩性	火山岩岩性
古近~新近纪	中~上新世	喜马拉雅			橄榄辉绿岩、橄榄玄武岩	玄武岩类
	始新世					
	古新世					粗面岩、安山岩
白垩纪		燕山	晚期	橄长岩、辉长岩	流纹斑岩、粗面斑岩	粗面岩
				浅成花岗岩类		
				花岗岩及正长岩类		
				石英二长-石英闪长岩		
晚侏罗世			中期	花岗岩、二长花岗岩	流纹斑岩、辉石闪长玢岩、安山玢岩、粗面斑岩、玄武玢岩	流纹岩、英安岩、(玄武)安山岩、粗面岩
				花岗闪长岩、闪长岩		
				辉长岩、辉橄岩		
晚三叠世		印支		二长花岗岩-花岗闪长岩		
新元古代	晚震旦世	霍邱		辉绿岩		
		皖南		花岗岩	流纹斑岩	流纹岩、英安岩、安山岩
				花岗闪长岩		
				闪长岩-斜长角闪石岩		
中元古代					细碧玢岩	细碧-石英角斑岩
古元古代		凤阳		蛇纹岩		流纹岩、安山岩、玄武岩类
新太古代		蚌埠		混合花岗岩		
				辉长岩、辉闪岩		流纹岩及中基性火山岩

注：单虚线下方为地槽时期，双虚线上方为大陆边缘活动带时期，二者之间为地台时期。

中生代燕山期是淮北煤田地质历史上岩浆活动最强烈、分布最广泛的一次，也是对煤田破坏性和煤的变质作用影响最严重的一次。多次岩浆活动形成不同规模的岩体、岩床、岩脉、岩墙，伴随褶皱和断裂而侵入，从燕山早期至燕山晚期均有活动。岩石类型主要有花岗岩、花岗斑岩、闪长岩、闪长玢岩、石英闪长岩、辉长岩和辉绿岩等。淮北煤田燕山期岩浆侵入先后可分为 4 期，如图 1-6 所示。

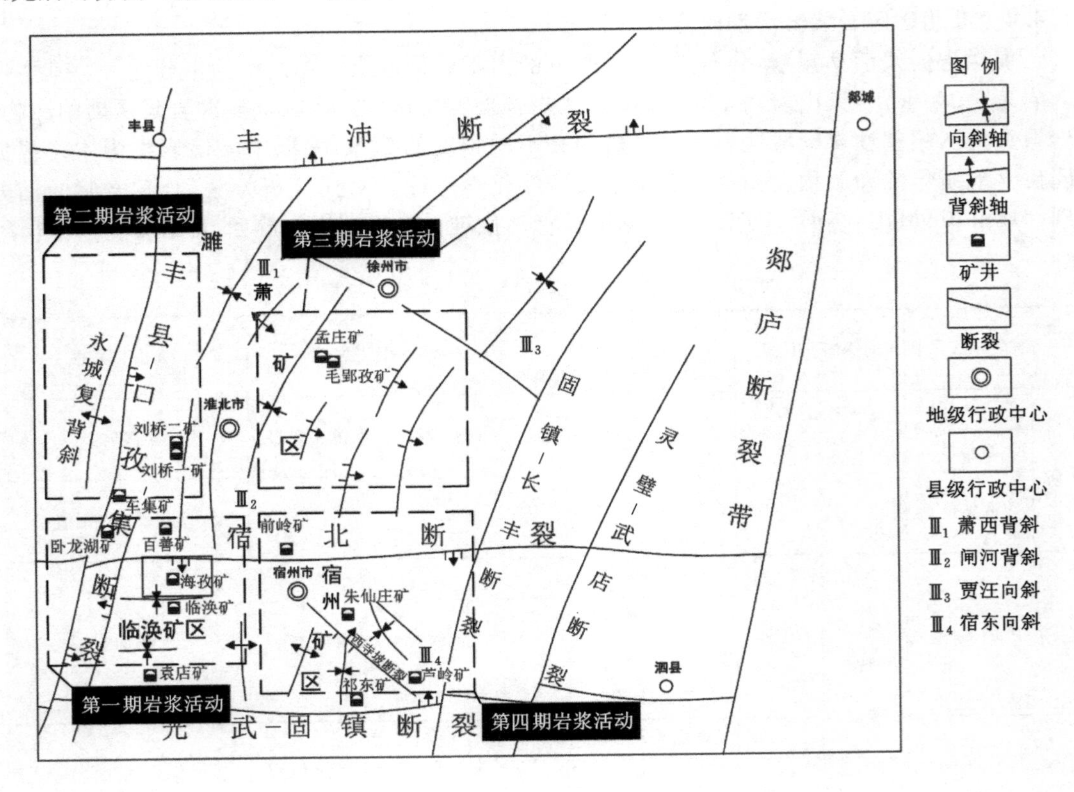

图 1-6　淮北煤田燕山期岩浆活动空间位置示意图[36]

第一期为中性岩浆岩，与东西向构造关系密切，主要为闪长岩、闪长玢岩、石英闪长岩、石英闪长玢岩等。地表出露零星，大部为隐伏岩体，主要受东西向断裂带控制，分布在宿北断裂附近，呈岩墙、岩瘤、岩床产出。

第二期为偏酸中性岩浆岩，与南北向和北北东向构造带关系密切，主要分布在永城背斜（位于河南省永城市），岩性为花岗闪长岩、二长花岗岩、石英正长岩等。在萧县侵入于丰涡断裂与砀山断层交会处的杨套楼岩体，岩性以二长花岗岩为主。围岩为下奥陶～上二叠统。

第三期为酸性岩浆岩，与北北东向断裂带关系密切，岩性为花岗岩、花岗斑岩，分布于萧县丁里、宿州夹沟、泗县大涂庄等地，呈岩株、岩床产出。在淮北地区，萧县丁里岩体为此期出露面积最大的岩体，约 18 km^2。该岩体呈株状侵入萧县背斜东南翼，在岩体边缘有较多的太原组灰岩和砂岩俘虏体。岩性为花岗斑岩，具气孔状构造，为浅成～超浅成相。

第四期为基性、超基性岩浆岩，主要为辉绿岩和辉长岩，分布于淮北煤田东部闸河向斜和宿南向斜等地，淮北烈山的南后马厂岩体可作为代表。该岩体呈岩墙形式侵入石英闪长玢岩，长 7 000 m，宽 100 m，走向为北北西向。岩性具明显的垂直分异现象，自上而下可分为黑云母闪长岩、辉石闪长岩、辉长岩、辉绿岩和橄长岩。另外在宿州灵璧等地，常有煌斑岩类与基性岩脉共生，属燕山晚期产物。

1.4.5　淮北区域岩浆活动对区域煤层的影响现状

淮北含煤地层在形成过程中受到多次构造运动的影响，同时先后经历了多期的岩浆侵入活动，其中以燕山期侵入的岩浆对煤层影响最大。侵入岩浆的特征和侵入方式的不同，对煤层热演化作用的程度也不同，呈岩床产出的岩浆岩对下伏煤层的影响较大，而呈岩墙产出的岩浆岩热演化影响范围相对较小。考虑到淮北煤田主要受燕山期岩浆的影响，因此这里也仅对燕山阶段岩浆活动对煤层热演化作用进行分析。

淮北煤田中南部地区石炭～二叠纪含煤地层热流值及地温演化史如图 1-7 所示，其煤层热演化大致分为 4 个阶段[28]：① 石炭～二叠纪，淮北地区稳定沉降形成石炭～二叠纪煤系地层，热流值保持稳定；② 早三叠纪，煤系地层埋藏深度迅速增加，热流值迅速增大，煤的深成变质作用开始；③ 侏罗～白垩纪，构造作用强烈，燕山运动使全区古地热场增高，煤的有机质成熟度增加，本阶段末基本达到现今成熟度；④ 古近纪后，淮北煤田区域构造活动减弱，古热流值降低并逐渐稳定，煤化作用基本停止[12]。

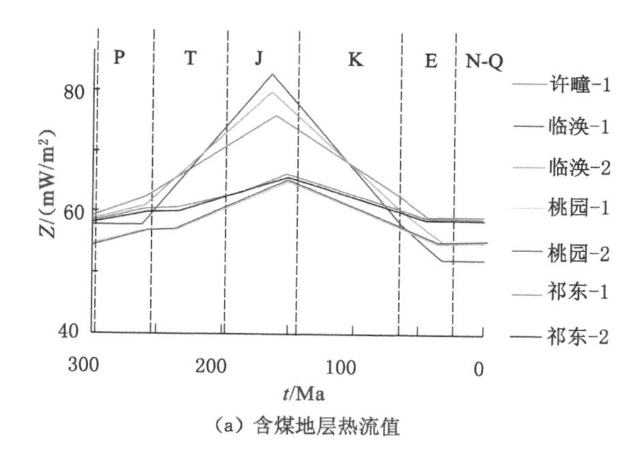

(a) 含煤地层热流值

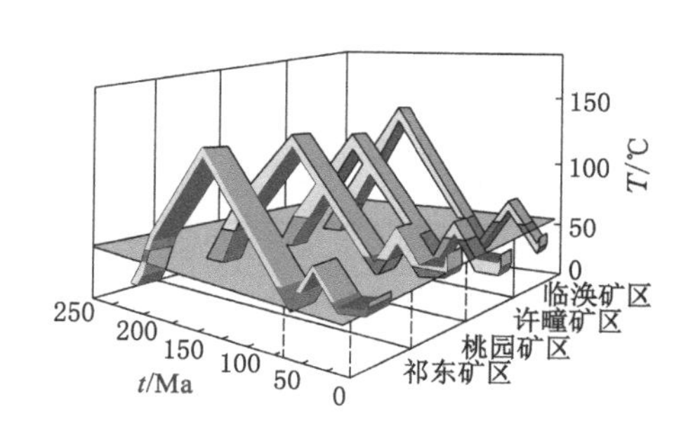

(b) 含煤地层地温演化史

图 1-7　淮北煤田中南部地区石炭～二叠纪含煤地层热流值及地温演化史示意图[28]

据文献[37]及统计的淮北煤田部分矿井煤的镜质组反射率（表 1-13）可知，淮北地区除少数矿井为高变质程度的无烟煤外，大多数矿井为气煤、肥煤类，即淮北煤田大部分区域煤的变质程度仍为印支期煤的演化程度。因此，可以确定：中生代燕山期岩浆的侵入并没有形成足够大的区域性岩浆热力场，岩浆的热力作用对淮北煤田当时的热力场影响十分有限，并没有大范围改变整个区域的地层热流值，岩浆热力作用区域仅限于岩浆侵入地区的局部煤层。直接侵入煤层底板和煤层中的岩浆对煤层的热演化作用影响最大，侵入体携带的高温热源使局部煤层热演化程度迅速增加，从原先低变质程度的烟煤迅速增到高变质程度的烟煤和无烟煤，直接与岩浆岩接触的煤层甚至被吞噬或变质为天然焦。

表 1-13　淮北煤田部分矿井煤的镜质组反射率统计表[38-40]

煤矿	取样地点	镜质组反射率 R_o/%	煤种	备注
芦岭	8 煤层	0.846	肥煤	未受岩浆岩影响
	10 煤层	0.792	气煤	
朱仙庄	8 煤层	0.764		未受岩浆岩影响
	10 煤层	0.720		
卧龙湖	10 煤层	4.060	无烟煤	距岩浆岩 10 m
	10 煤层	2.740	无烟煤	距岩浆岩 95 m
许疃	3 煤层	0.820	肥煤	未受岩浆岩影响
杨柳	8 煤层	1.400	焦煤	受岩浆岩影响
	10 煤层	1.180	肥煤	
	10 煤层	0.860	肥煤	未受岩浆岩影响
邹庄	6_2煤层	0.700	气煤	未受岩浆岩影响
	7_2煤层	0.880～1.750	肥煤/焦煤	受岩浆岩影响
朱庄	7 煤层	1.616	焦煤	受岩浆岩影响
	8 煤层	1.631		
沈庄	7 煤层	0.873	肥煤	未受岩浆岩影响
	8 煤层	0.873		
	10 煤层	0.785		
石台	8 煤层	2.200	贫煤	受岩浆岩影响
	9 煤层	2.210	贫煤	
祁南	10 煤层	0.810	肥煤	未受岩浆岩影响
孙庄	10 煤层	0.930	肥煤	
恒源	4 煤层	1.950	贫煤	受岩浆岩影响
	6 煤层	2.170	贫煤	
桃园	10 煤层	0.820	肥煤	未受岩浆岩影响

参考文献

[1] 中国矿业学院煤田地质勘探教研室. 煤矿地质学[M]. 北京:煤炭工业出版社,1979.

[2] 王鸿祯,李光岑. 国际地层时代对比表[M]. 北京:地质出版社,1990.

[3] 张子敏. 瓦斯地质学[M]. 徐州:中国矿业大学出版社,2009.

[4]《中国地质学》扩编委员会. 中国地质学:扩编版[M]. 北京:地质出版社,1999.

[5] 潘桂棠,陈智梁,李兴振,等. 东特提斯地质构造形成演化[M]. 北京:地质出版社,1997.

[6] 潘桂棠,肖庆辉,陆松年,等. 中国大地构造单元划分[J]. 中国地质,2009,36(1):1-28.

[7] 中国地质科学院地质研究所,武汉地质学院. 中国古地理图集[M]. 北京:地图出版社,1985.

[8] 张克信,潘桂棠,何卫红,等. 中国构造-地层大区划分新方案[J]. 地球科学,2015,40(2):206-233.

[9] 张克信,何卫红,徐亚东,等. 沉积大地构造相划分与鉴别[J]. 地球科学,2014,39(8):915-928.

[10] 程远平,刘清泉,任廷祥. 煤力学[M]. 北京:科学出版社,2017.

[11] 李瑞生,顾谷声,等. 中国的含煤地层[M]. 北京:地质出版社,1994.
[12] 五大聚煤区煤炭比例图[EB/OL]. [2018-03-20]. https://wenku.baidu.com/view/1d8331884a7302768e9939fc.html.
[13] 闫琇璋. 煤矿地质学[M]. 徐州:中国矿业大学出版社,1989.
[14] 曹代勇,陈江峰,杜振川. 煤炭地质勘查与评价[M]. 徐州:中国矿业大学出版社,2007.
[15] 李增学. 煤矿地质学[M]. 北京:煤炭工业出版社,2009.
[16] 韩树棻. 两淮地区成煤地质条件及成煤预测[M]. 北京:地质出版社,1990.
[17] 王红岩. 山西沁水盆地高煤阶煤层气成藏特征及构造控制作用[D]. 北京:中国地质大学(北京),2005.
[18] 王伟华. 阳泉-井陉一带石炭二叠纪煤田的沉积环境探讨[J]. 地质科学,1989(4):338-347.
[19] 张翔,田景春,李祥辉,等. 陆相煤系聚煤环境及聚煤特征:以青海祁连山和柴北缘含煤区侏罗系为例[J]. 煤田地质与勘探,2009,37(6):1-4,18.
[20] 杨起. 中国煤变质作用[M]. 北京:煤炭工业出版社,1996.
[21] 李兆鼐,权恒,李之彤,等. 中国东部中、新生代火成岩及其深部过程[M]. 北京:地质出版社,2003.
[22] 任战利,肖晖,刘丽,等. 沁水盆地构造-热演化史的裂变径迹证据[J]. 科学通报,2005,50(增刊1):87-92.
[23] 韩树棻,朱彬,齐文凯. 淮北地区浅层煤成气的形成条件及资源评价[M]. 北京:地质出版社,1993.
[24] JIANG B, QU Z H, WANG G G X, et al. Effects of structural deformation on formation of coalbed methane reservoirs in Huaibei Coalfield, China[J]. International journal of coal geology, 2010, 82(3/4): 175-183.
[25] 屈争辉,姜波,汪吉林,等. 淮北地区构造演化及其对煤与瓦斯的控制作用[J]. 中国煤炭地质,2008,20(10):34-37.
[26] 安徽省地质矿产局. 安徽省区域地质志[M]. 北京:地质出版社,1987.
[27] 韦重韬,姜波,傅雪海,等. 宿南向斜煤层气地质演化史数值模拟研究[J]. 石油学报,2007,28(1):54-57.
[28] 武昱东,琚宜文,侯泉林,等. 淮北煤田宿临矿区构造-热演化对煤层气生成的控制[J]. 自然科学进展,2009,19(10):1134-1141.
[29] WANG L, CHENG Y P, AN F H, et al. Characteristics of gas disaster in the Huaibei Coalfield and its control and development technologies[J]. Natural hazards, 2014, 71(1): 85-107.
[30] 荣传新,汪东林. 岩石力学[M]. 武汉:武汉大学出版社,2014.
[31] 卢守青. 基于等效基质尺度的煤体力学失稳及渗透性演化机制与应用[D]. 徐州:中国矿业大学,2016.
[32] ZHENG L G, LIU G J, WANG L, et al. Composition and quality of coals in the Huaibei Coalfield, Anhui, China[J]. Journal of geochemical exploration, 2008, 97(2/3): 59-68.

[33] 李伟，连昌宝. 淮北煤田煤与瓦斯突出地质因素分析与防治[J]. 煤炭科学技术，2007，35(1)：19-22.

[34] WANG L，CHENG Y P，WANG L，et al. Safety line method for the prediction of deep coal-seam gas pressure and its application in coal mines[J]. Safety science，2012，50(3)：523-529.

[35] 安徽省地质矿产局区域地质调查队. 安徽省变质地质研究[M]. 合肥：安徽科学技术出版社，1987.

[36] 张晓磊. 巨厚岩浆岩下煤层瓦斯赋存特征及其动力灾害防治技术研究[D]. 徐州：中国矿业大学，2015.

[37] 程远平，王海锋，王亮. 煤矿瓦斯防治理论与工程应用[M]. 徐州：中国矿业大学出版社，2010.

[38] 曹代勇. 安徽淮北煤田推覆构造中煤镜质组反射率各向异性研究[J]. 地质论评，1990，36(4)：333-340.

[39] 胡宝林，汪茂连，宋晓梅，等. 宿东矿区煤的镜质组反射率与煤的构造破坏程度关系[J]. 淮南矿业学院学报，1995，15(4)：3-6，12.

[40] 蒋静宇. 岩浆岩侵入对瓦斯赋存的控制作用及突出灾害防治技术：以淮北矿区为例[D]. 徐州：中国矿业大学，2012.

第2章 煤矿岩浆岩侵入特征与热作用模型

地下深处形成的岩浆，在其挥发分及地质应力的作用下，会沿构造脆弱带上升至地壳上部或地表，在煤系地层中呈现不同的侵入形式和状态，且岩浆热场多以热传导方式作用于围岩。本章总结了岩浆岩的基本概念及其在煤系地层中的侵入特征，并对作用范围较广的岩床形成力学机制与模式以及岩浆热场热传导作用模型进行了系统介绍。

2.1 岩浆岩的形成、特征与分类

2.1.1 岩浆岩形成与物质组成

岩石是地球上层（地壳和上地幔）的主要物质，是构成地球岩石圈的主要成分。地球处于不断运动之中，不同的成岩过程导致了岩浆岩、沉积岩和变质岩的生成。岩浆岩，又称为火成岩，是由岩浆冷凝固结后形成的岩石[1-2]，约占地壳总体积的65%，总质量的95%。岩浆岩、沉积岩和变质岩彼此之间都有一定的转化关系，当时间和地质条件发生改变后，任何一类岩石都可以转化为另一类岩石，上述过程在不断循环地进行着，构成了成岩旋回，如图2-1所示[3]。

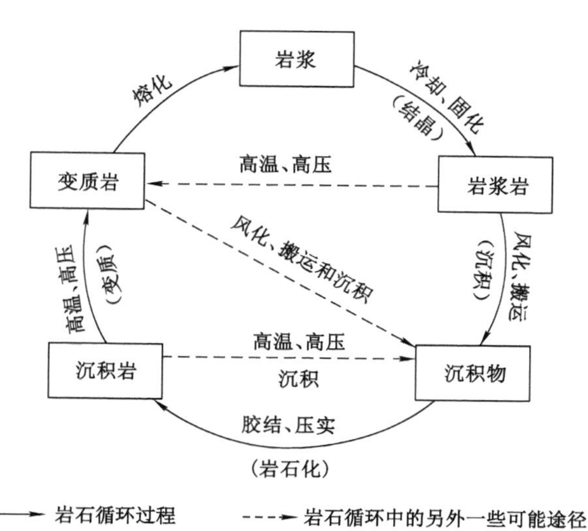

图2-1 成岩旋回[3]

岩浆岩成岩过程中，由于温度、压力等物理化学条件的改变，岩浆的性质、化学成分、矿物成分也随之不断变化，导致自然界中岩浆岩种类繁多、成分复杂。岩浆岩的物质成分主要包括化学成分与矿物成分，其中，岩浆岩的化学成分是组成岩浆岩的基本物质，也是岩浆岩分类的重要依据之一。根据已有的地球化学研究资料可知,地壳中所有的元素在岩浆岩中几乎均已发现,含量最多的是 O、Si、Al、Fe、Ca、Na、K、Mg 和 Ti,它们占岩浆岩总质量的 99.25%,尤其以 O 的含量最高,占总质量的 46.59%,占总体积的 94.20%。岩浆岩中 SiO_2、Al_2O_3、FeO、Fe_2O_3、CaO、Na_2O、K_2O、MgO 和 H_2O 等 9 种氧化物是最主要的物质,它们占岩浆岩平均化学成分的 99%左右,被称为主要造岩的氧化物。其中 SiO_2 的含量最多,Al_2O_3 次之,所以岩浆岩主要是由硅酸盐组成的,并常依据 SiO_2 的含量将岩浆岩划分为不同的类型。

岩浆岩中的矿物成分是岩浆作用的产物,它反映了岩浆岩的化学成分和形成条件,是岩浆岩分类命名的主要依据之一。组成岩浆岩的矿物种类繁多,最常见的矿物有 10 余种,包括橄榄石、辉石、角闪石、黑云母、斜长石、钾长石、石英及似长石类矿物等,其中长石含量最多,其次是石英,因此这两种矿物就成为岩浆岩鉴别和分类的重要依据之一。

2.1.2 岩浆作用

地下深处形成的岩浆在上升、运移过程中,岩浆的成分和物理化学状态不断变化,最终凝固成岩浆岩,这种包括岩浆的发生、运移和冷凝结晶的复杂过程的总体,称为岩浆作用。

岩浆作用按岩浆是侵入地壳中还是喷出地表,可以分为岩浆侵入作用和火山作用[4]。前者形成的岩石称为侵入岩,后者形成的岩石称为喷出岩。侵入岩又可以根据形成深度的不同而分为深成岩和浅成岩。喷出岩则包括由熔岩流冷凝的熔岩和由火山碎屑物质组成的火山碎屑岩。与火山作用有成因关系的超浅成至浅成的侵入岩称为次火山岩,一般所说的火山岩包括喷出岩、次火山岩以及大部分火山碎屑岩[5]。岩浆作用及其形成岩石的分类如图 2-2 所示。

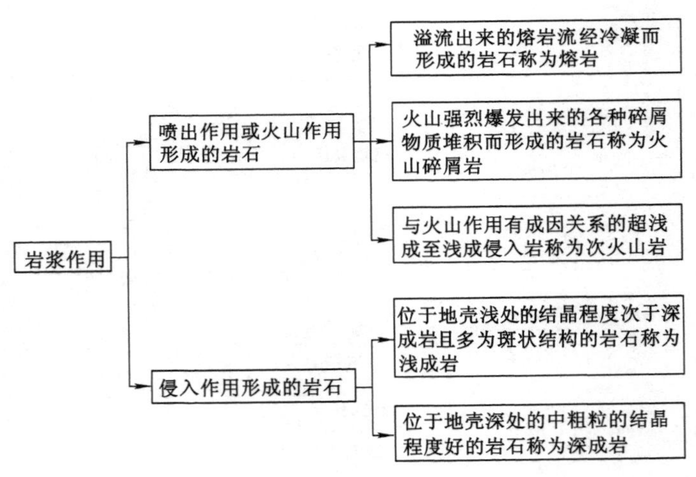

图 2-2 岩浆作用及其形成岩石的分类[5]

2.1.3 岩浆岩的产状

岩浆岩的产状是指岩体在地壳中的产出状态,它们是由岩浆岩的大小、形状、与围岩的接触关系及形成时所处的地质构造环境来决定的。在岩浆运动过程中,由于受到内外因素的影响,岩浆岩的产状是复杂多样的[5-6],如图 2-3 所示。

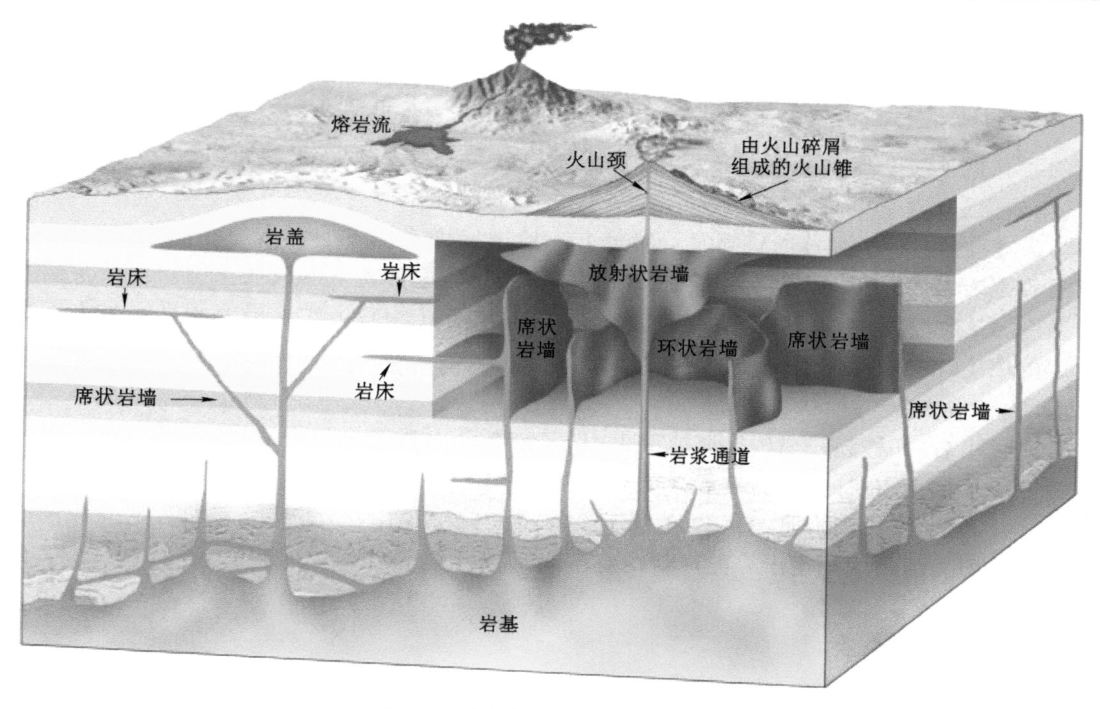

图 2-3　岩浆作用及岩浆岩产状[7]

（1）侵入岩的产状

根据侵入岩与围岩的接触关系，可将侵入岩分为整合侵入体与不整合侵入体两种[5-6,8]。整合侵入体是由岩浆沿层间裂隙侵入而成，岩体与围岩层理或片理呈平行整合接触关系，包括岩床、岩盖等；不整合侵入体的特征是截穿围岩层理或片理，一般是由岩浆沿斜交层理或片理的裂隙侵入形成，包括岩墙、岩基等。

① 岩床，是一种由岩浆沿层间侵入展布而成的层状侵入体，与围岩产状一致，其上下界面大致平行。岩床厚度一般稳定且较小，面积较大，常由流动性较大的基性岩构成。

② 岩盖，是上凸下平穹隆状的整合侵入体，中央较厚，边部较薄，平面上近似圆形。岩盖规模一般不大，直径多为 3～6 km，厚度不超过 1 km，多见于中酸性岩中，在基性～超基性岩中，又常用“岩盘”一词。

③ 岩墙，是指与围岩层理或片理斜交的脉状侵入体，其长度和深度远远大于厚度。其规模大小不同，厚度由数厘米到数十米，长度由数十米到数百米甚至数十千米。岩墙在断裂发育地区常成群出现，形成岩墙群，岩墙群中各个岩墙大致相互平行或呈放射状分布。

④ 岩基，是侵入体中规模最大的一种岩体，面积大于 100 km^2，平面上呈长圆形，直径由数十千米到数百千米，长度由数十千米到数百千米，有的甚至可达上千千米。它的顶部常呈不规则状，成分比较稳定，一般由花岗岩类组成。

（2）喷出岩的产状

根据岩浆从地下深处上升到地表的方式，可分为中心式喷发、裂隙式喷发和熔透式喷发三种类型。

① 中心式喷发，是指岩浆沿着管状裂隙喷发，喷发通道在平面上为点状，故又称点状喷

发。近代大陆上的火山多数属于这种喷发形式。中心式喷发形成的岩体主要为火山锥、岩穹、岩针等。

② 裂隙式喷发，是指岩浆沿一定方向的裂隙喷发，火山口沿断裂呈线状分布，故又称线状喷发。这种喷发多由基性岩架形成，喷出的熔岩呈平缓的大面积分布，形成典型的熔岩被、熔岩流、熔岩瀑布等。

③ 熔透式喷发，又称面式喷发。岩浆上升时，由于岩浆过热且具有很高的化学能，可将其上覆围岩熔透，使岩浆溢出地表，就形成熔透式喷发，这种喷发形成的火山岩产状主要是岩被[6]。这种喷发形式目前尚属推论性分析，部分学者认为我国东南沿海闽浙一带大面积出露的中生代中酸性熔岩正是由该喷发形式所形成的。

(3) 次火山岩的产状

次火山岩，又称超浅成侵入岩或潜火山岩，是在火山喷发过程中，由于火山口被熔岩凝固封闭或早期火山岩的覆盖，使后来上升的岩浆不能溢出，而侵入较浅的部位，冷凝形成的小岩体。因此，次火山岩是与火山岩系伴生的超浅成侵入体，是与火山岩同源不同相的产物。次火山岩的产状和喷出岩的产状略有不同，大致有层状、脉状、似层状、钟状、透镜状、环状、柱状或筒状等。

2.1.4 岩浆岩的分类

地壳中的岩浆岩种类繁多，它们在物质成分、结构构造、产状及成因等方面既存在着联系，又有差异，可以依据化学成分、结构构造和产状等几个方面对岩浆岩进行分类。

(1) 按化学成分分类

岩浆岩的化学成分是岩浆岩分类的重要依据之一，一般以 SiO_2 和碱质的含量来划分。

根据岩浆岩中 SiO_2 的含量，可将岩浆岩分为 4 类：酸性岩浆岩、中性岩浆岩、基性岩浆岩和超基性岩浆岩。4 类岩浆岩对应的 SiO_2 含量和颜色如下：

酸性岩浆岩：SiO_2 含量大于 65%，颜色浅，如花岗岩、流纹岩等。

中性岩浆岩：SiO_2 含量为 52%～65%，颜色较深，如安山岩等。

基性岩浆岩：SiO_2 含量为 45%～52%，颜色深，如玄武岩等。

超基性岩浆岩：SiO_2 含量小于 45%，颜色深，如橄榄岩等。

根据碱度，即 K_2O、Na_2O、CaO 的含量，可将岩浆岩分为两大系列：钙碱性系列和碱性系列。此外，根据岩浆岩中 K_2O、Na_2O、Al_2O_3、CaO 的相对含量，还可将岩浆岩划分为三种类型：正常类型，$CaO+Na_2O+K_2O>Al_2O_3>K_2O+Na_2O$；铝过饱和类型，$Al_2O_3>CaO+Na_2O+K_2O$；碱过饱和类型，$K_2O+Na_2O>Al_2O_3$。

(2) 按矿物成分分类

此种分类方法是按岩浆岩中矿物的种类及其相对含量进行的，一般以长石、似长石、石英及暗色矿物作为分类的基础。根据岩浆岩中暗色矿物（铁镁矿物）的百分含量（色率），可将岩浆岩划分为浅色岩（如酸性岩浆岩）、中色岩（中性岩浆岩）和暗色岩（基性岩浆岩、超基性岩浆岩）。根据组成岩浆岩矿物种类的数目，可分为单矿物岩（由一种或主要由一种矿物组成的岩浆岩，如纯橄榄岩、辉石岩、斜长岩等）和复矿物岩（由两种或两种以上矿物组成的岩浆岩，如花岗岩、闪长岩等）。

(3) 按产状分类

如前文所述，根据岩浆是侵入地下还是喷出地表，可将岩浆岩分为侵入岩和喷出岩。根据形成深度的不同,可将侵入岩细分为深成岩和浅成岩。每个大类的侵入岩和喷出岩在化学成分上是一致的,但是由于形成环境不同,它们的结构和构造有明显的差别。

2.2　岩浆岩在煤系地层中分布特征及主控因素

2.2.1　岩浆侵入煤系地层基本特征

岩浆侵入煤系地层时,由于其具有较强的流动能力,加上煤体受热后易于分解,往往构成了岩浆侵入的良好通道,所以岩浆岩多沿主要煤层分布,以平行沉积岩层并沿层间侵入为主。岩浆侵入围岩后,上下岩层加大的层间距,往往与侵入层间的侵入体厚度相似。除层间侵入体外也有部分侵入体沿一定方向斜穿沉积岩层活动,其结果不仅使围岩遭到破坏失去连续性,同时也会使部分岩层和煤层被侵入体侵蚀。当顶部围岩阻力大于岩浆上冲应力时,岩浆则改变其原来的活动方向,沿水平方向侵入松软的围岩层,形成不同规模的岩床、复式侵入体或岩盖等[7]。

岩浆岩对煤层的影响主要表现为机械破坏、侵蚀熔化和接触变质等作用[9]。岩浆溢出时具有一种上冲的拱力,作用在沉积盖层上,使得岩浆溢出附近的煤岩层移位或其连续性受损[7]。由于围岩的岩性不同且岩浆岩侵入的层位各异,故同一岩床不仅厚薄有所变化,其层数也不稳定,特别是遇有断层时,岩体会从原来的层位侵入其他层位[10]。岩浆顺煤层顶板流动时,可以将全部或一部分煤层熔化,造成煤层消失或厚度异常,在侵入区域,煤层受热演化作用而发生明显变质[11],煤的结构也会发生变化。靠近煤层顶板因硅化变硬,煤体可能受局部构造和岩浆侵入双重作用而变为糜棱煤。

2.2.1.1　侵入体的岩性和构造

侵入煤系地层中的岩浆岩大都为浅成岩,比较常见的有花岗斑岩、石英斑岩、正长斑岩、细晶岩、闪长岩、闪长玢岩、辉绿岩、辉绿玢岩和煌斑岩等。

岩浆侵入体的构造是指岩浆冷凝后发生的各种构造现象,称原生构造。常见的有原生节理和线状流动构造。例如,山东坊子煤矿正长斑岩的线状流动构造比较发育,表现为拉长的气孔和柱状正长石斑晶呈线状排列。岩浆侵入体的线状流动构造显示了岩浆流动方向。因此,岩墙具有直立的线状流动构造,岩床则有水平方向的线状流动构造。

2.2.1.2　侵入体的产状

侵入煤系地层的岩浆侵入体主要有岩墙和岩床两种产状,岩墙的破坏性较小,而岩床的影响范围则比较大。

(1) 岩墙

岩墙是岩浆沿地层薄弱部位(如裂隙、断层等)侵入而成的一种岩体,穿插在岩、煤层之中,两壁近于平行。岩墙可切穿煤层及其顶底板,与围岩层理斜交或近于垂直(图 2-4)。岩墙对煤层的破坏程度比较小,其范围仅限于侵入部位及其两侧煤层。侵入部位的煤体被侵蚀,两侧煤体发生接触变质,紧靠岩体处变为天然焦,稍远者为无烟煤或高变质烟煤。岩墙在平面上呈条带状分布,宽度由数十厘米至数十米,多为 2～3 m,延伸长度由数十米至数千米不等。当岩墙成组出现时,其方向大致相同,并与主要断裂线的走向一致[12]。

(2) 岩床

侵入煤层中的岩浆岩主要呈顺层侵入的波状起伏,岩体大小不一。煤系地层中的岩床

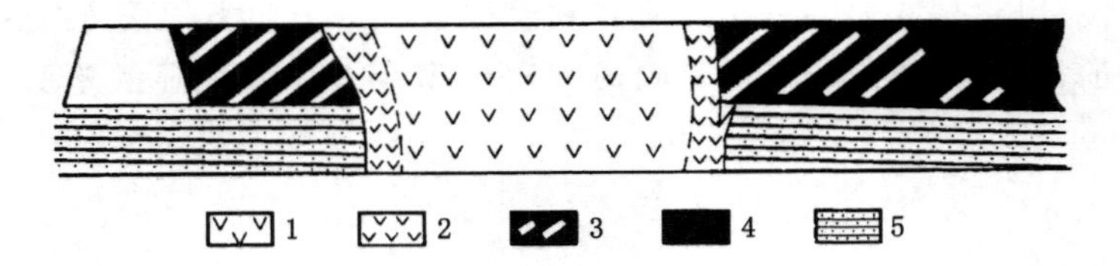

1—辉绿岩;2—微晶辉绿岩;3—天然焦;4—煤层;5—细砂岩。

图 2-4 切穿煤层及其顶底板的岩墙示意图[12]

是经由通道沿煤层顶板、底板或煤层中部侵入的,与围岩层理大致平行,呈层状或似层状产出。由于受岩体成分、规模及煤层本身的结构、构造、厚度等因素的影响,岩床的形态多种多样。从平面上看岩床近似圆饼状、椭圆状、舌状以及其他形状,边缘不规则,与煤层接触界线常参差不齐,一般厚度不大,较稳定,但面积较大。当岩浆以岩床形式侵入较薄煤层时,煤层可能被全部吞噬[图 2-5(a)]。当岩浆以岩床形式侵入较厚煤层时,在侵入部位,煤层被岩浆岩代替;在岩体周围,由于受岩浆热的烘烤,发生接触变质作用,紧靠岩体的部位变成天然焦,但由于受热时间短,均匀程度差,煤质很差,利用价值不高;在接触带附近,大都变为无烟煤或高变质烟煤,出现局部的煤质分带现象[图 2-5(b)]。

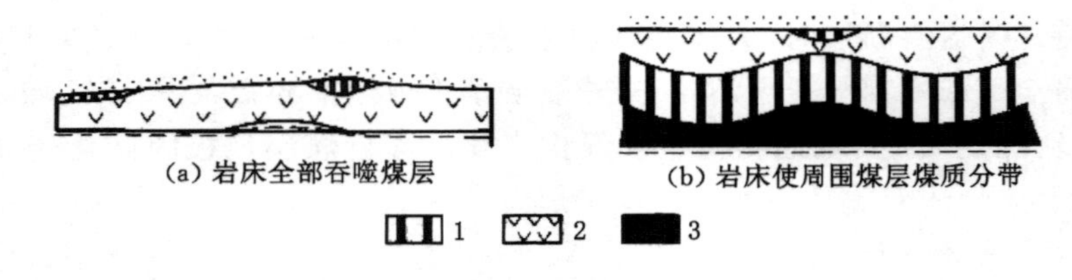

1—天然焦;2—岩浆侵入体;3—煤。

图 2-5 侵入煤层中的岩床示意图[12]

岩浆侵入煤层形成岩床的途径可以分为 4 类[13]:① 沿煤层顶板侵入[图 2-6(a)];② 沿煤层底板侵入[图 2-6(b)];③ 沿煤层顶、底板侵入[图 2-6(c)];④ 沿煤层中部侵入[图 2-6(d)]。

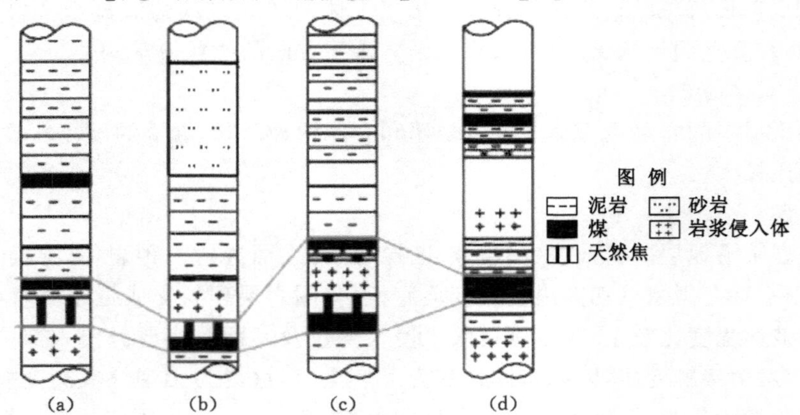

图 2-6 岩浆侵入煤层形成岩床的途径示意图[13]

当岩浆沿煤层顶板侵入时,由于岩浆的温度主要向上扩散,因而其下方煤层变质焦化带较薄，岩浆岩呈层状且为顶板，其下残留煤层厚度较大，仍可以回采；当岩浆沿煤层底板侵入时，由于岩浆热液侵蚀和烘烤作用对煤层的破坏程度很大，煤层被侵蚀或全变为天然焦，很难在岩床的上方找到较好的同煤层残留可采地段；当岩浆沿煤层中部侵入时，对煤层的影响也很大，一般使煤层被侵蚀或全变为天然焦。

（3）其他侵入体

除岩墙和岩床外，煤系地层中还有不规则岩浆侵入体（图2-7），包括似层状、波状、浑圆状、串珠状、树杈状、扁豆状、瘤状等形态，多发育在岩床等大型侵入体的边缘。此类侵入体对煤质破坏不大，仅在其周围产生少量天然焦，但对煤层整体性有较大破坏，严重恶化了开采技术条件，尤其对机械化采掘有较大影响[12]。

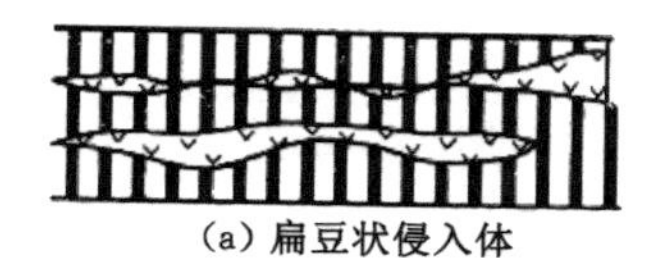
(a) 扁豆状侵入体

(b) 瘤状侵入体

1　2　3

1—天然焦；2—岩浆侵入体；3—煤。

图2-7　不规则岩浆侵入体[12]

侵入体形态多种多样，就对煤层破坏程度而言，似层状、波状侵入体对煤层破坏最严重，往往造成大面积的不可采区，而串珠状、扁豆状侵入体多见于边缘，岩体不大，残留煤层尚可采，但对煤质的影响较大[14]。例如，濉萧矿区燕山期岩浆岩有4种：花岗斑岩、闪长玢岩、闪斜煌斑岩和辉绿岩-辉绿玢岩。花岗斑岩的产状为一岩株，侵入朔里煤矿和孟庄煤矿之间，称丁里岩体。其余三种岩浆岩的产状均为岩床，顺煤层及其顶底板侵入[15]。

2.2.1.3　岩浆侵入形式

美国岩石学家R. A. Daly[16]认为，岩浆侵入分两种形式：一为贯入式，二为注入式。贯入式是岩浆在构造运动形态下进入空隙和裂隙，裂缝已先存在，岩浆稍后侵入；注入式是以其本身的内力（机械作用为主、同化作用为辅）推开或熔融围岩，占据地壳中的空间。例如，黑龙江省勃利煤田龙湖区岩浆多沿层面挤开地层，使层间距加大，而占据其中，对围岩的同化作用微弱，一般缺失5～10 m，这种岩浆侵入方式属于注入式[17]。多数煤矿中两种侵入形式共同作用，如河北省柳江盆地内的柳江煤田位于盆地中部偏东低山丘陵区，岩浆在压力作用下突破地壳软弱面后，一部分沿通道继续上升到达地表，在老君顶、傍水崖、北峪附近堆积了中性火山熔岩（玄武粗安岩、粗安岩、粗面岩）和次火山岩（粗安岩），另一部分则以张性断裂为主要通道，在通道附近形成了岩墙和岩株并吞噬煤层。岩浆到达煤层附近后沿煤层、（碳质）泥岩等软弱层间面、裂隙、节理横向侵入煤层，形成平行于煤层的岩席和穿插于煤层的岩脉（图2-8）[18]。岩浆向远端扩散的过程中压力逐渐减小，对煤层的破坏程度也越来越弱。

华北石炭～二叠纪煤系地层岩浆岩侵入以复式层状岩床为主，其次有岩斗、岩盖、岩墙、岩脉和小型球状侵入体等，初步统计主要在煤系地层山西组或太原组煤层中侵蚀[9]。德国学者A. Gudmundsson[19]提出了岩床形成的三种主要机制：Cook-Gordon（库克-戈登）机制、应力阻碍机制、弹性不匹配机制，认为当岩浆岩沿着断层向上发展的时候，遇到不连续接触面的时候，可能会停止侵入，也可能沿着接触面一侧或双侧发生偏转侵入（图2-9）。

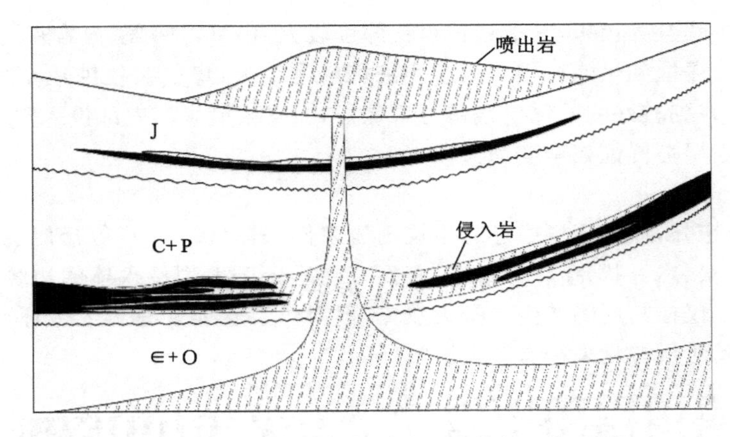

图 2-8　柳江盆地晚侏罗世中性岩浆侵入模式[18]

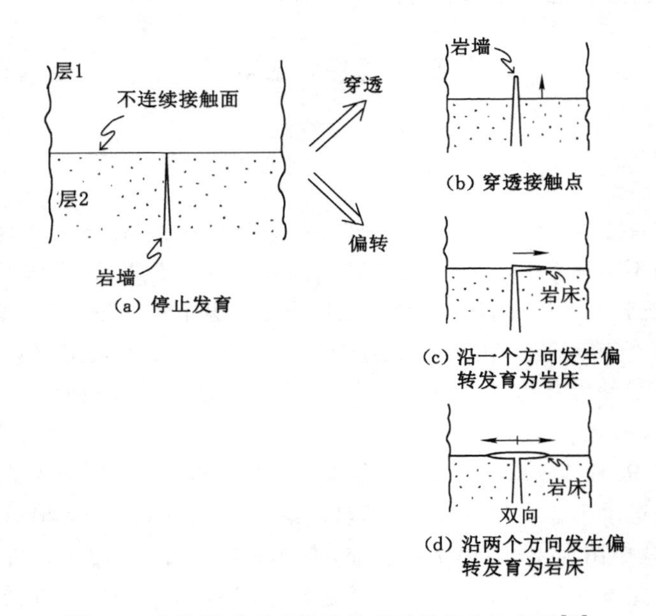

图 2-9　岩墙遇到不连续接触面可能发生的情形[19]

(1) Cook-Gordon 机制

对于均匀的各向同性材料，拉应力平行于延伸断裂的裂缝。这意味着只要接触部位的抗拉强度小于相邻岩石层抗拉强度的 20%，由岩墙引起的拉伸应力就可能使岩墙在接触部位发生偏转侵入。对于典型的原位岩石抗拉强度为 2～3 MPa，这意味着要侵入接触部位，其抗拉强度至少为 0.4～0.6 MPa。后一值与玄武岩中常见的最小原位抗拉强度非常相似。因此，这是在玄武岩熔岩桩中主要的浅成岩床的形成机制。动态裂缝扩展实验表明，Cook-Gordon 脱黏是复合材料分层的常见机理。这些动态裂缝的扩展对断层的传播有明显的影响，因为它们虽然是动态裂缝，但同时也与岩墙的准静态传播有关。在地质方面，实验表明，当垂向传播的岩墙接近接触点时，特别是在地壳的最上面 1～3 km 处，主要是接触本身的拉伸强度决定了脱黏是否发生。在满足接触点开放的情况下，只要应力场满足条件，则岩浆可能会发育为岩床或沿着接触点发生偏移。

（2）应力阻碍机制

通过接触旋转的主应力，局部应力场可以决定岩浆岩在侵入的过程中是否发生偏转。近年来相关学者已经对这一机制进行了许多研究，相关研究表明在凝灰岩岩层和玄武岩熔岩流的上部接触处，最大主压应力变为水平。由于岩墙是一种延伸断裂，它必须沿与最大主压应力平行的方向传播(因此垂直于最小主压应力)。因此，岩墙遇到凝灰岩岩层和玄武岩熔岩流之间的上部接触处时，局部应力阻碍了它的发展，使得岩墙的发育立即停止或者也可能沿着接触面一侧或双侧发生偏转侵入而形成岩床。

（3）弹性不匹配机制

弹性不匹配机制可以使岩墙沿接触面发生偏转并形成岩床，这与接触层和相邻岩层之间材料韧性的差异有关。一般来说，韧性表示材料在塑性变形和断裂过程中吸收能量的能力。根据相关学者研究现状表明，通过柔性火山碎屑层或沉积层向刚性玄武岩熔岩流传播的岩墙将比从柔性熔岩流向柔性火山碎屑层传播的岩墙更容易向接触处发展。该结论得到了许多关于裂缝扩展和不同层之间的接触实验和地质模拟实验的支持。当岩墙由于主压应力是水平方向而受到阻碍不易发生偏转时，从软岩向坚硬层传播的岩墙往往会在接触处被阻挡。

岩床在形成过程中，会对煤层产生“挤劈”和“熔蚀”两种作用。这两种作用均造成煤层物质成分的损失。“挤劈”使煤层移位而导致煤层变薄，“熔蚀”则使煤层因脱挥发分和水-气作用而消亡或部分消失。岩浆侵入对煤层产生强大的推挤力，使煤层变形、煤层厚度变化加剧，破坏了煤层厚度的稳定性。岩浆侵入范围越广泛的地区煤层厚度越薄[20]。

2.2.2　岩浆岩分布主控因素

岩浆岩侵入体的活动一般受断裂构造和岩层的产状控制，在井田内侵入体多沿大断裂带或断层两侧呈不对称分布，大型侵入体多出现在大型断裂，特别是不同方向断裂的交接部位或附近，复式侵入体则多出现在较大断裂的两侧，而岩脉及不同形状的小型侵入体多出现在小型断裂和构造裂隙部位或大型侵入体的近旁[21]。华北石炭～二叠纪煤系地层中岩浆岩侵入体一般是在山西组煤层顶板，局部区域沿煤层底板侵入，这主要由煤层顶底板岩性决定。岩浆侵入对煤矿生产影响极大，而地质构造是控制岩浆侵入和岩浆岩展布的重要因素。

岩浆从岩浆源向上侵入，需要断裂作为通道。岩浆侵入期前或侵入期间产生的断裂对岩浆侵入和侵入体分布起控制作用，而岩浆侵入期后产生的断裂，对岩浆侵入和侵入体分布不起控制作用，但对先期侵入体起切割和改造作用。由于岩浆的热膨胀性及其密度小于周围介质的，且断裂构造促使地壳或上地幔顶部局部地段的压力释放而产生低压区，因此岩浆向上运移。上升着的岩浆把围岩推向两侧或向上掀起，或者淹没、侵蚀部分上覆岩层，在地壳上部一定的构造空间定位和固结成岩(少数情况下，岩浆在地壳下部或上地幔顶部固结)；有些岩浆则通过裂隙或火山孔道到达地表，并冷凝成岩[22]。

一般情况下，张性和张扭性断裂开启程度较好且侧压较小，对岩浆运动的阻力亦较小，便于岩浆侵入，切割深、延展长的张扭性断裂更有利于岩浆的活动。岩浆侵入煤层的规律可总结为以下几点：

(1) 煤层厚度越大，侵入煤层中的侵入体厚度越大，分布面积越广，形态越复杂。在厚煤层中，常可见到侵入体从煤层下部穿到煤层上部，再由上部穿到下部的现象；在薄煤层、局部可采煤层和被水流冲蚀的煤层中，侵入体分布比较零星，面积较小。

（2）夹石层的导热性和透气性较低，化学稳定性较高，可起隔热和屏蔽作用，从而限制岩浆在煤层中的活动。因此，煤层中夹石层的有无、厚薄、性质和分布情况控制着侵入体在煤层中的分布和对煤层的影响范围。

（3）一般情况下，灰分较低、物性较软、变质程度较低的煤层或煤分层，因其抵抗熔蚀和侵入的能力较小，故岩浆易于侵入，影响范围较大。

（4）岩浆侵入受断裂通道大小和煤层产状的影响。一般情况下，作为岩浆上升通道的断裂越大，则岩浆来源越丰富，沿断裂侧向岩浆的侵入距离越长，分布面积越大；岩浆沿断裂通道侧向侵入煤层，向煤层上山方向比向下山方向易于扩散。因此，上山方向煤层被岩浆破坏更严重。

我国东部断裂构造非常复杂，仅就规模较大的断裂而言，按照断裂与块体之间的关系可分为三组：① 切割两个或两个以上大构造单元（陆块或陆缘增生的复合造山带）的大型走滑断裂；② 大构造单元之间的边界断裂和与边界断裂相平行的大型边缘断裂；③ 大构造单元内部次一级构造单元的边界断裂以及次级构造单元中规模较大而又成组出现的断裂[23]。

华北地区淮北煤田卧龙湖煤矿是受岩浆侵入较严重的矿井之一，分析区域构造对岩浆侵入的控制作用如下[24]：

我国东部燕山期岩浆活动非常发育，需要大规模的热量补给，岩浆的热源从板块消减作用中得到。岩浆物质来源于从消减板块上的洋壳沉入地幔发生局部熔融而产生的上升物质，与伊邪那岐（Izanagi）板块俯冲华北板块有关，属于环太平洋构造-岩浆带。晚侏罗世末期，在伊邪那岐板块碰撞、俯冲华北板块的持续作用下发生了上述的板块消减作用，产生了大量岩浆并发生大面积的岩浆侵入，此过程受区域性断裂的控制作用明显，最为典型的当属郯庐断裂。岩浆沿郯庐断裂等一系列大断裂上升而侵入淮北煤田，并在北北东向的郯庐断裂与近东西向的宿北断裂交会处、近东西向的宿北断裂与北北东向的丰涡断裂交会处上升到陆壳浅部，形成了多处岩体。地质调查发现，卧龙湖煤矿附近存在的较大岩体有两处：① 东南部距离 30 km 处的三铺岩体，为中性闪长玢岩岩性，面积为 46 km^2，产生于北北东向的郯庐断裂与近东西向的宿北断裂交会处，为燕山期和四川期多期岩浆活动叠加；② 南部距离 12 km 处的邹楼岩体，为闪长玢岩含石英闪长岩，面积为 11 km^2，产生于近东西向的宿北断裂与北北东向的丰涡断裂的交会处。研究表明，三铺岩体产状受区域构造控制明显，呈北北东向，且位于宿北断裂南侧，离井田较近，对区内煤层有一定影响。邹楼岩体对本区影响巨大，为本井田岩浆发育的源基，说明岩浆总体上是自南向北侵入本井田，进入井田以后，其侵入方向由矿井构造控制，并在构造交会处形成侵入煤层的上升通道。

2.2.3 淮北煤田岩浆岩分布特征

深成变质作用使淮北煤田煤的变质程度达到气煤、肥煤阶段，但现今淮北煤田煤的变质程度远远超出此范围，即从气煤到无烟煤，直至天然焦均有分布，如图 2-10 所示[7]。在淮北地区，基本上可以分为南北两个带，以临涣-宿州为分界线，分界线以南区域，煤变质程度低至中等，以气煤、肥煤为主，其次为焦煤，仅少数矿区出现了高变质程度的煤；分界线以北区域，如闸河矿区、砀山矿区等，煤的变质程度较为复杂，以高变质程度的瘦煤、无烟煤和天然焦为主，但部分地区仍分布有气煤、焦煤等低变质程度的煤。虽然淮北地区地质构造复杂，褶皱断裂构造极为发育，但是研究表明动力变质作用对淮北煤田煤体变质程度的影响并不明显。因此，可以认为，淮北煤田在原有深成变质作用的基础上，叠加了淮北地区星罗棋布的各种岩性的浅成岩浆的热力变质作用，促使岩浆附近煤层发生了第二次演化。岩浆侵入多发生在燕山期，少数为喜马拉雅期，岩浆的侵入规模不大，其影响范围并不广泛，只是在岩浆附近的煤层发生了不同程度的变质作用。据统计，淮北矿区80%的矿井存在岩浆侵入煤层现象，其中海孜煤矿、杨柳煤矿、卧龙湖煤矿等井田岩浆活动极其频繁且范围较广，多以岩床形式赋存。

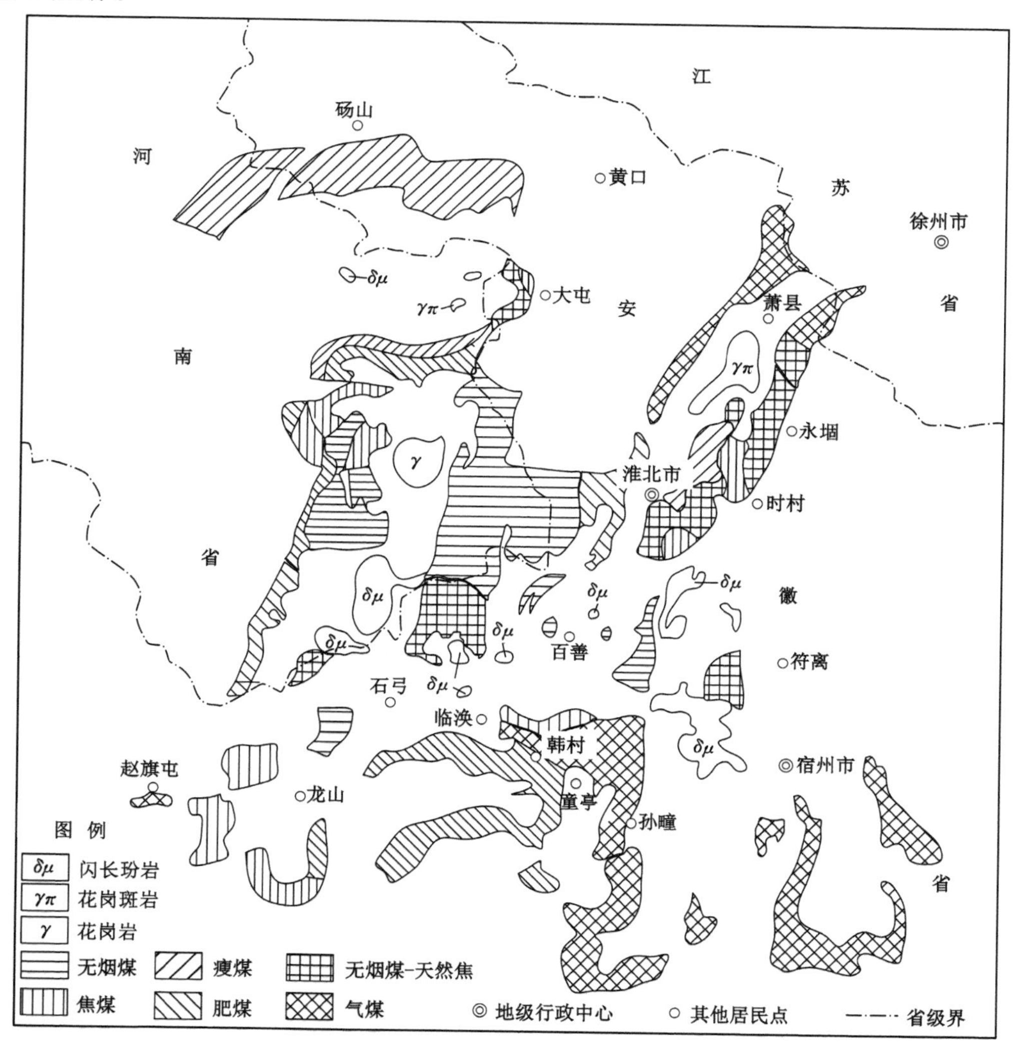

图 2-10　淮北煤田10煤层煤种分布图[7]

(1) 海孜煤矿岩浆岩分布特征

海孜煤矿位于东西向展布的宿北断裂以南，地表距离宿北断裂6 km左右，区域构造主要受宿北断裂控制。井田内南北向分布的大刘家断层与切割井田深部的宿北断裂连通，为地壳深部岩浆沿宿北断裂上涌后侵入井田提供通道。井田内的大马家断层、吴坊断层、F_3断层（大刘家断层的派生断层）等与大刘家断层直接或间接连通的断层和裂隙控制着井田岩浆岩的运移和分布[图2-11(a)]。井田岩浆活动时空演化过程可概括为：在燕山期，地壳深部岩浆沿宿北断裂上涌并通过宿北断裂上盘涌向大刘家断层，进而由北向南侵入井田，然后通过与大刘家断层相连的断层由东向西侵入井田断层破碎带，最终沿煤层顶底板侵入井田各煤层，或吞噬整个煤层(如5煤层)。地面钻孔和生产揭露结果表明，海孜煤矿的岩浆岩产状主要包括岩墙和岩床，以岩床为主[图2-11(b)]。

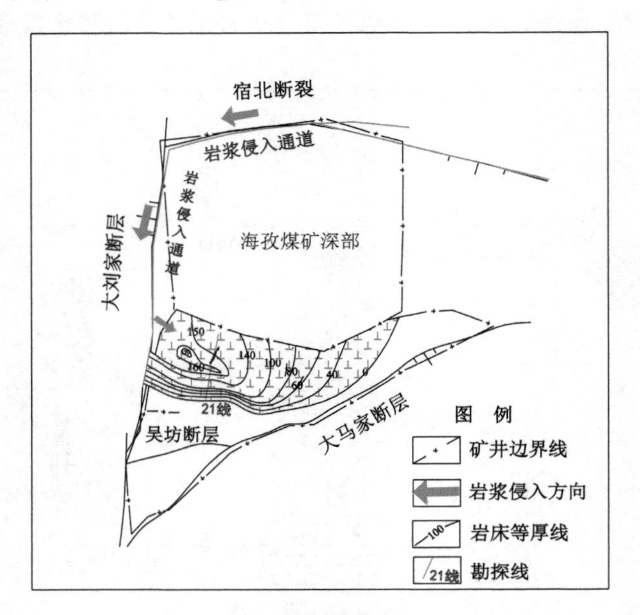

(a) 岩浆侵入平面图

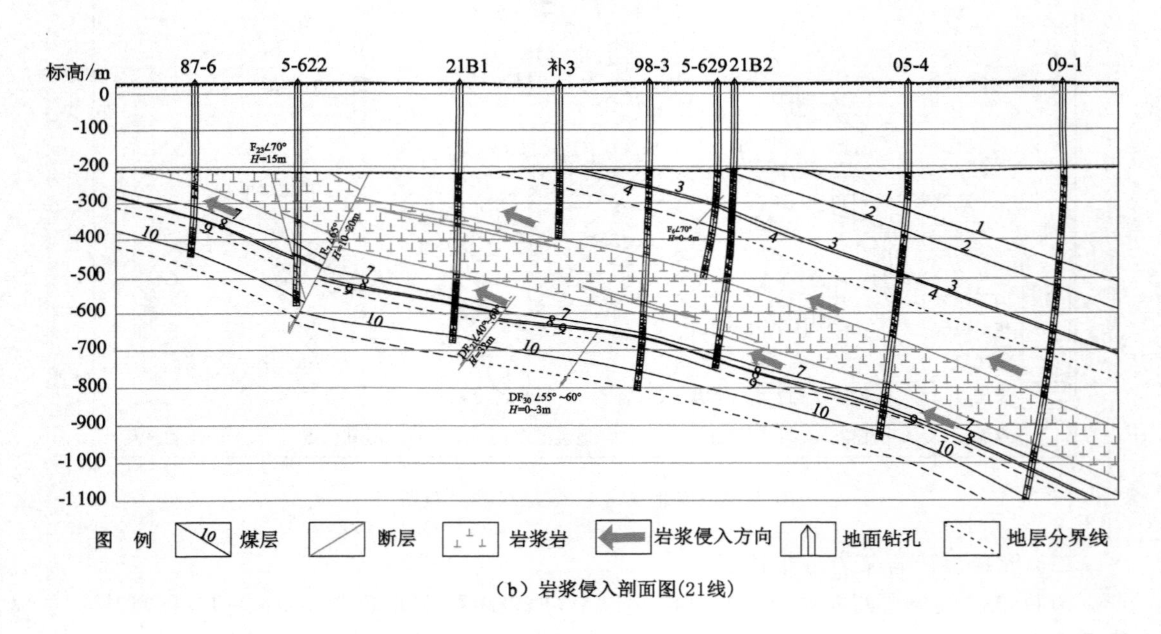

(b) 岩浆侵入剖面图(21线)

图2-11 海孜煤矿岩浆活动示意图[7]

(2) 杨柳煤矿岩浆岩分布特征

杨柳煤矿同样位于宿北断裂以南，井田内岩浆活动较为剧烈，井田内所有煤层几乎都受到岩浆侵入的影响，其中7_2、8_2、10煤层受影响最大，岩浆岩产状多为岩床。在燕山期早期，地壳深部的岩浆沿宿北断裂上涌，由北向南侵入井田。井田范围内断层构造纵横交错，因此岩浆运移通道较多，其中大牛家断层、戴庙断层及与其连通的其他断层共同控制着杨柳煤矿的岩浆岩分布，如图 2-12 所示[25]。杨柳煤矿 107 采区不受岩浆侵蚀影响，而 104、106 采区均分布着三层岩浆岩：第一层岩浆岩平均厚度为 33.40 m，位于 5_1 煤层上方，侵入范围几乎覆盖了整个 104、106 采区，且在戴庙断层附近出现分层现象；第二层岩浆岩平均厚度达 40.24 m，位于第一层岩浆岩下方和 7_2 煤层上方，与第一层岩浆岩的平均距离为 67.00 m，侵入范围几乎覆盖了整个 104 采区和大部分 106 采区；第三层岩浆岩侵入 10 煤层及其下方，侵入范围位于 104 采区西南侧和 106 采区东北侧，厚度差异极大，为 1.66～66.50 m。第一层、第二层岩浆岩以岩床形式分布于 5 煤层顶板及 7_2、8_2 煤层顶板上方，可被称为封顶岩床；沿 10 煤层侵入的第三层岩浆岩在平面上看呈环状，将 104、106 采区包围起来，可称为环形岩墙。另外，大牛家断层、戴庙断层均为封闭性正断层。这种封顶岩床、环形岩墙与封闭性

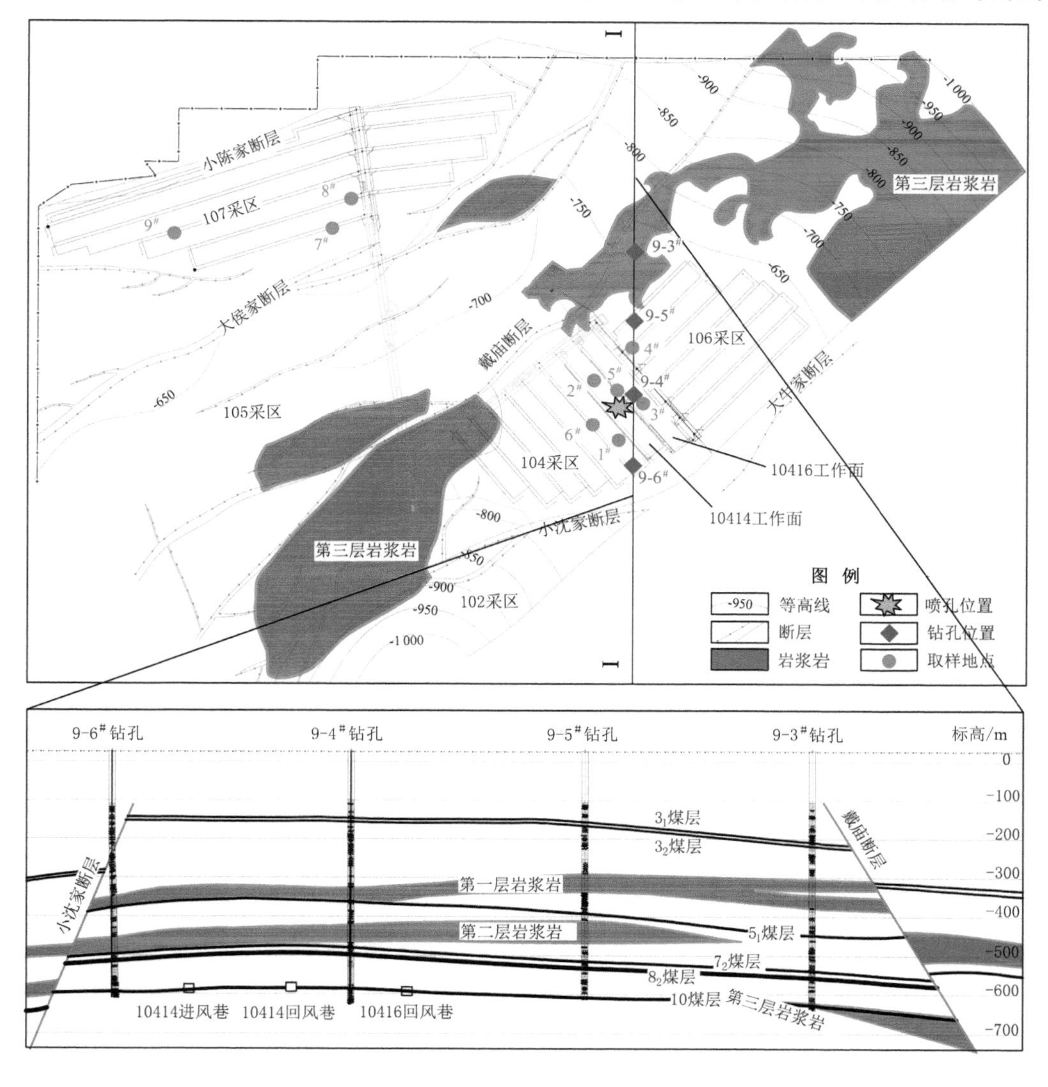

图 2-12　杨柳煤矿岩浆岩分布平面和剖面示意图[25]

正断层的组合形成了天然的“瓦斯封存箱”，对煤层中的瓦斯起到了较好的“圈闭作用”，该区内发生了地面钻孔喷孔动力现象。

（3）卧龙湖煤矿岩浆岩分布特征

卧龙湖煤矿位于徐淮前陆褶皱冲断带弧顶中部的外侧，宿北断裂的北侧上升盘，井田位于NNE向展布的F_2和F_7正断层所夹的地垒构造中，如图2-13所示[26]。燕山期地层深部岩浆上涌并沿宿北断裂由南向北侵入井田，沿F_2、F_7断层由南向北侵入并充满断层破碎带，断层破碎带的岩浆再沿着与F_2、F_7断层沟通的井田内部24条大中型断层涌入较小的断层和地质破碎带。最终，岩浆沿煤层顶底板侵入卧龙湖煤矿各煤层。由图2-14可以看出，卧龙湖煤矿南一采区沿10煤层顶板侵入的岩床在平面上呈现包围状，即“环形岩床”，其厚度分布相对均匀，平均厚度为4 m左右，覆盖在10煤层顶板[26-27]。10煤层的采煤工作面多布置于环形岩床圈闭区，煤层瓦斯出现异常赋存特征，且易发生煤与瓦斯突出事故。同时，由于受岩浆岩吞噬作用，卧龙湖煤矿南一采区单一主采煤层10煤层50％以上的区域为不可采区。

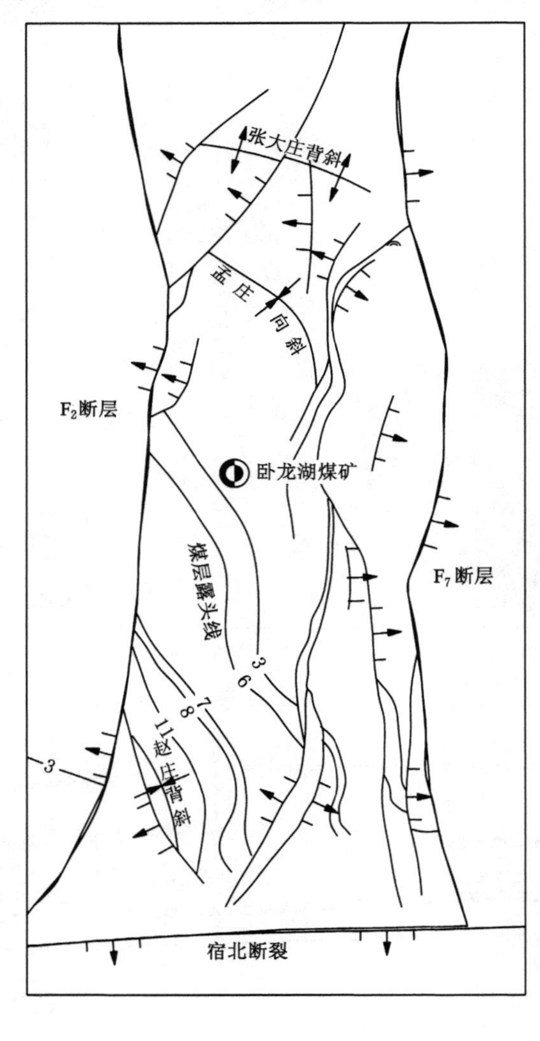

图2-13　卧龙湖煤矿构造纲要图[26]

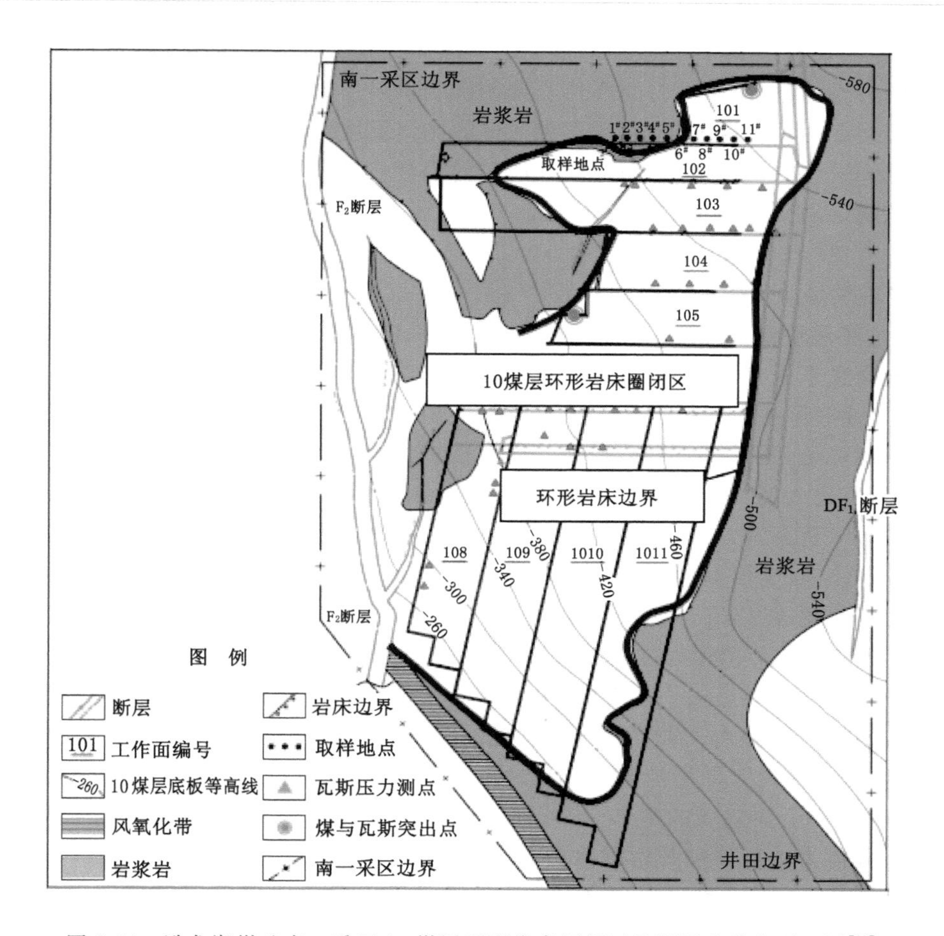

图 2-14　卧龙湖煤矿南一采区 10 煤层环形岩床圈闭区及测压点分布平面图[26]

2.3　岩浆侵入体热传导模型

2.3.1　岩浆热场的基本特征

地下深处高温熔融物质沿构造脆弱带上升，侵入煤系地层中形成侵入体，这种侵入体在沉积盆地中普遍存在，厚度一般为几米到几十米，上百米的较少，岩性有辉绿岩、安山岩和玄武岩。尽管岩浆侵入体厚度不是很大，但其具有异常高温（可达 13 000 ℃），带来的热源对沉积有机质成熟演化的影响很大。岩浆的温度往往随岩浆成分的不同而存在差异，酸性岩浆的温度为 700～900 ℃，中性岩浆的温度为 900～1 000 ℃，基性岩浆的温度为 1 000～13 000 ℃[28]。

“岩浆热场”指的是由岩浆引发的瞬间热场，实际上就是岩浆对围岩的热效应。岩浆的侵入是形成高温热场的最佳可能，岩浆热场具备如下几个方面的特征[29]。

（1）岩浆热场以热传导为主

岩浆岩与围岩间的热传递属于固体之间的热传递，以热传导为主[28]。虽然热对流和热辐射在某些条件下也存在，但是较热传导要弱得多。岩浆侵入后，形成的侵入体与围岩存在温度差，在温度差的作用下，热量由温度高的区域向温度低的区域传递。当这些高温岩浆大规模侵入围岩时，将有足够的时间和热容量使围岩增温形成热场，并引起围岩热力变质。与侵入体直接接触的围岩温度较高，远离侵入体的围岩温度逐渐降低，形成一个以岩浆熔体为中心的热场，并出现一个明显的由内向外递减的温度梯度。侵入体对围岩的热力影响有一个较大的范围。岩浆热场范围的大小和形状还与侵入体的温度、成分、形态、大小、侵入深度及围岩性质有关[30]。

(2) 岩浆热场持续的相对时间较短

岩浆(尤其是酸性岩浆)上升的速度慢、降温慢、向围岩散热范围广、持续时间长。热场持续的时间取决于岩浆冷却的速度。一般来说，热场持续的时间很短，只有几年、几万年或几百万年，上述时间相对于地质演化史来说仅仅是一瞬间。因此，岩浆热场属于突发性热事件产生的瞬间热场，是一个由岩浆引发的规模很小、时间很短的热场。

此外，岩浆侵入及其冷却过程中发生的事件，不包括岩浆冷却固结后由于放射性元素蜕变而产生的热。琼东南盆地长昌坳陷烃源岩成熟度的研究表明，一个面积为 3 000 km^2 厚约 10 km 的侵入体，对围岩温度场有显著影响的时限不超过 1 Ma，对烃源岩有机质成熟度影响的最大距离不超过 2 km[30]。

(3) 岩浆热场与等温面大体垂直分布

岩浆热场的热分布是极不均匀的，主要取决于岩浆的性质、规模和其岩体的形状，并且还可能受构造活动的影响。岩浆热场的热是围绕岩浆岩岩体分布的，靠近岩体温度高，远离岩体温度低，但不受地壳深度控制。岩浆的垂直上升特征，决定了岩浆热场的等温线大体是垂直分布的，不同于地热场的水平分布，如图 2-15 所示(图中呈水平分布的为地热场，岩浆热场等温线大体为垂直分布并切割地热场，花岗岩来自下地壳底部部分熔融区)。岩浆热场的顶部形态因岩体侵入的位置不同而改变。此外，岩浆热场的分布还与构造有关，如果有开放性的构造，可以把热传递到远离岩体的部位，但对于岩浆热场来说，这种现象是局部的。

(4) 岩浆热场的作用范围

岩浆热场影响范围相对规模较小(与地热场相比)且变化很大，通常离岩体几米或几千米。由于侵入体的性质不同，其热作用影响范围存在差异也是可能的，比如岩浆初始温度、热传导、热扩散率、热容、密度等岩石物理和热性质参数的不同必然会导致热影响范围的不同。再者，关于侵入体热模拟的模型有多种，采用参数的差异会导致热模拟结果存在较大的差别。另外，潜热、围岩水的汽化作用传热等都将影响热作用范围[28]。一般小岩墙、岩株、岩脉影响的范围很小，通常离岩体接触带几米或十几米；而岩基的影响范围就大一些，有些接触变质带的宽度可达 1 km，热场则可超过岩体边界几千米。如果是一个辉绿岩岩墙，由于它的黏性低，侵入的速度快，所形成的热场的宽度就大大不如花岗岩岩墙，大约只有几米或几十米，持续的时间也非常短暂(图 2-15 中①)。50 m 宽的侵入体的有效影响范围约 200 m，而 100 m 宽的侵入体的有效影响范围约 500 m[21]。规模较大的热场可能由一个大岩体或岩基引起，热场的宽度比岩墙形成的大得多，持续的时间也长得多(图 2-15 中②)。图 2-15中③为规模巨大的岩浆热场，由大规模的岩浆活动引起，大规模岩浆活动必定有多期岩浆的侵入，图中分为 4 期，分别以红色、蓝色、绿色和黄色表示，持续的时间约几个或十几个百万年。

目前研究中对侵入体引起围岩的热蚀变强度认识不一，如 W. G. Dow[31] 通过对侵入体附

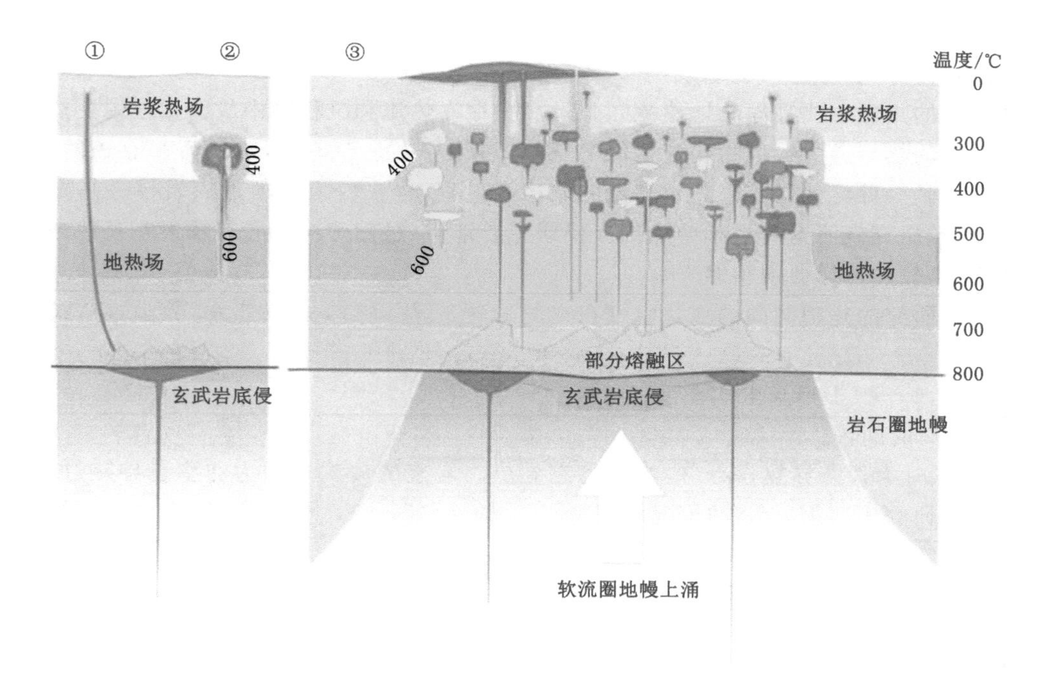

①—规模较小的岩浆热场；②—规模较大的岩浆热场；③—规模巨大的岩浆热场。

图 2-15 岩浆热场示意图[30]

近围岩镜质组反射率数据分析，认为火山侵入体引起围岩热蚀变的影响范围可以达到侵入体厚度的两倍。陈荣书等[32]研究认为热蚀变的影响范围可以达到侵入体厚度的4倍。H. S. Carslaw 等[33]认为热蚀变的影响范围为侵入体厚度的1.0～1.5倍比较合适。E. N. Rodnova、V. V. Kazarinov、A. E. Kontorovich 等通过对西伯利亚地台岩床、岩墙的研究，认为其引起热蚀变的影响范围为30%～50%岩床/岩墙的厚度，很少能超过1倍岩床/岩墙厚度[34]。Y. I. Galushkin[35]通过较多实例分析，认为热蚀变的影响范围为50%～90%岩床/岩墙的厚度。M. Mastalerz 等[36]认为热蚀变的影响范围为侵入体厚度的1.2倍。

(5)热场大致可分为高温热场和低温热场

图 2-15 中②和③表示了温度为600 ℃和400 ℃的热场范围[30]。高温热场的温度大于500 ℃，该温度有利于流体的运动和流体从围岩中萃取出金属组分；温度低于400 ℃的热场为低温热场，低温热场的温度虽然低，但是也能够明显改变煤和石油的品质。岩浆热场的热量主要来自未固结的岩浆，岩浆加热了围岩，使下地壳、中地壳和上地壳的下部在一个短暂的时间内保持一种高热状态[30]，造成该区域地热梯度相对周边地区明显上升，使之形成一个局部的热场。

2.3.2 非稳态热传导的基本理论

热传递的基本表现方式有三种：热传导、热对流和热辐射。热传导是物体内部不存在相对位移时，仅依靠微观粒子以热运动的方式来实现热量的传递，在固体、液体和气体中都有可能发生。热对流是依靠流体的流动使温度趋向均匀，把热量从一处传递到另一处，其中包括自然对流和强制对流两种形式，前者由于温度不均匀而自然发生，后者由于外界对流搅拌而形成。热辐射是高温物体通过电磁波传递能量的方式，热辐射的强度与温度有关，是真空中唯一传热的方式。

地壳内的热源主要是深成地热流，它是地壳、地幔热流和沉积物中放射元素蜕变热流的总和。其中的热传递方式也主要包括以上三种，热传导占主导地位，热对流和热辐射次之。而岩浆侵入是一种给地层带来短暂高温的非稳态过程，岩浆侵入向附近煤岩传递热量的同时自身降温，研究表明这一过程中热传导仍居主要地位，虽然热对流和热辐射在某些条件下也存在，但是较热传导要弱得多[37]。

热传导研究的是随时间的变化温度在空间的分布，用 $T(x,y,z)$ 表示，数学表达式为：

$$T(x,y,z)=f(x,y,z,t) \tag{2-1}$$

式中　x,y,z——坐标系中的坐标，m；

t——时间，s。

当 $t=0$ 时为稳态导热，$t\neq 0$ 时为非稳态导热。岩浆的侵入过程为非稳态导热过程，因此本书主要研究内容为 $t\neq 0$ 的情况。

傅里叶定律是基于大量的实验结果提出的，它能够较好地揭示出导热物体内热量与温度梯度之间的联系，表达式为：

$$\frac{\mathrm{d}Q}{\mathrm{d}t}=-\lambda F\frac{\partial T}{\partial n} \tag{2-2}$$

式中　Q——热量，J；

λ——导热系数，W/(m·K)；

F——热面积，m^2；

$\frac{\partial T}{\partial n}$——沿 n 方向上的温度梯度，K/m；

负号表示热量传递是向着温度降低的方向进行的。

从能量守恒出发，结合傅里叶定律，可以通过分析导热过程中能量守恒的关系，得出关于物质微元体的导热微分方程式。取导热过程中物体的微元体，以直角坐标系形式显示，如图 2-16 所示。

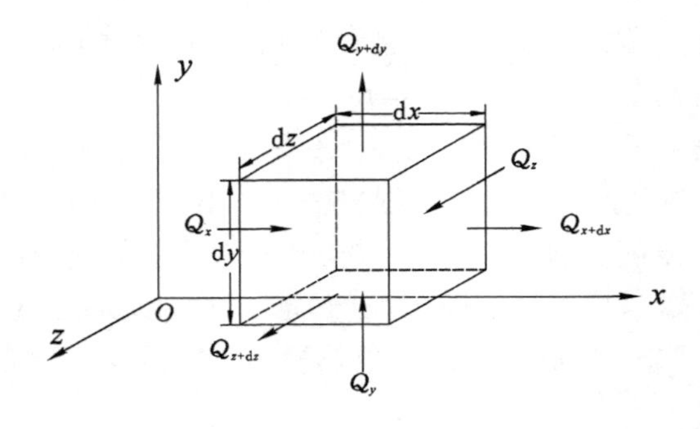

图 2-16　热传导微分方程推导图

根据傅里叶定律，单位时间内通过 x,y,z 三个表面导入微元体的热量为：

$$Q_x=-\lambda_x\frac{\partial T}{\partial x}\mathrm{d}y\mathrm{d}z \tag{2-3}$$

$$Q_y = -\lambda_y \frac{\partial T}{\partial y} \mathrm{d}x\mathrm{d}z \tag{2-4}$$

$$Q_z = -\lambda_z \frac{\partial T}{\partial z} \mathrm{d}x\mathrm{d}y \tag{2-5}$$

而单位时间内通过 $x = x + \mathrm{d}x, y = y + \mathrm{d}y, z = z + \mathrm{d}z$ 三个表面导出微元体的热量为：

$$Q_{x+\mathrm{d}x} = -\lambda_x \frac{\partial T}{\partial x} \mathrm{d}y\mathrm{d}z - \frac{\partial}{\partial x}\left(\lambda_x \frac{\partial T}{\partial x}\right) \mathrm{d}x\mathrm{d}y\mathrm{d}z \tag{2-6}$$

$$Q_{y+\mathrm{d}y} = -\lambda_y \frac{\partial T}{\partial y} \mathrm{d}x\mathrm{d}z - \frac{\partial}{\partial y}\left(\lambda_y \frac{\partial T}{\partial y}\right) \mathrm{d}x\mathrm{d}y\mathrm{d}z \tag{2-7}$$

$$Q_{z+\mathrm{d}z} = -\lambda_z \frac{\partial T}{\partial z} \mathrm{d}x\mathrm{d}y - \frac{\partial}{\partial z}\left(\lambda_z \frac{\partial T}{\partial z}\right) \mathrm{d}x\mathrm{d}y\mathrm{d}z \tag{2-8}$$

单位时间内微元体产生的热量 $Q_{产}$ 为单位体积产生的热量 q 与微元体体积的乘积：

$$Q_{产} = q\mathrm{d}x\mathrm{d}y\mathrm{d}z \tag{2-9}$$

在单位时间内微元体内能的变化 $Q_{变}$ 为微元体的质量、比热容 c、单位时间内微元体的温度变化三者的乘积，即：

$$Q_{变} = \rho\mathrm{d}x\mathrm{d}y\mathrm{d}z c \frac{\partial T}{\partial t} = (\rho c \frac{\partial T}{\partial t}) \mathrm{d}x\mathrm{d}y\mathrm{d}z \tag{2-10}$$

由能量守恒定律可知：单位时间内导入微元体的热量＋单位时间内微元体产生的热量＝单位时间内导出微元体的热量＋单位时间内微元体内能的变化。将式(2-3)至式(2-10)代入可得：

$$\begin{aligned} -\lambda_x \frac{\partial T}{\partial x}\mathrm{d}y\mathrm{d}z - \lambda_y \frac{\partial T}{\partial y}\mathrm{d}x\mathrm{d}z - \lambda_z \frac{\partial T}{\partial z}\mathrm{d}x\mathrm{d}y + q\mathrm{d}x\mathrm{d}y\mathrm{d}z = \\ -\lambda_x \frac{\partial T}{\partial x}\mathrm{d}y\mathrm{d}z - \frac{\partial}{\partial x}\left(\lambda_x \frac{\partial T}{\partial x}\right)\mathrm{d}x\mathrm{d}y\mathrm{d}z - \lambda_y \frac{\partial T}{\partial y}\mathrm{d}x\mathrm{d}z - \frac{\partial}{\partial y}\left(\lambda_y \frac{\partial T}{\partial y}\right)\mathrm{d}x\mathrm{d}y\mathrm{d}z \\ -\lambda_z \frac{\partial T}{\partial z}\mathrm{d}x\mathrm{d}y - \frac{\partial}{\partial z}\left(\lambda_z \frac{\partial T}{\partial z}\right)\mathrm{d}x\mathrm{d}y\mathrm{d}z + (\rho c \frac{\partial T}{\partial t})\mathrm{d}x\mathrm{d}y\mathrm{d}z \end{aligned} \tag{2-11}$$

进一步进行简化得：

$$\frac{\partial}{\partial x}\left(\lambda_x \frac{\partial T}{\partial x}\right) + \frac{\partial}{\partial y}\left(\lambda_y \frac{\partial T}{\partial y}\right) + \frac{\partial}{\partial z}\left(\lambda_z \frac{\partial T}{\partial z}\right) + q = \rho c \frac{\partial T}{\partial t} \tag{2-12}$$

在工程问题中，常认为物体的导热系数为常数，于是可以得到进一步简化的热传导微分方程：

$$\frac{\partial^2 T}{\partial x^2} + \frac{\partial^2 T}{\partial y^2} + \frac{\partial^2 T}{\partial z^2} + \frac{q}{\lambda} = \frac{\rho c}{\lambda} \frac{\partial T}{\partial t} \tag{2-13}$$

2.3.3　岩浆侵入体热传导模型

国外学者关于岩浆侵入热传递数学控制模型的研究较早。T. S. Lovering[38] 最早依据热流理论建立了描述岩浆侵入高温岩体散热过程的动力学方程。随后，H. S. Carslaw 等[33]、Y. I. Galushkin[35]、J. C. Jaeger[39-40]、P. T. Delaney[41] 通过对 T. S. Lovering 建立的模型修订，在考虑岩浆散热的基础上，对岩浆侵入冷却散热过程中的温度情况进行了初步研究。W. Fjeldskaar 等[42] 认为对规模较大的侵入体，需要考虑其内在热量的影响，而且传热方式以热传导为主，在此基础上建立了能够反映岩浆侵入体附近温度场分布演化特征的模型。X. Wang 等[43] 在研究岩浆侵入体高温对局部煤层热演化作用时，建立了 Wang 模型，得出了岩浆岩侵入的局部煤层由于热力作用热成熟度远高于其他区域煤层热成熟度的结论。

国内学者关于岩浆岩热传递模型的研究较少，其中杨起[44]在只考虑热传导的简化情况下，研究了岩浆岩岩体的冷却过程，并分别针对岩墙和岩床建立了不同的数学模型，动态模拟了煤变质作用的多源、多阶段叠加过程，并在此基础上对具体矿井煤变质作用进行了热动力学模拟。傅清平等[45]在杨起建立的岩浆岩岩体冷却方程基础上模拟了岩浆岩岩体在传导冷却过程中的温度分布，并认为岩浆岩岩体冷却过程分为两个阶段，即岩浆岩岩体快速冷却和围岩持续加热期、岩浆岩岩体和围岩缓慢冷却期。

岩浆是一种高温高压、具有极强活动力的熔融体，当这种液态熔融体侵入地壳时，较大的温度差使其向周边围岩传递热量，同时自身不断冷却。岩浆的冷却过程包括岩浆本身的冷却和向围岩的热传递。现在研究普遍认为侵入地壳的岩浆主要通过热传导的方式完成冷却过程。我们首先对岩浆侵入这一过程进行简化，假设侵入体为水平席状侵入体，岩浆侵入是瞬间完成的，之后侵入的岩浆即开始冷却，冷却和向围岩传热的散热方式是热传导，其冷却过程中岩浆岩岩体和围岩形成的温度场可以看作是与时间和空间有关的非稳态温度场。

岩浆侵入围岩后冷却过程的简化图如图 2-17 所示，图中假设岩浆侵入体的长度为 $2l$，岩浆侵入体的顶面距离地表的埋深为 h_1，岩浆侵入体的底面距离地表的埋深为 h_2，岩浆侵入体平行于 x 轴。通过对冷却过程的简化，可以建立岩浆侵入体-围岩温度分布规律的热传导方程，见式(2-14)。

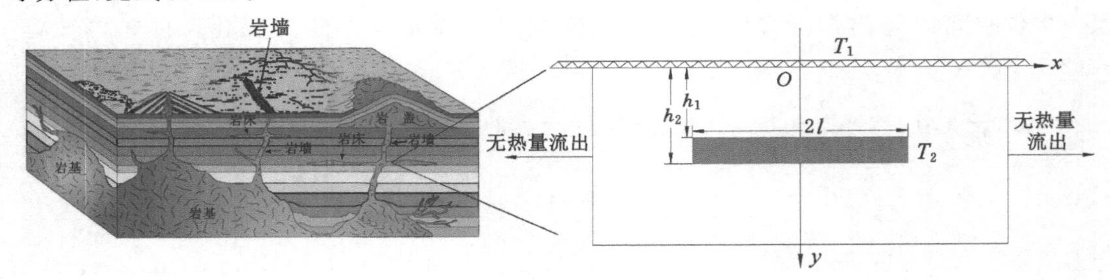

图 2-17　岩浆侵入体冷却过程简化图[7,27]

$$\frac{\partial^2 T}{\partial x^2}+\frac{\partial^2 T}{\partial y^2}+\frac{q}{\lambda}=\frac{1}{\kappa}\frac{\partial T}{\partial t} \tag{2-14}$$

式中　κ——热扩散率，为 $\lambda/(\rho c)$，m^2/s；

λ——导热系数，W/(m·K)；

ρ——密度，kg/m^3；

c——比热容，J/(kg·K)；

T——温度，K；

q——单位时间内单位体积岩浆侵入体内部热量，$J/(s\cdot m^3)$；

t——时间，s。

为了进一步简化这一模型，认为岩浆侵入体和围岩的热扩散率相同。考虑到岩浆侵入后即进入冷却过程，只是随身携带着热量而不再产生热量，因此可以认为 $q=0$。

假设地表温度为 T_1，岩浆侵入体初始温度为 T_2，所建模型地温梯度为 ΔT，同时考虑到热量传递散失的情况，认为模型两侧与下侧无热量散失。式(2-14)通过傅里叶变换后可以得到二维热传导模型的解：

$$T(x,y,t')=T_1+y\Delta T+\frac{1}{4}(T_2-T_1-y\Delta T)\times$$

$$\left[\operatorname{erf}\left(\frac{x+l}{2\sqrt{\kappa t'}}\right)-\operatorname{erf}\left(\frac{x-l}{2\sqrt{\kappa t'}}\right)\right]\times\left[\operatorname{erf}\left(\frac{y-h_1}{2\sqrt{\kappa t'}}\right)-\operatorname{erf}\left(\frac{y-h_2}{2\sqrt{\kappa t'}}\right)+\operatorname{erf}\left(\frac{y+h_1}{2\sqrt{\kappa t'}}\right)-\operatorname{erf}\left(\frac{y+h_2}{2\sqrt{\kappa t'}}\right)\right] \tag{2-15}$$

式中 $\operatorname{erf}(x)$——误差函数，为 $\frac{2}{\sqrt{\pi}}\int_0^x e^{-\eta^2}d\eta$；

t'——岩浆侵入体冷却时间，s。

通过对上式中 x，y 的确定，可以对模型内任意位置的温度进行监测。

结合能量守恒定律可知，单位时间内进入煤体的热量等于单位时间内流出煤体的热量、煤体内能的变化以及煤中水分相变吸收的内能之和，即：

$$\frac{\partial}{\partial x}\left(\lambda_x\frac{\partial T}{\partial x}\right)+\frac{\partial}{\partial y}\left(\lambda_y\frac{\partial T}{\partial y}\right)+\frac{\partial}{\partial z}\left(\lambda_z\frac{\partial T}{\partial z}\right)=\rho_c c_c\frac{\partial T}{\partial t}+q_c \tag{2-16}$$

假设煤层各处的导热系数相同，则式(2-16)可进一步简化为：

$$\lambda_2\left(\frac{\partial^2 T}{\partial x^2}+\frac{\partial^2 T}{\partial y^2}+\frac{\partial^2 T}{\partial z^2}\right)=\rho_c c_c\frac{\partial T}{\partial t}+q_c \tag{2-17}$$

式中 λ_2——煤的导热系数，W/(m·K)；

ρ_c——煤的密度，kg/m^3；

c_c——煤的比热容，J/(kg·K)；

q_c——单位时间内单位体积的煤中水分相变吸收的内能，J/(s·m^3)。

在岩浆的影响下，温度持续升高，当达到某个温度后，煤体中的水分发生相变。此时，煤体继续吸收热量但温度不再升高，吸收的热量用于水分的相变，则：

$$q_c=\frac{\rho_w L_w\omega}{T_{w1}-T_{w2}}\frac{\partial T}{\partial t} \tag{2-18}$$

式中 ρ_w——水的密度，kg/m^3；

L_w——水的相变潜热，kJ/kg；

ω——含水率，无量纲；

T_{w1}，T_{w2}——煤中水分发生相变时的温度区间，K。

将式(2-18)代入式(2-17)可得到岩浆侵入区考虑水分影响的煤体热传递模型，即：

$$\lambda_2\left(\frac{\partial^2 T}{\partial x^2}+\frac{\partial^2 T}{\partial y^2}+\frac{\partial^2 T}{\partial z^2}\right)=\left(\rho_c c_c+\frac{\rho_w L_w\omega}{T_{w1}-T_{w2}}\right)\frac{\partial T}{\partial t} \tag{2-19}$$

此外，X. Wang 等[43]在以下假设的基础上建立了岩浆侵入体热传导模型[式(2-20)]：① 侵入体快速侵入；② 在传热的过程中，热传导是占主要作用的，可以忽略热对流和热辐射；③ 侵入体与沉积岩层平行，延伸很长，相对延伸而言，侵入体的厚度很小，即以岩床为研究对象；④ 侵入体的导热系数和围岩的导热系数相同。

$$T(z,t)=T_1+Q(t)\int_0^z\frac{dz'}{\lambda(z')}+[4\pi(t-t_1)]^{-\frac{1}{2}}\times\int_{z_1(t)-L}^{z_1(t)}dy\kappa(y)^{-\frac{1}{2}}\times$$

$$\left[T_2-T_1-Q(t)\int_0^y\frac{dz'}{\lambda(z')}\right]\times\exp\left[\frac{-(z-y)^2}{4\kappa(y)(t-t_1)}\right]\times\exp\left[\frac{-(z+y)^2}{4\kappa(y)(t-t_1)}\right]\tag{2-20}$$

式中　$T(z,t)$——在埋深 z、时间 t 下的温度，K；

T_1——地表温度，K；

$Q(t)$——在时间 t 时的大地热流，W/m^2；

$\lambda(z')$——在特定埋深 z' 处的导热系数，$W/(m\cdot K)$；

$\kappa(y)$——在垂直方向位置 y 处的热扩散率，m^2/s；

T_2——侵入体初始温度，K；

t_1——侵入时间，s；

L——侵入体厚度，m；

$z_1(t)$——在时间 t 时侵入体下边界的埋深，m。

S. J. Hurter 等[46]根据巴西南部巴拉那盆地的侵入体数据，建立了描述侵入体热传导过程的数学模型。同样假设侵入体为瞬时侵入，考虑地温梯度的影响，建立了一维模型对侵入体的热作用进行模拟。其公式为：

$$T(a,b,z,t)=\frac{1}{2}(T_2-T_1)\left[\mathrm{erf}\left(\frac{z-a}{\beta}\right)-\mathrm{erf}\left(\frac{z-b}{\beta}\right)+\mathrm{erf}\left(\frac{z+a}{\beta}\right)-\mathrm{erf}\left(\frac{z+b}{\beta}\right)\right]-$$
$$\frac{1}{2}\Delta Tz\left[\mathrm{erf}\left(\frac{z-a}{\beta}\right)-\mathrm{erf}\left(\frac{z-b}{\beta}\right)-\mathrm{erf}\left(\frac{z+a}{\beta}\right)+\mathrm{erf}\left(\frac{z+b}{\beta}\right)\right]+\frac{\beta\Delta T}{\sqrt{\pi}}\times$$
$$\left\{\exp\left[-\frac{(b-z)^2}{\beta^2}\right]-\exp\left[-\frac{(b+z)^2}{\beta^2}\right]-\exp\left[-\frac{(a-z)^2}{\beta^2}\right]+\exp\left[-\frac{(a+z)^2}{\beta^2}\right]\right\}\tag{2-21}$$

式中　$T(a,b,z,t)$——由单个侵入体导致的温度变化量，K；

z——埋深，m；

a,b——侵入体顶、底面埋深，m；

t——时间，s；

T_2——侵入体初始温度，K；

T_1——地表温度，K；

erf——误差函数；

β——系数，为 $(4\kappa t)^{1/2}$；

κ——热扩散率，m^2/s；

ΔT——平均地温梯度，K/m。

王民[28]根据热传导原理及能量守恒定律建立了岩浆岩岩体-围岩热传导模型，并与 X. Wang 等[43]、S. J. Hurter 等[46]建立的岩浆侵入体热传导模型进行了对比分析。其同样假设岩浆发生侵入的过程是瞬时的，热传递的方式是热传导，围岩和岩浆岩具有相同的热扩散率。假定岩浆侵入具有恒定地温梯度的围岩中(图 2-18)，其中 b_1 为侵入体顶面与盆地底的距离，b_2 为侵入体底面与盆地底的距离，b_1-b_2 为侵入体的厚度，T_1 为地表温度，h 为盆地底的埋深，l 为盆地在 x 方向上的长度，a'为侵入体在 x 方向上长度的一半。

根据以上假设，热传导方程为：

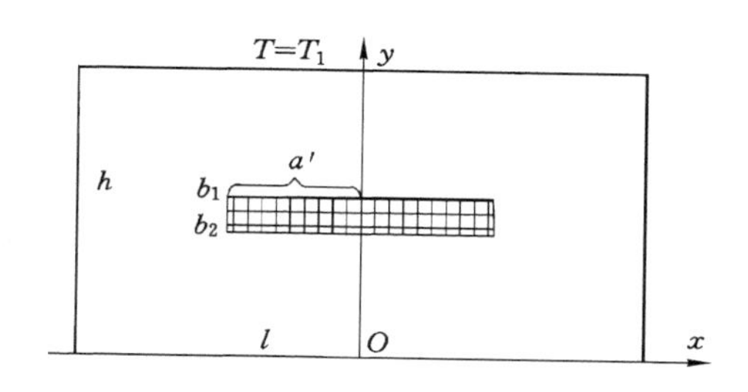

图 2-18　岩浆侵入体模型简图[47]

$$T(x,y,t) = T_1 + \Delta T(h-y) + 4\left[T_2 - \Delta T \times \left(h - y + \frac{b_1 - b_2}{2}\right)\right] \times \left\{\frac{a'}{2l} + \sum_{m=1}^{\infty}\left[\frac{1}{m\pi}\sin\left(\frac{m\pi a'}{l}\right)\cos\left(\frac{m\pi x}{l}\right)\exp\left(-\frac{\pi^2 m^2 \kappa t}{l^2}\right)\right]\right\} \times \sum_{n=1}^{\infty}\left\{\left[\frac{b_1\cos\left(\frac{n\pi b_1}{h}\right)}{hn\pi} - \frac{b_2\cos\left(\frac{n\pi b_2}{h}\right)}{hn\pi} + \frac{\sin\left(\frac{n\pi b_2}{h}\right)}{(n\pi)^2} - \frac{\sin\left(\frac{n\pi b_1}{h}\right)}{(n\pi)^2}\right]\sin\left(\frac{n\pi y}{h}\right)\exp\left(-\frac{\pi^2 n^2 \kappa t}{h^2}\right)\right\} \tag{2-22}$$

式中　$T(x,y,t)$——在位置(x,y)、时间 t 下的温度,K;

x,y——水平方向和垂直方向的观测点位置,m;

h,l——盆地规模尺度参数,h 取 67 000 m,l 取 50 000 m;

T_2——侵入体初始温度,K;

ΔT——地温梯度,K/m;

κ——热扩散率,m^2/s。

2.4　岩浆热传导模型的解算与模拟

王民[28]根据建立的岩浆侵入体热传导模型,利用自编程序对比评价了不同岩浆侵入体热传导模型对不同规模、不同热力学性质侵入体热传导过程模拟结果的异同。由图 2-19 可以看出,侵入体温度作用时间有限、衰减很快,在短短 100 a 内,温度衰减到初始温度的 1/3 左右。图 2-20 给出了 50 m、100 m 厚度侵入体条件下距离侵入体顶面 1 倍侵入体厚度处的温度演化史,两处的温度均呈现先增加后降低的趋势,但达到最高温度所需要的时间不相同,达到的最高温度值也略有不同,揭示了不同厚度的侵入体对围岩温度和有机质成熟度影响的范围不同。同时,可以看出王民模型和 Wang 模型计算结果十分相近,而 Hurter 模型计算的温度要低于王民模型和 Wang 模型计算值。

采用镜质组反射率(R_o)作为成熟度指标,研究岩浆侵入对干酪根成熟度的影响,就要恢复岩浆侵入时的古地温以及干酪根的原始成熟度[37]。J. J. Sweeney 等在大量而广泛的样品分析基础上提出 EASY%R_o模型,主要描述镜质组的组分随时间和温度而变化的现象,可以实现正演地温热史[48]。同时王民利用该模型计算了不同厚度侵入体附近 R_o值,并与实测 R_o值对比(图 2-21,实测数据取自文献[35,49-50]的数据)。由于侵入体初始温度难以获取,只能根据侵入体岩性估算初始温度范围,因此在模拟计算中通过反复调整侵入体初始

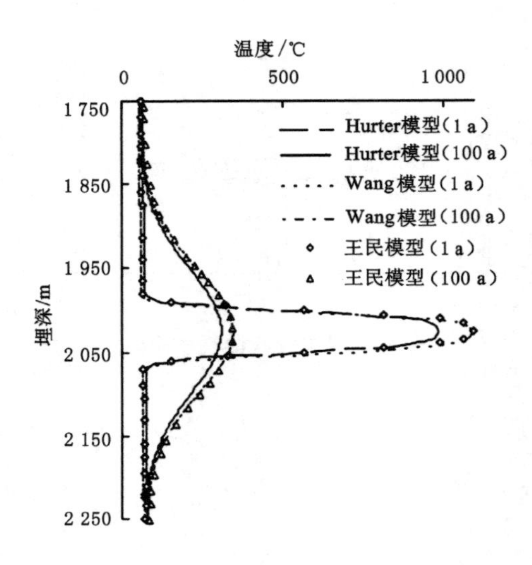

图 2-19 不同侵入体热传导模型计算结果对比[28]
(模拟参数:侵入体顶面埋深 2 000 m,厚度 50 m,初始温度 1 100 ℃)

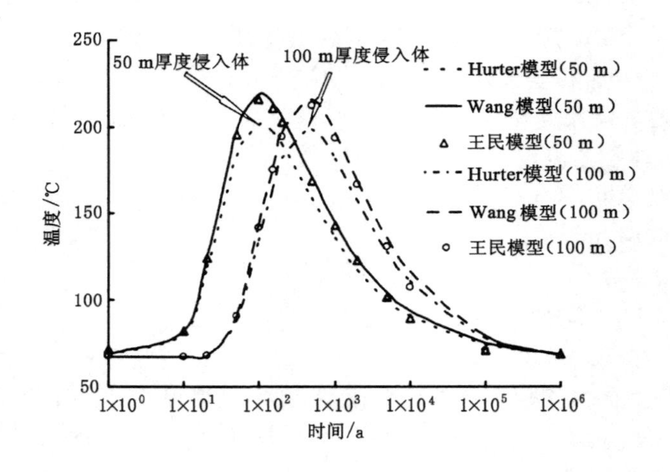

图 2-20 不同侵入体热传导模型计算的离侵入体顶面距离为 1 倍侵入体厚度处温度演化图[28]
(模拟参数:侵入体顶面埋深 2 000 m,初始温度 1 100 ℃)

温度来拟合实测 R_o,直到拟合最佳为止。通过这种不断调整计算,可以得到与实测数据拟合最佳时侵入体热传导模型参数。这样一旦确定了侵入体热传导模型参数,就可以定量计算侵入体发生侵位后围岩中温度场及 R_o演化史。由图 2-21 可以看出,所建立的热传导模型可以很好地模拟不同厚度侵入体引起的围岩有机质成熟度的变化情况。

王民[28]通过模拟考察了侵入体不同水平方向上长度、不同初始温度时在水平方向上的热影响范围,结果如图 2-22 所示。从图中可以看出:不同长度的侵入体在水平方向上的热影响范围基本相同,为 150 m 左右[图 2-22(a)];初始温度对热影响范围有一定的影响,但是热影响范围不超过 150 m[图 2-22(b)]。因此,侵入体对围岩的热影响主要表现在垂向上,而在水平方向上的热影响范围在 150 m 以内。

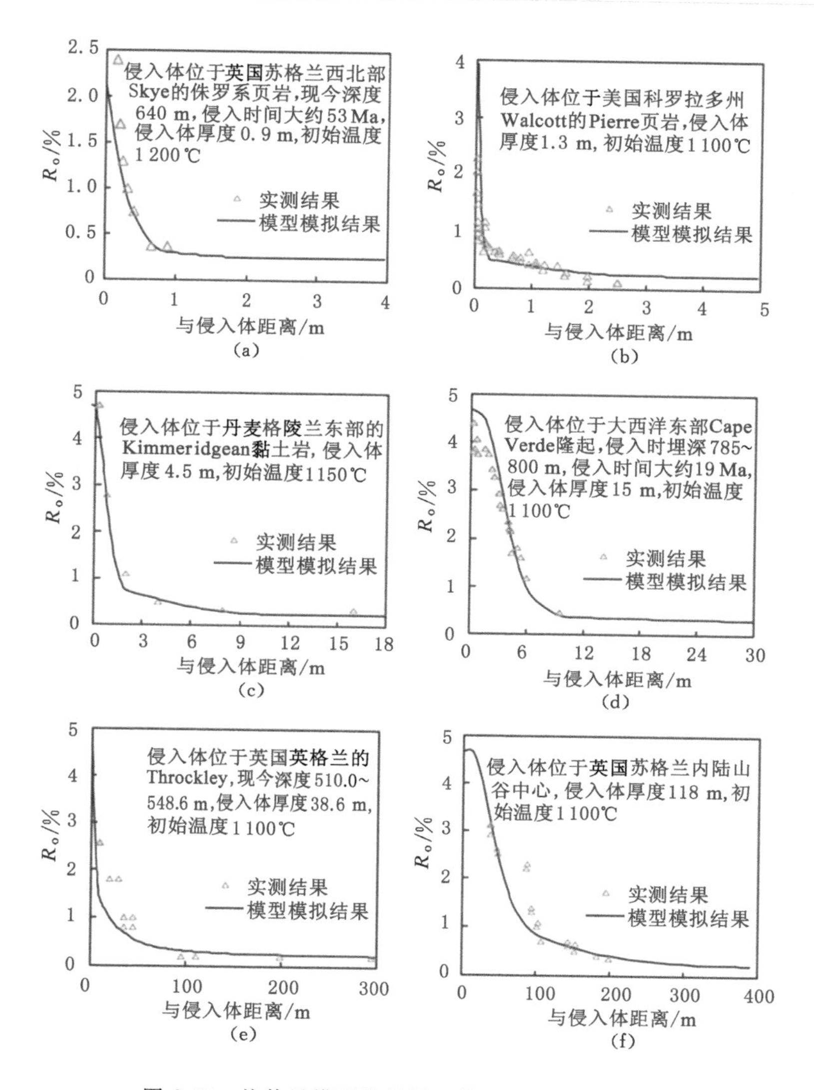

图 2-21　热传导模型模拟侵入体附近 R_o 变化结果[28]

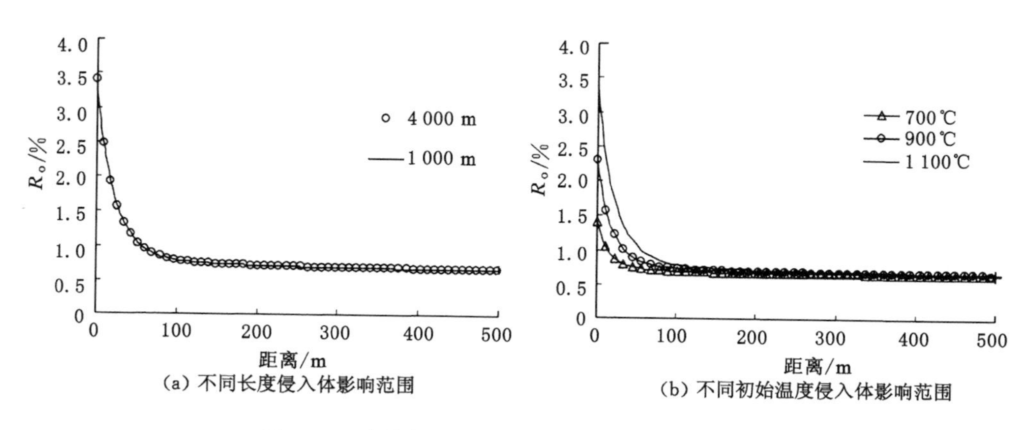

图 2-22　岩浆侵入体在水平方向上热影响范围[28]

参考文献

[1] 李捷. 岩浆岩与变质岩简明教程[M]. 北京:石油工业出版社,2008.

[2] 孙建国. 岩石物理学基础[M]. 北京:地质出版社,2006.

[3] 陈颙,黄庭芳,刘恩儒. 岩石物理学[M]. 合肥:中国科学技术大学出版社,2009.

[4] 刘作程. 岩石学[M]. 北京:冶金工业出版社,1992.

[5] 方少木,蔚永宁. 岩石学[M]. 北京:煤炭工业出版社,1991.

[6] 徐夕生,邱检生. 火成岩岩石学[M]. 北京:科学出版社,2010.

[7] 李井坤,龚邦军,张洪军. 大兴井田火成岩侵入特点分析[J]. 煤炭技术,2006,25(7):128-130.

[8] 张晓磊. 巨厚岩浆岩下煤层瓦斯赋存特征及其动力灾害防治技术研究[D]. 徐州:中国矿业大学,2015.

[9] 刘红卫,樊少武. 华北石炭二叠纪煤系地层火成岩侵入及形成机制[J]. 煤炭科学技术,2008,36(10):78-81,44.

[10] 于在春,陈桂桢,王强. 构造裂隙对煤层气开采的影响[J]. 露天采矿技术,2009(2):28,30.

[11] 于在春. 大兴煤矿辉绿岩发育特征及对煤层的影响[J]. 露天采矿技术,2009(2):29-30.

[12] 巩望旭,刘俊荷. 煤矿地质与测量[M]. 北京:煤炭工业出版社,2012.

[13] 吴基文,刘峰,赵志根,等. 岱河煤矿 3 煤层岩浆侵入影响及可采性评价[J]. 安徽理工大学学报(自然科学版),2004,24(3):1-8.

[14] 刘玉山. 在岩浆岩侵入煤层中采煤提高煤质的有效途径[J]. 煤质技术,2005(6):20-21.

[15] 赵继尧. 安徽省淮北闸河矿区煤的岩浆热变质作用的几个问题[J]. 煤炭学报,1986(4):19-27,97.

[16] DALY R A. Igneous rocks and the depths of the earth[M]. Cambridge, Eng. : Cambridge University Press,2009.

[17] 姜成才,翟淑清. 勃利煤田龙湖精查区侵入体规律探讨[J]. 煤炭技术,2006,25(2):133-134.

[18] 马良. 柳江盆地内岩浆侵入活动对煤层煤质的影响[J]. 煤炭科学技术,2019,47(8):226-234.

[19] GUDMUNDSSON A. Deflection of dykes into sills at discontinuities and magma-chamber formation[J]. Tectonophysics,2011,500(1/2/3/4):50-64.

[20] 胡宝林,杨高峰,邹立强,等. 卧龙湖井田岩浆侵入对煤层的影响程度分析[J]. 安徽理工大学学报(自然科学版),2013,33(1):1-4,9.

[21] 沈锡联. 铁法大兴井田辉绿岩对煤层甲烷赋存的影响[J]. 中国煤田地质,1999,11(3):25-27.

[22] 孙鼐,彭亚鸣. 火成岩石学[M]. 北京:地质出版社,1985.

[23] 李兆鼐，权恒，李之彤，等. 中国东部中、新生代火成岩及其深部过程[M]. 北京：地质出版社，2003.

[24] 徐德金，胡宝林，胡巍. 淮北煤田卧龙煤矿岩浆侵入煤层的构造控制[J]. 煤田地质与勘探，2011，39(5)：1-5.

[25] 徐超. 岩浆岩床下伏含瓦斯煤体损伤渗透演化特性及致灾机制研究[D]. 徐州：中国矿业大学，2015.

[26] 蒋静宇. 岩浆岩侵入对瓦斯赋存的控制作用及突出灾害防治技术：以淮北矿区为例[D]. 徐州：中国矿业大学，2012.

[27] 张文永，徐胜平，蔡学斌. 卧龙湖煤矿岩浆侵入规律及其对煤层、煤质、瓦斯的影响[J]. 安徽地质，2005，15(1)：25-28.

[28] 王民. 有机质生烃动力学及火山作用的热效应研究与应用[D]. 大庆：东北石油大学，2010.

[29] 石广仁. 油气盆地数值模拟方法[M]. 北京：石油工业出版社，1994.

[30] 张旗，金惟俊，李承东，等. 岩浆热场：它的基本特征及其与地热场的区别[J]. 岩石学报，2014，30(2)：341-349.

[31] DOW W G. Kerogen studies and geological interpretations[J]. Journal of geochemical exploration，1977，7：79-99.

[32] 陈荣书，何生，王青玲，等. 岩浆活动对有机质成熟作用的影响初探：以冀中葛渔城-文安地区为例[J]. 石油勘探与开发，1989(1)：29-38.

[33] CARSLAW H S，JAEGER J C. Conduction of heat in solids[M]. 2nd ed. New York：Oxford University Press，1986.

[34] 王民，卢双舫，薛海涛，等. 岩浆侵入体对有机质生烃(成熟)作用的影响及数值模拟[J]. 岩石学报，2010，26(1)：177-184.

[35] GALUSHKIN Y I. Thermal effects of igneous intrusions on maturity of organic matter：a possible mechanism of intrusion[J]. Organic geochemistry，1997，26(11/12)：645-658.

[36] MASTALERZ M，DROBNIAK A，SCHIMMELMANN A. Changes in optical properties，chemistry，and micropore and mesopore characteristics of bituminous coal at the contact with dikes in the Illinois Basin[J]. International journal of coal geology，2009，77(3/4)：310-319.

[37] 田文广，姜振学，庞雄奇，等. 岩浆活动热模拟及其对烃源岩热演化作用模式研究[J]. 西南石油学院学报，2005，27(1)：12-16，93-94.

[38] LOVERING T S. Theory of heat conduction applied to geological problems[J]. Geological Society of America bulletin，1935，46(1)：69-94.

[39] JAEGER J C. Thermal effects of intrusions[J]. Reviews of geophysics，1964，2(3)：443-466.

[40] JAEGER J C. The temperature in the neighborhood of a cooling intrusive sheet[J]. American journal of science，1957，255(4)：306-318.

[41] DELANEY P T. Rapid intrusion of magma into wet rock：groundwater flow due to pore pressure increases[J]. Journal of geophysical research：solid earth，1982，87(B9)：

7739-7756.

[42] FJELDSKAAR W, HELSET H M, JOHANSEN H, et al. Thermal modelling of magmatic intrusions in the Gjallar Ridge, Norwegian Sea: implications for vitrinite reflectance and hydrocarbon maturation[J]. Basin research, 2008, 20(1): 143-159.

[43] WANG X, LERCHE I, WALTERS C. The effect of igneous intrusive bodies on sedimentary thermal maturity[J]. Organic geochemistry, 1989, 14(6): 571-584.

[44] 杨起. 中国煤变质作用[M]. 北京:煤炭工业出版社,1996.

[45] 傅清平,MCINNES B I A,DAVIES P J. 岩浆成矿体系的热演化和剥露史的数字模拟[J]. 地球科学,2004,29(5):555-562.

[46] HURTER S J, POLLACK H N. Effect of the Cretaceous Serra Geral igneous event on the temperatures and heat flow of the Paranά Basin, southern Brazil[J]. Basin research, 1995, 7(2): 215-220.

[47] KLOMP U C, WRIGHT P A. A new method for the measurement of kinetic parameters of hydrocarbon generation from source rocks[J]. Organic geochemistry, 1990, 16(1/2/3): 49-60.

[48] 魏志彬,张大江,许怀先,等. EASY%R_o模型在我国西部中生代盆地热史研究中的应用[J]. 石油勘探与开发,2001,28(2):43-46.

[49] RAYMOND A C, MURCHISON D G. Organic maturation and its timing in a Carboniferous sequence in the central Midland Valley of Scotland: comparisons with northern England[J]. Fuel, 1989, 68(3): 328-334.

[50] SIMONET B R T, BRENNER S, PETERS K E, et al. Thermal alteration of Cretaceous black shale by diabase intrusions in the eastern Atlantic: Ⅱ. effects on bitumen and kerogen[J]. Geochimica et cosmochimica acta, 1981, 45(9): 1581-1602.

第 3 章　岩浆岩热效应对煤变质及瓦斯生成的影响

岩浆岩对煤体的热演化作用是一种多因素主导的复杂过程，其主要体现为煤变质程度的改变，进而影响煤的产气特征。本章介绍了我国煤变质特征与作用类型，分析了岩浆岩侵入对煤的结构演化与多元物性参数的影响，综合理论分析、数值模拟等手段探讨了岩浆侵入冷却过程中围岩温度场分布和煤变质动力学特征，通过实验室测试、现场验证和数据反演等手段系统研究了岩浆侵入对煤的变质分带和二次生烃的影响。

3.1　煤的变质特征与作用类型

3.1.1　煤的变质特征

我国煤系具有多阶段变质演化和多煤阶赋存的特征，即不同阶段经受了不同的热源及相应的地温梯度，这些煤在受到深成变质作用之后又叠加了各种类型的异常热变质作用，促成了我国多煤阶煤赋存的现状。

我国煤变质程度与我国大地构造格局的形成和演化息息相关，印支运动、燕山运动以及喜马拉雅运动，特别是燕山期的岩浆活动，对我国煤变质程度的分布产生了决定性的影响，使我国煤变质程度呈现南北分区、东西分带的特点[1]：① 自北向南，煤变质程度有增强之势，北部基本上以煤的深成变质作用为主，异常热叠加变质作用只在局部出现，且多以轻度～中度叠加变质作用为主；中部煤的异常热叠加变质作用明显增强，且分布较普遍；南部，尤其是东南部异常热叠加变质作用分布更广、更显著。② 自西向东，异常热叠加变质作用由弱变强，西部以煤的深成变质作用为主，异常热叠加变质作用较弱；东部异常热叠加变质作用比较普遍。煤的异常热叠加变质作用由西往东增强，与地壳厚度由西往东变薄、距离等温面埋深变浅、构造活动及岩浆活动由弱增强的变化规律是一致的。

煤的变质程度指煤在温度、压力及时间的相互作用下物理化学性质变化的程度，可通过煤种（或煤阶）的划分来表示，主要依据煤的性质及用途来确定，具体是通过反映煤的性质的某些参数（如镜质组反射率、挥发分、碳含量、氢含量、水分、发热量等煤阶指标）来划分。我国通用的煤炭分类标准为《中国煤炭分类》（GB/T 5751—2009），其主要分类指标为煤化程度指标（干燥无灰基挥发分 V_{daf}、干燥无灰基氢含量 H_{daf}、恒湿无灰基发热量 $Q_{gr,maf}$ 和低煤阶煤透光率 P_M）与工艺性能指标（烟煤的黏结指数 G、胶质层最大厚度 Y 和奥阿膨胀度 b）。我国煤炭可分为褐煤、烟煤和无烟煤 3 个大类，其中烟煤又可分为气煤、肥煤、焦煤、瘦煤、贫煤等 12 个亚类，如表 3-1 所列。

表 3-1　中国煤炭分类简表(GB/T 5751—2009)

类别	代号	编码	分类指标					
			V_{daf}/%	G	Y/mm	b/%	P_M/%②	$Q_{gr,maf}$③/(MJ/kg)
无烟煤	WY	01,02,03	≤10.0					
贫煤	PM	11	＞10.0～20.0	≤5				
贫瘦煤	PS	12	＞10.0～20.0	＞5～20				
瘦煤	SM	13,14	＞10.0～20.0	＞20～65				
焦煤	JM	24	＞20.0～28.0	＞50～65				
		15,25	＞10.0～28.0	＞65①	≤25.0	≤150		
肥煤	FM	16,26,36	＞10.0～37.0	(＞85)①	＞25.0			
1/3 焦煤	1/3JM	35	＞28.0～37.0	＞65①	≤25.0	≤220		
气肥煤	QF	46	＞37.0	(＞85)①	＞25.0	＞220		
气煤	QM	34	＞28.0～37.0	＞50～65	≤25.0	≤220		
		43,44,45	＞37.0	＞35				
1/2 中黏煤	1/2ZN	23,33	＞20.0～37.0	＞30～50				
弱黏煤	RN	22,32	＞20.0～37.0	＞5～30				
不黏煤	BN	21,31	＞20.0～37.0	≤5				
长焰煤	CY	41,42	≥37.0	≤35			＞50	
褐煤	HM	51	＞37.0				≤30	≤24
		52	＞37.0				＞30～50	

注:① 在 G＞85 的情况下,用 Y 值或 b 值来区分肥煤、气肥煤与其他煤类,当 Y＞25.0 mm 时,根据 V_{daf} 的大小可划分为肥煤或气肥煤;当 Y≤25.0 mm 时,则根据 V_{daf} 的大小可划分为焦煤、1/3 焦煤或气煤。按 b 值划分类别时,当 V_{daf}≤28.0%时,b＞150%的为肥煤;当 V_{daf}＞28.0%时,b＞220%的为肥煤或气肥煤。如按 b 值和 Y 值划分的类别有矛盾时,以 Y 值划分的类别为准。

② 对 V_{daf}＞37.0%,G≤5 的煤,再以透光率 P_M 来区分其为长焰煤或褐煤。

③ 对 V_{daf}＞37.0%,30%＜P_M≤50%的煤,再测 $Q_{gr,maf}$,如其值大于 24 MJ/kg,应划分为长焰煤,否则为褐煤。

李文华等[2]曾对比镜质组反射率与我国各煤种之间的关系,归纳了我国各煤种的镜质组反射率的大致范围,有利于与国际通用标准进行比较研究,如表 3-2 所列。

表 3-2　镜质组反射率(R_o)与我国各煤种之间的关系[2]

R_o/%	我国煤种	所属国际煤的类别	R_o/%	我国煤种	所属国际煤的类别
＜0.5	褐煤	中低煤阶煤	1.3～1.4	焦煤、肥煤	中煤阶煤
0.5～0.6	长焰煤、不黏煤、气煤	中煤阶煤	1.4～1.5	焦煤	中煤阶煤
0.6～0.7	气煤、长焰煤、不黏煤、气肥煤	中煤阶煤	1.5～1.6	焦煤、瘦煤、贫瘦煤	中煤阶煤
0.7～0.8	气煤、气肥煤、弱黏煤、不黏煤、1/2 中黏煤	中煤阶煤	1.6～1.7	瘦煤、焦煤、贫瘦煤	中煤阶煤
0.8～0.9	1/3 焦煤、气煤、弱黏煤、不黏煤、肥煤、气肥煤	中煤阶煤	1.7～1.8	瘦煤、贫瘦煤、焦煤、贫煤	中煤阶煤
0.9～1.0	1/3 焦煤、肥煤、气煤、气肥煤、1/2 中黏煤	中煤阶煤	1.8～1.9	贫瘦煤、瘦煤、贫煤	中高煤阶煤
1.0～1.1	肥煤、1/3 焦煤	中煤阶煤	1.9～2.0	贫瘦煤、贫煤、瘦煤	高煤阶煤
1.1～1.2	肥煤、1/3 焦煤、焦煤	中煤阶煤	2.0～2.5	贫煤	高煤阶煤
1.2～1.3	焦煤、肥煤、1/3 焦煤	中煤阶煤	＞2.5	无烟煤	高煤阶煤

3.1.2 煤的变质作用类型

根据引起煤变质的主要因素及作用方式的不同，煤的变质作用又可以分为深成变质作用、岩浆热变质作用、动力变质作用和热液变质作用[3-4]。煤的深成变质作用热源主要来自地球内部高温物质的散热，形成了大致平行地表的地温场，煤的变质程度呈现规模较大的垂直分带，即埋深越大煤的变质程度越高。另外三种变质作用类型的热源主要是岩石圈浅部（一般小于10 km）的高热地质体或气液体，形成了以热源为中心的局部异常地热场，叠加在正常的地热场之上，使煤的变质程度增高，并形成了以热源为中心、迅速向四周变化的变质分带，其变质分带的形态取决于热源的形态、规模和性质[4]。4种变质作用并非互不干扰，深成变质作用具有普遍性，而在煤的演化过程中，常常又遭受其他类型的变质作用，从而使深成变质作用过程中形成的煤阶进一步提高，出现叠加变质作用现象[4]。尽管深成变质作用奠定了聚煤盆地煤变质的基础，但其不是我国煤田赋存多种高级变质煤的原因，主要对煤变质作用影响的是岩浆热变质作用[5]。岩浆热变质作用又包括区域岩浆热变质作用和接触变质作用[6]。

岩浆热变质作用是指聚煤坳陷内有岩浆活动，岩浆及所携带气液体的能量使地温场增高，进而加速煤体变质的现象。其与地下庞大的岩浆侵入体有关。根据岩浆性质、侵入方式、侵入深度、侵入层位、岩体规模以及沉积盖层破碎程度等特点，可将岩浆热变质作用划分为浅成（侵入深度0.5～1.5 km）、中深成（侵入深度1.5～3.0 km之间）和深成（侵入深度大于3.0 km）三种亚型，其中浅成岩浆热变质作用中岩浆侵入煤层主要以小型中酸性和中基性为主，煤阶分布窄、范围小。鲁中南、苏西北、两淮的石炭～二叠纪煤系与二叠纪上部为连续沉积，三叠纪缺失或很薄，之后各地层的分布均具有局限性，煤层的上覆岩系厚度较小，大都在1.5 km以下，这些区域煤的热演化作用多属于浅成岩浆热变质作用。

接触变质作用与浅成侵入体有关，是指岩浆直接接触或侵入煤层，由其所带来的高温、气液体和压力，促使煤发生变质的作用。接触变质作用是我国煤变质的次要原因。由脉岩或小型浅成岩浆引起的接触变质作用，由于岩浆侵入体规模小、热量少、散热快，因而影响范围很有限，如受岩墙影响的煤变质宽度仅为岩墙本身厚度的2～3倍[4]。

动力变质作用是指煤系形成后由于地壳构造变动而使煤发生变质的作用。煤层在遭受强烈的动力作用下发生破碎、揉搓、摩擦等，机械能转化为热能，成为增加煤变质的因素。在某种意义上，动力变质作用也属于热变质作用的一种类型[7]。

热液变质作用是指煤受到来自地壳深部的岩浆分异气液体或高温承压水所引起的异常地热场影响而发生的变质作用，可根据其特殊的热源性质、热导介质和输热方式加以识别。煤的热液变质作用大多是高温流体上涌到地壳浅部后，进入煤层中产生的。与同煤阶的深成变质煤相比，热液变质作用下煤的埋藏深度要比深成变质作用下煤的埋藏深度小得多，其所需的有效作用时间亦短得多[4]。

3.2 岩浆岩热效应对煤的结构演化与物性参数变化的影响

3.2.1 煤的大分子结构演化

煤由复杂的高分子化合物构成，在结构上表现出明显的缩聚物特性，具备大分子网络结构体系，所以煤的性质以及成煤物质的演化都必须以大分子化学体系来考察。随着煤阶增高，煤的结构演化总趋势表现为脂族及各类官能团结构不断热解和减少，缩合芳香体系的芳构化和缩合程度逐渐增高，芳香层的定向性和有序化明显增强，芳香层叠置、聚集形成更大的芳环叠片。P. B. Hirsch[8]将煤的结构演化分为三个阶段：① 当碳含量小于85%时，呈现“开放结构”，芳香层以交联杂乱形式排列；② 当碳含量在85%～91%时，具有“液态结构”，部分交键断裂，芳香层呈现一定程度的定向特性；③ 当碳含量大于91%时，具有“无烟煤结构”，芳香层与煤的孔隙均呈现明显定向特性。无烟煤已具有一轴晶矿物的光性特征，而如果达到更高的变质阶段，煤中某些类似晶体的属性将更加明显，习惯上将这种三维空间上发育的煤大分子结构核心称为煤晶核[4]。

煤中含有复杂的有机物和无机物，有机物受热后其化学结构的变化可以通过X射线衍射(XRD)分析得到证实，其结构参数也可以作为煤变质的指标[9]。XRD是研究煤基本结构单元(BSU)及其大分子结构的有力手段。BSU结构主要包括芳香层面网间距(d)、堆砌度(L_c)、堆砌层数(N)和延展度(L_a)等参数(图3-1)。矿物质对有机物的衍射分析有干扰作用，所以实验前必须用盐酸、氢氟酸和重液对煤样做分选处理，以除去煤中的碳酸盐类、黏土质、硅质和硫化物等矿物质。脱矿物处理后的样品，在一定条件下采用简化了的XRD方法分析，可获得L_c与L_a衍射峰的XRD图谱，据此可根据Scherrer线度方程计算求得L_c、L_a、d_{002}三个结晶指标，见式(3-1)～式(3-3)[9]。

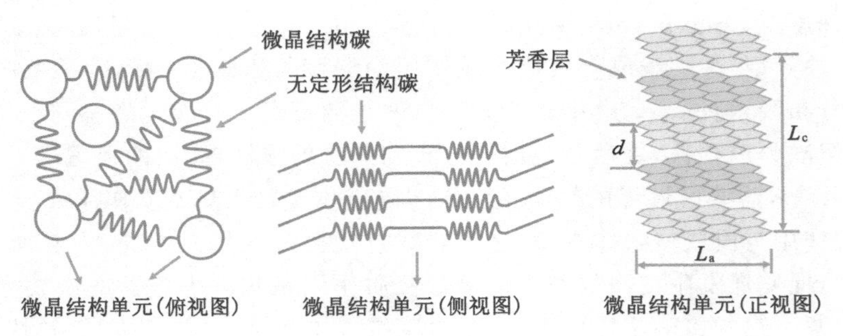

图3-1 煤晶核结构示意图[9]

$$L_c = \frac{K_c \lambda}{\beta_{002} \cos \theta_{002}} \tag{3-1}$$

$$L_a = \frac{K_a \lambda}{\beta_{101} \cos \theta_{101}} \tag{3-2}$$

$$d_{002} = \frac{\lambda}{2\sin \theta_{002}} \tag{3-3}$$

式中 L_c——煤晶核芳环层平行堆砌的高度，Å(1 Å$=10^{-10}$ m，下同)；
L_a——煤晶核的直径(即延展度)，Å；
K_c——形状因子的常数，通常取0.9；
K_a——形状因子的常数，采用B. E. Waeern得出的值1.84；
λ——入射X射线的波长，Å；
β_{002}，β_{101}——拟合后(002)峰、(101)峰对应的半峰宽；
θ_{002}，θ_{101}——拟合后(002)峰、(101)峰对应的衍射角，(°)；
d_{002}——芳香层间距，Å。

研究表明，XRD不仅能够获得反映煤晶核大小的指标 L_c、L_a，而且还可以从衍射峰的形态判断煤的有机分子间规则排列的程度，同时还可以根据衍射峰的相对强度判断煤中脂环结构和芳环结构成分的相对含量。

不同煤阶煤的XRD图谱一般显示三个强度不等的衍射峰(图3-2)[4]。

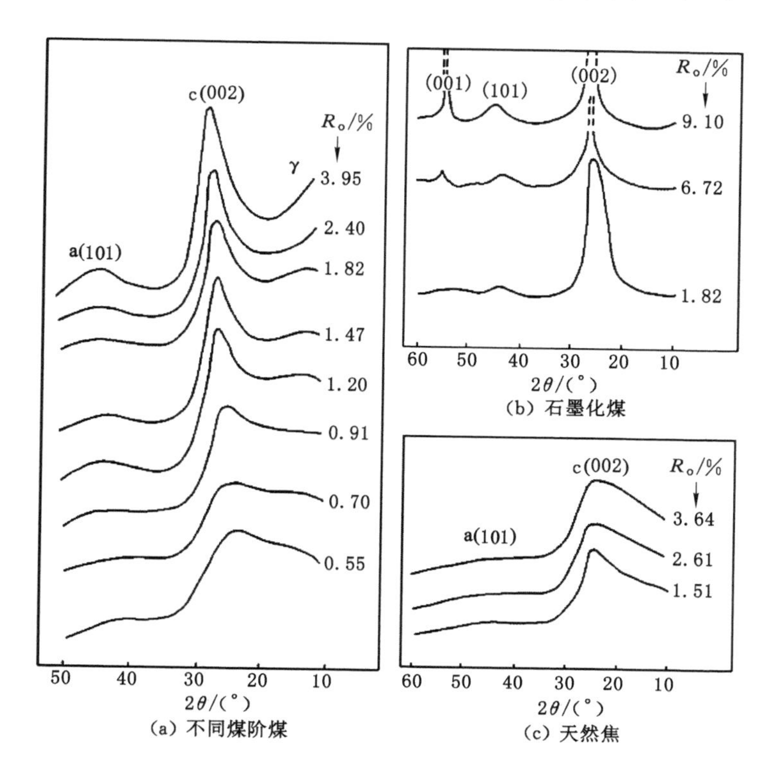

图3-2　不同煤阶煤、石墨化煤及天然焦的XRD图谱[4]

c峰：位于石墨(002)面网衍射峰附近，随煤阶增高，峰位往高角度方向迁移，峰形更加尖锐突出，层间距近似石墨的芳香层的堆砌性质越来越好。

a峰：相当于石墨(100)、(101)等峰带的重叠峰，通常统称为(101)衍射峰，它是单个层片内石墨化原子序列的二维反映，直接与芳香层的延展性相关。随着煤阶增高，结构有序性增强，(101)峰形逐渐凸起。

γ峰：与非石墨化有机组分的存在有关，峰位大约在 $2\theta=13°$。煤中的壳质组可在相应位置产生强度悬殊的衍射峰[10]。在低成熟度的Ⅰ型、Ⅱ型干酪根的XRD图谱中，γ峰均占有显著地位[11]。

低变质煤的γ峰与c峰互相重叠，形成了宽缓弥散的峰形，弥散现象在气煤阶段(R_o为0.61%～0.85%)最强，中变质烟煤阶段开始减弱，γ峰与c峰彼此分离，各自呈现独立的峰形，而无烟煤阶段开始，γ峰信号消失。两峰相扰、彼此交叠的强烈时期，正好与液态烃类产出的高峰期相当[4]。

煤的大分子结构不仅表现为结构参数的量变，而且更主要的表现是发生化学键型与有序排列结构等质的变化。综合 L_a、L_c 与 d_{002} 的改变，具有以下阶段性演化特点(图3-3)[4]。

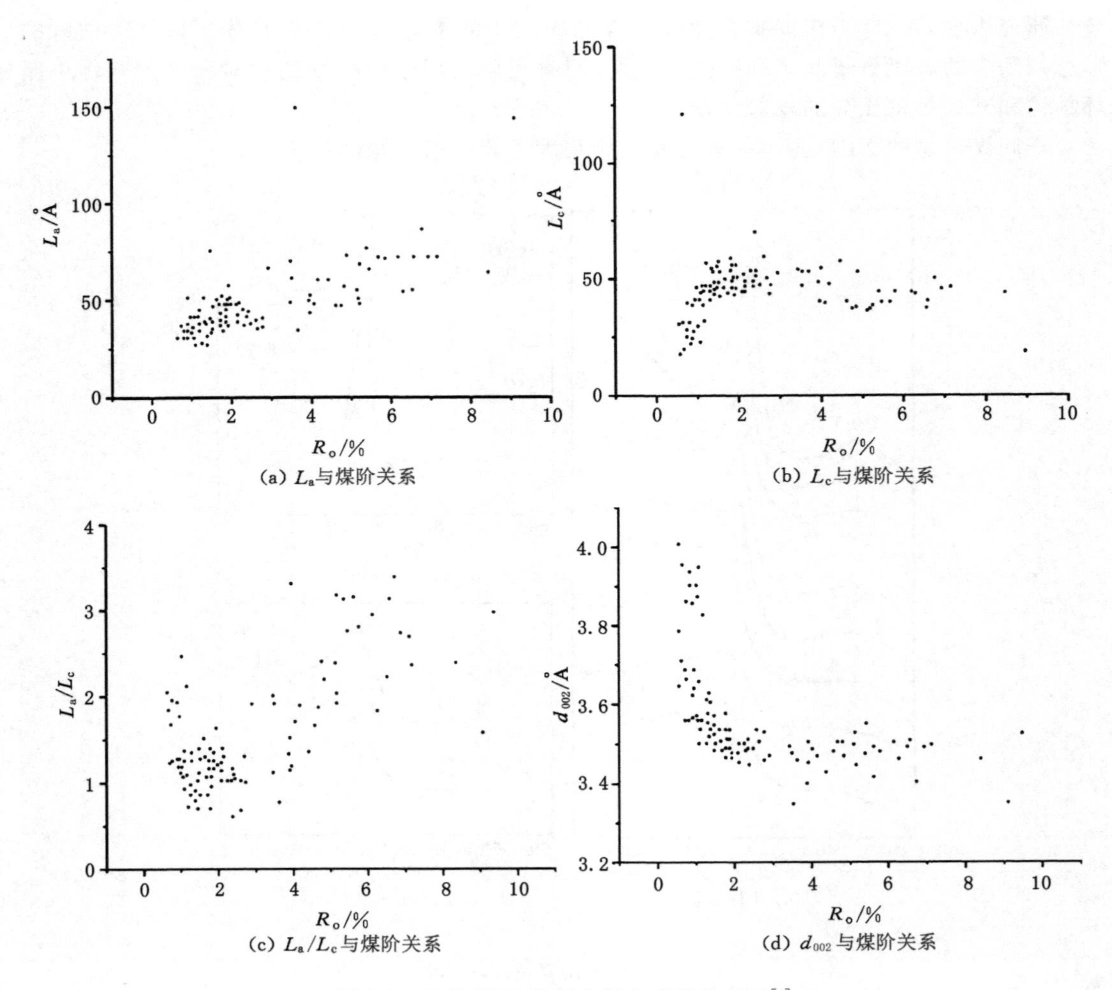

(a) L_a与煤阶关系

(b) L_c与煤阶关系

(c) L_a/L_c与煤阶关系

(d) d_{002}与煤阶关系

图 3-3　煤的 XRD 结构参数与煤阶关系图[4]

R_o在 1.0%左右，L_c比 L_a以更快的速度增长，L_a/L_c迅速减小。在整个煤变质序列中，d_{002}以最大的速率减小。

R_o在 2.0%左右，L_c取得极大值，L_a/L_c同时达到极小值，仅在此前后部分 L_a/L_c小于 1，假想“煤晶核”呈现短柱状特征，d_{002}在 R_o大于 2.0%之后，变化幅度明显减缓。

R_o为 4.0%是 L_c与 L_a/L_c变化的拐点。在 L_c减小的同时，L_a快速增大。此外，因为 R_o>4.0%的样品大多曾经受过明显的热异常作用，剧烈的受热过程导致煤分子发生快速复杂反应，某些芳香层的热爆裂不仅不会阻碍 d_{002}的减小，反而使其有所增大。

R_o在 6.0%左右，L_c达到极小值，L_a/L_c取得最大值，L_a、L_c与 d_{002}均开始加速变化，完全石墨化的煤的 R_o大于 8.0%。

一般反映煤晶核大小的 L_c与 L_a指标，随煤阶增高而有规律地变化，在低级无烟煤阶段以前逐渐增大，而在低级无烟煤阶段开始又逐渐减小[4]。为了探讨煤的变质作用类型，采集了淮南新庄孜煤矿 A1、B8、B11、$C13_2$ 煤层，谢家集煤矿 D20 煤层，潘集煤矿 C11、C13 煤层，以及淮北临涣煤矿 7_1、7_2煤层，芦岭煤矿 7、8、10 煤层，张庄煤矿 7_2、7_3煤层的煤样，进行了

XRD 实验，结果如表 3-3 所列[12]。从表中可以看出，L_a为 18～24 Å 的煤是以深成变质作用为主，且从 8 煤层到 10 煤层、D20 煤层，L_a逐渐变小，但变化幅度不大，符合深成变质作用下煤的 XRD 模式。而淮北北部的张庄煤矿，因受岩浆岩影响，其 L_a偏大，显然是叠加了岩浆热变质作用的结果。

表 3-3　两淮地区煤层的 XRD 分析数据[12]

序号	1	2	3	4	5	6	7
煤层	A1	B8	B11	$C13_2$	D20	10	8
煤矿	新庄孜	新庄孜	新庄孜	新庄孜	谢家集	芦岭	芦岭
L_c /Å	12.13	12.14	5.05	5.00	4.72	4.63	4.85
L_a /Å		19.07	18.44	18.33	18.02	18.00	18.08
变质作用类型	深成变质作用						
序号	8	9	10	11	12	13	14
煤层	7	7_2	C13	C11	7_1	7_3	7_2
煤矿	芦岭	临涣	潘集	潘集	临涣	张庄	张庄
L_c /Å	10.28	5.31	4.86	5.13	5.39	29.54	27.01
L_a /Å	23.58		18.29	19.06	19.11	31.72	27.64
变质作用类型	深成变质作用			应力变质作用		岩浆热力变质作用	

前人研究发现[12]，热作用主要表现在使煤的芳香核中水平碳原子网（或称芳香层）增大，即(100)面网增大，L_a稳步增大。但是，碳原子网在垂直方向的叠加很复杂。总的说来，L_c随温度增加表现出波浪状的起伏变化。在 500 ℃以前，L_c随温度增加而增大；到 500 ℃时，L_c达到一个较大值，然后随温度增加而减小；在 800 ℃时，L_c降为最小值，然后随着温度增高，L_c又快速增大，直到 1 700 ℃仍继续增大。根据煤的 XRD 资料显示[12]，岩体附近的 L_a、L_c都很大，而随着远离岩体，L_a、L_c逐渐减小。

电子顺磁共振（EPR）技术是研究自由基的一种非常有效的技术，已被广泛用于原煤中的自由基检测。在煤化作用过程中，有机化学结构中的双键受热发生均裂，形成不成对电子而构成顺磁中心，使煤成为一种顺磁物质，电子顺磁共振技术在煤和干酪根结构研究中发挥了重要作用[13-14]。研究表明[15]，自由基浓度随煤化程度的增加而升高，但达到一定阶段后又急剧下降，演化至石墨化煤时，自由基浓度等于零[16]，而线宽一般随煤化作用的增强而变窄[10]。我国东部地区自燕山运动以来不仅遭受了强烈的挤压变形（断裂、褶皱），而且有广泛的岩浆活动，导致热事件频繁发生，煤中自由基浓度升高，瓦斯含量增大，因此，我国东部地区是较大规模的突出事故发生的主要区域[17]。

煤的有机构成中，不同化学基团对红外线具有选择性吸收作用。随着煤阶增高，煤的结构成分不断改变，红外光谱特征频率的吸收发生规律性变化。到无烟煤阶段，高度稠合的芳香结构导致强散射背景，取代基的吸收基本消失，光谱呈现为简单的平缓曲线（图 3-4）[4]。

有机物的红外光谱分析可以反映其化学结构特点，不同的特征振动频率可显示出不

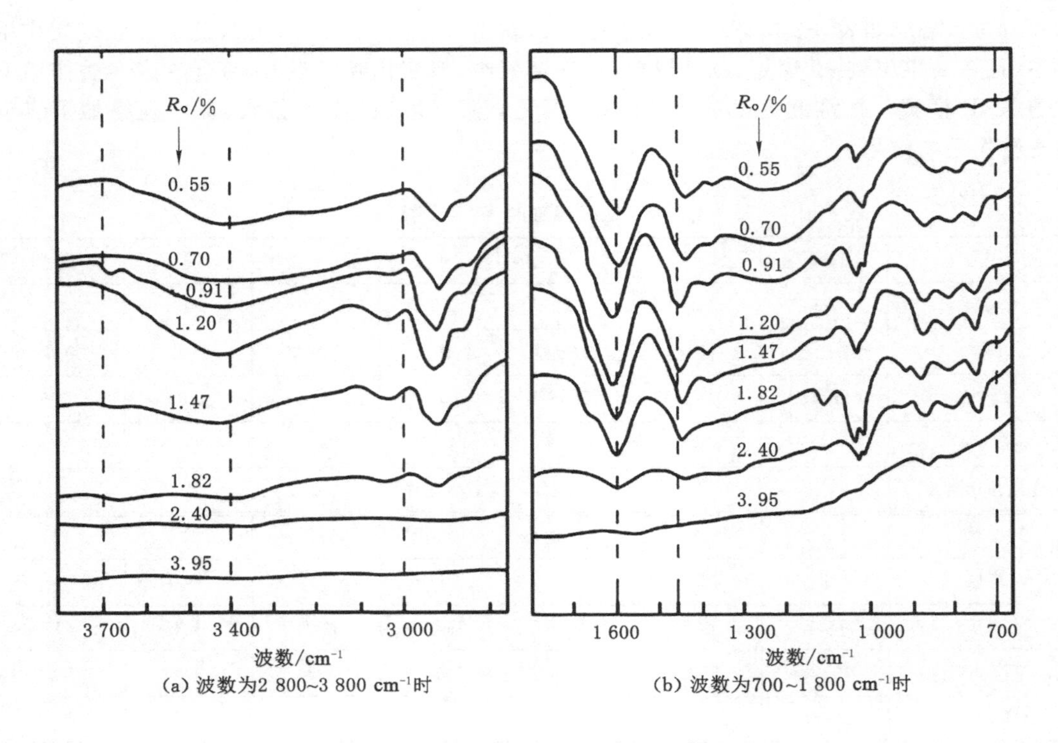

(a) 波数为2 800~3 800 cm⁻¹时　(b) 波数为700~1 800 cm⁻¹时

图 3-4　不同煤阶煤红外光谱图[4]

同基团的存在，光密度的大小可反映各基团相对含量的多少。一般随着煤阶的增高，煤的有机成分趋于单一特征振动频率(吸收峰)的数目减少[9]；中级无烟煤阶段以后，各基团的吸收均不明显，因而出现高的吸收背景，表现为向石墨化煤过渡的特点；不同变质程度的煤均含有芳烃结构，芳烃稠合程度随煤阶增高而增大[9]；不同煤阶煤含有不同的含氧官能团，肥煤、焦煤阶段含羰基(>C═O)，瘦煤阶段以前具有羟基(—OH)，贫煤与低级无烟煤之间具有醚键(C—O—C)，而在低级无烟煤以后，则多数不出现上述振动；随煤阶增高，某些特征振动频率的光密度及其比值均出现规律性的变化，光密度之比(脂芳比)在低级无烟煤以前有规律的递减，预示着脂肪烃及脂环烃的减少以及芳烃的富集。

此外，核磁共振(NMR)技术可以在原子水平上获得分子结构的信息，是研究煤和干酪根等固体难溶有机物化学结构的有力工具之一[18]，随着试验样品 R_o 的增大，NMR 结构参数出现规律性变化，尤其在反映煤结构碳骨架的芳碳率 (f_a)、桥头芳碳(f_a^B) 和芳核环数(N)等主要参数方面更加明显。一般情况下，f_a、f_a^B、N 和芳氢率(H_a) 随 R_o 的增大而增大，而脂碳率(f_{al}) 则不断减小。

3.2.2　煤的岩相学特征

1. 镜质组反射率

煤是由植物遗体在地质历史中，经过复杂的生物、地球化学、物理化学等各种不同类型的热变质作用转变而成的。不同的植物或植物的不同部位是由不同的有机化合物组成,它们在煤化作用过程中形成不同的煤岩组分,再加上原始沉积环境与沉积物质本身的差异,使得煤中既含有分子量大小不等的有机化合物,又含有多种无机矿物质,造成煤组成成分等方面的显著差异和煤体结构的复杂性。煤层在变质演化过程中,其物理化学性质经历了实质性的改变,形成了褐煤(R_o小于 0.5%)、低变质烟煤(R_o为 0.5%~0.9%)、中变质烟煤(R_o为 0.9%~1.6%)、高变质烟煤(R_o为 1.6%~2.5%)、无烟煤(R_o大于 2.5%)等。S. M. Rimmer 等[19]研究了美国伊利诺伊州盆地岩浆岩接触变质作用对斯普林菲尔德煤矿 5 煤层煤体物理化学性质的影响,结果发现,靠近岩浆岩,连续煤样的R_o有单调增大的趋势,R_o由 0.7%增大到 5.3%,岩浆岩的热演化范围为 1.2 倍的岩墙厚度。煤物理化学性质的变化导致了煤对甲烷吸附能力的改变,一般认为煤的变质程度对煤的吸附解吸性能具有主导作用,煤的工业组成成分、显微组分、元素组成的影响次之。

2. 有机显微组分

煤的有机显微组分是指煤在普通显微镜下可以分辨的基本组成单元[20]。以煤在显微镜下的光性特征作为鉴定依据,将可被识别的最小有机组分单元称为有机显微组分,将能够观察到的矿物称为无机显微组分[3]。煤的有机显微组分这一术语是英国 M. C. 斯托普斯于 1935 年首先提出的。我国引用国际煤岩学委员会的划分规则,根据煤的成因和显微镜下光性特征的不同,将有机显微组分划分为镜质组、惰质组及壳质组三种组分,如表 3-4 所列。无机显微组分包含的矿物类别和成分较多,常见的主要包括黏土类、碳酸盐类和硫化物等。

表 3-4 烟煤显微组分分类(GB/T 15588—2013)

显微组分组	代号	显微组分	代号	显微亚组分	代号
镜质组	V	结构镜质体	T	结构镜质体 1 结构镜质体 2	T1 T2
		无结构镜质体	C	均质镜质体 基质镜质体 团块镜质体 胶质镜质体	TC DC CC GC
		碎屑镜质体	VD		
惰质组	I	丝质体	F	火焚丝质体 氧化丝质体	PF OF
		半丝质体	Sf		
		真菌体	Fu		
		分泌体	Se		
		粗粒体	Ma	粗粒体 1 粗粒体 2	Ma1 Ma2
		微粒体	Mi		
		碎屑惰质体	ID		

表 3-4(续)

显微组分组	代号	显微组分	代号	显微亚组分	代号
壳质组	E	孢粉体	Sp	大孢子体 小孢子体	MaS MiS
		角质体	Cu		
		树脂体	Re		
		木栓质体	Sub		
		树皮体	Ba		
		沥青质体	Bt		
		渗出沥青体	Ex		
		荧光体	Fl		
		藻类体	Alg	结构藻类体 层状藻类体	TA LA
		碎屑类脂体	LD		

镜质组主要是由植物的木质纤维组织在覆水的还原条件下，经过凝胶化作用而形成的显微组分。镜质组是煤的主要成分，通常颗粒较大、表面均匀，其反射率随煤变质程度的增高变化速度快，易于测定。因此，镜质组反射率通常作为判定煤体变质程度高低的理想指标，镜质组反射率越高，煤体变质程度也越高。镜质组可分为结构镜质体、无结构镜质体和碎屑镜质体。

惰质组主要是由植物遗体经过丝碳化作用转化而成的显微组分。由于先期氧化，惰质组在煤化作用期间变化较小。惰质组包括丝质体、半丝质体、真菌体、分泌体、粗粒体、微粒体、碎屑惰质体。

壳质组主要是由高等植物的繁殖器官、树皮、分泌物及藻类等形成的反射率最低的硬煤显微组分。随着煤化程度的增高，壳质组的轮廓、凸起、结构等逐渐模糊。壳质组的氢含量和挥发分一般较高，加热时能产生大量的焦油和气体，黏结性较差或没有。在低煤阶阶段壳质组很常见，到中煤阶阶段以后壳质组数量很少。壳质组一般包括孢粉体、角质体、树脂体、木栓质体、树皮体、沥青质体、渗出沥青体、荧光体、藻类体、碎屑类脂体[7]。

随着煤阶的增高，煤中有机质的组成和性质将发生一系列变化，如表 3-5 所列[9]。① 惰质组在煤化作用增强过程中，变化不显著，在高煤阶烟煤和无烟煤阶段中丝质体、微粒体、菌类等仍能清楚分辨。② 壳质组在低煤阶烟煤阶段中发生显著变化，到高煤阶烟煤阶段大部分已变得与镜质组难以区分，仅极个别的孢粉体或角质体在正交偏光下能利用其各向异性和形态加以识别。③ 镜质组在煤化作用增强过程中，具有明显的规律性变化，主要表现为：a. 透明度降低、颜色变暗、反射力增强，组分的结构和相互间界限逐渐变得不清楚，且与半丝质体越来越难区分；b. 煤中的孔逐渐加大和增多，正交偏光下的非均质性增强，在高煤阶烟煤阶段出现单个孤立的中间相小球体，到无烟煤阶段发展成普遍存在的各向异性炭，包括细粒镶嵌、粗粒镶嵌及大片波状消光。

表 3-5　不同煤阶煤各显微组分特征对比表[9]

显微组分组	低煤阶烟煤	高煤阶烟煤	无烟煤	超无烟煤
惰质组	薄片中不透明，呈亮色	同左	同左	同左
	光片中高凸起到中凸起	中凸起到低凸起	低凸起或无凸起	无凸起
	反映色灰白、亮白及黄白色	同左	亮白及黄白色	同左
	反映率比镜质组的高很多	比镜质组的高	和镜质组的相似	同左
	各组分间的界限和结构清晰	尚清晰	不清晰	同左
	无偏光性	同左	同左	同左
	不具荧光性	同左	同左	同左
镜质组	薄片中透明，呈红～橙红色	半透明，棕褐色	不透明，黑色	同左
	光片中无凸起	同左	同左	同左
	反映色灰、蓝及浅灰色	浅灰～灰白色	浅灰～白色	亮白色
	反映率中等，$0.55\% \leqslant R_o \leqslant 1.5\%$	$1.5\% < R_o \leqslant 2.5\%$	$2.5\% < R_o \leqslant 4.0\%$	$R_o > 4.0\%$
	各组分间界限和结构清晰	不清晰，偶见残余结构	不清晰	同左
	无偏光性，有时有假结构	具弱偏光性，出现小球体	具偏光性，出现镶嵌结构	弱偏光性及粗粒镶嵌结构
	具弱荧光性，呈暗棕黑色	荧光性消失	同左	同左
	孔极小，稀少	孔的孔径小于 5 μm，含量小于 5%	孔的孔径为 5～10 μm，含量为 5%～10%	孔的孔径大于 10 μm 并连成朵状，含量大于 10%
壳质组	薄片中透明，呈黄、橙黄色	经煤化热解而消失或有的变得与镜质组很难区别，仅个别残体在正交偏光下具各向异性而隐约可见	同左	已不能分出
	光片中无凸起或有凸起			
	反映色黑灰、深灰色			
	反映率比镜质组的低			
	各组分界限和结构清晰			
	无偏光性			
	具强荧光性，呈黄绿、黄、橙黄色			

中间相小球体是煤化作用过程中出现的非均质物质，一般出现在镜质组反射率 $R_o > 1.0\%$ 的烟煤中，呈球形、椭球形或长圆形，粒径 30～40 μm，常围绕一中心放射状生长，具一轴晶特征。

3.2.3　地球物理化学特征

煤的工业分析测定结果包括煤的水分、灰分、挥发分和固定碳 4 种。

1. 水分

煤的水分一般分为内在水分和外在水分[21]。内在水分是植物变成煤时所含的水分，存在于不太发育的孔隙中；外在水分是在开采、运输等过程中附在煤颗粒表面和较发育的毛细孔隙、裂隙中的水分。通常煤的工业分析采用的煤样均是空气干燥基煤样，对应的水分称为空气干燥基水分，用 M_{ad} 表示，它的大小在数值上与内在水分的一致。空气干燥基水分 M_{ad} 随镜质组反射率 R_o 的变化规律如图 3-5 所示(图中 NERC 数据代表煤矿瓦斯治理国家工程研究中心数据，下同)。

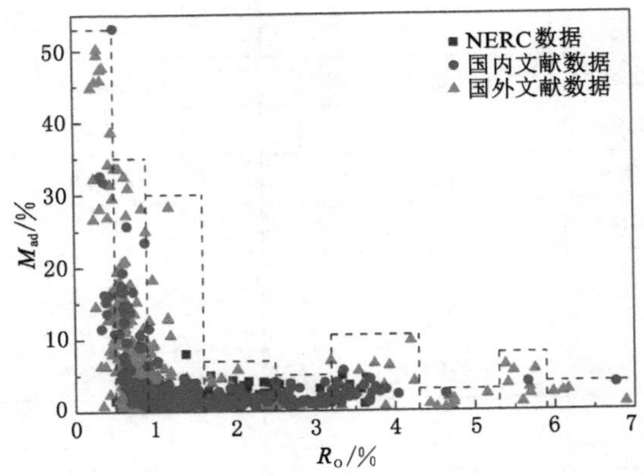

图 3-5　空气干燥基水分 M_{ad} 随镜质组反射率 R_o 的变化规律[3]

由图 3-5 可知，在煤低变质阶段，煤中空气干燥基水分含量很高，此后随着煤变质程度的提高而降低，且降低幅度逐渐减小。变质程度对煤的内在水分呈反向影响趋势，在低变质阶段，煤的内在水分含量较高，变质程度越高，煤的内在水分含量越低。一般褐煤的内在水分含量最高，最高值约为 53%；低变质烟煤的内在水分含量略有降低，最高值约为 35%，这可能是因为该阶段煤内毛细孔多容易吸附较多的水分；中变质烟煤的内在水分含量又依次降低，最高值约为 30%，这可能是由于该阶段煤的有机结构中含有较多的稠环结构，这种含氢较多的稠环结构具有憎水性；高变质烟煤的内在水分含量最高值约为 8%；无烟煤的内在水分含量相对较低，但在无烟煤阶段煤的内在水分含量在 R_o 处于 3.2%～4.2% 与 5.2%～5.9% 区间部分升高，最高值分别约为 10% 和 9%，这可能是由于无烟煤的碳网组织已趋向于石墨化，具有隐晶结构，各层间的空间可以吸收较多的水分。

上述水分变化产生的原因综合为[22]：

(1) 煤的内在水分吸附于煤的孔隙内表面上，内表面积越大，吸附水分能力就越强，煤的水分含量也就越高。

(2) 煤分子结构上极性含氧官能团数量越多，煤吸附水分能力也越强。

(3) 低煤化程度煤内表面较发达，分子结构上含氧官能团的数量也多，因此内在水分含量极高。随着煤化程度的提高，煤内表面积和含氧官能团数量均呈减小趋势，其内在水分含量也下降；到无烟煤阶段，由于煤的内表面积有所增大，因而内在水分含量略有升高。

2. 灰分

灰分是煤完全燃烧后剩余的残渣，几乎全部来源于矿物质。通常灰分含量与矿物质含量成正比。灰分不是煤中固有成分，而是由煤中矿物质转化而来，但是与矿物质有很大区别。首先灰分含量比相应的矿物质含量要低，其次两者在成分上有很大区别。矿物质在高温下经分解、氧化、化合等化学反应之后才转化为灰分。由于空气干燥基煤样中水分随空气湿度的变化而变化，因此灰分测值也随之发生变化。但就绝对干燥煤样来讲，其灰分是不变的，故在实际使用中需采用干燥基灰分 A_d。干燥基灰分 A_d 随镜质组反射率 R_o 的变化规律如图3-6所示。由图3-6可知，干燥基灰分含量变化值较分散，这是因为干燥基灰分受地质演化条件影响特别大。总体上看，干燥基灰分随变质程度的增加呈降低趋势。褐煤A_d含量低于70%，低变质烟煤A_d含量低于62%，中变质烟煤A_d含量低于59%，高变质烟煤A_d含量低于49%，无烟煤A_d含量低于43%。

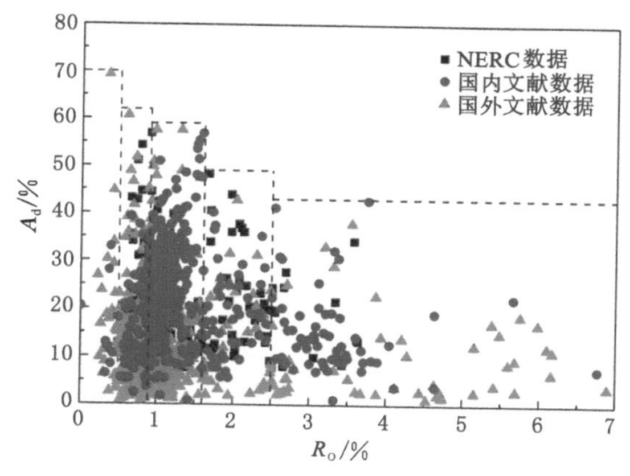

图3-6 干燥基灰分A_d随镜质组反射率R_o的变化规律[3]

灰分对煤吸附甲烷能力起到不利影响，其对煤吸附性的影响机理主要在于：① 根据相似相容原理，甲烷与有机物的性质类似，极性较弱，吸附性较好，但灰分大多为无机物，自身对甲烷的吸附能力很微弱或不吸附，灰分的存在减少了煤中吸附甲烷的有机物；② 灰分中硅质、铁质、钙镁等组分，特别是金属元素的存在，使得岩石趋向于基底胶结，而胶结物的增多堵塞了煤的部分孔隙，降低了煤的孔隙率，减少了甲烷的吸附点位，导致煤对甲烷的吸附能力下降。两方面的综合作用降低了煤中有机物吸附甲烷的能力，因此在评价灰分对煤吸附量的影响时，不仅要考虑灰分大小的影响，同时还要考虑灰分对吸附点位的占有状态。

3. 挥发分

挥发分是指在高温和隔绝空气条件下加热时煤中有机物和部分矿物质加热分解后的产物。它不全是煤中固有成分，还有部分热解产物，所以也称挥发分产率，常用指标有空气干燥基挥发分V_{ad}、干燥基挥发分V_d和干燥无灰基挥发分V_{daf}等。为避免水分、灰分等无机物的影响，一般可采用干燥无灰基挥发分V_{daf}指标。其随镜质组反射率R_o的变化规律如图3-7所示。由图3-7可知，煤变质程度越高，干燥无灰基挥发分越低，且在低变质程度阶段，干燥无灰基挥发分降低幅度比较大，随着变质程度的增加，干燥无灰基挥发分的降低幅度逐渐减小。干燥无灰基挥发分随变质程度变化的原因是干燥无灰基挥发分主要来自煤中分子不稳定脂肪侧链、含氧官能团断裂后形成的小分子化合物与煤有机质高分子缩聚时产生的氢气，而随着煤变质程度的增加，煤中分子不稳定脂肪侧链和含氧官能团均呈减少趋势。褐煤V_{daf}含量较高，通常高于30%；低变质烟煤V_{daf}含量分布范围较分散，介于25%～58%之间；中变质烟煤V_{daf}含量介于10%～38%之间，表明其V_{daf}含量分布范围较宽，同时形成环境和煤岩组成较复杂，各种组分之间性质差异显著；高变质烟煤V_{daf}含量分布范围较窄，介于5%～20%之间；无烟煤的V_{daf}含量最低，一般低于10%。

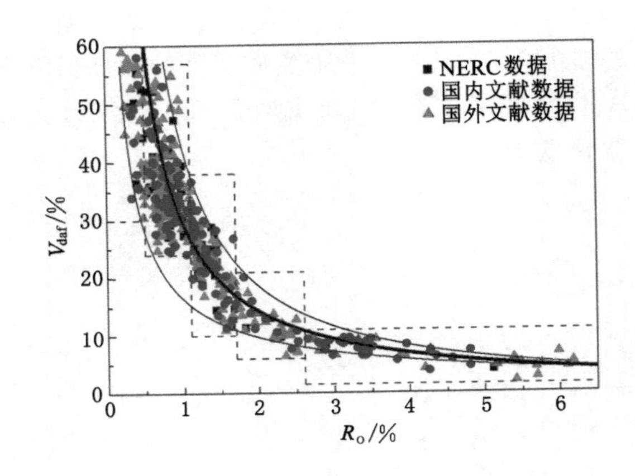

图 3-7　干燥无灰基挥发分 V_{daf} 随镜质组反射率 R_o 的变化规律[3]

3.3　煤变质作用热动力学分析

3.3.1　岩浆侵入煤层演化变质温度估算

热增温对煤的变质起着主导作用，从我国未受热异常影响地区观察发现，其地温梯度变化大致在 3 ℃/100 m 左右，而受岩浆侵入地区地温梯度发生显著变化。TTI 法（温度时间指数法）是计算地史时期深成变质作用的比较有效的方法。其计算过程是根据化学动力学中温度每升高 10 ℃化学作用加快一倍的原理，将连续升温的变质过程划分为以 10 ℃为间隔的若干区间。利用每一区间的实际温度和保持这一温度的地质时间，求出各区间的变质作用量，然后累加起来，得出最终变质程度，经过换算，可用镜质组反射率表示。TTI 法计算公式为：

$$\mathrm{TTI} = \sum_{i=1}^{n} 2^{k_i} \Delta t_i \tag{3-4}$$

式中　n——区间的个数，个；

Δt_i——第 i 区间的作用时间，Ma；

k_i——与第 i 区间相对应的指数 k 值[23]，温度区间为 100～110 ℃时，k 的取值为 0，以此为基准，温度区间每高（或低）10 ℃，k 值就加（或减）1。

假定地史时期华北恒温带的温度（25 ℃）和深度（25 m）变化不大，地温梯度为 3 ℃/100 m，即 10 ℃/333 m，根据 TTI 法的计算，煤层上覆岩系厚度不同的地区，在同一时期内深成变质作用所能达到的变质程度是不同的。河南济源是华北区三叠纪沉积最厚之处，二叠系厚 807 m，三叠系厚 3 692 m，侏罗系厚 245 m。中侏罗世末，太原组和山西组下部的煤层所经受的地温达到 160 ℃。根据计算，TTI 值为 1 173，镜质组反射率 R_o 为 2.08%，即贫煤。这是华北区石炭～二叠纪煤在燕山期岩浆侵入前达到的最高变质阶段。在中侏罗世末，侯马地区的 TTI 值为 585，R_o 为 1.82%，属瘦煤，与济源地区构成一变质较高的中心，由此中心向南、向北 R_o 均降低。郑州地区的 R_o 为 1.03%，许昌地区的 R_o 为 0.65%，大宁、长治地区的 R_o 都为 1.03%，柳林地区的 R_o 为 0.85%，左权、鹤壁地区的 R_o 都为 0.72%。总之，华北北部地区为长焰煤，其他地区为气煤和肥煤，而济源-侯马为一变质较高的中心。

燕山运动强烈的岩浆活动，对华北晚古生代煤的变质产生了重要影响，使得一些已经通过深成变质达到低级烟煤阶段的石炭～二叠纪煤又经受燕山期岩浆热的烘烤。煤中发育的气孔、镶嵌结构和中间相小球体为探讨活化期成煤温度提供了很好的论证资料。J. M. Jones 等[24]在研究英格兰北部石炭系亚尔德（Yard）煤层经历岩浆热变质的过程中，从远离侵入体到逐渐靠近侵入体的煤中发现了以下的变化特征：① 煤受热呈塑性，挥发物逸出，发育少量气孔，但仍保留煤的显微层理；② 大量发育原生气孔，显微层理出现歪曲；③ 原生气孔消失，镜质组发生收缩产生收缩角砾，镜质组和壳质组层理难以分辨；④ 产生镶嵌结构；⑤ 发育球状次生气孔。

随着温度的增高，煤中气孔率显出增大的总趋势，如在 300 ℃时气孔率为 2%～18%，500 ℃时达到 40%左右。但在中间阶段又略有减小，可能与热解时高分子破坏的进程有关，不同煤阶煤当加热到 250～300 ℃时产生大小不同的气孔。长焰煤的气孔直径以 10～20 μm 为主，气煤和气肥煤的气孔直径以 10～80 μm 为主，肥煤的气孔常发生合并联生，气孔直径加大，在 10～200 μm 以上，而焦煤和瘦煤的气孔直径又转小，多在 20 μm 以内。同变质程度的煤加热后软化程度不同，以 450～500 ℃时的软化情况为例，气煤、气肥煤和肥煤受热软化后，原生结构已遭破坏，而长焰煤和焦煤、瘦煤则仍留有原生结构的痕迹。镶嵌结构于 350 ℃开始出现，到 450 ℃和 500 ℃依次增加其明显程度。

自然界区域岩浆热变质作用的相对人工模拟实验时间较长，形成气孔、镶嵌结构所需的温度可能要低些。但是单纯的深成变质作用也是很难达到的，应是区域岩浆热变质作用的结果。J. M. Jones 等[24]指出受岩浆热影响而发育有镶嵌结构的煤，在岩浆侵入前其煤阶应低于焦煤阶段，这与华北晚古生代煤在稳定期经受深成变质作用一般只达到长焰煤、气煤或气肥煤阶段的结论是相符的。

根据煤样实测的镜质组反射率可以估算出古地温的最大值，从而反映原始岩浆活动的剧烈程度。反映煤变质程度的镜质组反射率 R_o 可由煤层所经受的最高地温 T_{peak} 决定，如下式所列[25-26]：

$$T_{peak} = (\ln R_o + 1.19)/0.00782 \tag{3-5}$$

3.3.2 岩浆侵入对煤层热变质作用数值模拟与现场验证

1. 岩浆侵入对煤层热变质作用数值模拟

海孜井田处于淮北煤田中部临涣矿区的北部，矿井总体表现为东西向单斜构造，由大马家断层、大刘家断层及吴坊断层围成，区域内部大中型褶曲构造不甚发育。矿井含煤地层为二叠系，其中山西组、下石盒子组和上石盒子组为主要含煤组，7、8、9、10 煤层为矿井主要可采煤层。在燕山早、中期，海孜井田地壳深部的岩浆沿宿北断裂上涌并通过大刘家断层、吴坊断层和大马家断层及其派生断层向井田侵入，沿 5 煤层顺层侵入，厚度较为稳定，最大厚度达到 169 m，并以岩床形式覆盖于 7、8、9、10 煤层之上。

采用 COMSOL Multiphysics 软件对海孜井田岩浆岩冷却过程进行了数值分析，在进行分析时，所考虑的岩浆岩冷却过程中温度分布的影响因素主要包括：岩浆岩初始温度、热扩散率、厚度、长度、冷却时间以及围岩与岩浆岩的距离。采用的分析模型为热传导模型，如下式所列：

$$\rho c_p \frac{\partial T}{\partial t} + \rho c_p u \cdot \nabla T = \nabla \cdot (\kappa \nabla T) + Q \tag{3-6}$$

式中 ρ——密度，kg/m^3；

c_p——比热容，$J/(kg \cdot K)$；

T——温度，K；

t——时间，a；

u——岩浆岩冷却速度，m/s；

κ——热扩散率，为$\lambda/(\rho c_p)$，m^2/s；

λ——导热系数，$W/(m \cdot K)$；

Q——岩浆岩内部产生的热量，J。

在数值分析过程中设置的变量参数：地表温度 T_1 为 23 ℃，地温梯度 ΔT 为 30 ℃/km，导热系数 λ 为 2.5 $W/(m \cdot K)$，密度 ρ 为 3 010 kg/m^3，比热容 c_p 为 787.1 $J/(kg \cdot K)$。借助 MATLAB 软件对数值分析过程中岩浆岩-围岩温度场分布情况进行了处理。根据研究需要共建立了三种模型，具体内容及控制条件如表 3-6 所列，其中 h_1 为岩浆岩顶板的埋深，h_2 为岩浆岩底板的埋深，t' 为岩浆岩冷却时间，y 为围岩与地表的距离，T_2 为岩浆岩初始温度。

表 3-6 不同模型具体内容及控制条件[27]

<table>
<tr><th rowspan="2">模型情况</th><th colspan="5">条件设置</th></tr>
<tr><th>h_1/m</th><th>h_2/m</th><th>t'/a</th><th>y/m</th><th>T_2/℃</th></tr>
<tr><td rowspan="2">不同岩浆岩冷却时间</td><td rowspan="2">1 500</td><td rowspan="2">1 600</td><td>1～200</td><td>1 300～1 900</td><td rowspan="2">1 000</td></tr>
<tr><td>1～3 000</td><td>1 660、1 700</td></tr>
<tr><td rowspan="3">不同岩浆岩厚度</td><td>1 500</td><td>1 550</td><td rowspan="3">1～30 000</td><td>1 600、1 650</td><td rowspan="3">1 000</td></tr>
<tr><td>1 500</td><td>1 600</td><td>1 650、1 700</td></tr>
<tr><td>1 500</td><td>1 650</td><td>1 700、1 800</td></tr>
<tr><td rowspan="3">不同岩浆岩初始温度</td><td rowspan="3">1 500</td><td rowspan="3">1 600</td><td rowspan="3">100、200</td><td rowspan="3">1 300～1 900</td><td>800</td></tr>
<tr><td>1 000</td></tr>
<tr><td>1 300</td></tr>
</table>

岩浆侵入冷却过程中岩浆岩-围岩的温度分布情况如图 3-8 所示。由图 3-8(a)可知，从岩浆侵入至冷却 200 a，岩浆岩温度由初始温度 1 000 ℃降至 400 ℃，说明岩浆岩对围岩的高温作用比较短暂。由图 3-8(b)可知，随着岩浆岩厚度的增大，同一时刻相同距离的围岩达到的最高温度变高，但达到最高温度的时间延后。当岩浆岩厚度为 50 m 时，距底板 50 m 处的围岩在大约 80 a 时就已经达到最高温度 220 ℃；当岩浆岩厚度为 100 m 时，距底板 50 m 处的围岩在 80 a 时温度为 270 ℃，在 143 a 时温度达到最高温度，近 300 ℃；当岩浆岩厚度为 150 m 时，距底板 50 m 处的围岩在 80 a 时温度为 300 ℃，在 206 a 时才达到最高温度，近 350 ℃。由图 3-8(c)可知，岩浆岩初始温度为 800 ℃时，冷却 100 a 后，岩浆岩内部最高温度降至 400 ℃，降幅为 400 ℃；当岩浆岩初始温度为 1 300 ℃时，冷却 100 a 后，岩浆岩内部最高温度降至 630 ℃，降幅达 670 ℃。这说明高温侵入岩浆的

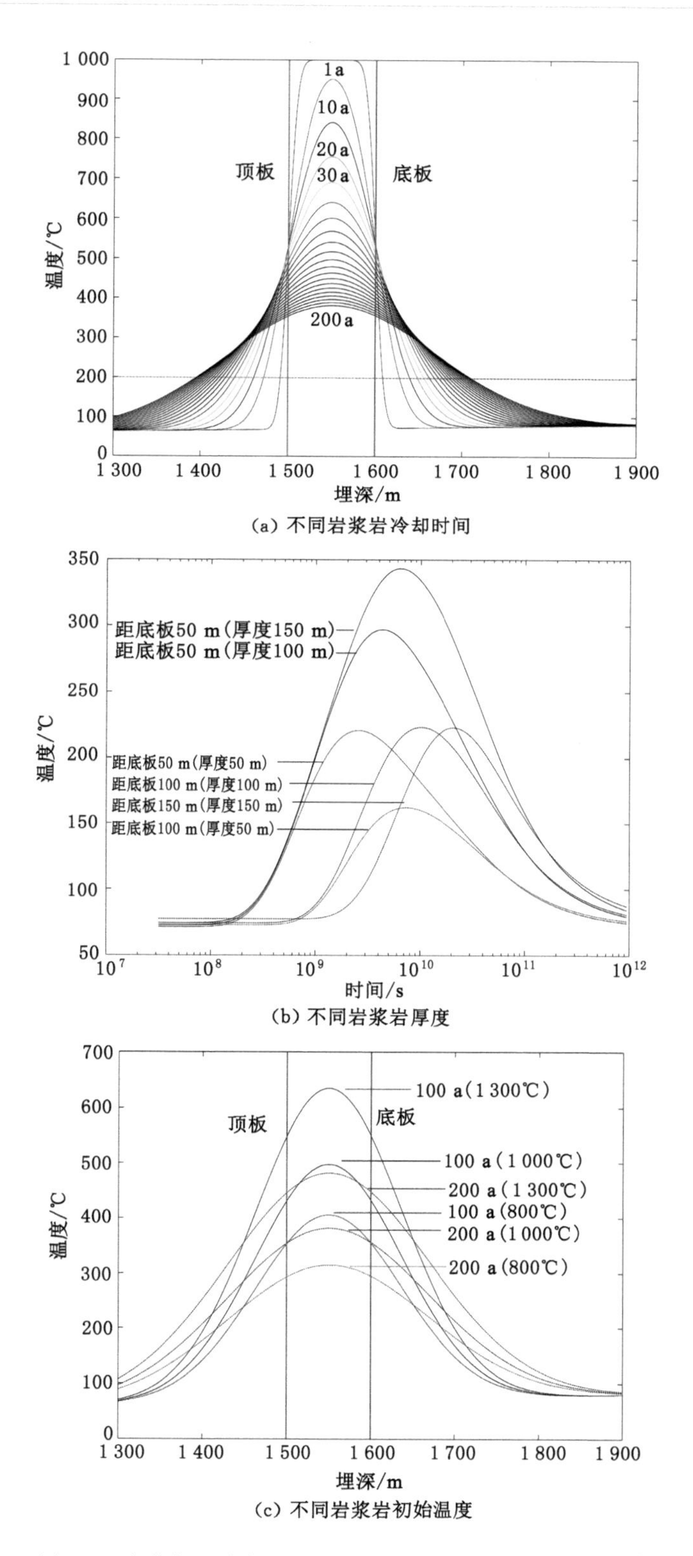

(a) 不同岩浆岩冷却时间

(b) 不同岩浆岩厚度

(c) 不同岩浆岩初始温度

图 3-8　岩浆侵入冷却过程中岩浆岩-围岩的温度分布情况[27]

冷却过程较低温侵入岩浆的冷却过程缓慢，热影响范围也比低温侵入岩浆的热影响范围大，且热力影响区域内同一点达到的最高温度也比低温侵入岩浆在该点产生的最高温度高。

海孜井田侵入岩浆冷却过程中 7、8、9、10 煤层温度变化情况如图 3-9 所示。由图可知，COMSOL Multiphysics 模拟结果和 MATLAB 数学模型模拟结果基本一致，相互之间起到了验证作用，海孜井田岩浆岩下伏 7、8、9、10 煤层由于与岩浆岩的距离不同，煤层经受热力作用达到最高温度的时间也不相同：距离岩浆岩较近的 7 煤层在岩浆岩冷却 200 a 时达到最高温度，近 350 ℃，温度持续保持在 200 ℃以上的时间约 1 500 a；相对较远的 8、9 煤层在岩浆岩冷却 300 a 时达到最高温度，约 300 ℃，温度持续保持在 200 ℃以上的时间约 1 300 a；而距离岩浆岩最远的 10 煤层在岩浆岩冷却 500 a 时才达到最高温度，约 235 ℃，温度持续保持在 200 ℃以上的时间约 1 000 a。由此可知，7 煤层达到的热力作用温度最高，且保持在高温的持续时间较长，其变质程度也最高，而之后的 8、9、10 煤层相对 7 煤层所受温度相对较低，变质程度也会相对降低。

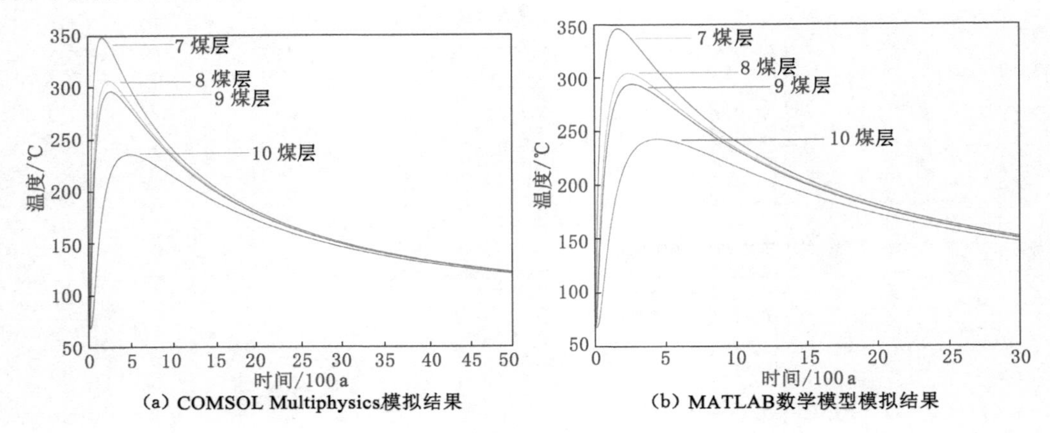

图 3-9 海孜井田侵入岩浆冷却过程中 7、8、9、10 煤层温度变化情况[27]

2. 岩浆侵入煤层热变质作用现场验证

以海孜井田为例，对其不同煤层及距岩浆岩不同位置的煤样进行古地温估算，如表 3-7 所列。

表 3-7 海孜井田煤岩学测定及古地温反演表[28]

编号	煤层	与岩浆岩距离/m	标高/m	有机显微组分/%		R_o/%	T_{peak}/℃
				镜质组	惰质组		
1#	7	44	−658	95.40	2.20	2.78	283
2#	7	46	−660	94.80	2.30	2.74	281
3#	8	64	−680	94.30	3.20	2.30	259
4#	8	66	−681	94.32	3.10	2.27	257
5#	9	70	−683	94.48	2.60	2.20	253
6#	9	73	−690	94.13	2.40	2.15	250
7#	10	154	−638	93.69	3.80	1.82	229
8#	10	156	−620	91.37	5.80	1.81	228
9#	10	无岩浆岩覆盖	−515	83.31	8.91	1.50	204

由表 3-7 可知，靠近岩浆岩，R_o有增大的趋势，即越靠近岩浆岩煤的变质程度越高。7 煤层(距岩浆岩 44 m)的 R_o为 2.78%，10 煤层(距岩浆岩 156 m)的 R_o为 1.81%，岩浆岩覆盖区域煤层间的最大镜质组反射率($R_{o,max}$)梯度为 0.87%/100 m，远大于煤的深成变质作用引起的 $R_{o,max}$梯度(一般都小于 0.1%/100 m)。

R_o主要由煤层所经受的最高地温 T_{peak}和煤层受热有效时间 t 决定。结合海孜井田试验煤样测定的 R_o，通过式(3-5)计算出海孜井田各煤层所经受的最高地温分别为：283 ℃(7 煤层，距岩浆岩 44 m)、259 ℃(8 煤层，距岩浆岩 64 m)、253 ℃(9 煤层，距岩浆岩 70 m)、229 ℃(10 煤层，距岩浆岩 154 m)。对比图 3-9 模拟结果发现，得到的煤层所经受的最高地温 T_{peak}均低于采用数学模型模拟出的煤层达到的最高热力作用温度。A. K. Stewart 等[29]、王大勇等[30]也在研究中发现通过式(3-5)计算得到的煤体所经受的最高地温偏低。从模拟结果可以看出，煤层保持在最高温度的时间比较短暂，由于煤的区域岩浆热变质演化不仅与所经受的最高地温有关，还与热力作用时间有关，但式(3-5)在线性回归时并不涉及有效受热时间，因此可以认为式(3-5)中涉及的煤体所经受的最高地温 T_{peak}指的是煤体演化最高有效受热温度。

假设模拟过程中煤体所受温度持续超过煤体演化最高有效受热温度的时间段均为煤体演化的有效时间段，岩浆岩冷却过程中热量逐渐传递到达 8 煤层。8 煤层在初始状态(深成变质作用达到的低变质烟煤，约 140 ℃)的基础上缓慢递进变质，当岩浆岩冷却 100 a 时，煤体温度达到 259 ℃，而后直至 700 a，煤体温度都保持在 259 ℃以上，这段时间煤体逐渐演化为高变质烟煤，即这段时间为煤体达到最终演化变质程度的有效受热时间段。之后煤体所受温度开始降低，煤体演化停止，见图 3-10(a)。9 煤层的煤体演化最高有效受热温度为 253 ℃，煤体演化最高有效受热温度持续的时间为 600 a。而 10 煤层持续保持煤体演化最高有效受热温度(即所受温度大于 229 ℃)的时间大约为 500 a，小于 8 煤层的受高温作用时间，见图 3-10(b)。

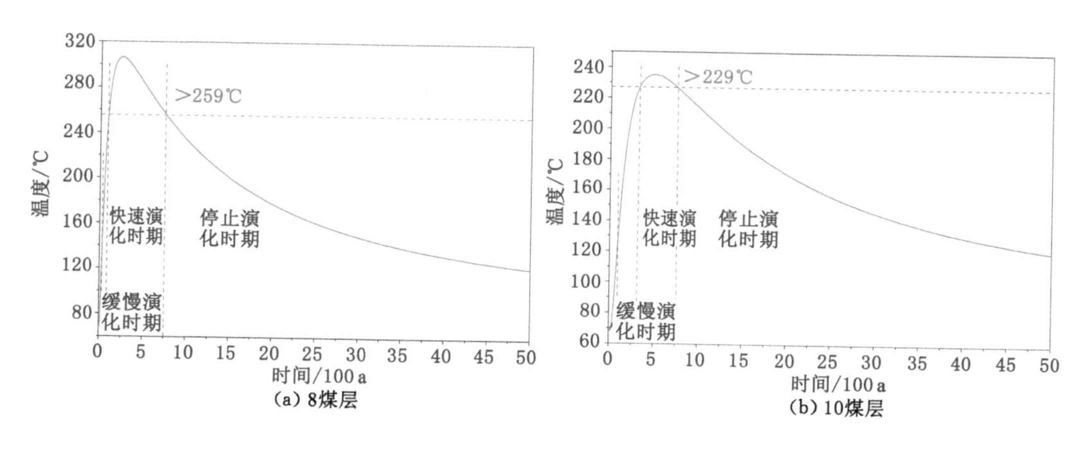

图 3-10　海孜井田岩浆岩下伏煤层在岩浆岩冷却过程中随时间推移的演化特征[7]

3.4 煤的变质分带特征

岩浆通过对煤的热变质作用，使煤层的变质程度呈现分带的规律，即由岩浆侵入而形成的煤变质作用呈带状分布。靠近岩浆，煤的变质程度有增加的趋势。在煤的深成变质作用下，煤阶增高一级大概需要增加近 1 000 m 的埋深，但在岩浆侵入区域，各煤层的煤阶在间距不到 100 m 的情况下也会出现较大的不同。煤种的垂直分带和水平分带在生产巷道中最为直观。在岱河煤矿南配风巷，辉绿岩呈岩墙产状侵入煤层，使水平方向上的煤变质分带非常明显。在朱庄煤矿第三采煤巷，闪长玢岩或呈岩床以波浪状侵入煤层，结果造成煤变质分带也随闪长玢岩的产状呈波浪式变化；闪长玢岩或呈岩墙侵入煤层，在水平方向上呈现煤变质分带。在淮北矿区的其他煤矿，也时常见到此种分带现象。有时岩床斜切侵入煤层，使煤变质分带沿倾斜方向变化。在张庄煤矿第三采区的轨道上山，进行系统采样，其化验结果完全证实了沿倾斜方向煤的变质分带规律，这种分带性与岩浆岩产状有密切关系（图 3-11）。

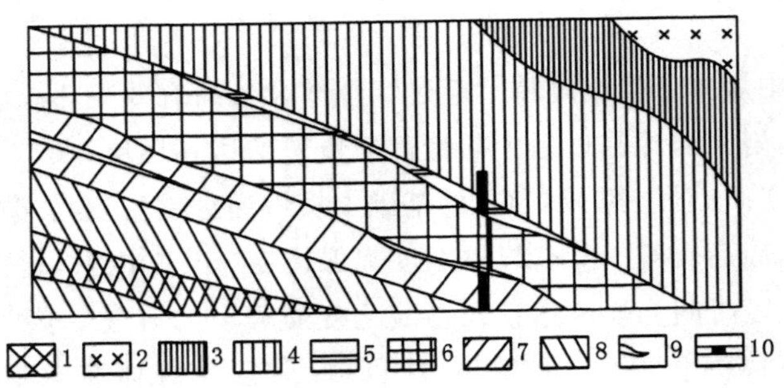

1—肥焦煤；2—辉绿岩；3—二级天然焦；4—一级天然焦；5—无烟煤；
6—贫煤；7—瘦煤；8—焦煤；9—夹矸；10—采样位置。

图 3-11　岩床斜切煤层、煤变质分带变化图[12]

据钻孔资料分析，侵入体岩性相同，厚度不同，则影响范围也不一样，见图 3-12。例如，在 343 孔中，辉绿岩厚 1.05 m，其下有 0.99 m 厚的天然焦和 4.38 m 厚的贫煤，再下还有焦煤；而在 L15 孔中，辉绿岩厚 0.20 m，其下只有 0.10 m 厚的天然焦，紧接着下部就是气煤，另外，D15 孔中也与此相似。此外，岩浆岩岩体厚度相同而岩性不同，其影响程度也不一样，比如，基性岩浆侵入体，因所含气、液物质较酸性岩浆侵入体的少，即使其原始温度高于酸性岩浆侵入体的原始温度，其影响范围也远小于后者的影响范围。

总之，岩浆侵入活动的规模和大小、岩浆岩的性质和产状、围岩的性质与其组合关系以及侵入之后保温条件等均控制着煤变质的范围、程度和分带[12]。

岩浆侵入煤层后，受岩浆岩自身大小、产状以及侵入体的位置和煤层之间距离远近的影响，一方面对煤层表现为不同程度的破坏作用，另一方面岩浆提供的高温、高压环境，促进了煤层的热演化，改变了煤体的变质程度、孔隙结构、吸附解吸特征和煤体结构[29,31-33]。岩浆侵入对煤层的热力作用往往造成了煤的变质程度增加，煤体中的微孔体积增加，比表面积增加，在焦煤至无烟煤阶段，瓦斯吸附量亦快速增加[30,34-37]。部分学者[38-42]在研究岩浆热演化

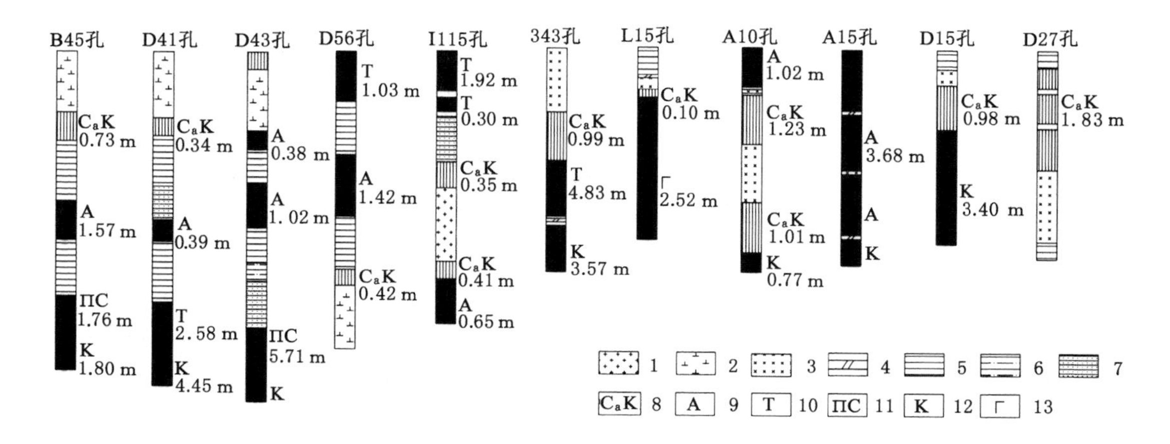

1—石英斑岩；2—闪长玢岩；3—辉绿岩；4—碳质页岩；5—页岩；6—砂页岩；

7—砂岩；8—天然焦；9—无烟煤；10—贫煤；11—瘦煤；12—焦煤；13—气煤。

图 3-12　煤层与岩浆岩接触后煤变质垂直分带图[12]

作用范围内的煤体吸附特性时发现，热演化区的煤体较正常区的煤体微孔发育，吸附能力增强。钟玲文[43]在测试干燥基煤样时发现煤的变质程度对吸附能力起着控制作用，随着镜质组反射率的增大瓦斯吸附量增加，煤对瓦斯的吸附能力与孔隙表面积、微孔表面积均呈正相关关系。A. Saghafi 等[44]研究发现随着岩浆侵入对煤层变质程度的改变，瓦斯的吸附能力、孔容和比表面积、瓦斯含量以及瓦斯的扩散率都会相应增加，生成的瓦斯储存于岩浆侵入附近的煤层中，侵入体本身起到圈闭瓦斯的作用。

分别在卧龙湖煤矿及海孜煤矿不同变质作用区域取煤样，测定了其极限吸附量，结果如图 3-13 所示。由图可知，靠近岩床，卧龙湖煤矿煤样的极限吸附常数 a 有先增大后减小的趋势，海孜煤矿煤样极限吸附常数 a 则呈波动性增大的趋势。卧龙湖煤矿岩浆岩(环形岩床)接触变质作用降低了岩浆覆盖区(接触变质区，距离岩床边界 0～5 m)煤的瓦斯吸附能力，岩浆的热演化作用大大提高了热演化区(距离岩床 5～60 m)煤的瓦斯吸附能力；海孜煤矿巨厚岩床的热演化作用显著增强了热演化区(距离岩床 60～160 m)煤的瓦斯吸附能力。

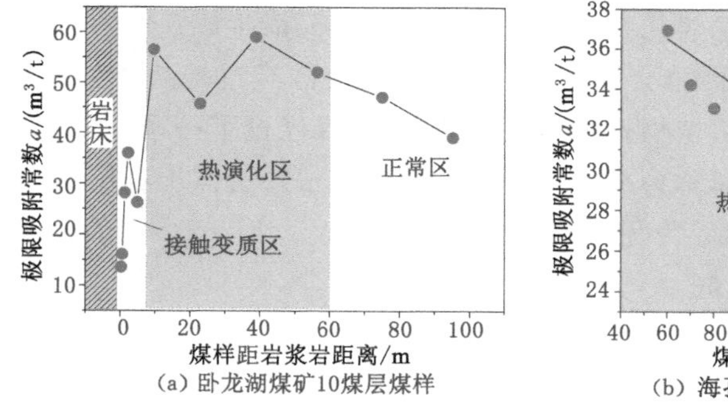

(a) 卧龙湖煤矿10煤层煤样

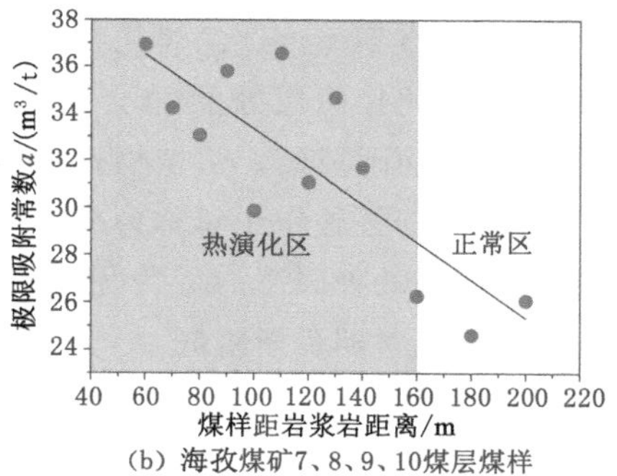

(b) 海孜煤矿7、8、9、10煤层煤样

图 3-13　煤样的极限吸附常数 a 与煤样距岩浆岩距离的关系[26]

此外,岩浆岩厚度作为反映原始岩浆活动剧烈程度的指标也说明了岩浆岩对煤体变质程度的影响。在海孜煤矿7煤层,不同岩浆岩厚度下煤体的变质程度不同(图3-14)。由图可知,19线以西(图中右侧)的岩浆岩厚度较大,其下伏7煤层大部分为变质程度较高的无烟煤(WY);而19线以东(图中左侧),由于受不同厚度岩浆岩的影响,煤的变质程度逐渐降低,主要为贫煤(PM),而在岩浆岩变薄区域和岩浆岩边缘为焦煤(JM)。岩浆岩下方的8、9、10煤层也均表现出上覆岩浆岩的厚度控制着煤层的变质程度的现象,因此可以认为海孜煤矿侵入的岩浆岩对下伏煤层煤种的分布起到了控制作用[27,44]。

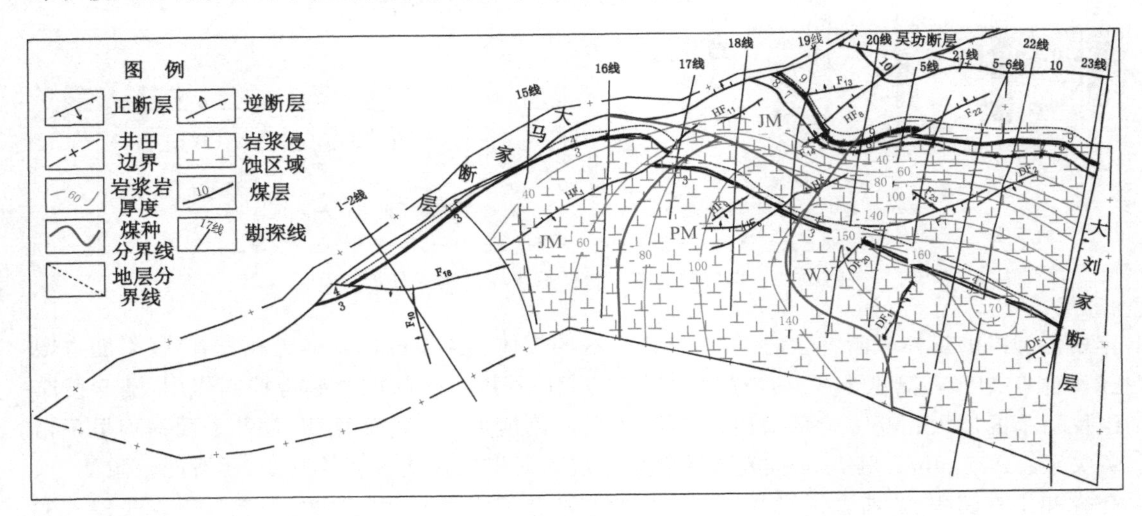

WY—无烟煤;PM—贫煤;JM—焦煤。

图3-14 海孜煤矿岩浆岩分布和7煤层煤种变化平面图[28]

3.5 煤热变质作用过程二次生烃机制

研究发现[45-46],成煤作用大致可分为两个阶段:泥炭化作用或腐泥化作用阶段和煤化作用阶段。煤层瓦斯是腐殖型有机物在成煤的过程中生成的。煤的原始母质腐殖质沉积以后,一般经历两个成气时期:从植物遗体到泥炭的生物化学成气时期以及在地层的高温高压作用下从褐煤到烟煤直到无烟煤的煤化变质作用成气时期。瓦斯生成量的多少主要取决于原始母质的组成和煤化作用所处的阶段[37,47-48]。煤是植物遗体经过复杂的生物化学、物理化学及地球化学变化而形成的。由植物死亡、堆积到转变为煤经过了一系列演变过程,在这个转变过程中所经受的各种作用总称为成煤作用。凡是由动植物遗体等有机质形成的岩石都称作有机岩,而煤是一种固态的可燃有机岩。

3.5.1 生物化学成煤时期瓦斯生成

生物化学时期是从成煤原始物质堆积在沼泽相和三角洲相环境中开始的。在温度不超过65 ℃条件下,成煤原始物质经厌氧微生物分解成瓦斯。这个过程可用纤维素的化学反应式来概括:

$$4C_6H_{10}O_5 \longrightarrow 7CH_4\uparrow + 8CO_2\uparrow + 3H_2O + C_9H_6O \tag{3-7}$$

或

$$2C_6H_{10}O_5 \longrightarrow CH_4\uparrow + 2CO_2\uparrow + 5H_2O + C_9H_6O \tag{3-8}$$

在这个阶段，成煤物质生成的泥炭层埋深浅，上覆盖层的胶结固化不好，生成的瓦斯通过渗透和扩散容易排放到古大气中去，因此生物化学成气时期生成的瓦斯一般不会保留在现有煤层内。此后，随着泥炭层的下沉，上覆盖层越来越厚，成煤物质中的温度和所受压力也随之增高，生物化学作用逐渐减弱直至结束，在较高的压力与温度作用下泥炭转化成褐煤，并逐渐进入煤化变质作用阶段。

生物成因瓦斯是泥炭和煤中有机质在发酵分解过程中相对低温条件下（通常低于56 ℃）形成的微生物产物。微生物在有机质从泥炭到褐煤的早期生物化学、地球化学煤化作用阶段生成的产物称为原生生物成因瓦斯（通常 R_o＜0.3％）[49-50]。以生物成因为主的瓦斯抽采主要以靠近盆地边缘且温度较低的浅部煤层为目标，其有机质的成熟度较低，而较大裂隙更有利于高效抽采瓦斯[51]。由此产生的甲烷通常是以“沼气”的形式产生，或者溶解在水中，并在压实过程中被排出到周围的沉积物中[50,52]。由于埋藏较浅，原生生物成因瓦斯并不能在经济矿床中聚集，除非在寒冷地区，主要是原生生物成因瓦斯可能在永久冻土层中固化为甲烷水合物。在某些情况下，当煤层处在后期抬升阶段时，微生物通过煤层露头由大气降水带入高透气性煤层，这可能导致煤层与产甲烷微生物群再次结合而生成更多煤层气，也就是次生生物成因瓦斯[50,52]。由于后期微生物产生的煤层气主要存在于高煤阶煤中，因此次生生物成因瓦斯大多保存完好[50,52]。

生物成因瓦斯是通过甲基式化合物发酵转化或二氧化碳还原产生[51]。图 3-15（图中实线椭圆表示原始物质和最终产物，虚线椭圆表示中间产物，双箭头表示可逆反应）描述了生物成因瓦斯生成途径的 4 个阶段[53]：第一阶段是发酵厌氧微生物将煤中复杂的有机分子分解为单体和低聚物，单体和低聚物可再分解为长链脂肪酸、乙酸盐、氢气＋二氧化碳或甲酸盐；第二阶段是在缺氧条件下，产氢气的乙酸菌将长链脂肪酸转化为乙酸盐、氢气＋二氧化碳或甲酸盐（此阶段为可逆反应）；第三阶段和第四阶段是指其他产生甲烷的途径，如消耗氢

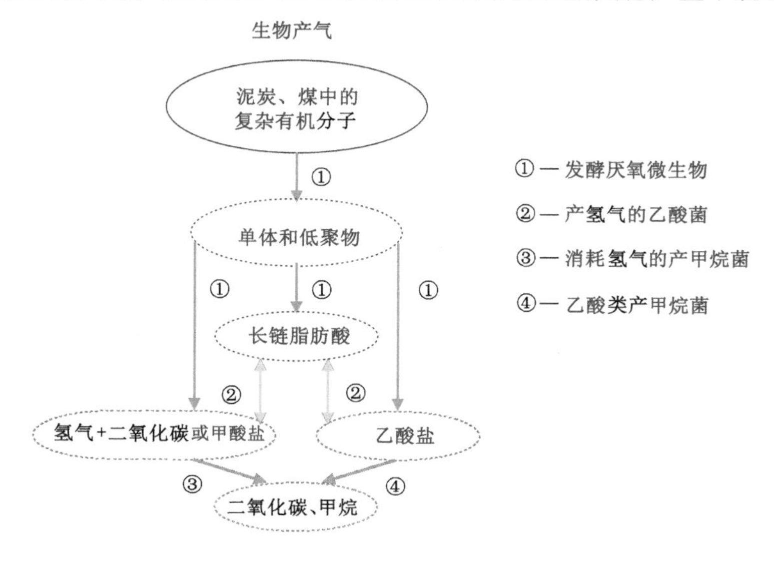

图 3-15　生物成因瓦斯生成途径的 4 个不同阶段[53]

气的产甲烷菌利用可用的氢气将甲酸盐或二氧化碳转化为甲烷，或者乙酸类产甲烷菌利用乙酸盐产生甲烷和二氧化碳。

3.5.2 煤化变质作用时期瓦斯生成

褐煤层进一步沉降，压力和温度作用加剧，便进入煤化变质作用生气阶段。在100 ℃高温及其相应的地层压力作用下，煤体就会产生强烈的热力变质成气作用。在煤化变质作用的初期，煤中有机质基本结构单元主要是带有羟基(—OH)、甲基($—CH_3$)、羧基(—COOH)、醚基(—O—)等侧链和官能团的缩合稠环芳烃体系。煤中的碳元素则主要集中在稠环中。一般情况下，稠环的键结合力强、稳定性好，侧链和官能团之间及其与稠环之间的结合力弱、稳定性差。因此，随着地层下降，压力及温度的增高，侧链和官能团不断发生断裂与脱落，生成CO_2、CH_4和H_2O等气体，如图3-16所示。

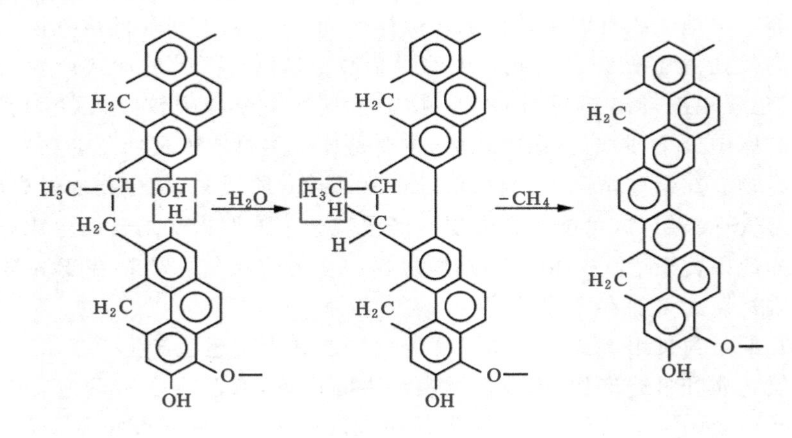

图3-16 煤化作用(含碳量83%～92%)成气反应示意图[3]

煤化过程中有机质分解脱出甲基侧链和含氧官能团而生成CO_2、CH_4和H_2O是煤化过程中形成瓦斯的基本反应，可以用下列反应式来表达不同煤化作用阶段的成气反应：

$$\underset{\text{泥炭}}{4C_{16}H_{18}O_5} \longrightarrow \underset{\text{褐煤}}{C_{57}H_{56}O_{10}} + 3CH_4 + 4CO_2 + 2H_2O \tag{3-9}$$

$$\underset{\text{褐煤}}{C_{57}H_{56}O_{10}} \longrightarrow \underset{\text{烟煤}}{C_{54}H_{42}O_5} + 2CH_4 + CO_2 + 3H_2O \tag{3-10}$$

$$\underset{\text{烟煤}}{C_{15}H_{14}O} \longrightarrow \underset{\text{无烟煤}}{C_{13}H_4} + 2CH_4 + H_2O \tag{3-11}$$

从上述反应式和图3-16可以看出，煤化过程中生成的瓦斯以甲烷为主要组分。在瓦斯产出的同时，芳核进一步缩合，碳元素进一步集中在碳网中。随着煤化变质作用的加深，基本结构单元缩聚芳核的数目不断增加，到无烟煤时，主要由缩聚芳核所组成。从褐煤到无烟煤，煤的变质程度越高，生成的瓦斯量也越多。但各个煤化阶段生成的气体组分不仅不同，而且数量上也有很大变化。

热成因瓦斯是在煤化过程中高温条件下生成的[51]。煤化过程包括煤在沉积/埋藏后发生的物理和化学变化，并在热演化期间持续[54]，如图3-17所示。在煤化过程中，残余固体有机质中的碳逐渐向芳香化演变，且有机质芳香度逐渐增强，而具有相对低分子量的富氢脂肪族组分(CH_4、C_2H_6)则在瓦斯的产生过程中随 H_2O 和 CO_2 一起被释放排出[55]。

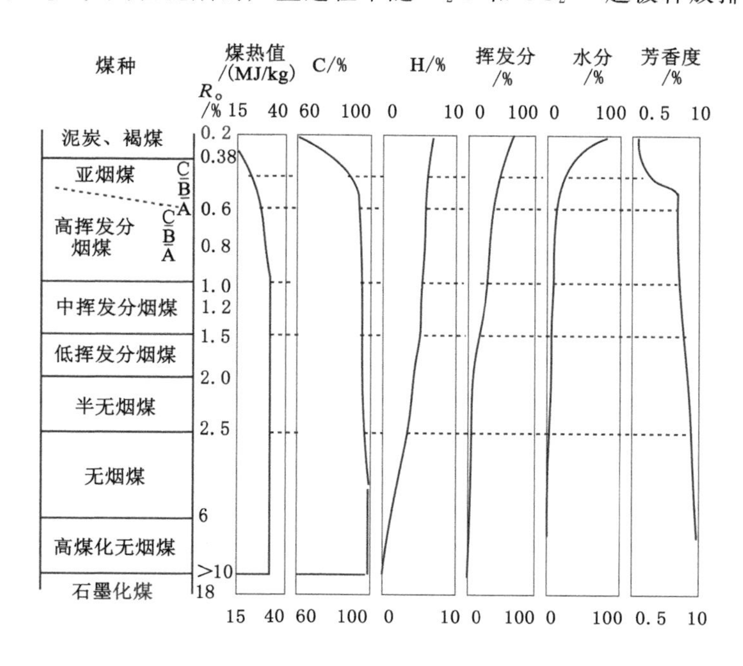

图 3-17 煤化过程中煤的物理和化学变化[51,54]

一般来说,热成因瓦斯的形成可分为早期阶段和主要阶段[51]。早期的热成因瓦斯是由高挥发分烟煤 C 级富氢煤(R_o约为 0.6%)产生的(图 3-18),主要含有大量乙烷、丙烷和其他湿气成分,其重要的副产物 CO_2 和 H_2O 是通过脱羧和脱水使杂原子键断裂和有机官能团脱落而产生的,而煤中的羧基在 R_o 约为 0.7% 的煤阶下基本被消除,因而在更高的煤阶下产生的 CO_2 较少[51,56]。随着温度和压力的升高,由于富氢液态烃和气态烃在产气的主要阶段(R_o>0.8%)被释放,残余固体有机质被贫化和芳构化,同时进一步的煤化作用导致整个有机氢库的歧化。液态烃和湿气(即乙烷和高烃气体)的生成量峰值出现在 R_o=1.1%附近,靠近高挥发分烟煤和中挥发分烟煤等级之间的边界。在 R_o>1.2%时,液态烃和湿气的生成量迅速减少,同时,CH_4 的生成量增加(图 3-18),主要是由于较高的温度以及煤化程度,煤中剩余的脂肪族成分和之前形成的具有两个以上碳原子(C_{2+})的碳氢化合物热裂解形成更多的 CH_4。在 R_o 约为 1.8%时,甲烷产量仍在有效产气窗口期内,而当 R_o 较大时,CH_4 生成量急剧下降,并在 R_o=3.0%时有效停止(图 3-18)。

3.5.3 煤层瓦斯发生率

煤层瓦斯(煤层气)发生率是反映煤生成瓦斯能力的定量参数,指的是成煤物质从泥炭到特定煤阶段所生成的烃类气体的总和(包含生物成因气和热成因气)。实际上,由于泥炭向褐煤过渡时期生成的甲烷很容易流失掉,所以目前估算煤层生成甲烷量的多少,一般都是以褐煤作为计算起点,计算到特定煤阶煤瓦斯气体产生的量,称为视煤气发生率,也是评价生气量的首选指标。各煤化阶段的视煤气发生率如表 3-8 所列。

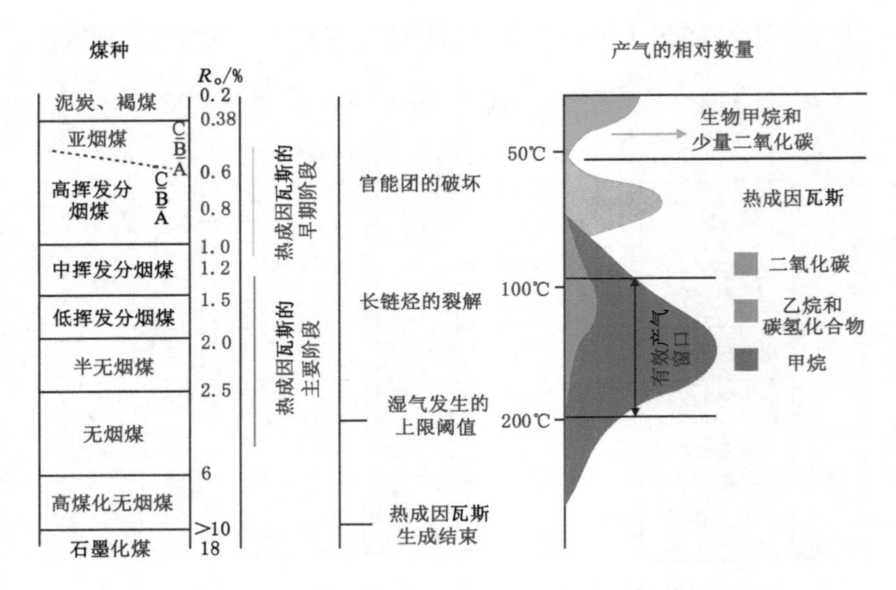

图 3-18 煤中热成因瓦斯随热成熟度增加的生成规律[51]

表 3-8 各煤化阶段的视煤气发生率[57] 单位:m^3/t

组分	煤化阶段							
	褐煤	长焰煤	气煤	肥煤	焦煤	瘦煤	贫煤	无烟煤
煤	38～68	41～93	48～122	65～170	93～238	140～314	172～401	306～461
壳质组(稳定组)	57～102	62～140	72～183	90～335	241～390	307～415	320～496	387～522
镜质组(腐殖组)	38～68	41～93	48～122	64～213	166～276	232～391	252～391	324～432
惰质组	27～48	29～66	34～86	38～143	112～220	174～231	187～298	267～319

图 3-19 是苏联学者 B. A. 索科洛夫等人给出的腐殖煤在煤化变质阶段成气的一般模型。从图中可以看出,甲烷的生成是个连续相,即在整个煤化阶段的各个时期都不断地有甲烷生成,只是各阶段生成的数量有较大的波动而已;而重烃的生成则是个不连续相。实验表明,这个以人工热演化产生瓦斯为基础的模型与实测的结果在趋势上是一致的。煤的有机显微组分产烃能力的大小次序是:壳质组>镜质组>惰质组。

苏联学者 B. A. 乌斯别斯基根据地球化学与煤化作用过程反应物与生成物平衡原理,计算出了各煤化阶段的煤所生成的甲烷量,其结果如图 3-20 所示。但由于自然界的实际煤化过程远比带有许多假设进行的理论计算复杂,所以上述数据只能是近似的,仅供参考。

3.5.4 岩浆热事件煤层二次生烃

在盆地形成演化过程中,岩浆的侵入会使盆地经历一个异常的热演化阶段。岩浆的侵入虽然在整个盆地形成发育的地质历史时期中是短暂的、突发性的,但是由于侵入体的温度比围岩的温度高很多,就可能会对盆地的热演化过程产生很大的影响,而且这些事件的发生是多期性的。岩浆侵入对煤层的热力作用造成了煤的变质程度增加,煤体中的微孔体积增加,比表面积增加,瓦斯吸附量快速增加[58-62]。而有机质成烃演化的历史主要是受热演化的历史,对于岩浆侵入时,煤阶较低且埋藏较深的煤层,岩浆岩快速增温的热演化作用和深

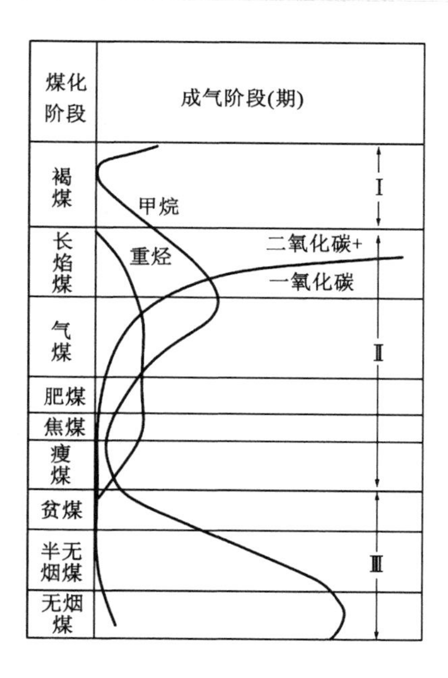

图 3-19　腐殖煤煤化变质阶段成气演化的模型[3]

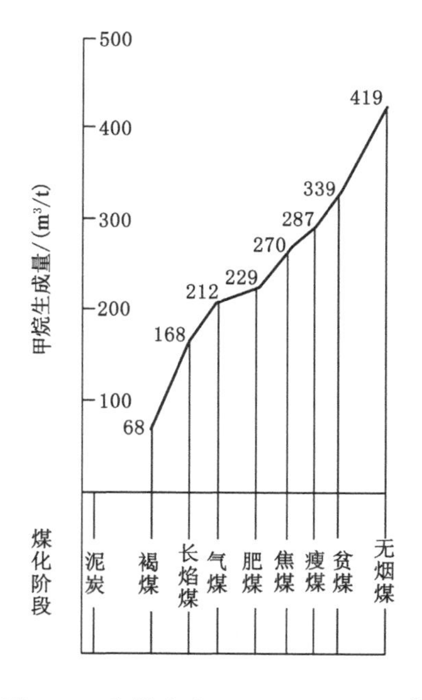

图 3-20　各煤化阶段甲烷生成量曲线[3]

成变质作用相互叠加，“叠加生烃”作用下煤层必然再次产气，往往会对煤层产生二次生烃现象[63]，“叠加生烃”不仅气量大且成烃速度快，对瓦斯赋存影响明显。

图 3-21 为海孜煤矿岩浆岩下伏 7～10 煤层的热变质演化生烃过程。海孜煤矿从石炭～二叠纪到印支晚期，煤系地层始终处于沉降状态，受深成变质作用影响，当沉降至最深处(约 3 000 m)煤体所受地温约为 140 ℃，煤层变质成气、肥煤，为深成变质作用阶段，甲烷

生成量约 220 m^3/t。燕山期地质构造运动剧烈，各煤层均处于抬升阶段，由于地温的下降，煤化阶段暂时停止。在燕山中期，岩浆岩侵入使各煤层都遭受了不同程度的持续高温作用。在这一时期海孜煤矿内的岩浆由地层深部上涌侵入 5 煤层，给下伏 7～10 煤层带来了高温烘烤作用，使煤层陆续达到演化的最高温度，7 煤层最先达到约 350 ℃，之后 8、9、10 煤层分别陆续达到 310 ℃、300 ℃和 235 ℃，煤的变质程度提升。未处于岩浆岩热演化影响区的煤层受燕山期构造运动所导致的区内热流值增大的影响，煤体的变质程度也有了不同程度的增加，但还是远低于岩浆岩影响区域煤体的变质程度。在岩浆侵入后，煤体演化程度进一步增加，煤体发生二次生烃作用，生烃量约 340 m^3/t。随着岩浆侵入体冷却结束和煤系地层的逐步抬升，煤化作用终止，煤层变质程度与现今煤层变质程度基本相同。印支期以来，随着煤系地层抬升至 1 200 m，上覆地层大量剥蚀，瓦斯逸散程度加剧。然而岩浆岩下伏煤层赋存的瓦斯在致密岩浆岩的圈闭作用下得到了很好的封存，导致了煤层瓦斯赋存出现异常，煤层瓦斯突出危险性增大[28,64-67]。

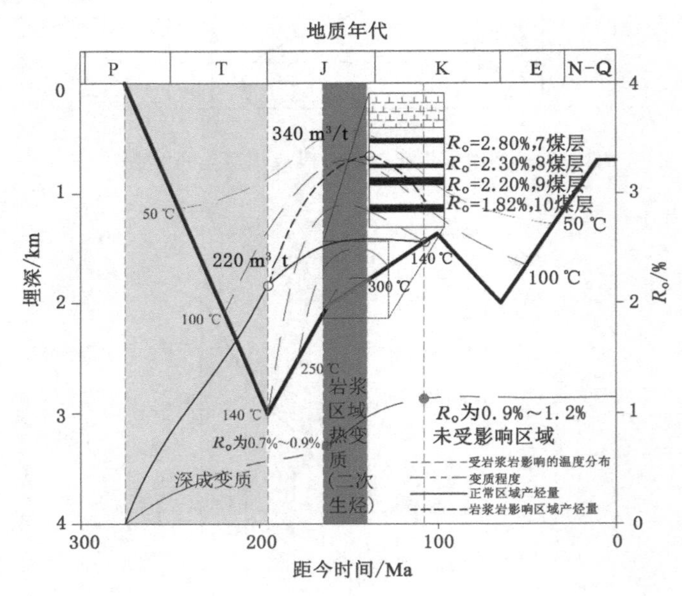

图 3-21　海孜煤矿岩浆岩下伏 7～10 煤层的热变质演化生烃过程[28]

由于各煤田之间在地质条件、煤的组成等方面存在很大差别，不同学者提出的煤层气产率数据各不相同，其主要依据理论计算或热解实验。根据已有实验数据归纳拟合的视煤气发生率 G_t(m^3/t)与镜质组反射率 R_o(%)近似关系如下式所列[68-69]：

$$G_t = 109.890R_o - 21.978 \tag{3-12}$$

在煤化作用过程中，甲烷及其他气体的形成量可利用物质(化学)平衡法进行理论计算或热模拟实验获得。研究表明，随着煤阶升高，煤化过程中的甲烷产气量会急剧增加，而煤层内储存瓦斯能力会随着变质程度的增高而迅速下降；甲烷含量与压力呈正相关关系，与温度呈负相关关系。同时，煤中甲烷含量会由于煤层的抬升、剥蚀等自然因素和采动、瓦斯抽采等人为因素作用而出现储层状态改变，从而引起瓦斯气体的解吸、扩散和渗流等运移行为[70]。

王民[71]利用 TG-MS 高温开放体系测定了实验产物和产率特征，分析了不同实验条件对生烃的影响，描述了高演化阶段有机质生烃特征，如图 3-22 所示。从图中可以看出，生成甲烷的温度区间在 200～850 ℃，甲烷累计转化率达到 10%时对应的 R_o为 0.7%，甲烷累计转化率达到 50%时，R_o为 1.3%，甲烷累计转化率达到 90%时，R_o为 3.2%。实验中煤岩在 10 ℃/min 升温速率条件下，生成甲烷终止温度约为 850 ℃，对应的 R_o约为 5.3%，可以认为开放体系下煤岩生烃在 R_o为 5.3%时基本结束。

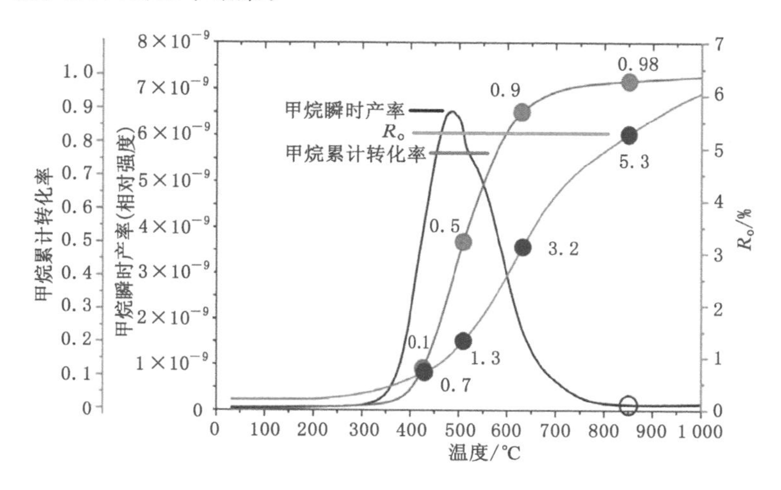

图 3-22　松辽盆地沙河子组煤岩 TG-MS 高温热模拟实验下甲烷瞬时产率与R_o关系图[71]

（开放体系，温度范围 30～1 000 ℃，升温速率 10 ℃/min）

如图 3-23 所示，通过金管密闭体系实验发现，密闭体系下煤岩气态烃产率并未出现拐点，且一直呈增长趋势，表明煤岩在高温阶段仍具有甲烷生成能力，在 2 ℃/h 升温速率下到 650 ℃时（R_o约为 4.9%）煤岩生气能力尚未结束。煤岩在高温阶段甲烷产率一直呈明显增加趋势，原因可能是密闭体系下低温阶段热解的正构烷产物通过环化和芳香化作用与沥青或者干酪根发生缩聚/再结合作用形成了具有较高热稳定性的产物，这一产物在高温阶段可

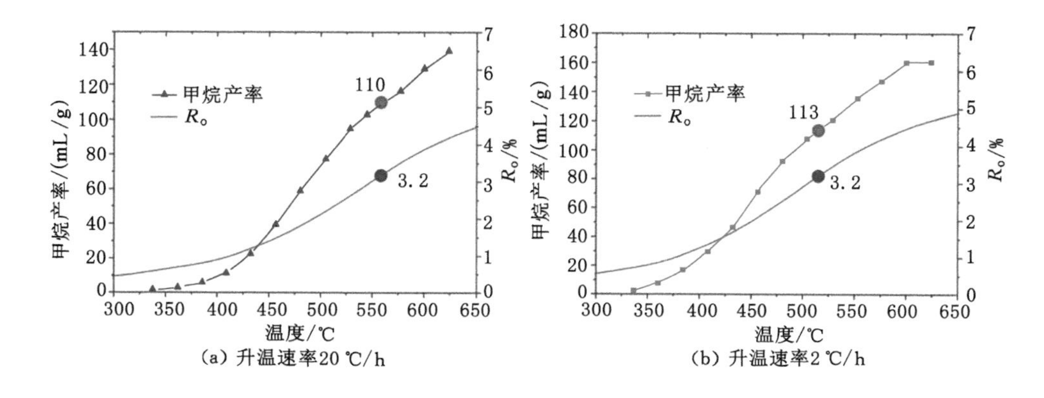

图 3-23　松辽盆地沙河子组煤岩金管热模拟实验下甲烷产率与 R_o关系图[71]

（密闭体系）

以再次生成甲烷。

岩浆侵入会产生热化学作用,即由于岩浆热力或构造运动引起的高温,在一定压力状态下推动反应向气体生成方向进行,同时由于煤的吸附作用而促进成分异常的形成,岩浆侵入煤层中往往造成 CO_2、H_2S、CO 含量异常。其中,由于地核、地幔内元素 S 的丰度远高于地壳内的丰度,岩浆在地球内部的活动使得岩石熔融并发生火山喷发,导致其喷发物中含有大量的 H_2S 挥发成分。这种情况下,煤系地层内 H_2S 含量主要受到侵入煤层的岩浆成分、气体运移条件等因素影响,因而具有极不稳定的含量变化规律,如果在特定运移和储集条件下可能会引起煤层瓦斯成分中 H_2S 含量异常。对于 CO_2 来说,产生的原因更多是次生和后生成因的,与 CH_4 一样,是成煤物质生物化学作用和变质作用的产物。其中,局部高 CO_2 含量的区域可能是由于岩浆侵入活动导致煤层受热变质作用引起的,当岩浆熔融体冷却后会析出部分 CO_2,同时某些碳酸盐受热变质分解产物也会产生大量 CO_2。此外,CO_2 还可能作为深源气体从地壳深部沿着构造裂隙发育带上升至煤层内部从而形成局部 CO_2 高含量地段。

岩浆侵入活动在我国分布区域较为广泛,众多煤田或矿区都曾受到岩浆活动的影响,突出 CO_2 的来源多属无机成因,可能源自地球内部高温岩浆中具有挥发性的 FeF_3 接触煤系地层中的 $CaCO_3$ 而产生的大量 CO_2。因而,岩浆侵入影响区域的煤层受到热变质作用更加严重,导致煤层顶底板的透气性增加,CO_2 与 CH_4 发生竞相吸附,大量 CO_2 赋存于煤层瓦斯中,使煤层瓦斯产生高压力梯度[70]。

参考文献

[1] 杨起. 煤变质作用研究[J]. 现代地质,1992,6(4):437-443.

[2] 李文华,白向飞,杨金和,等. 烟煤镜质组平均最大反射率与煤种之间的关系[J]. 煤炭学报,2006,31(3):342-345.

[3] 程远平,刘清泉,任廷祥. 煤力学[M]. 北京:科学出版社,2017.

[4] 杨起. 中国煤变质作用[M]. 北京:煤炭工业出版社,1996.

[5] 杨起,任德贻. 中国煤变质问题的探讨[J]. 煤田地质与勘探,1981(1):1-10.

[6] 邵亚红. 岩浆侵入体热作用对矿井地温场的影响研究[D]. 淮南:安徽理工大学,2015.

[7] 李增学,魏久传,刘莹. 煤地质学[M]. 北京:地质出版社,2005.

[8] HIRSCH P B. X-ray scattering from coals[J]. Proceedings of the Royal Society of London, series A: mathematical and physical sciences,1954,226(1165):143-169.

[9] 杨起,潘治贵,翁成敏,等. 华北石炭二叠纪煤变质特征与地质因素探讨[M]. 北京:地质出版社,1988.

[10] 翁成敏,潘治贵. 峰峰煤田煤的 X 射线衍射分析[J]. 地球科学,1981(1):214-221.

[11] 秦匡宗,张秀义,劳永新. 干酪根的 X 射线衍射研究[J]. 沉积学报,1987,5(1):26-36.

[12] 韩树棻. 两淮地区成煤地质条件及成煤预测[M]. 北京:地质出版社,1990.

[13] 傅家谟,刘德汉,盛国英. 煤成烃地球化学[M]. 北京:科学出版社,1990.

[14] 秦勇,姜波,曾勇,等. 中国高煤级煤 EPR 阶跃式演化及地球化学意义[J]. 中国科学(D 辑:地球科学),1997,27(6):499-502.

[15] 姜波,秦勇,琚宜文,等. 构造煤化学结构演化与瓦斯特性耦合机理[J]. 地学前缘,

2009,16(2):262-271.

[16] 朱之培,高晋生.煤化学[M].上海:上海科学技术出版社,1984.

[17] 钟建华.自由基聚合诱发煤与瓦斯突出的机理[J].煤炭工程师,1992(5):45-47.

[18] WILSON M A. N. M. R techniques and applications in geochemistry and soil chemistry[M]. Oxford:Pergamon Press,1987.

[19] RIMMER S M,YOKSOULIAN L E,HOWER J C. Anatomy of an intruded coal,I: effect of contact metamorphism on whole-coal geochemistry, Springfield (No. 5) (Pennsylvanian) coal, Illinois Basin[J]. International journal of coal geology, 2009, 79(3):74-82.

[20] 韩德馨,任德贻,王延斌.中国煤岩学[M].徐州:中国矿业大学出版社,1996.

[21] 孟召平,朱绍军,贾立龙,等.煤工业分析指标与测井参数的相关性及其模型[J].煤田地质与勘探,2011,39(2):1-6.

[22] 张双全.煤化学[M].2 版.徐州:中国矿业大学出版社,2009.

[23] 周兴熙,袁容.从地质-热演化角度探讨南华北盆地煤成气资源前景[J].天然气工业,1984,4(3):20-24,6.

[24] JONES J M,CREANEY S. Optical character of thermally metamorphosed coals of northern England[J]. Journal of microscopy,1977,109(1):105-118.

[25] JIANG J Y,CHENG Y P,WANG L,et al. Petrographic and geochemical effects of sill intrusions on coal and their implications for gas outbursts in the Wolonghu Mine, Huaibei Coalfield,China[J]. International journal of coal geology,2011,88(1):55-66.

[26] 蒋静宇.岩浆岩侵入对瓦斯赋存的控制作用及突出灾害防治技术:以淮北矿区为例[D].徐州:中国矿业大学,2012.

[27] 王亮,蔡春城,徐超,等.海孜井田岩浆侵入对下伏煤层的热变质作用研究[J].中国矿业大学学报,2014,43(4):569-576.

[28] 张晓磊.巨厚岩浆岩下煤层瓦斯赋存特征及其动力灾害防治技术研究[D].徐州:中国矿业大学,2015.

[29] STEWART A K,MASSEY M,PADGETT P L,et al. Influence of a basic intrusion on the vitrinite reflectance and chemistry of the Springfield (No. 5) coal, Harrisburg, Illinois[J]. International journal of coal geology,2005,63(1/2):58-67.

[30] WANG D Y,LU X C,XU S J,et al. Comment on"Influence of a basic intrusion on the vitrinite reflectance and chemistry of the Springfield(No. 5)coal,Harrisburg,Illinois" by Stewart et al. (2005) [J]. International journal of coal geology, 2008, 73 (2): 196-199.

[31] BARKER C E, BONE Y, LEWAN M D. Fluid inclusion and vitrinite-reflectance geothermometry compared to heat-flow models of maximum paleotemperature next to dikes, western onshore Gippsland Basin, Australia[J]. International journal of coal geology,1998,37(1/2):73-111.

[32] WANG L,CHENG Y P,LI F R,et al. Fracture evolution and pressure relief gas drainage from distant protected coal seams under an extremely thick key stratum[J].

Journal of China University of Mining and Technology,2008,18(2):182-186.
[33] 赵继尧. 安徽省淮北闸河矿区煤的岩浆热变质作用的几个问题[J]. 煤炭学报,1986(4):19-27,97.
[34] AN F H,CHENG Y P,WU D M,et al. The effect of small micropores on methane adsorption of coals from northern China[J]. Adsorption,2013,19(1):83-90.
[35] MASTALERZ M,DROBNIAK A,SCHIMMELMANN A. Changes in optical properties, chemistry,and micropore and mesopore characteristics of bituminous coal at the contact with dikes in the Illinois Basin[J]. International journal of coal geology,2009,77(3/4):310-319.
[36] 蔡春城,程远平,王亮,等. 前岭煤矿岩浆侵蚀区域瓦斯赋存规律研究[J]. 煤矿安全,2012,43(12):15-19.
[37] 程远平,王海锋,王亮. 煤矿瓦斯防治理论与工程应用[M]. 徐州:中国矿业大学出版社,2010.
[38] GURBA L W, WEBER C R. Effects of igneous intrusions on coalbed methane potential,Gunnedah Basin, Australia[J]. International journal of coal geology,2001,46(2/3/4):113-131.
[39] 胡宝林,汪茂连,宋晓梅,等. 宿东矿区煤的镜质组反射率与煤的构造破坏程度关系[J]. 淮南矿业学院学报,1995,15(4):3-6,12.
[40] 王红岩,万天丰,李景明,等. 区域构造热事件对高煤阶煤层气富集的控制[J]. 地学前缘,2008,15(5):364-369.
[41] 吴基文,刘峰,赵志根,等. 岱河煤矿 3 煤层岩浆侵入影响及可采性评价[J]. 安徽理工大学学报(自然科学版),2004,24(3):1-8.
[42] 袁同星. 确山煤田吴桂桥井田岩浆岩对煤层的影响破坏及接触变质带特征[J]. 河北建筑科技学院学报,2000,17(4):70-73.
[43] 钟玲文. 煤的吸附性能及影响因素[J]. 地球科学,2004,29(3):327-332,368.
[44] SAGHAFI A, PINETOWN K L, GROBLER P G, et al. CO_2 storage potential of South African coals and gas entrapment enhancement due to igneous intrusions[J]. International journal of coal geology,2008,73(1):74-87.
[45] 闫琇璋. 煤矿地质学[M]. 徐州:中国矿业大学出版社,1989.
[46] 曹代勇,陈江峰,杜振川,等. 煤炭地质勘查与评价[M]. 徐州:中国矿业大学出版社,2007.
[47] 于不凡. 煤矿瓦斯灾害防治及利用技术手册[M]. 修订版. 北京:煤炭工业出版社,2005.
[48] 俞启香,程远平. 矿井瓦斯防治[M]. 徐州:中国矿业大学出版社,2012.
[49] CLAYPOOL G E, KAPLAN I R. The origin and distribution of methane in marine sediments[M]//KAPLAN I R. Natural gases in marine sediments. Boston, MA.: Springer,1974:99-139.
[50] LAW B E, RICE D D. Hydrocarbons from coal[M]. [S. l.]:American Association of Petroleum Geologists,1993.
[51] THAKUR P, SCHATZEL S, AMINIAN K. Coal bed methane: from prospect to

pipeline [M]. [S. l.]:Elsevier,2014.
[52] SCOTT A R,KAISER W R,AYERS W B,Jr. Thermogenic and secondary biogenic gases, San Juan Basin, Colorado and New Mexico: implications for coalbed gas producibility[J]. AAPG bulletin,1994,78(8):1186-1209.
[53] ZINDER S H. Physiological ecology of methanogens [M]//FERRY J G. Methanogenesis. Boston,MA. :Springer,1993:128-206.
[54] HACQUEBARD P A. Stach's textbook of coal petrology[J]. Geoscience Canada, 1976,3(4):312.
[55] PHILP R P. Petroleum formation and occurrence[J]. Eos, transactions American Geophysical Union,1985,66(37):643-644.
[56] FAIZ M, HENDRY P. Significance of microbial activity in Australian coal bed methane reservoirs: a review[J]. Bulletin of Canadian petroleum geology, 2006, 54 (3):261-272.
[57] CLAYTON J L. Geochemistry of coalbed gas: a review[J]. International journal of coal geology,1998,35(1/2/3/4):159-173.
[58] CHEN J,LIU G J,LI H,et al. Mineralogical and geochemical responses of coal to igneous intrusion in the Pansan Coal Mine of the Huainan Coalfield,Anhui,China [J]. International journal of coal geology,2014,124:11-35.
[59] LIU D M,YAO Y B,TANG D Z,et al. Coal reservoir characteristics and coalbed methane resource assessment in Huainan and Huaibei Coalfields, southern north China[J]. International journal of coal geology,2009,79(3):97-112.
[60] YAO Y B,LIU D M. Effects of igneous intrusions on coal petrology, pore-fracture and coalbed methane characteristics in Hongyang, Handan and Huaibei Coalfields, north China[J]. International journal of coal geology,2012,96/97:72-81.
[61] YAO Y B,LIU D M,HUANG W H. Influences of igneous intrusions on coal rank, coal quality and adsorption capacity in Hongyang, Handan and Huaibei Coalfields, north China[J]. International journal of coal geology,2011,88(2/3):135-146.
[62] 卢平,鲍杰,沈兆武. 岩浆侵蚀区煤层孔隙结构特征及其对瓦斯赋存之影响分析[J]. 中国安全科学学报,2001,11(6):41-44.
[63] 田文广,姜振学,庞雄奇,等. 岩浆活动热模拟及其对烃源岩热演化作用模式研究[J]. 西南石油学院学报,2005,27(1):12-16.
[64] WANG L,CHENG Y P,XU C,et al. The controlling effect of thick-hard igneous rock on pressure relief gas drainage and dynamic disasters in outburst coal seams[J]. Natural hazards,2013,66(2):1221-1241.
[65] XU C,CHENG Y P,REN T,et al. Gas ejection accident analysis in bed splitting under igneous sills and the associated control technologies: a case study in the Yangliu Mine,Huaibei Coalfield,China[J]. Natural hazards,2014,71(1):109-134.
[66] 王亮. 巨厚火成岩下远程卸压煤岩体裂隙演化与渗流特征及在瓦斯抽采中的应用[D]. 徐州:中国矿业大学,2009.

[67] 王亮，程远平，聂政，等. 巨厚火成岩对煤层瓦斯赋存及突出灾害的影响[J]. 中国矿业大学学报，2011，40(1)：29-34.
[68] 张子敏，张玉贵. 瓦斯地质规律与瓦斯预测[M]. 北京：煤炭工业出版社，2005.
[69] 张子敏. 瓦斯地质基础[M]. 北京：煤炭工业出版社，2008.
[70] 张子敏. 瓦斯地质学[M]. 徐州：中国矿业大学出版社，2009.
[71] 王民. 有机质生烃动力学及火山作用的热效应研究与应用[D]. 大庆：东北石油大学，2010.

第 4 章　岩浆岩对煤层瓦斯吸附-解吸特征与赋存规律的控制作用

岩浆侵入除了对煤层变质程度产生影响外，对煤体的孔隙结构、吸附-解吸特征也会产生不同程度的作用，进而控制煤层瓦斯的储集和逸散。处于岩浆岩热演化区的煤体往往因为孔隙结构发育较好而具有极强的瓦斯吸附能力；但是在岩浆热接触变质作用特别强烈的区域，煤体由于过度热演化成为超天然无烟煤、石墨化煤，甚至被焦化而形成天然焦时，煤中孔隙结构遭到严重破坏，对瓦斯的吸附能力将急剧降低。因此，只有掌握岩浆侵入对煤层孔隙结构特征、吸附-解吸特征和瓦斯赋存的影响规律，才能有针对性地指导煤矿瓦斯治理。

4.1　岩浆侵入对煤中孔隙结构特征的影响

作为一种多孔介质，煤体内部孔隙发育十分复杂。煤体孔隙结构特征直接影响着瓦斯在煤体中的吸附性能和渗透性能。岩浆侵入后，煤中孔隙结构往往会产生巨大变化，热演化使煤中出现热变气孔、裂隙和各向异性小球体，其中热变气孔(或裂隙)主要是煤岩组分在煤化过程中，受载热流体的作用，使烃类气体排出而形成的一种气孔(或逸出通道)，在数量上远超以深成变质作用为主的低变质煤中的热变气孔[1]。煤的孔隙结构测试方法多种多样，本节基于煤中孔隙分类的基础知识，采用扫描电镜、压汞法和物理吸附法(N_2 和 CO_2 作为吸附质)分析研究岩浆侵入对煤中孔隙结构的影响。

4.1.1　煤的孔隙分类

煤是一种孔隙极为发育的多孔固态物质，其表面和本体遍布由有机质、矿物质形成的各类不同孔径的孔隙。为了方便研究，国内外学者(机构)按照孔径大小，将煤中孔隙进行了划分，结果如表 4-1 所列。

表 4-1　煤孔隙划分一览表

研究学者(机构)	年份	孔径/nm				
		微微孔	微孔	小孔(过渡孔)	中孔	大孔
B. B. 霍多特	1961		<10	10～100	100～1 000	>1 000
Dubinin	1966		<2	2～20		>20
Gan 等	1972		<1.2		1.2～30	>30
IUPAC	1978		<2	2～50		>50
朱之培	1982		<12	12～20	20～30	>30
抚顺煤研所	1985		<8	8～100		>100

表 4-1(续)

研究学者(机构)	年份	孔径/nm				
		微微孔	微孔	小孔(过渡孔)	中孔	大孔
Grish 等	1987	<0.8	0.8~2		2~50	>50
杨思敬	1991		<10	10~50	50~750	>750
俞启香	1992	<2	2~10	10~100	100~1 000	>1 000
秦勇	1995		<15	15~50	50~400	>400

煤的孔隙作为连接吸附容积(吸附瓦斯的储存场所)与自由表面的通道,构成了复杂的气体吸附/解吸、扩散、渗流系统。为便于研究瓦斯在煤层中的赋存与流动规律,通常把煤中孔隙做如下分类[2-4]:

微孔——孔径小于 10 nm,它构成煤中的吸附容积,通常认为是不可能压缩的;

小孔——孔径为 $10\sim10^2$ nm,它构成了毛细管凝结和瓦斯扩散空间;

中孔——孔径为 $10^2\sim10^3$ nm,它构成了瓦斯缓慢层流渗透的区域;

大孔——孔径为 $10^3\sim10^5$ nm,它构成了强烈的层流渗透区间,并决定了具有强烈破坏结构煤的破坏面;

可见孔及裂隙——孔径大于 10^5 nm,它构成了层流及紊流混合渗透的区间,并决定了煤的宏观(硬和中硬煤)破坏面。

煤中微孔构成了吸附容积,煤中其余孔隙则构成了煤中复杂的渗透系统,在渗透系统中,几乎全部瓦斯都处于游离状态,并符合气体状态方程。

苏联马克耶夫煤矿安全科学研究院使用压汞法实验研究了不同变质程度煤的孔隙分布特征,结果如表 4-2 所列。从表 4-2 中可以发现烟煤中微孔容积随着煤的变质程度增加而增大,但是由于液态汞进入微孔的阻力较大,因此通过压汞法测得的微孔体积相对较小。从长焰煤到贫煤微孔平均容积由 0.023 m^3/t 增至 0.033 m^3/t,当变质程度达到无烟煤时,微孔容积增大更加明显,为 0.055 m^3/t。

表 4-2 不同煤种的孔隙分布[5]

煤种	挥发分含量/%	小孔、中孔、大孔容积/(m^3/t)			微孔容积/(m^3/t)		
		最大	最小	平均	最大	最小	平均
长焰煤	43~46	0.070	0.045	0.061	0.028	0.021	0.023
气煤	35~40	0.058	>0.001	0.030	0.034	0.015	0.026
肥煤	28~34	0.050	>0.001	0.025	0.033	0.019	0.026
焦煤	22~27	0.039	>0.001	0.019	0.038	0.021	0.026
瘦煤	18~21	0.036	>0.001	0.016	0.033	0.022	0.029
贫煤	10~17	0.052	>0.001	0.022	0.052	0.027	0.033
半无烟煤	6~9	0.054	>0.001	0.023	0.056	0.033	0.044
无烟煤	2~5	0.076	>0.001	0.029	0.062	0.049	0.055

煤中的孔隙类型复杂，依据其连通性可分为封闭孔、半封闭孔、交联孔和通孔，如图 4-1(a)所示；依据其形状可以分为层状孔、柱状孔、墨水瓶孔、锥形孔和间隙孔，如图 4-1(b)所示。

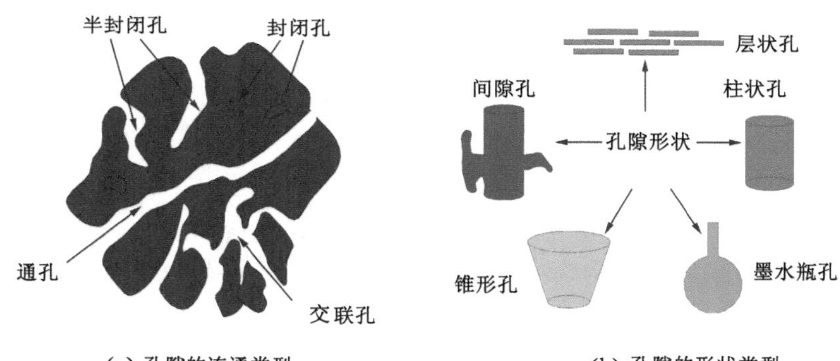

(a) 孔隙的连通类型　　(b) 孔隙的形状类型

图 4-1　煤的孔隙类型

此外，研究发现煤中原生孔、气孔、外生孔、矿物质孔均大量存在，如表 4-3 所列。

表 4-3　煤的孔隙类型及其成因

孔隙类型（大类）	孔隙类型（小类）	图示	成因简述	特征	孔隙对瓦斯的储存及运移性影响
原生孔	胞腔孔		成煤植物本身具有的细胞结构孔	排列规则、整齐，具有一定的方向性	孔隙连通性差，不利于瓦斯的储存与渗流
	屑间孔		镜质体、惰质体和壳质体等碎屑颗粒之间的孔	孔隙分布不规则	对瓦斯有一定的储存性，影响瓦斯的渗流和扩散
变质孔	链间孔		凝胶化物质在变质作用下缩聚而成的链之间的孔	链间孔大小大多为 0.01～0.1 μm，无固定形态，大小及分布都比较均匀，其中还常有 1 μm 左右的中孔或大孔	可储存和吸附游离瓦斯，有比较均衡的瓦斯黏滞流和分子流。该类型孔为瓦斯微突出漏斗或微爆炸痕迹，视为判断煤突出倾向性的重要标志
	气孔		煤变质作用过程中由生气和聚气作用而形成的孔	气孔大小大体为 0.05～3 μm，1 μm 左右者多见，规则或不规则的圆形、椭圆形、扁形	对瓦斯有一定的储存作用，并利于孔隙的连通及瓦斯渗流、扩散

表 4-3(续)

孔隙类型（大类）	孔隙类型（小类）	图示	成因简述	特征	孔隙对瓦斯的储存及运移性影响
外生孔	角砾孔		煤受构造应力破坏而形成的角砾之间的孔	角砾孔大小多为 2～10 μm，呈直边尖角状，相互之间位移很小或者没有位移	镜质组的角砾孔发育较好，并常有喉道发育，局部连通性比较好，对提高煤层渗透率有利
	碎粒孔		煤受构造应力破坏而形成的碎粒之间的孔	碎粒呈似圆状、条状或片状，碎粒之间有位移或滚动，碎粒大小多为 5～50 μm，其孔隙大小为 0.5～5 μm	碎粒孔体积小，易堵塞
	摩擦孔		压实力或剪应力作用下由面与面之间摩擦和滑动形成的孔	摩擦孔大小相差悬殊，小者 1～2 μm，大者几十或几百微米	摩擦孔的连通性比较差
矿物质孔	铸模孔		煤中矿物质在有机质中因硬度的差异而铸成的印坑		
	溶蚀孔		可溶性矿物质在长期气、水作用下受溶蚀而形成的孔	孤立分布	孔隙不具有连通性，不利于瓦斯的渗流与扩散
	晶间孔		矿物晶粒之间的孔		

4.1.2 岩浆侵入对煤中孔隙结构的改造作用

煤中孔隙测定方法多种多样，总体上可分为光电辐射法和流体侵入法，如图 4-2 所示[6]。本书主要采用扫描电镜、压汞法和物理吸附法（N_2 和 CO_2 作为吸附质）来研究受岩浆侵入影响的煤中孔隙结构特征。其中，扫描电镜主要用来观测大孔；压汞法理论上可以测量出孔径为 7.0 nm 的孔隙，但在压力大于 10 MPa 后会对煤的结构造成损伤，一般用其测量大孔和中孔；物理吸附法主要用来研究微孔和小孔，用得较多的是以低压 N_2（77 K）和 CO_2 作为吸附质。

4.1.2.1 扫描电镜

扫描电镜是在真空环境内通过电子束激发样品中的二次电子，使其被探测器接受，经过信号处理从而得到图像的一种显微观测方法。实验时，首先将煤样破碎成 1～2 cm^3 大小的近似立方体的小块，然后选择相对平整的自然断面进行观测并记录结果。所用煤样分别取自受岩浆侵入影响的海孜煤矿主采煤层和未受岩浆侵入影响的临涣煤矿主采煤层。不同煤

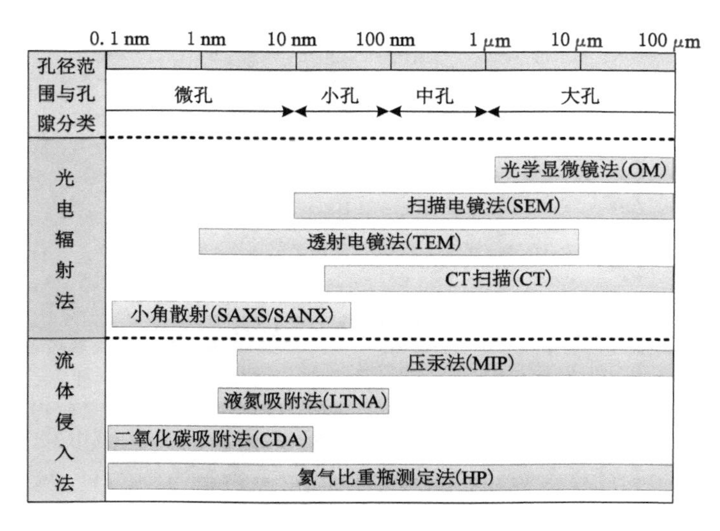

图 4-2　煤中孔隙测定方法及范围

样的扫描电镜照片如图 4-3 所示[7]。

杨起等[8]通过人工加热煤样的实验发现，当煤体所受温度大于 250～300 ℃时，煤体中会形成大量热解气孔。从图 4-3 中可以看出，海孜煤矿 8 煤层煤样有大量反映岩浆热演化作用的热解气孔，气孔分布密集，且气孔间相连形成花朵状气孔群，热解气孔最大孔径约 30 μm；海孜煤矿 9 煤层煤样也出现较多的热解气孔，但分布密度略小于 8 煤层中的分布密度，热解气孔最大孔径约 20 μm；海孜煤矿 10 煤层Ⅱ1026 机巷、风巷煤样出现极少量热解气孔，且热解气孔最大孔径非常小，约 4 μm。临涣煤矿 7、8、9 煤层煤样的扫描电镜照片中并未发现热解气孔，但由于临涣煤矿地质构造复杂，煤体受应力作用发生破裂，形成棱角清晰的较大碎粒，之后在应力作用下形成平均直径较小、大小分布均匀、较为圆滑的碎粒。综合各煤样扫描电镜照片可以看出：靠近岩浆岩的煤体由于热演化作用较强，煤化过程叠加生烃，产生大量热解气孔，且热解气孔的孔径大，分布密集；随着与岩浆岩距离的增大，热演化作用逐渐减弱，煤体中热解气孔逐渐减少，而未受岩浆岩影响的煤体中并未发现热解气孔。

4.1.2.2　*压汞法*

压汞法是常用的煤样孔径分布测定方法，其基本原理为，在无外界压力条件下，汞不能进入煤的孔隙中，当存在外界压力时，汞可克服因表面张力产生的阻力进入孔隙中。注汞过程中测试数据可用 Washburn 方程表示：

$$p = \frac{-2\sigma\cos\theta}{r} \tag{4-1}$$

式中　p——外界压力，MPa；

σ——汞的表面张力，N/m；

θ——汞与煤体表面的接触角，(°)；

r——孔隙半径，m。

利用 Washburn 方程并结合注入汞的压力就可计算出相应的孔隙半径。假设 θ 和 σ 恒定不变，由式(4-1)可知，孔隙半径愈大，毛细管阻力也越小，注入汞所需压力也越小。故随注汞压力增大，汞将逐次由大孔进入小孔中。在特定注汞压力下进入煤孔隙的汞体积等于

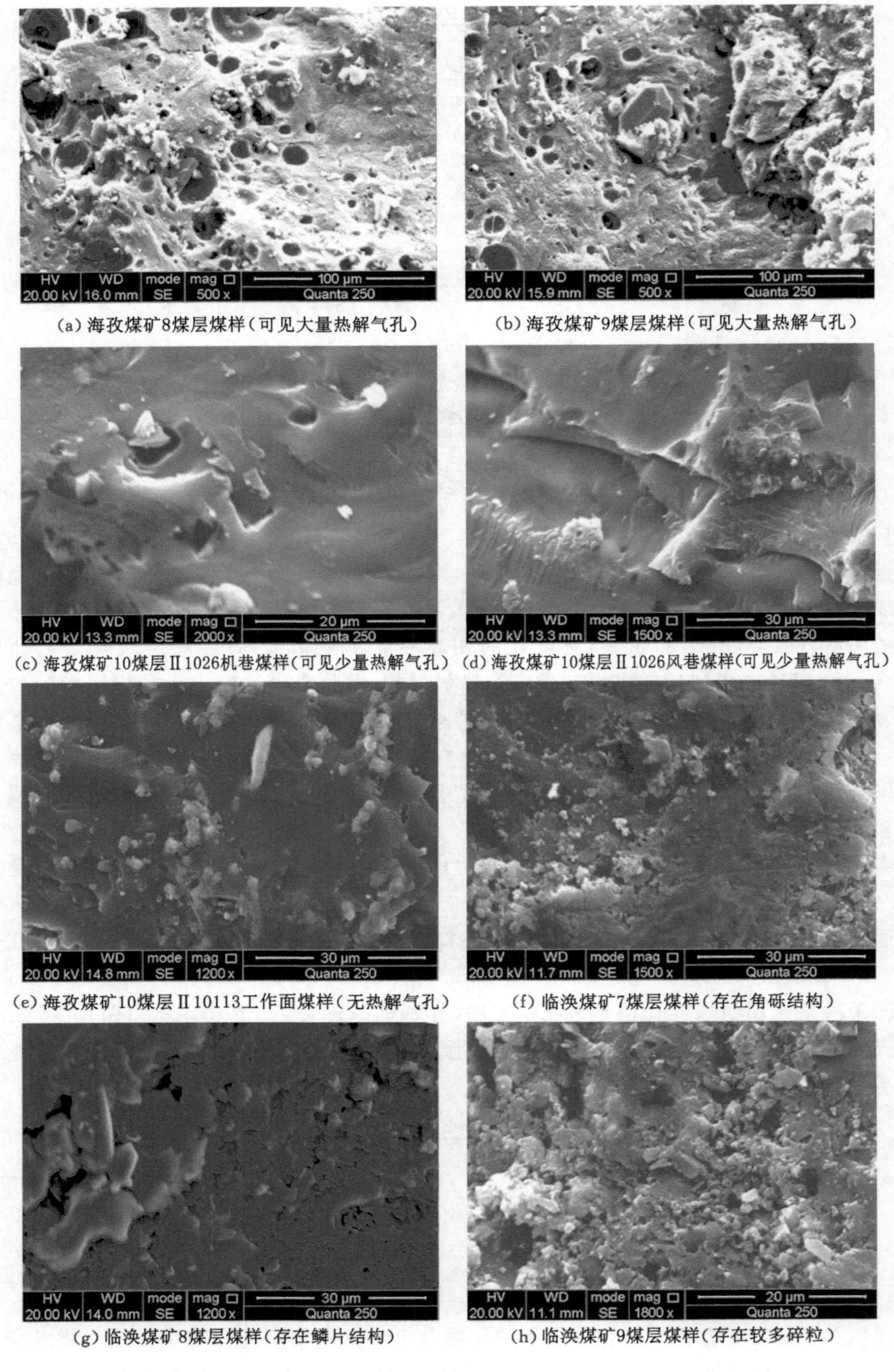

(a) 海孜煤矿8煤层煤样（可见大量热解气孔）

(b) 海孜煤矿9煤层煤样（可见大量热解气孔）

(c) 海孜煤矿10煤层Ⅱ1026机巷煤样（可见少量热解气孔）

(d) 海孜煤矿10煤层Ⅱ1026风巷煤样(可见少量热解气孔）

(e) 海孜煤矿10煤层Ⅱ10113工作面煤样（无热解气孔）

(f) 临涣煤矿7煤层煤样（存在角砾结构）

(g) 临涣煤矿8煤层煤样（存在鳞片结构）

(h) 临涣煤矿9煤层煤样（存在较多碎粒）

图 4-3　不同煤样的扫描电镜照片[7]

该压力下的孔隙容积。压汞曲线形态可反映煤中不同孔径孔隙发育情况、孔隙连通性等信息。

选取了在海孜煤矿 10 煤层不同岩浆厚度覆盖区的煤样进行压汞实验，取样地点信息如表 4-4 所列。

表 4-4　海孜煤矿 10 煤层取样地点统计表[9]

煤样编号	取样位置	煤样标高/m	取样地点上覆岩床厚度/m
1#	Ⅱ1026 机巷	−655	150
2#	Ⅱ10210 风巷	−632	100
3#	10410 机巷	−618	50
4#	Ⅱ10111 工作面	−596	0

(1) 压汞曲线分析

通过对不同上覆岩床厚度下的煤样进行压汞实验，获得了累计进(退)汞量与压力的关系，如图 4-4 所示。

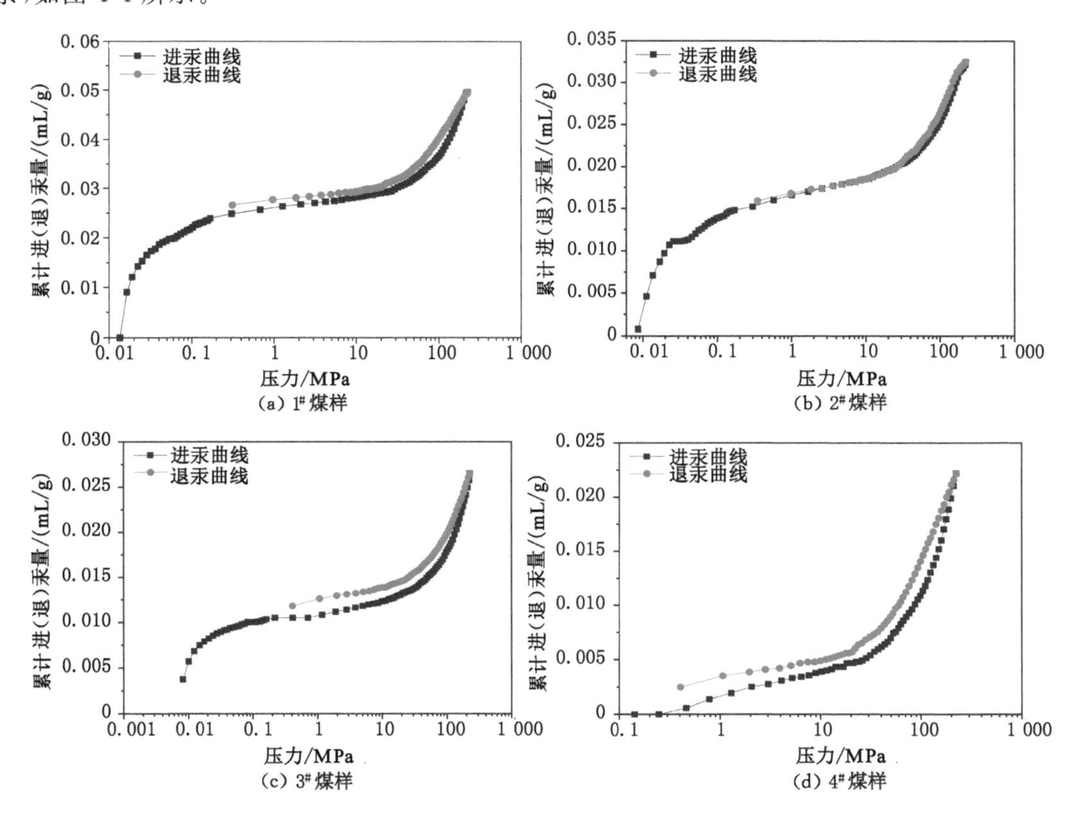

图 4-4　不同煤样的累计进(退)汞量与压力的关系[9]

通过图 4-4 可以发现，上覆岩床越厚，累计进(退)汞量越大。这是因为不同上覆岩床厚度下煤层所受地应力的大小不同，上覆岩床越厚，构造应力越明显，煤的孔隙就越发育，相应的煤的孔容越大，在压汞曲线上表现为累计进(退)汞量比较大。

(2) 孔容分布规律分析

不同上覆岩床厚度下的煤样的阶段进汞量与孔径的关系如图 4-5 所示。

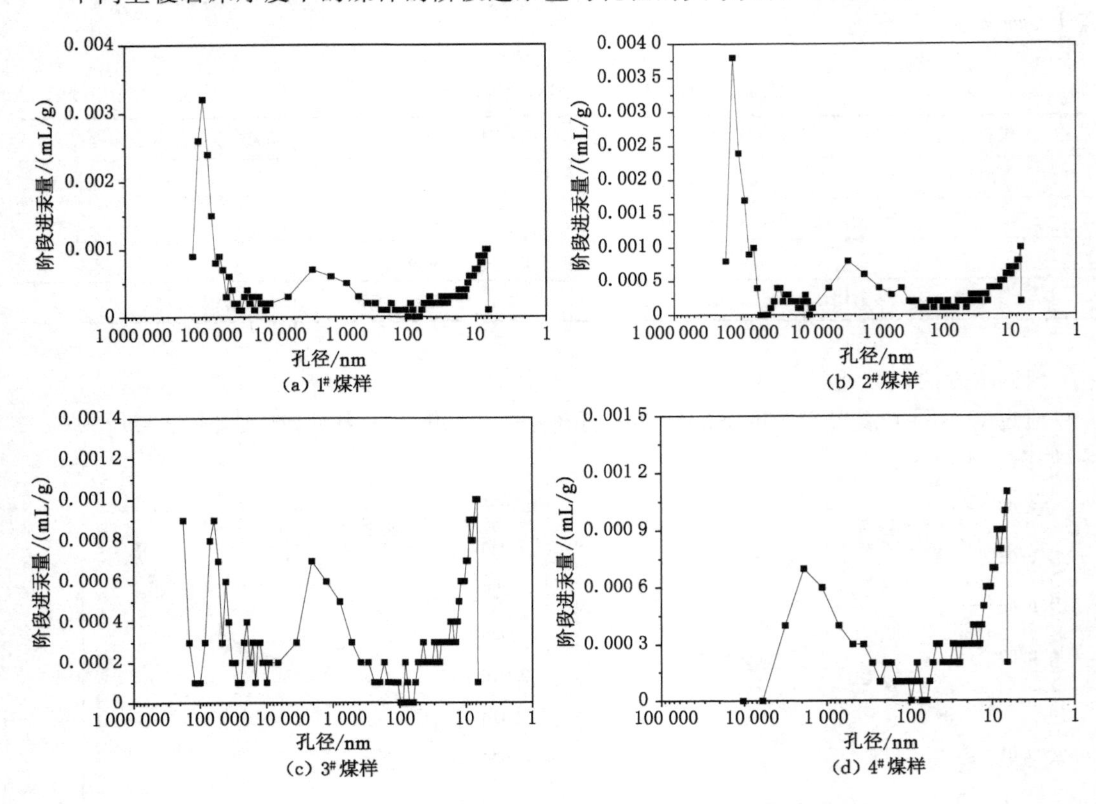

图 4-5　不同煤样的阶段进汞量与孔径的关系[9]

通过对图 4-5 的分析，可知随着上覆岩床厚度的增加，构造应力与热演化共同作用使得煤样的微孔和小孔所占比例在逐渐增加，而大孔所占比例在逐渐减少。这是因为岩浆侵入区地应力的分布特征影响了下伏煤体的孔隙结构，即上覆岩床厚度越大，地应力对煤体的粉化、破碎作用使得煤样的微孔和小孔越发育，大孔则因遭到破坏发育程度降低。煤中微孔构成了吸附容积，小孔构成了毛细管凝结和瓦斯扩散容积，因此微孔和小孔的发育情况决定着煤吸附和解吸瓦斯的能力，从而导致上覆岩床厚度越大的煤样吸附和解吸瓦斯的能力越强。

(3) 比表面积

煤对瓦斯的吸附属于物理吸附，吸附的瓦斯主要聚集在煤孔隙的表面，故对煤体比表面积的测定及分布规律的分析对研究煤对瓦斯的吸附能力具有重要的意义。不同上覆岩床厚度下的煤样的累计比表面积与孔径的关系如图 4-6 所示。

从图 4-6 中可以看出，上覆岩床厚度越大的煤样，其累计比表面积就越大。因此上覆岩床厚度越大的煤样，其吸附瓦斯的能力越强。

(4) 孔容与比表面积结果综合分析

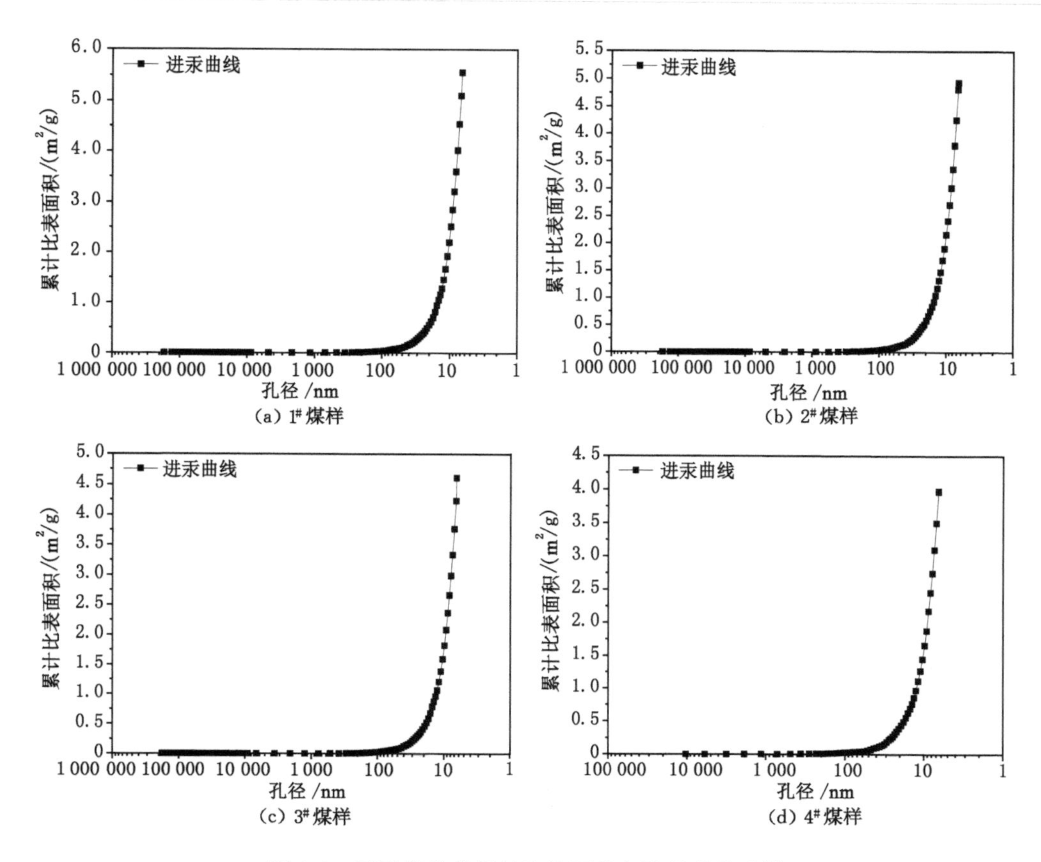

(a) 1# 煤样　(b) 2# 煤样　(c) 3# 煤样　(d) 4# 煤样

图 4-6　不同煤样的累计比表面积与孔径的关系[9]

不同上覆岩床厚度下的煤样在进汞时各孔孔容和比表面积所占的百分比如图 4-7 所示。

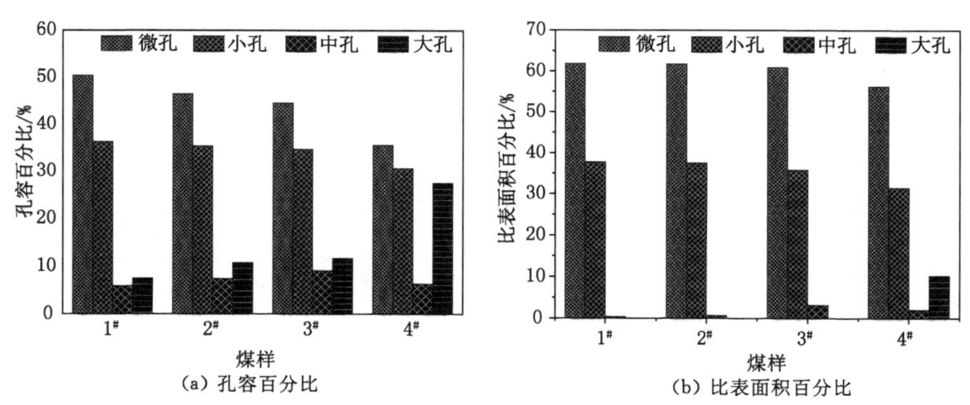

(a) 孔容百分比　(b) 比表面积百分比

图 4-7　不同煤样进汞时各孔孔容和比表面积所占的百分比[9]

通过对比分析可以得出，由于受到岩浆侵入的挤压应力作用，上覆岩床厚度越大，煤的孔容、比表面积也较大，这说明地应力改变了煤体的孔隙结构。上覆岩床厚度越大，小孔和微孔发育越好，孔容和比表面积也越大，而大孔的孔容和比表面积则随着上覆岩床厚度的增大而减小，这是因为地应力的作用造成煤的破碎和粉化，使煤体的大孔遭到了破坏。

4.1.2.3 物理吸附法

对于压汞法不能准确测定的孔隙区域，尤其是纳米级孔隙的测量，采用物理吸附法进行，即采用低压 N_2（或 CO_2）为吸附质气体，恒温下逐渐升高气体分压，测定煤样对其的吸附量，可得到煤样液氮吸附等温线，反过来逐渐降低分压，获得相应的脱附量，则可得到对应的脱附等温线。

(1) 低压 N_2 吸附实验

根据与岩浆岩距离的不同，选取了海孜煤矿共 12 个煤样进行了低压 N_2 吸附实验，测定的不同煤样的 BET 比表面积（利用 BET 法测得的比表面积）变化规律如图 4-8 所示。

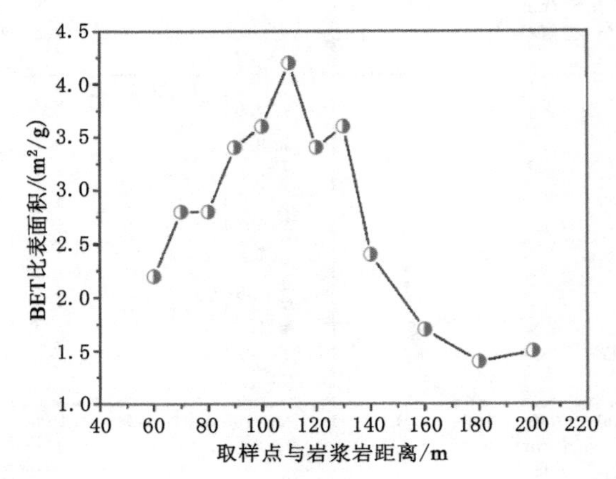

图 4-8 低压 N_2 吸附实验测定的 BET 比表面积变化规律

由图 4-8 可知，当靠近巨厚岩浆岩岩床时，海孜煤矿煤样的 BET 比表面积呈现先增大后减小的趋势，数据的波动性较小。煤样 BET 比表面积最大为 4.20 m^2/g，取样点距离岩浆岩 110 m；最小为 1.43 m^2/g，取样点距离岩浆岩 180 m。

(2) CO_2 吸附实验

为了考察岩浆岩侵入对煤中微孔的影响，选取海孜煤矿和临涣煤矿的煤样分别进行 CO_2 吸附实验，结果如图 4-9 所示。

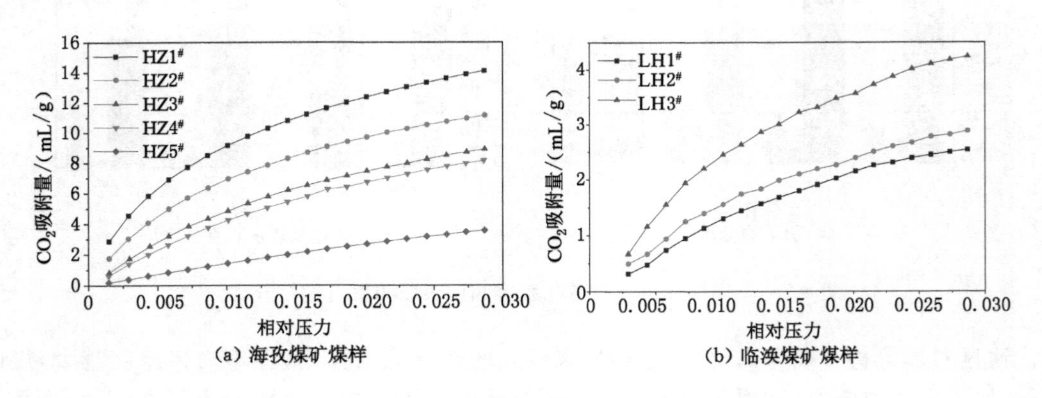

图 4-9 实验煤样在标准大气压力和温度下的 CO_2 吸附等温线[7]

由图 4-9 可知，海孜煤矿煤样的 CO_2 吸附等温线均符合朗缪尔 Ⅰ 型等温线。HZ1# 煤样（海孜煤矿 8 煤层，距岩浆岩 64 m）吸附曲线上升最快，且最终吸附量最大（14.10 mL/g）；HZ4# 煤样（海孜煤矿 10 煤层，距岩浆岩 156 m）的吸附曲线相对 HZ1# 煤样的吸附曲线有了明显的下降，且最终吸附量仅约为 HZ1# 煤样最终吸附量的一半；HZ5# 煤样（海孜煤矿 10 煤层，无岩浆岩覆盖）吸附曲线较为平缓，最终吸附量最小（3.56 mL/g）。LH3# 煤样（临涣煤矿 9 煤层，无岩浆岩覆盖）吸附曲线上升最快，但最终吸附量（4.24 mL/g）远小于 HZ2# 煤样（海孜煤矿 9 煤层，距岩浆岩 70 m）的最终吸附量（11.14 mL/g）；LH2# 煤样（临涣煤矿 8 煤层，无岩浆岩覆盖）和 LH1# 煤样（临涣煤矿 7 煤层，无岩浆岩覆盖）的吸附曲线亦逐渐变得缓慢，最终吸附量也较小。综合分析发现，随着与岩浆岩距离的增大，煤样的吸附曲线上升趋势变得缓慢，最终吸附量也减小。

微孔的分布特征直接影响煤体对甲烷的吸附能力。为了得到实验煤样微孔分布特征，采用 NLDFT（非定域密度函数理论）模型对 CO_2 吸附实验结果进行了处理，如图 4-10 所示。

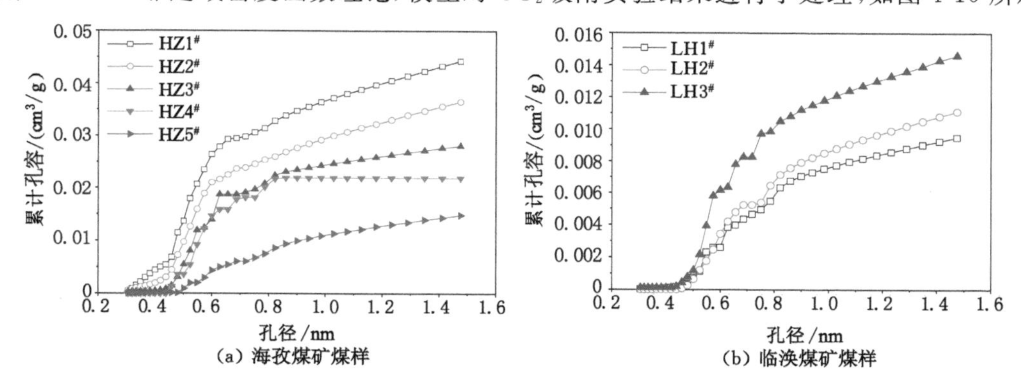

图 4-10　基于 CO_2 吸附等温线的 NLDFT 模型累计孔容[7]

由图 4-10 可知，海孜煤矿煤样基于 CO_2 吸附等温线的 NLDFT 模型微孔（孔径小于 1.5 nm）累计孔容大小顺序为：Q(HZ1#)>Q(HZ2#)>Q(HZ3#)>Q(HZ4#)>Q(HZ5#)，累计孔容在孔径为 0.4～0.7 nm 之间时快速增大，之后增大趋势变缓；临涣煤矿煤样累计孔容也表现出类似的特征，但其累计孔容远小于受岩浆岩影响的海孜煤矿煤样的累计孔容。为了进一步分析不同孔径下的孔隙发育情况，统计了 NLDFT 模型孔径分布图，如图 4-11 所示。

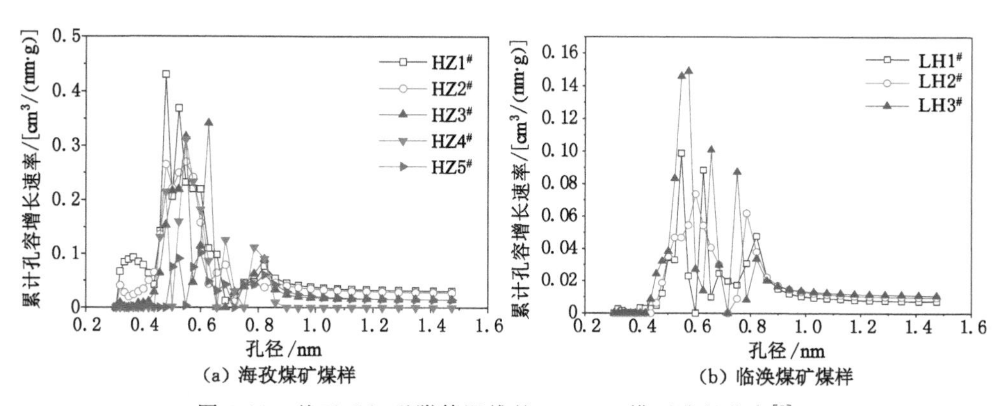

图 4-11　基于 CO_2 吸附等温线的 NLDFT 模型孔径分布[7]

由图 4-11 可知，煤样孔径为 0.4～0.7 nm 之间的微孔发育较好，且在 0.3～1.5 nm 之间均具有连续的孔径分布。但是海孜煤矿煤样由于受到岩浆岩的热力作用，变质程度增加，造成孔径在 0.4～0.7 nm 之间的微孔发育程度是临涣煤矿煤样的数倍，且发育程度与距岩浆岩的距离有关，越靠近岩浆岩的煤层，煤样微孔发育程度越高。

基于 NLDFT 模型对实验煤样微孔结构参数进行了分析，结果如表 4-5 所列。

表 4-5　基于 CO_2 吸附等温线的煤样 NLDFT 微孔结构参数[7]

煤样编号	煤层	与岩浆岩距离/m	标高/m	微孔累计比表面积/(m^2/g)	微孔累计孔容/(cm^3/g)	微孔平均孔径/nm
HZ1#	8	64	−680	148.50	0.044 27	0.478 8
HZ2#	9	70	−683	117.80	0.036 47	0.548 0
HZ3#	10	154	−638	89.44	0.028 13	0.627 2
HZ4#	10	156	−620	74.45	0.021 91	0.548 0
HZ5#	10	无岩浆岩覆盖	−515	38.99	0.014 80	0.599 6
LH1#	7	无岩浆岩覆盖	−621	26.39	0.009 49	0.548 0
LH2#	8	无岩浆岩覆盖	−593	30.14	0.011 12	0.599 6
LH3#	9	无岩浆岩覆盖	−577	42.68	0.014 61	0.573 2

由表 4-5 可知，取自海孜煤矿岩浆岩下伏煤层煤样的 NLDFT 微孔累计比表面积和孔容都比临涣煤矿煤样的大，且呈现出越靠近岩浆岩，微孔累计比表面积和孔容越大的趋势。距离岩浆岩最近的 HZ1# 煤样微孔累计比表面积和孔容最大，分别为 148.50 m^2/g 和 0.044 27 cm^3/g，HZ2# 煤样的微孔累计比表面积和孔容次之；而距离岩浆岩较远的 HZ3# 和 HZ4# 煤样微孔累计比表面积和孔容都出现了明显减小，其中 HZ4# 煤样的累计比表面积减小至 74.45 m^2/g，累计孔容减小至 0.021 91 cm^3/g。临涣煤矿 7、8、9 煤层煤样的微孔累计比表面积变化趋势相对于海孜煤矿煤样的均较小，基本表现出与煤体的变质程度呈正相关关系。因此可以认为，海孜煤矿侵入岩浆岩的热力作用控制着煤体微孔累计比表面积和孔容等结构参数。

4.2　岩浆侵入对煤层瓦斯吸附-解吸特征的影响

温度和压力是影响煤体的吸附-解吸特征的重要指标参数。岩浆侵入煤层后提供的高温、高压环境，促进了煤层的热演化，改变了煤体的变质程度和孔隙结构[10-13]，进而对吸附-解吸特征和瓦斯赋存产生影响。通过对岩浆侵入影响下淮北矿区煤样物性参数、孔隙特征和瓦斯吸附-解吸特征进行测试分析，揭示了岩浆侵入对煤层吸附-解吸特征的动力学作用机制。

4.2.1　岩浆侵入对煤层吸附动力学特征的影响

4.2.1.1　煤对瓦斯的吸附原理

吸附是一种界面现象，是物理吸附、化学吸附和吸收的总称。而煤对瓦斯的吸附属于物理吸附[14-16]，瓦斯聚集在煤孔隙的表面，即在瓦斯—煤界面处，瓦斯密度较其他地点高。物理吸附时，固体表面与气体之间的吸附力为范德瓦耳斯分子吸引力，吸附量主要取决于压力、温度和表面积的大小[17]。物理吸附与气体液化、水蒸气凝结相似，是可逆的。吸附时放出的吸附热较小，一般为每吸附 1 mol 瓦斯放出约 10～20 kJ 的热量，这与气体液化时放出的热量相似。化学吸附时，在固体表面上固体分子与气体分子之间形成化学键，即在它们之间有电子传递[18]。化学吸附与物理吸附的主要区别在于：化学吸附是不可逆的，化学吸附的吸附热近似于化学反应的热效应，一般比物理吸附热大十倍至几十倍。实验室对煤吸附瓦斯的大量实验测定表明，煤吸附瓦斯是可逆过程，煤吸附的瓦斯量和脱附时解吸的瓦斯量基本相同，实验测出的吸附热为 12.6～20.9 kJ/mol[19]，近似于甲烷液化放出的热量。

固体多孔介质对气体吸附质分子的引力通常是色散力(London dispersion force)，属于范德瓦耳斯力的一种，其大小与固体分子和气体分子之间距离的 6 次方成反比。所有的物质之间都存在色散力的相互作用。而在固体分子与气体分子靠近到一定距离时，同时会产生斥力，斥力的大小与固体分子和气体分子之间距离的 12 次方成反比[20]。通常情况下，色散力和斥力的共同叠加作用造成了孔壁吸附势的出现，其大小可以由经典的 Lennard-Jones 公式表示：

$$U(r)=-\widetilde{a}r_{\mathrm{atom}}^{-6}+\widetilde{b}r_{\mathrm{atom}}^{-12} \tag{4-2}$$

式中　$U(r)$ ——孔壁吸附势，J/mol；

$\widetilde{a},\widetilde{b}$ ——色散力系数和斥力系数；

r_{atom} ——原子(分子)之间的距离，nm。

上式又被称为 12-6 势能或者 6-12 势能公式，适用于两个分子之间的吸附势计算，是最简单的吸附情况。

吸附势相当于一个巨大的黑洞，运动着的分子一旦被吸附势捕捉到之后，会丧失一部分动能，转化为吸附热逸散出去，之后动能降低的吸附质分子会吸附于吸附位上。如果此时剩余的动能足够大，或者又获得了新的动能，如温度升高(温度决定着气体分子的动能)，吸附质分子就会重新冲破吸附势的壁垒，回到自由空间中，形成脱附现象。由于物理吸附所放出的吸附热与气体液化相似，气体被吸附于煤孔壁之后，其物理状态接近于液态。对于二氧化碳这种常温下可以达到临界点状态的气体，分析其在微孔中的扩散行为时，可以近似认为其为液态。但对于甲烷这种常温下达不到临界点状态的气体来说，分析其扩散行为时，要综合考虑孔径与气体密度的关系。而对于吸附剂来讲，由于气体分子吸附时使得固体壁面的吸附势降低，其固体分子之间的距离也会被相应地拉大，宏观上会形成膨胀的效果[20]。

图 4-12 给出了孔径与吸附势的关系。吸附势会随着多孔介质孔径的减小而显著重合加大，此时色散力起到了主要作用。但到一定孔径后，由于斥力显著增大，大于色散力，故而吸附势成为正值，孔隙对吸附质分子起到了排斥作用。所以并不是孔径越小，吸附势越大。壁面的吸附势一方面对甲烷的运移产生拉扯的牵制作用，使分子向孔隙内部的驱动合力减弱；另一方面又会对甲烷的性质进行改变，使其密度逐渐变大，扩散阻力逐渐加强，扩散消耗时间也显著增加。引力向斥力转换的孔径临界点不仅与多孔介质有关，还与吸附的气体有关。例如，二氧化碳的分子动力学直径要小于甲烷的分子动力学直径，且吸附势更大，故而吸附二氧化碳时煤中产生排斥的孔径要小于吸附甲烷时煤中产生排斥的孔径。

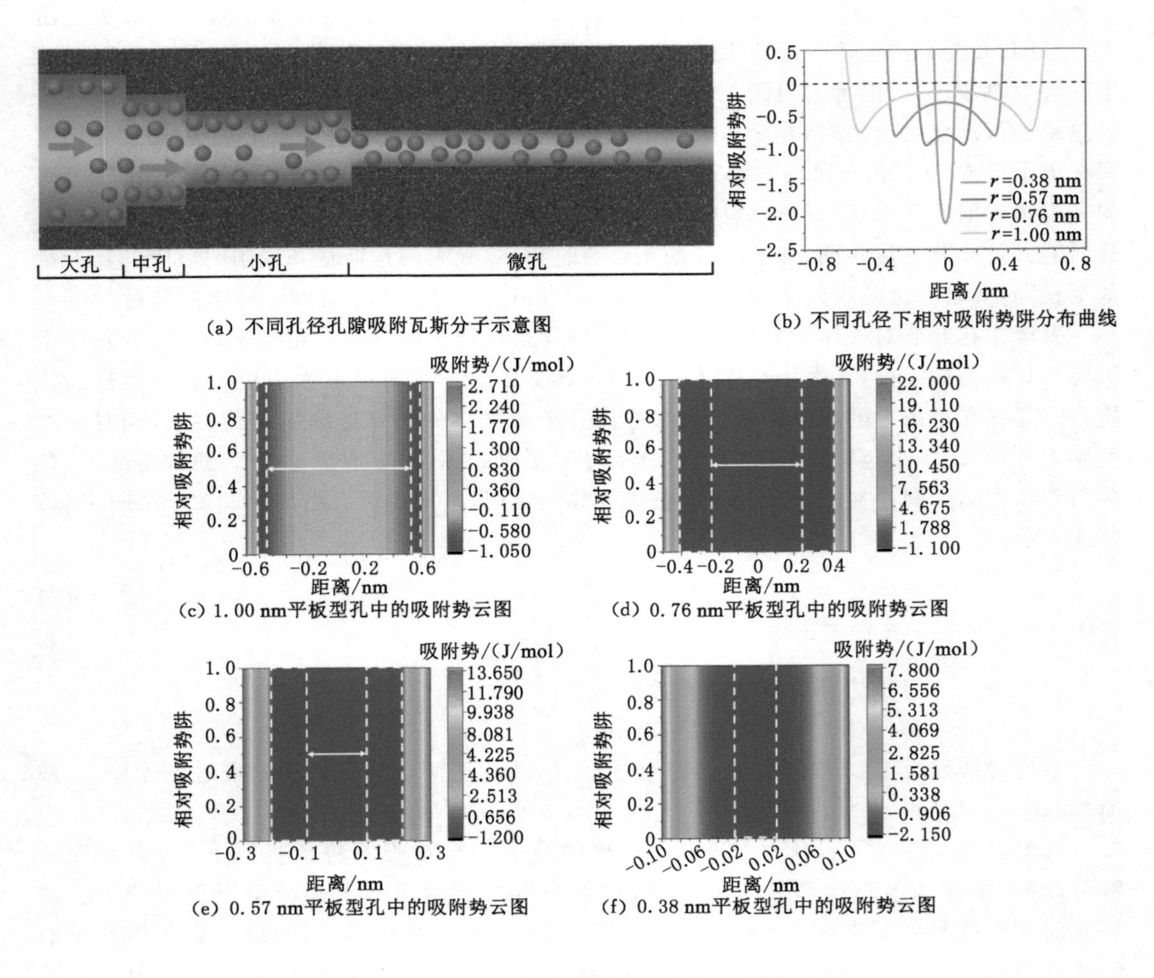

图 4-12　多孔介质孔径与吸附势关系[20]

煤中除表面吸附瓦斯外，还存在吸收状态的瓦斯。所谓吸收是指瓦斯分子更深入地进入煤的微孔中，进入煤分子晶格之中，形成固溶体状态。吸收与吸附的宏观差别仅在于前者的平衡时间较长，吸收时吸附体的膨胀变形量较大。煤对瓦斯的吸附和吸收是不易区别的，在矿井瓦斯研究中，一般不单独研究吸收瓦斯，而是把它与吸附归为一类。

煤的吸附性通常用煤的吸附等温线表示。吸附等温线是指在某一固定温度下，煤的吸附瓦斯量随瓦斯压力变化的曲线。国内外大量的实验表明，煤吸附瓦斯(甲烷)时，吸附等温线符合朗缪尔方程式[21]：

$$X = \frac{abp}{1+bp} \tag{4-3}$$

式中　X——在某一温度下，吸附平衡瓦斯压力为 p 时，单位质量(或体积)可燃基(除去水分和灰分)吸附的瓦斯量，m^3/t(或 m^3/m^3)；

p——吸附平衡时的瓦斯压力，MPa；

a——吸附常数，标志可燃基的极限吸附瓦斯量，即在某一温度下当瓦斯压力趋近于无穷大时的最大吸附瓦斯量，m^3/t（或 m^3/m^3）；

b——吸附常数，MPa^{-1}。

煤的吸附性能测试是建立在煤吸附瓦斯理论基础上的，通常煤的瓦斯吸附常数是衡量煤吸附瓦斯能力大小的指标。

4.2.1.2　岩浆侵入条件下煤的瓦斯吸附特征测试分析

煤对瓦斯的吸附量测试工作参照《煤的高压等温吸附试验方法》(GB/T 19560—2008)及《煤的甲烷吸附量测定方法(高压容量法)》(MT/T 752—1997)进行，测定过程采用 HCA 高压容量法瓦斯吸附装置进行。高压容量法吸附实验测试系统原理图如图 4-13 所示，其测试步骤如下。

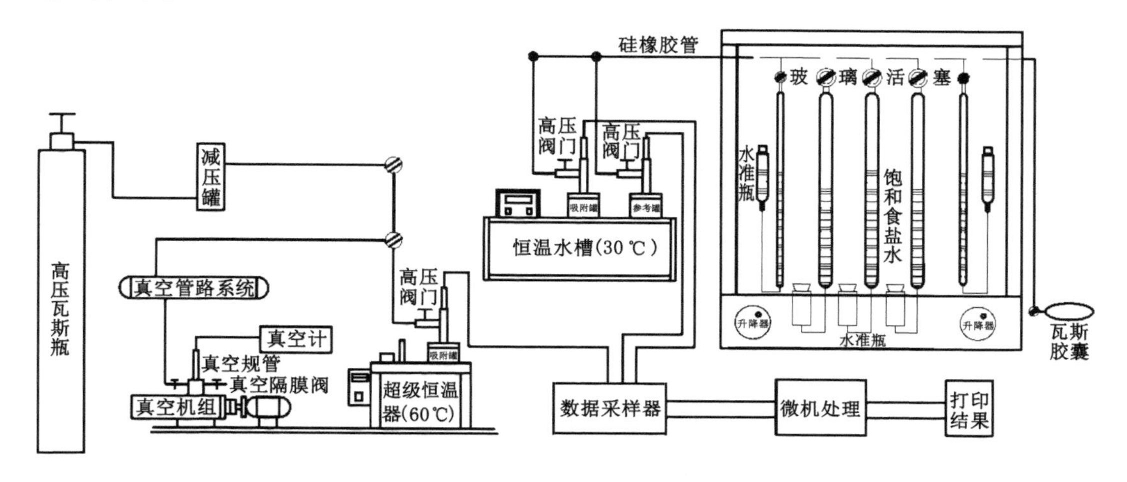

图 4-13　高压容量法吸附实验测试系统原理图

(1) 煤样预处理。

采集具有代表性的煤样，在实验室经粉碎机粉碎后，利用 0.17～0.25 mm 筛网筛分出 0.17～0.25 mm 粒径的煤样约 100 g 装入称量皿中，然后放进真空干燥箱在 100 ℃恒温下真空干燥 1 h，干燥后移入干燥器内冷却，之后存放入密封的磨口玻璃瓶中备用。

(2) 吸附实验。

① 称取制备好的煤样 50 g，装入吸附罐，设定抽真空的水浴温度为(60±1)℃，开启真空泵，进行真空脱气，直到真空计显示压力为 4 Pa 时，关闭真空抽气阀和各罐阀。

② 设定吸附实验的水浴温度为(30±1) ℃。

③ 打开高压充气阀和参考罐控制阀，使高压瓦斯瓶中瓦斯进入参考罐及连通管，关闭参考罐控制阀，读出参考罐压力 p_{1i}。

④ 读出参考罐压力 p_{1i} 后，缓慢打开罐阀门，使参考罐中瓦斯进入吸附罐，待罐内压力达到设定压力时(一般在 0～6 MPa 实验压力范围内设定测 $n=7$ 个压力间隔点数，每点约为最高压力的 $1/n$)，立即关闭罐阀门，读出参考罐压力 p_{2i}、室温 T_1。然后按下式计算充入吸附罐内的瓦斯量 Q_{ci}：

$$Q_{ci}=\left(\frac{p_{1i}}{Z_{1i}}-\frac{p_{2i}}{Z_{2i}}\right)\frac{273.2\,V_0}{0.101\,325(273.2+T_1)} \tag{4-4}$$

式中　Q_{ci} ——充入吸附罐的瓦斯标准体积，cm^3；

p_{1i}，p_{2i} ——充气前后参考罐内绝对压力，MPa；

Z_{1i}，Z_{2i} ——压力 p_{1i}、p_{2i} 下及温度 T_1 时瓦斯的压缩系数；

T_1 ——室内温度，℃；

V_0 ——参考罐及连通管标准体积，cm^3。

⑤ 保持 7 h，使煤样充分吸附，压力达到平衡，读出平衡压力 p_i，并计算出吸附罐内剩余体积的游离瓦斯量 Q_{di}、煤样吸附瓦斯量 Q_i 以及每克煤可燃基吸附瓦斯量 X_i：

$$Q_{di} = \frac{273.2 V_d p_i}{0.101\ 325 Z_i (273.2 + T_3)} \tag{4-5}$$

$$Q_i = Q_{ci} - Q_{di} \tag{4-6}$$

$$X_i = \frac{Q_i}{m_r} \tag{4-7}$$

式中　V_d ——吸附罐内除实体煤外的全部剩余体积，cm^3；

Z_i ——压力 p_i 下及温度 T_3 时瓦斯的压缩因子，无量纲；

T_3 ——实验温度，℃；

m_r ——煤样可燃基质量，g。

(3) 依次重复上面③～⑤步骤，逐次增高实验压力，可测得 n 个 Q_{ci}、Q_{di}、Q_i 及 X_i 值。

由于充气罐向吸附罐充气为逐次充入的单值量，而充入吸附罐的总气量是各单值量的累计量，故逐次按式(4-6)计算，充入吸附罐的总气量 Q_c 应为：

$$Q_c = \sum_{i=1}^{n} Q_{ci} \tag{4-8}$$

(4) 按逐次得到的 p_i 及 X_i 作图，即为朗缪尔吸附等温线，并将(p_i，X_i)按下式进行最小二乘法回归，计算出煤的瓦斯吸附常数 a 和 b 值：

$$\frac{p}{X} = \frac{p}{a} + \frac{1}{ab} \tag{4-9}$$

为了研究岩浆岩下伏煤层的瓦斯吸附特性，选取了海孜煤矿和临涣煤矿煤样，分别在实验室完成了煤样的吸附实验及吸附常数 a、b 值的测定，结果见图 4-14 和表 4-6。

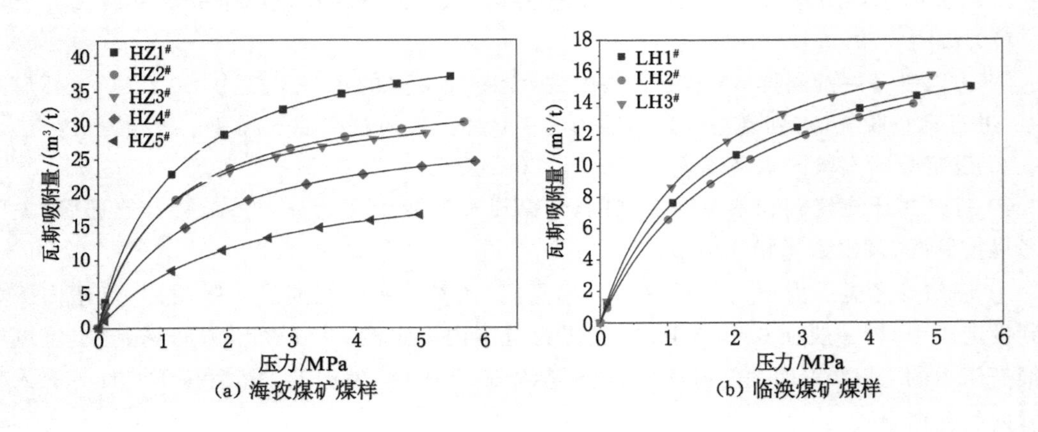

图 4-14　煤样吸附实验数据及朗缪尔方程拟合曲线[7]

表 4-6 煤的工业分析和吸附常数测定结果[7]

煤样编号		HZ1#	HZ2#	HZ3#	HZ4#	HZ5#	LH1#	LH2#	LH3#
工业分析	水分/%	1.5	1.6	1.7	2.6	2.4	1.33	1.28	1.28
	灰分/%	45.6	36.4	38.8	20.5	20.0	18.30	18.27	18.29
	挥发分/%	10.0	10.2	10.5	11.2	11.6	27.51	27.54	27.81
	固定碳/%	49.6	60.3	55.7	70.1	70.3	52.86	52.91	52.62
吸附常数	$a/(m^3/t)$	44.59	36.33	34.42	30.73	23.58	19.59	20.14	20.31
	b/MPa^{-1}	0.912 3	0.912 7	1.006 1	0.691 4	0.489 5	0.592 4	0.479 4	0.698 7

由表4-6可知，由于岩浆岩的侵入导致煤层挥发分降低，煤层变质程度增加，海孜煤矿岩浆岩影响区域煤层的 a 值范围为30.73～44.59 m^3/t，且和煤层与岩浆岩的距离有关。靠近岩浆岩的HZ1#煤样（海孜煤矿8煤层）a 值最大，为44.59 m^3/t；随着远离岩浆岩，HZ4#煤样（海孜煤矿10煤层）的 a 值降至30.73 m^3/t，未受岩浆岩影响的HZ5#煤样和临涣煤矿煤样的 a 值基本都在20 m^3/t 左右，远小于受岩浆岩影响的煤样的 a 值。

结合煤样的吸附等温线和测定的吸附常数可以得出：海孜煤矿煤样的吸附能力大小顺序为HZ1#煤样＞HZ2#煤样＞HZ3#煤样＞HZ4#煤样＞HZ5#煤样，即靠近岩浆岩，煤样的吸附能力有增强的趋势，而未受岩浆岩影响的煤样的吸附能力比较弱。海孜煤矿HZ1#煤样的吸附等温线上升趋势快，极限吸附量大，吸附能力最强；HZ2#煤样的吸附能力及极限吸附量次之；HZ3#煤样和HZ4#煤样的极限吸附量分别为34.42 m^3/t 和30.73 m^3/t，吸附等温线上升趋势逐渐变缓；HZ5#煤样因为未受到岩浆岩影响，其吸附能力要弱于同煤层的HZ3#煤样和HZ4#煤样的吸附能力。临涣煤矿各煤样的吸附等温线都比较平缓，极限吸附量也都比较小。吸附实验结果与前文中测定的煤体微孔累计比表面积和孔容的结果相符，岩浆岩的热力作用使得煤中孔隙结构发生变化，微孔大量增加，为对瓦斯的吸附提供了很大的内表面积，最终使得煤体的瓦斯吸附能力增强，吸附量增大。因此，海孜煤矿和临涣煤矿各煤层瓦斯吸附能力的差异性是由岩浆岩热演化作用的程度决定的。

4.2.2 岩浆侵入对煤层解吸动力学特征的影响

4.2.2.1 煤中瓦斯的解吸机制

煤作为天然多孔介质，瓦斯在其孔隙中的扩散与纯气体的扩散不同，是气固两相相互作用的结果。气体分子除了受到气体分子间的作用力外，还会受到来自孔壁的碰撞作用。通常来说，孔隙的空间尺度决定着气体分子在孔隙内受到的力大小，进而改变气体分子的运动状态。在煤中，根据扩散在空间上的特征，可分为表面扩散、努森扩散、过渡扩散及分子扩散[22]。表面扩散是一种二维扩散，而后三者为三维扩散，其与分子自由程 l 和孔径 d 的关系有关，如图4-15所示。

（1）表面扩散

当瓦斯分子在孔隙空间中运移时，会不时地被孔壁产生的吸附势“捕捉”到。此时，瓦斯分子有一定概率沿表面运移，从一个吸附位运移到另一个吸附位，形成二维状态的表面扩

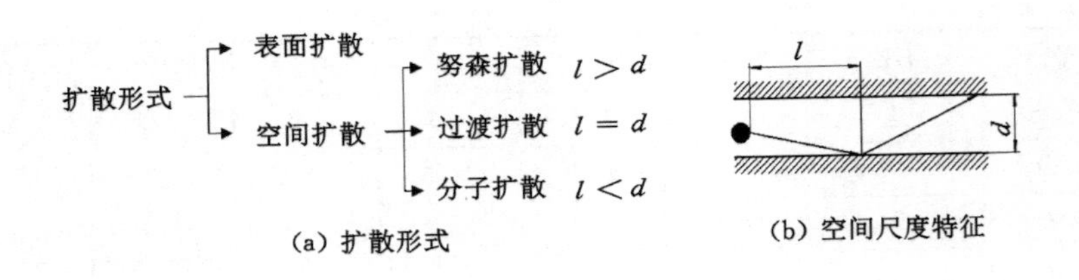

图 4-15　扩散形式与空间尺度特征

散。之后，瓦斯分子会继续运移或者返回孔隙空间中。瓦斯分子在表面运移时所持续的时间，通常称为滞留时间，其与分子的动能和分子与孔壁之间的作用力有关。由于气体分子动能是由温度决定的，故而滞留时间与温度有关[23]。弗伦克尔认为滞留时间是吸附热和温度的函数，即[23]：

$$t_r = t_{r0} e^{Q/RT} \tag{4-10}$$

式中　t_r——滞留时间，s；

t_{r0}——吸附分子的震荡时间，s；

Q——吸附热，J/mol；

R——普适气体常数，J/(mol·K)；

T——温度，K。

二维扩散的速度要小于三维扩散的速度。因此，表面扩散系数要远远小于空间扩散系数[24-25]。C. Ö. Karacan 等[24]通过实验得出二氧化碳的表面扩散系数大约是其空间扩散系数的十分之一，并且两者的差异取决于煤的组分。对于富含碳质泥岩矿物、黄铁矿的区域，这种差异更加明显。另外，对于煤炭这种多孔介质来说，微孔中巨大的比表面积和强烈的吸附势使得表面扩散更为常见[26-30]。B. Yang 等[29]认为宏观上吸附速度的慢速阶段是由表面扩散来控制的，故而将吸附过程分为了两部分，从而根据后期的吸附速度数据得出了表面扩散系数。然而，也有部分学者认为在扩散初期，由于并没有大量吸附分子被孔隙吸附势捕捉到，故而吸附势还比较大，对气体分子的作用力还比较大，使得前期捕捉到的分子容易形成二维状态的表面扩散，这与前者后期表面扩散主控的结论相反[24,31-32]。

(2) 努森扩散

努森扩散的英文名称为“Knudsen diffusion”，有时又可译为克努森扩散或者诺森扩散。在表面扩散中，如果滞留时间为零，即气体分子被孔壁捕捉后，气体分子会像光反射一样，沿余弦定律的路径立刻反射回三维空间中，此时形成的扩散就是努森扩散。努森扩散常常发生在孔径小于气体分子运动的平均自由程的情况下[29,33-34]。努森扩散系数可以用下式来计算[35]：

$$D_{KA} = \frac{d_p}{3}\sqrt{\frac{8RT}{\pi M_A}} \tag{4-11}$$

式中　D_{KA}——努森扩散系数，m^2/s；

d_p——孔直径，m；

R——普适气体常数，J/(mol·K)；

T——温度,K;

M_A——分子摩尔质量,g/mol。

上式说明,努森扩散系数与气体压力无关,而与温度有关。努森扩散系数亦常常被用在描述理想多组分气体的扩散行为的 Stefan-Maxwell 方程或者尘气(dusty-gas)方程中[36-37]。对于多孔介质来说,固体组分可被当作是"尘"部分,而孔空间可被假设为"气"系统。相比于经典的菲克扩散模型而言,这种模型是基于质量和动量传递的方程,在解算时多采用数值方法,故而更加准确。特别是对于化学吸附反应而言,这种优势显得尤为明显[38-39]。尘气模型可写为:

$$\frac{N_i}{D_{e,iKA}}+\sum_{j=1}^{n}\frac{x_jN_i-x_iN_j}{D_{e,ij}}=-\frac{1}{RT}\left(p\nabla x_i+x_i\nabla p+x_i\nabla p\frac{kp}{\mu D_{e,iKA}}\right) \tag{4-12}$$

式中　N_i,N_j——物质 i 和 j 的扩散通量,mol/(m² · s);

x_i,x_j——物质 i 和 j 的摩尔分数;

k——渗透率,mD;

p——气体压力,Pa;

μ——黏滞系数,N · s/m²;

R——普适气体常数,J/(mol · K);

T——温度,K;

$D_{e,iKA}$,$D_{e,ij}$——努森扩散系数和二元气体扩散系数的有效值,m²/s。

(3) 分子扩散

当孔径大于分子平均自由程时,气体分子之间的膨胀多为自身分子之间的碰撞,而非与孔壁之间的碰撞,此时的扩散行为称为分子扩散。分子扩散有时和菲克扩散作为同一种扩散过程进行分析。根据 Chapman-Enskog 理论[33],双组分气体分子扩散系数的计算方程为:

$$D_{MAB}=\frac{1.858\,3\times10^{-7}T^{3/2}\ (1/M_A+1/M_B)^{1/2}}{p\sigma_{AB}^2\Omega_{AB}} \tag{4-13}$$

式中　D_{MAB}——双组分气体分子扩散系数,m²/s;

Ω_{AB}——两种气体分子间相互作用能的函数,与温度有关;

σ_{AB}——两种气体分子的碰撞直径,Å;

T——温度,K;

p——压力,Pa;

M_A,M_B——两种气体分子的摩尔质量,g/mol。

对于单组分气体而言,上式可化为:

$$D_{MA}=\frac{1.858\,3\times10^{-7}T^{3/2}\ (2/M_A)^{1/2}}{p\sigma^2\Omega} \tag{4-14}$$

式中　D_{MA}——单组分气体分子扩散系数,m²/s;

Ω——气体分子间相互作用能的函数,与温度有关;

σ——气体分子的碰撞直径,Å。

(4) 过渡扩散

过渡扩散是处于努森扩散和分子扩散之间的扩散方式。过渡扩散系数的计算公式可以由 Bosanquit 公式推出[33]：

$$\frac{1}{D_{\mathrm{N}}}=\frac{1}{D_{\mathrm{KA}}}+\frac{1}{D_{\mathrm{MA}}} \tag{4-15}$$

式中　D_{N} ——过渡扩散系数，$\mathrm{m^2/s}$。

上式隐含着，通过三种扩散方式的扩散通量是一致的，即三种扩散方式"串联"在一起。该式不仅可以用来描述过渡区，还可作为计算所有区域的扩散系数的通式[33]。

(5) 有效扩散系数

尽管在多孔介质中存在诸如表面扩散、努森扩散、分子扩散、过渡扩散等一系列不同的扩散方式，我们也需要找到一种合适的方法去总体评价气体在多孔介质中总的扩散行为。上文中介绍的扩散模型，均是在理想的圆柱形孔中推导出的扩散模型。实际的多孔介质由于孔隙率 ε 及曲折度 τ 的存在，影响了扩散的难易程度。有效扩散指通过单位开孔面积的扩散，这种定义排除了多孔介质中固体部分的影响。一般来讲，有效扩散系数可以定义为[34]：

$$D_{有效}=\frac{\varepsilon}{\tau^2}D_{总} \tag{4-16}$$

式中　$D_{有效}$ ——有效扩散系数，$\mathrm{m^2/s}$；

$D_{总}$——总体扩散系数，$\mathrm{m^2/s}$。

(6) 扩散模型

煤孔隙结构的复杂性使得难以获得不同扩散方式的扩散系数，目前扩散系数基本是以粒煤扩散实验所得的解吸率为原始数据进行反算得到的。较为常用的是基于菲克扩散定律建立的经典扩散模型——单孔隙扩散模型，对于粒煤中瓦斯扩散过程，经简化后通过分离变量法可得到解析解：

$$\frac{Q_t}{Q_\infty}=1-\frac{6}{\pi^2}\sum_{i=1}^{\infty}\frac{1}{i^2}\exp\left(\frac{-Di^2\pi^2t}{r_0^2}\right) \tag{4-17}$$

式中　$\frac{Q_t}{Q_\infty}$——瓦斯解吸率；

Q_t——t 时刻粒煤的瓦斯扩散量，$\mathrm{cm^3/g}$；

Q_∞——$t\to\infty$时粒煤的瓦斯扩散量，$\mathrm{cm^3/g}$；

D——扩散系数，$\mathrm{m^2/s}$；

i——相数；

r_0——粒煤半径，m。

求解模型以及进行一系列简化，可得到用于计算扩散系数的对数法方程，并通过拟合实验数据$\frac{Q_t}{Q_\infty}$与 t 的关系[式(4-18)]，计算出扩散系数[30]。

$$\frac{Q_t}{Q_\infty}=\sqrt{1-\mathrm{e}^{-KBt}} \tag{4-18}$$

式中　B——扩散系数 D 与粒煤半径 r_0 相关的拟合参数，为 $4\pi^2D/r_0^2$；

K——校正系数，取 0.96。

4.2.2.2 岩浆侵入条件下煤的瓦斯解吸特征测试分析

实验室中煤的解吸性能测试是通过对一定质量的煤样吸附甲烷气体，待煤样吸附瓦斯达平衡后，瞬间释放压力，从而测定煤样的瓦斯解吸过程。瓦斯解吸实验装置示意图如图 4-16 所示，具体测试步骤如下。

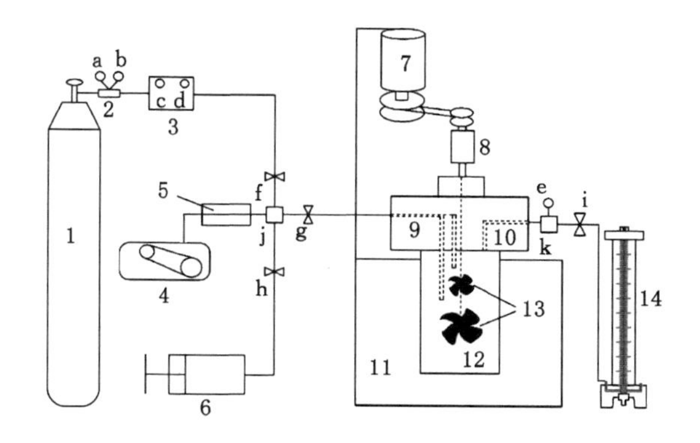

1—高压瓦斯钢瓶；2—减压阀；3—参考罐；4—真空泵；5—复合真空计；6—平流泵；7—搅拌电机；
8—搅拌装置；9—注水和进气口；10—出气口；11—恒温油浴；12—煤样罐；13—搅拌叶片；14—解吸量筒；
a～e—压力表；f～i—阀门；j～k—三通接头。

图 4-16 瓦斯解吸实验装置示意图[7]

(1) 煤样的预处理。将预先制备好的粒径为 1～3 mm 的煤样(约 50 g)装入煤样罐中，装罐时应尽量将罐装满压实，以减少罐内死空间的体积，并在煤样上加盖脱脂棉，密封煤样罐。

(2) 煤样真空脱气。开启恒温油浴、真空泵，设定油浴温度为(60±1)℃，打开煤样罐阀门，对煤样进行真空脱气，直到真空度显示 4 Pa 达 2 h 后停止脱气。

(3) 脱气结束后，将恒温油浴温度调整为(30±1)℃；拧开高压瓦斯钢瓶阀门和参考罐阀门，使高压瓦斯钢瓶与参考罐连通，待参考罐气体压力为煤样罐煤样理想吸附平衡压力的 1.2 倍左右时，关闭高压瓦斯钢瓶阀门，然后由参考罐对煤样罐充气。煤样吸附瓦斯平衡时间约 6～48 h(不同粒径煤样吸附平衡时间不同)，之后将达到吸附平衡状态。

(4) 煤样瓦斯解吸过程的测定。首先准备好计时秒表和解吸量筒，测定并记录气温和气压，先打开煤样罐的阀门，使煤样罐内的游离瓦斯先进入大气中，当煤样罐的压力指示值为零时，迅速将阀门与解吸仪连接，同时按下秒表开始计时。然后按照依实验目的设定的时间间隔，读取并记录解吸仪量管内的瓦斯量。最后将实测的瓦斯解吸量换算成标准状态下的体积。

为了研究海孜煤矿岩浆侵入对煤层瓦斯赋存的影响，以岩浆岩下伏煤层为主要研究对象，并以未受岩浆影响的邻近煤矿(临涣煤矿)的相应煤层为参考。在海孜煤矿岩浆岩(平均厚度 140 m 左右)覆盖区域内的 8、9 煤层各取 1 个煤样；在海孜煤矿距岩浆岩不同距离的 10 煤层选取 2 个煤样(平均厚度 140 m 左右)；在海孜煤矿Ⅱ101 采区 10 煤层选取 1 个煤样(没有受到岩浆岩的影响)；在临涣煤矿 7、8、9 煤层各选取 1 个煤样。以上共计 8 个实验煤样。其中海孜煤矿各取样地点与岩浆岩空间位置情况如图 4-17 所示。

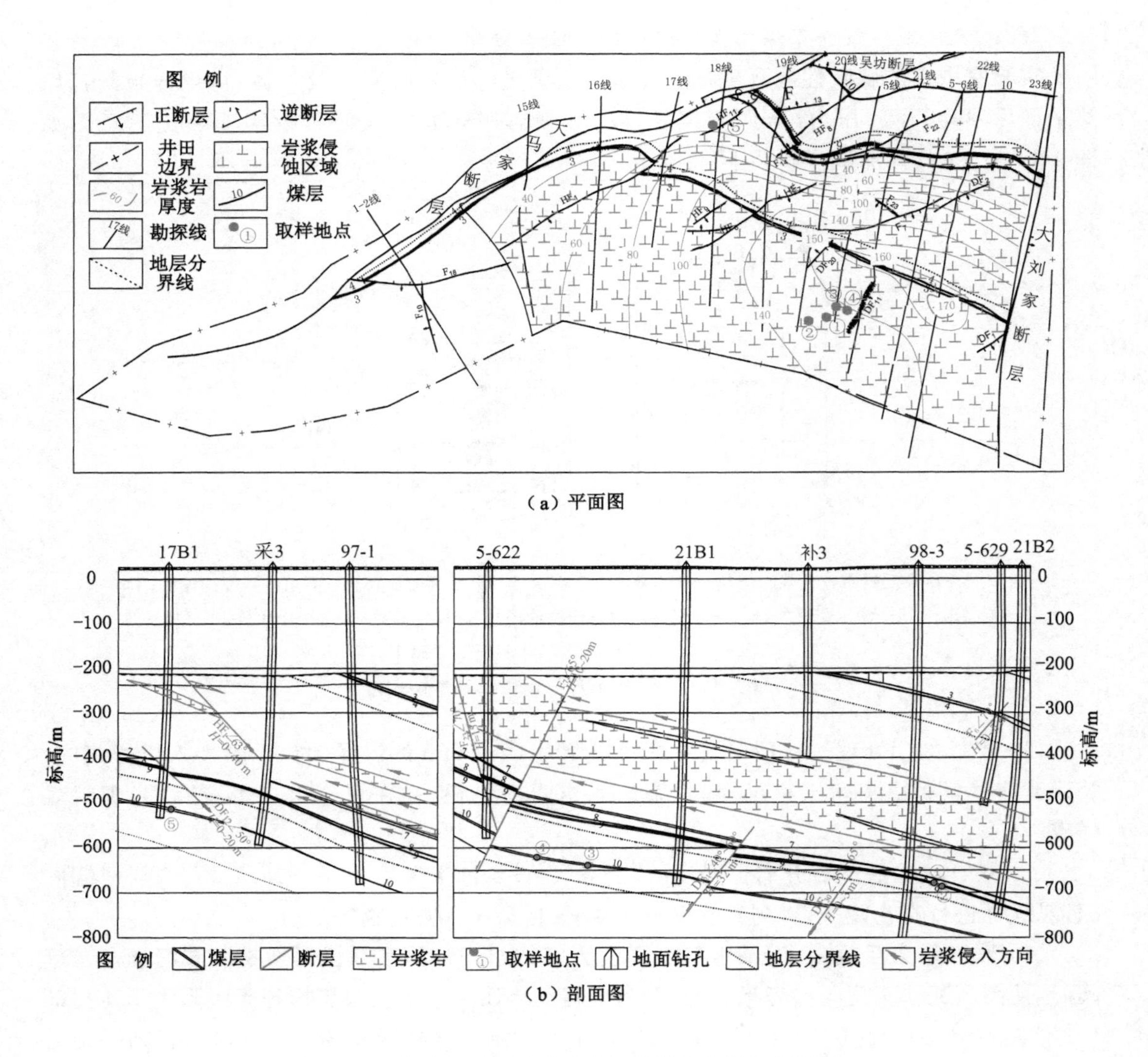

图 4-17 海孜煤矿各取样地点与岩浆岩空间位置情况

各取样地点的具体参数如表 4-7 所列。

表 4-7 实验煤样取样位置统计表

煤样编号	煤层	取样位置	标高/m	煤样编号	煤层	取样位置	标高/m
HZ1#	海孜煤矿 8 煤层	Ⅱ32 主运石门	−680	HZ5#	海孜煤矿 10 煤层	Ⅱ10113 工作面	−515
HZ2#	海孜煤矿 9 煤层	Ⅱ32 主运石门	−683	LH1#	临涣煤矿 7 煤层	西翼轨道上山上段	−621
HZ3#	海孜煤矿 10 煤层	Ⅱ1026 机巷	−638	LH2#	临涣煤矿 8 煤层	Ⅱ826 里机巷	−593
HZ4#	海孜煤矿 10 煤层	Ⅱ1026 风巷	−620	LH3#	临涣煤矿 9 煤层	Ⅱ926 工作面	−577

为了研究岩浆岩下伏煤层的瓦斯解吸特征，分别对海孜煤矿和临涣煤矿煤样进行了不同吸附平衡压力条件下的瓦斯解吸实验，结果如图 4-18 所示。

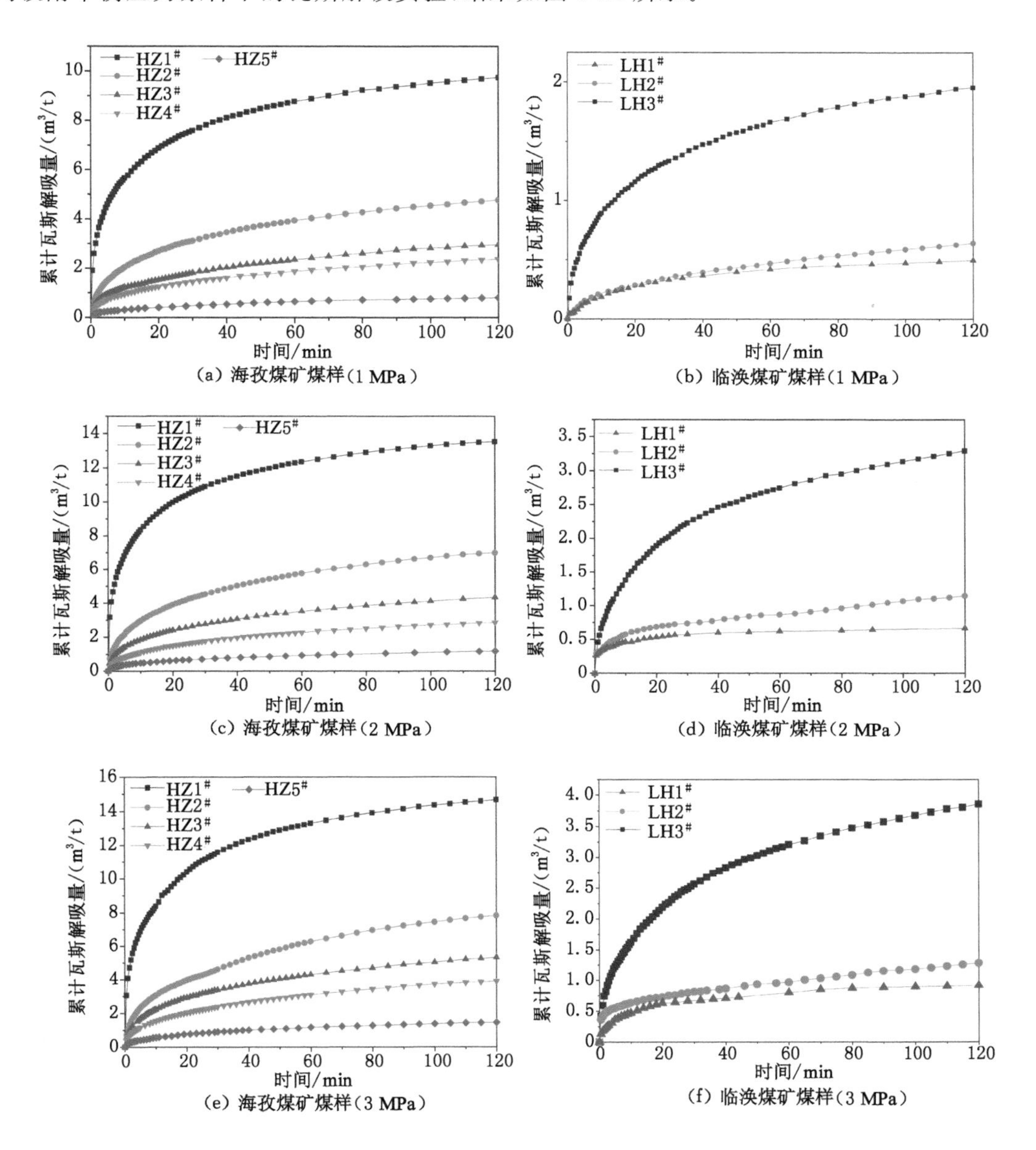

图 4-18　实验煤样在不同吸附平衡压力下的累计瓦斯解吸量与时间的关系[7]

由图 4-18 可知，各煤样在不同吸附平衡压力下的解吸曲线均具有一定的规律性，累计瓦斯解吸量与时间呈类抛物线正相关关系。对于同一吸附煤样在同一吸附平衡压力下的单一解吸曲线来说，累计瓦斯解吸量的导数为解吸速度，在图上直观地表示为曲线的陡缓，累计瓦斯解吸量随着时间的推移而不断累加，解吸速度在初期达到峰值后逐渐衰减。对于同一煤样在不同吸附平衡压力下的解吸曲线来说，吸附平衡压力越高则其同一时刻累计瓦斯解吸量越大，且在解吸初期的解吸速率越快。这种现象说明：高吸附平衡压力条件下，煤样对瓦斯的吸附作用更强，吸附平衡压力越高，同一时间内的瓦斯解吸量和解吸速度都比较大。

对于不同煤样在同一吸附平衡压力下的解吸曲线来说，HZ1# 煤样（海孜煤矿 8 煤层，距岩浆岩 64 m）在各个吸附平衡压力下的瓦斯解吸速度都是最大的，同一时刻累计瓦斯解吸量也是最大的；HZ2# 煤样（海孜煤矿 9 煤层，距岩浆岩 70 m）、HZ3# 煤样（海孜煤矿 10 煤层Ⅱ1026 机巷，距岩浆岩 154 m）、HZ4# 煤样（海孜煤矿 10 煤层Ⅱ1026 风巷，距岩浆岩 156 m）的瓦斯解吸速度逐渐减小，120 min 累计瓦斯解吸量也随之减小；未受岩浆岩影响的 HZ5# 煤样及临涣煤矿 LH1# 煤样和 LH2# 煤样的瓦斯解吸速度和解吸量均小；而 LH3# 煤样（临涣煤矿 9 煤层）的解吸速度并不小，主要因为该煤样呈构造煤特性，硬度较低，煤体破碎严重，而研究表明构造煤的中孔较发育，从而造成同一时刻 LH3# 煤样的瓦斯解吸速度和解吸量要大于 LH1# 煤样和 LH2# 煤样的瓦斯解吸速度和解吸量。

为了更清晰地看出实验煤样各时间段瓦斯解吸特征，统计了各实验煤样初始瓦斯解吸量与累计瓦斯解吸量的关系，如表 4-8 所列。

表 4-8 实验煤样初始瓦斯解吸量与累计瓦斯解吸量的关系[7]

吸附平衡压力 /MPa	煤样	前 1 min 瓦斯解吸量 Q_1/(m³/t)	前 3 min 瓦斯解吸量 Q_3/(m³/t)	第 4—5 分钟瓦斯解吸量 Q_{4-5}/(m³/t)	120 min 累计瓦斯解吸量 Q_{120}/(m³/t)	(Q_1/Q_{120})/%	(Q_3/Q_{120})/%
1 MPa	HZ1#	2.596 07	3.870 80	0.615 41	9.749 90	26.63	39.70
	HZ2#	0.826 59	1.267 28	0.265 15	4.764 21	17.35	26.60
	HZ3#	0.497 47	0.774 63	0.138 88	2.955 75	16.83	26.21
	HZ4#	0.365 46	0.600 95	0.183 52	2.367 44	15.44	25.38
	HZ5#	0.127 03	0.203 31	0.025 44	0.802 46	15.83	25.34
	LH1#	0.131 70	0.197 70	0.031 99	0.494 85	26.61	39.95
	LH2#	0.125 11	0.196 11	0.036 06	0.639 11	19.58	30.68
	LH3#	0.301 03	0.502 12	0.100 75	1.956 93	15.38	25.66
2 MPa	HZ1#	4.094 32	5.861 15	0.852 67	13.514 48	30.30	43.37
	HZ2#	1.245 97	1.905 44	0.393 35	7.015 62	17.76	27.16
	HZ3#	0.708 07	1.140 25	0.237 84	4.360 36	16.24	26.15
	HZ4#	0.417 56	0.692 32	0.157 34	2.884 61	14.48	24.00
	HZ5#	0.178 58	0.280 74	0.059 35	1.191 05	14.99	23.57
	LH1#	0.289 48	0.356 39	0.022 32	0.669 17	43.26	53.26
	LH2#	0.321 10	0.399 20	0.062 11	1.149 25	27.94	34.74
	LH3#	0.457 89	0.789 62	0.179 16	3.292 24	13.91	23.98

表 4-8(续)

吸附平衡压力/MPa	煤样	前 1 min 瓦斯解吸量 Q_1/(m³/t)	前 3 min 瓦斯解吸量 Q_3/(m³/t)	第 4—5 分钟瓦斯解吸量 Q_{4-5}/(m³/t)	120 min 累计瓦斯解吸量 Q_{120}/(m³/t)	(Q_1/Q_{120})/%	(Q_3/Q_{120})/%
3 MPa	HZ1#	4.083 75	5.907 55	0.839 91	14.672 12	27.83	40.26
	HZ2#	1.244 91	2.028 01	0.394 05	7.839 51	15.88	25.87
	HZ3#	0.790 49	1.312 21	0.284 90	5.335 34	14.82	24.59
	HZ4#	0.575 16	0.942 51	0.138 26	3.918 56	14.68	24.05
	HZ5#	0.207 48	0.337 32	0.052 11	1.459 42	14.22	23.11
	LH1#	0.414 61	0.513 10	0.078 84	0.918 72	45.13	55.85
	LH2#	0.414 65	0.513 09	0.032 84	1.290 53	32.13	39.76
	LH3#	0.592 80	0.989 62	0.199 10	3.854 39	15.38	25.68

由表 4-8 可知，各实验煤样在瓦斯解吸初始阶段的解吸量都比较大，不同吸附平衡压力下 HZ1# 煤样(8 煤层，距岩浆岩 64 m)前 1 min 的瓦斯解吸量占 120 min 累计瓦斯解吸量的 26.63%～30.30%，前 3 min 的瓦斯解吸量占 120 min 累计瓦斯解吸量的 39.70%～43.37%；随着远离岩浆岩，海孜煤矿 HZ2# 煤样(9 煤层，距岩浆岩 70 m)、HZ3# 煤样(10 煤层Ⅱ1026 机巷，距岩浆岩 154 m)、HZ4# 煤样(10 煤层Ⅱ1026 风巷，距岩浆岩 156 m)的前 1 min 和前 3 min 的瓦斯解吸量占 120 min 累计瓦斯解吸量的比例逐渐减小。

根据煤层与岩浆岩的空间位置关系和煤样孔隙特征的研究可以认为：靠近岩浆岩，煤层热变质程度高，微孔发育，煤体瓦斯吸附量大，中孔和大孔所占比例增加，煤体的瓦斯放散初速度大，在瓦斯解吸初期解吸速度大且解吸量大，之后进入持续解吸阶段，解吸速度逐渐减小，解吸量相应减小；未受岩浆岩影响的煤层，变质程度低，微孔发育程度低，煤体瓦斯吸附量小，在解吸初期解吸的瓦斯量占总解吸量的比例大，之后较快进入持续解吸阶段，解吸速度逐渐减小，解吸量很快减小，在解吸后期接近停止。

4.2.2.3　岩浆侵入条件下煤体瓦斯扩散系数计算

根据瓦斯解吸曲线，计算了不同岩浆岩影响条件下煤中瓦斯扩散系数的大小，见表 4-9。由表 4-9 可知，距离岩浆岩 64 m 的 HZ1# 煤样在各个吸附平衡压力下扩散系数最大，约为 3×10^{-7} cm²/s，随着煤层远离岩浆岩，HZ2# 煤样、HZ3# 煤样、HZ4# 煤样的扩散系数逐渐减小为 10^{-8} 量级；未受岩浆岩影响的 HZ5# 煤样及临涣煤矿 LH1# 煤样和 LH2# 煤样，扩散系数最小，为 10^{-9} 量级；而 LH3# 煤样(临涣煤矿 9 煤层)坚固性系数 f 值小，呈构造煤特性，中孔较发育，扩散系数为 10^{-8} 量级。因此，从扩散系数随岩浆侵入影响变化上来看，岩浆侵入提高了煤中瓦斯扩散能力，有利于瓦斯涌出和煤与瓦斯突出的发生。

表 4-9　不同岩浆岩影响条件下煤中瓦斯扩散系数

煤样编号	煤层	取样位置	与岩浆岩距离/m	标高/m	扩散系数 $D/(cm^2/s)$		
					1 MPa	2 MPa	3 MPa
HZ1#	海孜煤矿 8 煤层	Ⅱ32 主运石门	64	−680	3.12×10^{-7}	3.32×10^{-7}	2.56×10^{-7}
HZ2#	海孜煤矿 9 煤层	Ⅱ32 主运石门	70	−683	4.99×10^{-8}	5.39×10^{-8}	4.18×10^{-8}
HZ3#	海孜煤矿 10 煤层	Ⅱ1026 机巷	154	−638	1.48×10^{-8}	1.90×10^{-8}	2.03×10^{-8}
HZ4#	海孜煤矿 10 煤层	Ⅱ1026 风巷	156	−620	1.75×10^{-8}	1.16×10^{-8}	1.48×10^{-8}
HZ5#	海孜煤矿 10 煤层	Ⅱ10113 工作面	无岩浆岩覆盖	−515	4.20×10^{-9}	4.05×10^{-9}	3.81×10^{-9}
LH1#	临涣煤矿 7 煤层	西翼轨道上山上段	无岩浆岩覆盖	−621	1.36×10^{-9}	2.37×10^{-9}	2.05×10^{-9}
LH2#	临涣煤矿 8 煤层	Ⅱ826 里机巷	无岩浆岩覆盖	−593	3.16×10^{-9}	6.63×10^{-9}	4.57×10^{-9}
LH3#	临涣煤矿 9 煤层	Ⅱ926 工作面	无岩浆岩覆盖	−577	5.10×10^{-8}	5.79×10^{-8}	5.05×10^{-8}

4.2.2.4　岩浆侵入条件下煤体瓦斯放散初速度测试分析

瓦斯放散初速度是指煤层初始暴露时瓦斯涌出的速度。它是指 3.5 g 规定粒度的煤样在 0.1 MPa 压力下吸附瓦斯后向固定真空空间释放时，用压差 Δp(mmHg)表示的 10～60 s 时间内释放瓦斯量指标。瓦斯放散初速度是衡量含瓦斯煤体暴露时放散瓦斯快慢的一个指标。煤放散瓦斯的性能是由煤的物理力学性质决定的，在瓦斯含量相同的条件下，煤的放散初速度越大，煤的破坏程度越严重，越有利于煤与瓦斯突出的发生和发展。煤样的瓦斯放散初速度测定结果如表 4-10 所列。

表 4-10　煤样的瓦斯放散初速度测定结果[7]

煤样编号	HZ1#	HZ2#	HZ3#	HZ4#	HZ5#	LH1#	LH2#	LH3#
瓦斯放散初速度 Δp/mmHg	44.45	23.80	10.75	8.50	4.60	3.80	3.45	5.20

由表 4-10 可知，实验煤样测定的瓦斯放散初速度也表现出与吸附常数 a 值类似的特点，随着上覆岩床厚度的增加，瓦斯放散初速度逐渐增大，靠岩浆岩最近的海孜煤矿 8 煤层煤样的瓦斯放散初速度为 44.45 mmHg，远大于未受岩浆岩影响区域煤层的瓦斯放散初速度，说明在岩浆岩热力作用下煤样解吸初期瓦斯放散能力强，煤层的煤与瓦斯突出危险性大。

4.3 岩浆岩分布特征与瓦斯赋存的关系

岩浆侵入含煤岩系会使煤层产生胀裂及压缩，同时岩浆的高温烘烤可使煤的变质程度升高。岩浆岩岩体有时使煤层局部被覆盖或封闭，有时因岩脉蚀变裂隙增加，造成风化作用加强，逐渐形成裂隙通道。因此，岩浆侵入煤层既有形成、保存瓦斯的作用，在某些条件下又有使瓦斯逸散的可能。岩浆岩的不同分布特征导致矿井瓦斯涌出极不平衡，不同地点瓦斯的涌出量和成分差异很大。

4.3.1 岩浆侵蚀焦化区煤层瓦斯赋存规律

岩浆接触或侵入煤层，使煤层遭到破坏、变形和改造。当煤层较薄或岩体较大时，与岩体接触的煤层大多数被侵蚀，残留的煤多形成天然焦或石墨化煤[8]。而当煤层较厚，岩体呈小型的浅成岩或脉岩时，则煤层中可见穿入的岩体，常呈树枝状或顺层穿插，使得煤层受到接触热变质作用而成为天然焦和半天然焦。天然焦坚硬多孔且常有柱状节理。当岩体位于煤层底部时，视岩体大小而相应出现厚度不同的天然焦；当岩体位于煤层顶板时，仅接触处变为天然焦；当岩体出现在煤层中部时，岩体之上转变为天然焦的煤层厚度大于下部转变为天然焦的煤层厚度。

在此过程中叠加热作用将加速煤中有机质发生热解成烃作用。由于天然焦内部裂隙增加、对煤层瓦斯的吸附能力低，煤体内部的吸收瓦斯和附着在煤体表面的吸附瓦斯大量解吸而变成游离瓦斯，从而造成区内煤层瓦斯压力的增加，加快了瓦斯的逃逸速度，导致煤层瓦斯含量降低。例如，徐州矿务集团有限公司永固煤矿主采煤层3煤层在井田范围内南北两侧均不同程度地受岩浆岩侵蚀，岩浆岩侵入煤层的面积占60%左右。开采实践表明，在不同区域开采或掘进时，煤层瓦斯涌出差异很大。在井田南北两翼，岩浆岩侵蚀区接触变质带大部分煤变质为天然焦，形成焦状结构，煤层中瓦斯含量低，开采时瓦斯涌出量也很小；在井田中部未受岩浆岩侵蚀影响区，煤层中瓦斯含量高，开采时瓦斯涌出量也较大[40]。

此外，岩浆多沿断层或煤层围岩的破碎带侵入，一般多切穿顶、底的泥岩和粉砂岩。岩浆周围发育的裂隙为煤层瓦斯运移到其他层提供了良好的通道，也会对煤层瓦斯气藏产生一定破坏作用，也是侵入区域岩浆岩体周围煤层的含气量较低的重要原因。

4.3.2 岩浆岩岩墙对煤层瓦斯赋存的影响作用

岩墙又称岩脉，是岩浆沿围岩的裂缝挤入后冷凝形成的，为切穿围岩层理或片理的岩浆岩侵入体。岩浆侵入时携带有大量的高温热量，煤层在发生深成变质作用的基础上，叠加了岩浆热变质作用，使煤体变质程度进一步增加。岩浆对煤体影响的强弱一般与侵入体的大小、温度及距离有直接关系。一般来说，侵入体体积越大，温度越高，距离越近，煤体受到的热变质作用越强。

以受岩墙侵入影响的铁法煤田大兴煤矿为例，选取了距岩墙不同距离的7个煤样，对煤样进行了基础参数测定，取样地点示意图如图4-19所示。

岩浆岩岩墙附近煤样吸附常数 a 及瓦斯放散初速度 Δp 的变化趋势如图4-20所示。

由图4-20可知，岩墙的侵入增大了热演化区煤样的吸附常数 a，且所取煤样吸附常数 a 均大于正常区吸附常数 a，这与前面得到的岩墙接触变质区煤样的吸附常数 a 小于正常区煤样的吸附常数 a 的规律有所不同，因此不能绝对地认为岩浆岩侵入会减弱接触变质区煤

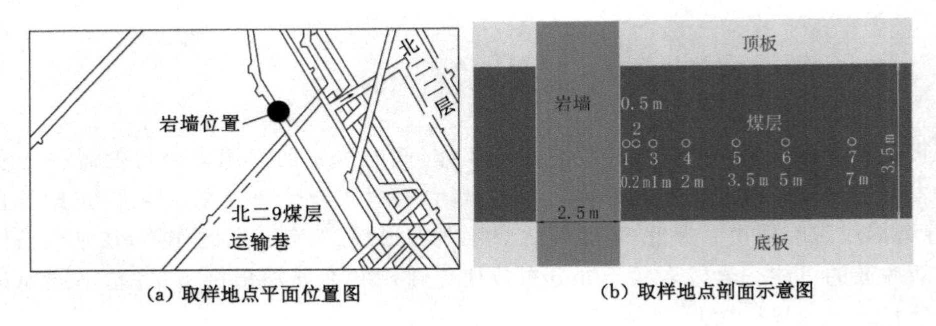

(a) 取样地点平面位置图　(b) 取样地点剖面示意图

图 4-19　大兴煤矿取样地点示意图[41]

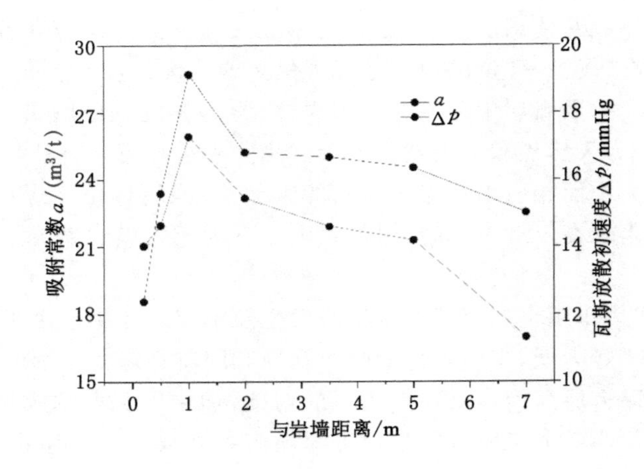

图 4-20　岩浆岩岩墙附近煤样吸附常数 a 及瓦斯放散初速度 Δp 的变化趋势[41]

的瓦斯吸附能力，要根据岩浆对煤层的实质性热力作用来进行综合判断。

分别从岩墙附近的三个区域选取一个煤样，对高压恒温吸附实验结果进行对比分析，如图 4-21 所示。

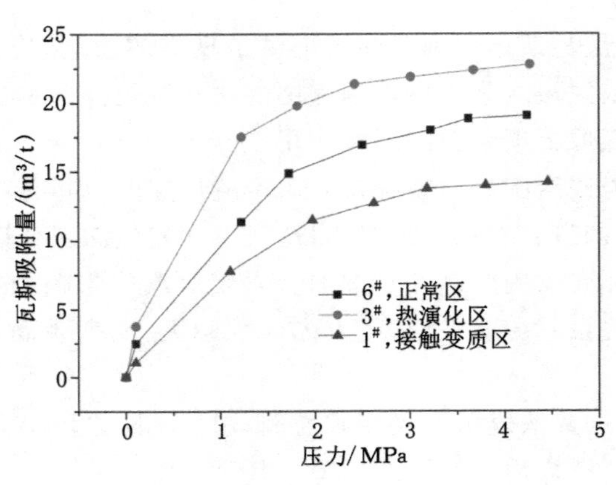

图 4-21　瓦斯吸附量与压力的关系

由图 4-21 可知，热演化区域 3# 煤样的瓦斯吸附量相对于正常区域 6# 煤样的瓦斯吸附量有所增大，吸附曲线增长速度较快。而处于接触变质区域的 1# 煤样，其吸附曲线相对较为平缓，增长速度慢，不同压力下瓦斯吸附量也较小。结合压汞法对孔隙结构的测试结果，可以认为该矿的岩浆侵入增加了热演化区煤的孔隙发育，尤其是微孔孔容和比表面积的增大，从而为煤样吸附瓦斯提供了空间，增强了热演化区煤吸附瓦斯的能力，同理，减弱了接触变质区的瓦斯吸附能力。

岩浆侵入形成的结构致密均匀、透气性差的岩体会对侵入体附近煤层瓦斯起到封闭作用，导致部分区域瓦斯含量高。表 4-11 为上述取样地点处煤层瓦斯含量直接测定结果，从表中可以发现，受岩浆岩岩墙侵入影响，煤层瓦斯含量的变化规律和吸附常数 a 的变化规律相似，总体上看，距离岩墙越近，瓦斯含量越高，但是在接触变质区（1#、2# 取样地点），瓦斯含量又急剧下降。

表 4-11　大兴矿南五采区 7-2 煤层瓦斯含量统计表

样品编号	与岩墙距离/m	瓦斯解吸量/(m³/t)	瓦斯损失量/(m³/t)	粉碎前脱气瓦斯量/(m³/t)	粉碎后脱气瓦斯量/(m³/t)	直接法测得的瓦斯含量/(m³/t)
1#	0.2	0.13	0.04	3.36	0.08	3.61
2#	0.5	1.02	0.14	2.06	0.99	4.21
3#	1.0	0.96	0.14	11.02	0.33	12.44
4#	2.0	1.10	0.04	6.56	0.27	7.97
5#	3.5	0.65	0.26	3.86	0.49	5.26
6#	5.0	0.56	0.13	4.21	0.22	5.12
7#	7.0	0.38	0.07	3.11	0.77	4.33

4.3.3　岩浆岩岩床分布特征与煤层瓦斯赋存的关系

4.3.3.1　岩浆岩岩床厚度对煤层瓦斯赋存的影响作用

岩床又称岩席，是由岩浆沿层面流动铺开或岩浆沿着层面流动侵入，形成与地层相整合的板状岩体。岩床是渗透性较弱的致密岩体，其渗透率远远小于煤层的渗透率。因此，岩浆岩本身就是一个密封体，当顶板岩床赋存于煤层之上时，对下伏煤层瓦斯将有很好的圈闭作用，形成巨大的瓦斯包，增加煤与瓦斯突出危险性。岩浆岩岩床对下伏煤层瓦斯赋存的控制作用主要包括圈闭作用、热演化作用、热变质作用和推挤作用，如图 4-22 所示[42]。

淮北海孜煤矿、皖北卧龙湖煤矿均为岩床侵入：海孜煤矿巨厚岩浆岩岩床沿 5 煤层顶板侵入（侵蚀 5 煤层）并覆盖在 7、8、9、10 煤层之上；卧龙湖煤矿岩浆岩岩床沿 10 煤层侵入。二者的不同点是卧龙湖煤矿岩浆岩岩床从水平方向上看呈环形，对 10 煤层呈环抱状，而海孜煤矿巨厚岩浆岩岩床从垂直方向上看像一个巨厚盖层覆盖在 7、8、9、10 煤层之上[43]。

覆盖在煤层顶板的岩浆岩岩床对煤层瓦斯灾害影响尤为严重，为了进一步验证岩浆侵入的热力作用对煤层瓦斯赋存变化特征的作用，根据海孜煤矿采掘部署和地质勘探资料，选择 10 个地面钻孔资料，其对应的上覆岩浆岩岩床厚度分别为 0 m、5 m、15 m、45 m、55 m、60 m、100 m、145 m、155 m、162 m；同时在井下不同上覆岩浆岩岩床厚度的 10 煤层工作面选择 5 个样本进行对比论证，其中位于无岩浆岩岩床覆盖区的Ⅱ101 采区处 1 个，薄岩浆岩岩床覆盖区的Ⅱ101 采区 10 m、15 m 厚度处各 1 个，巨厚岩浆岩岩床覆盖区的Ⅱ102 采区 147 m、158 m 厚度处各 1 个。

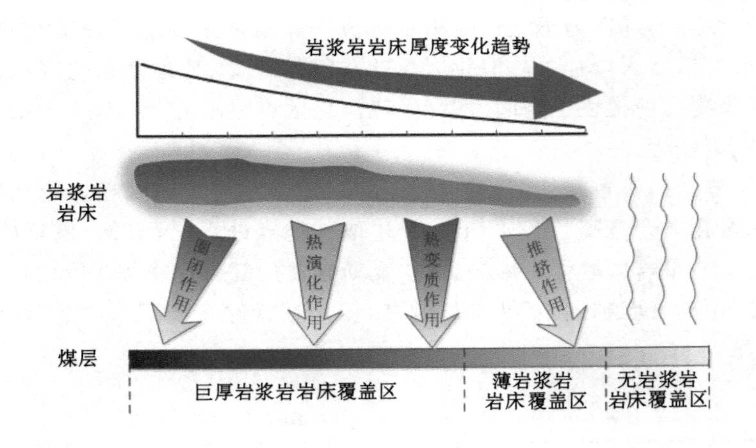

图 4-22　巨厚岩浆岩岩床对下伏煤层瓦斯赋存控制作用原理图[42]

随着岩浆岩岩床厚度变化，煤体镜质组反射率(R_o)和挥发分(V_{daf})结果如图 4-23 所示。从图中可以发现由于巨厚岩浆岩岩床的覆盖，热变质带在海孜煤矿 10 煤层上部形成，该区域内煤的挥发分有规律地降低而镜质组反射率有规律地增加，煤的变质程度逐渐增加，10 煤层煤体由焦煤逐渐变质为贫煤(图 4-24)。

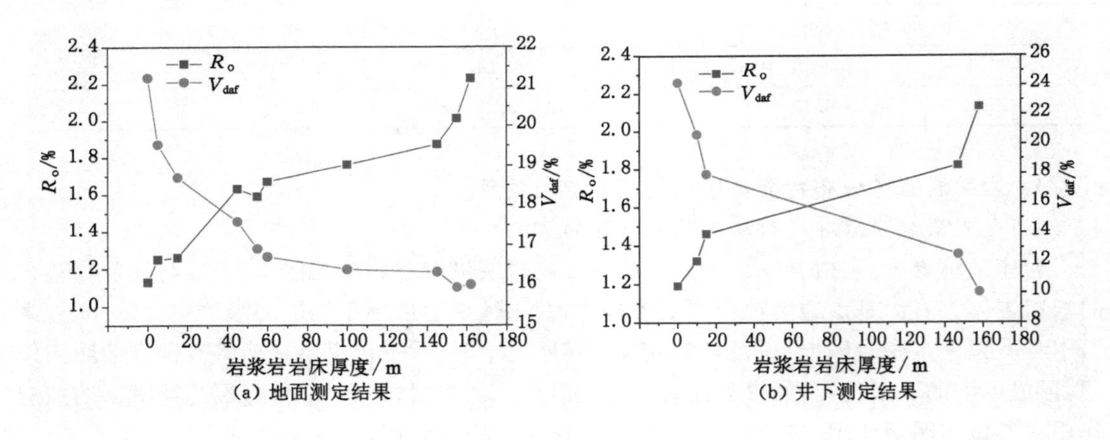

图 4-23　海孜煤矿 10 煤层煤体镜质组反射率和挥发分随岩浆岩岩床厚度变化情况[44]

在取样过程中，分别在地面和井下测定了海孜煤矿 10 煤层的瓦斯浓度和瓦斯含量，同时统计了不同厚度岩浆岩岩床下 10 煤层瓦斯涌出参数，见图 4-25 和表 4-12。

从图 4-25 中可以看出，地面和井下测定的海孜煤矿 10 煤层瓦斯浓度均在 80%以上，表明取样地点均位于煤层的甲烷带内。随着岩浆岩岩床厚度的增加，瓦斯浓度存在一定的增加趋势，而煤层瓦斯含量则随着岩浆岩岩床厚度的增加呈现明显增加的趋势，从无岩浆岩岩床覆盖区的 4.23 m^3/t(地面测定结果)和 5.03 m^3/t(井下测定结果)增加到巨厚岩浆岩岩床覆盖区的 8.10 m^3/t(地面测定结果)和 8.79 m^3/t(井下测定结果)。测定结果表明，岩浆岩岩床的热变质作用使煤体裂解生烃增加瓦斯含量，而且随着岩床厚度的增加其封存瓦斯的能力逐渐增强。

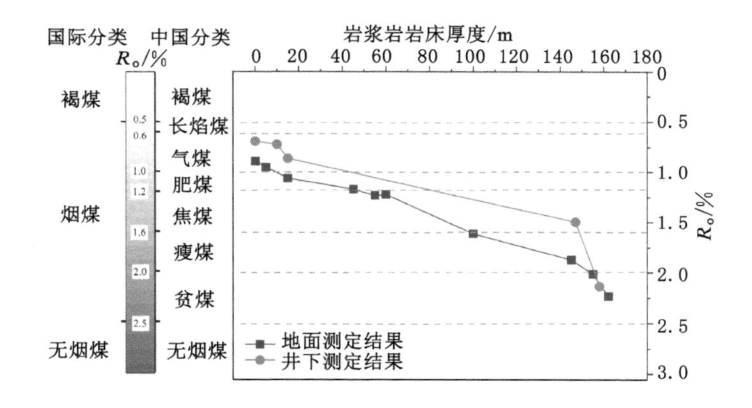

图 4-24　巨厚岩浆岩岩床下海孜煤矿 10 煤层煤体变质程度分带图[44]

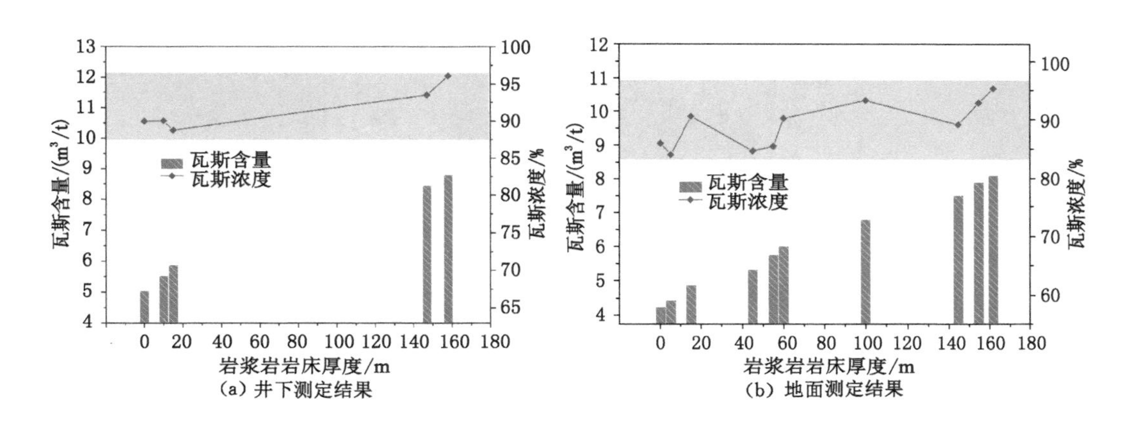

图 4-25　海孜煤矿 10 煤层井下和地面瓦斯含量和瓦斯浓度测定结果[44]

表 4-12　海孜煤矿 10 煤层不同岩浆岩岩床覆盖区瓦斯赋存及突出事故统计表[44]

工作面	岩浆岩岩床厚度/m	瓦斯压力/MPa	瓦斯含量/(m³/t)	绝对瓦斯涌出量/(m³/min)	突出情况	
					瓦斯量/(m³/t)	煤量/t
Ⅱ10111	0	0.65	5.46	8.65		
Ⅱ10113	10～20	0.85	6.52	9.75		
Ⅱ1024	150～160	1.03	11.81	15.24		
Ⅱ1026	160～170	2.35	17.19	20.62	13 200	660

从表 4-12 中可以看出，巨厚岩浆岩岩床覆盖区的 10 煤层瓦斯压力、含量及涌出量均大于薄或无岩浆岩岩床覆盖区的 10 煤层瓦斯压力、含量及涌出量。其中无岩浆岩岩床覆盖或薄岩浆岩岩床覆盖的Ⅱ101 采区的Ⅱ10111 和Ⅱ10113 工作面，瓦斯压力变化范围为0.65～0.85 MPa，瓦斯含量变化范围为 5.46～6.52 m^3/t，绝对瓦斯涌出量变化范围为8.65～9.75 m^3/min；而在巨厚岩浆岩岩床覆盖的Ⅱ102 采区的Ⅱ1024 和Ⅱ1026 工作面，瓦斯压力变化范围为 1.03～2.35 MPa，瓦斯含量变化范围为 11.81～17.19 m^3/t，绝对瓦斯涌出量变

化范围为 15.24～20.62 m^3/min。这些进一步证明了岩浆岩岩床对下伏煤层瓦斯具有很好的圈闭作用。同时，岩浆侵入作用对下伏 10 煤层的煤岩体产生附加的构造应力和热应力作用，往往容易导致突出事故的发生，比如海孜煤矿Ⅱ1026 工作面曾发生过大型突出。

4.3.3.2　*煤层距岩浆岩岩床距离对煤层瓦斯赋存的影响作用*

煤层距岩浆岩岩床的距离同样对煤层瓦斯赋存规律有着巨大的影响。图 4-26 显示了海孜煤矿煤样的吸附常数 a 与煤样距岩浆岩岩床距离的关系。从图中可以发现，靠近岩床时，煤样的吸附常数 a 呈波动性增大的趋势。海孜煤矿巨厚岩浆岩岩床的热演化作用显著增强了热演化区（距离岩床 60～160 m）煤的瓦斯吸附能力。

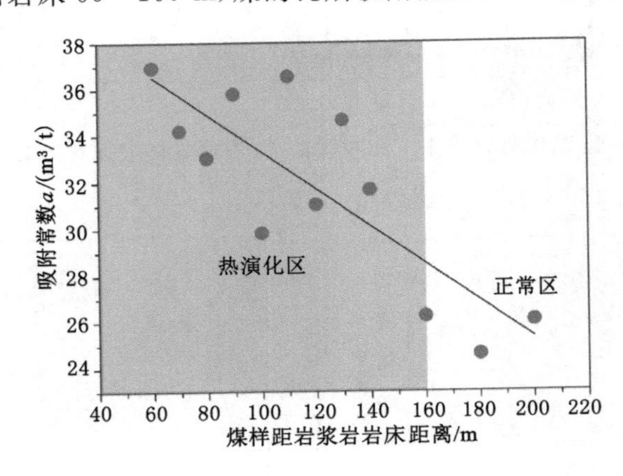

图 4-26　海孜煤矿煤样的吸附常数 a 与煤样距岩浆岩岩床距离的关系[43]

图 4-27 显示了海孜煤矿地面勘探期间测定的瓦斯参数，表明受岩浆岩岩床影响上覆煤层和下伏煤层的 CH_4 含量以及 CH_4 浓度均较大，其中，CH_4 含量由上覆 4 煤层（距岩浆岩岩床约 100 m）的 4.49 m^3/t 快速增加到下伏 7 煤层（距岩浆岩岩床约 44 m）的 8.88 m^3/t，并且在下伏 8 煤层（距岩浆岩岩床约 64 m）和 9 煤层（距岩浆岩岩床约 70 m）CH_4 含量仍然保持在较高水平，分别为 8.97 m^3/t 和 12.24 m^3/t[45]。另外，煤层中 CO_2 含量和浓度与距岩浆岩岩床距离没有呈现出明显的规律性，说明煤层中 CO_2 含量和浓度还受其他因素的影响。

当岩浆岩岩床位于煤层底板时，岩浆的向上热力传导作用导致煤层变质程度增加更明显，但岩床本体对瓦斯不起到圈闭作用，造成上覆 4 煤层可能发生热演化的二次生烃，但瓦斯容易逸散，造成瓦斯含量低。

图 4-28 显示了海孜煤矿生产期间煤层瓦斯压力和瓦斯含量实测结果。从图中可以看出，海孜煤矿岩浆岩岩床覆盖下的 7、8、9 煤层和 10 煤层部分区域的瓦斯压力大，瓦斯含量高，均超过了矿井生产过程中规定的瓦斯压力和瓦斯含量临界值；而 10 煤层未受岩浆岩影响的区域瓦斯压力相对较小，瓦斯含量也较低，均未达到瓦斯压力和瓦斯含量临界值。

通过上述分析，可以发现岩浆岩岩床下伏煤层受岩浆岩岩床热变质作用，煤体裂解生烃，造成瓦斯含量增加，而且由于岩浆岩岩床的热演化作用，巨厚岩浆岩岩床下伏煤层的变质程度高，产气量大，煤体的吸附性能强，同时，巨厚岩浆岩岩床渗透性低，阻碍了瓦斯的逸散，对瓦斯的聚集起到了很好的圈闭作用，成为瓦斯运移的天然屏障，导致煤层的瓦斯含量高、瓦斯压力大。

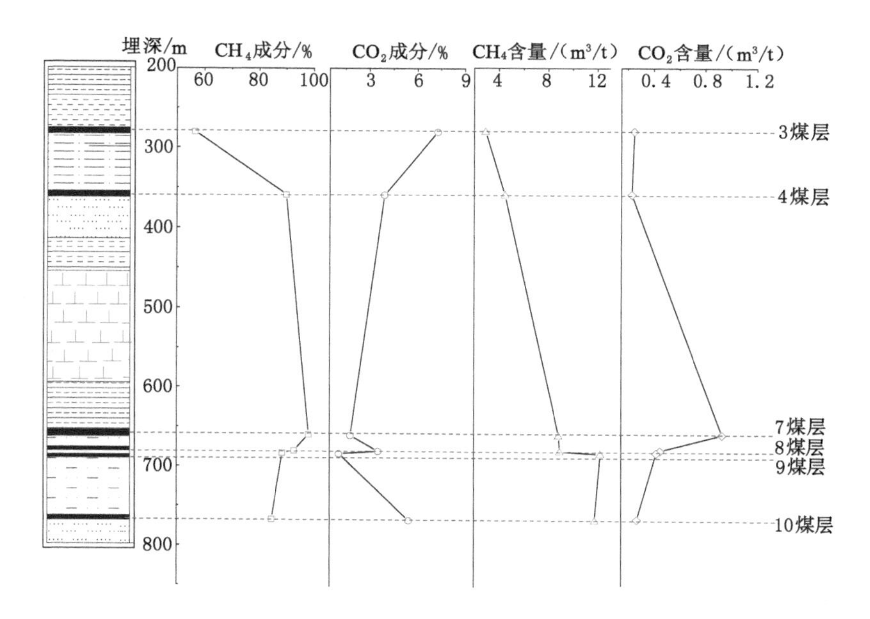

图 4-27　海孜煤矿地面勘探期间测定的瓦斯参数[7]

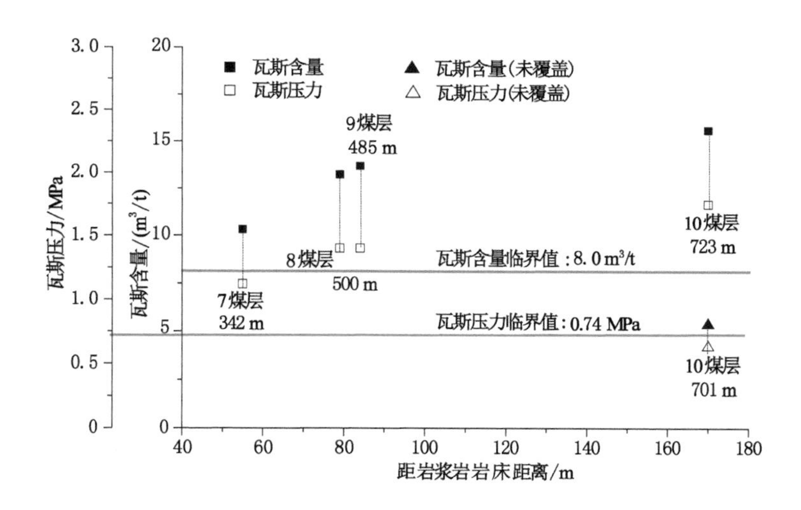

图 4-28　海孜煤矿生产期间岩浆岩岩床下伏煤层瓦斯压力和瓦斯含量实测结果[46]

参考文献

[1] 韩树棻.两淮地区成煤地质条件及成煤预测[M].北京:地质出版社,1990.

[2] 于不凡.煤和瓦斯突出机理[M].北京:煤炭工业出版社,1985.

[3] 俞启香,程远平.矿井瓦斯防治[M].徐州:中国矿业大学出版社,2012.

[4] 中国矿业学院瓦斯组.煤和瓦斯突出的防治[M].北京:煤炭工业出版社,1979.

[5] 于不凡.煤矿瓦斯灾害防治及利用技术手册[M].修订版.北京:煤炭工业出版社,2005.

[6] ZHAO Y X,LIU S M,ELSWORTH D,et al. Pore structure characterization of coal by synchrotron small-angle X-ray scattering and transmission electron microscopy[J]. Energy &fuels,2014,28(6):3704-3711.

[7] 蔡春城.海孜井田岩浆热事件对煤层瓦斯赋存的控制作用研究[D].徐州:中国矿业大学,2013.

[8] 杨起,吴冲龙,汤达祯.中国煤变质作用[J].地球科学,1996,21(3):311-319.

[9] 蒋雨辰.海孜井田岩浆构造演化区应力分布特征及其对瓦斯动力灾害控制作用[D].徐州:中国矿业大学,2015.

[10] JIANG J Y, CHENG Y P, WANG L, et al. Effect of magma intrusion on the occurrence of coal gas in the Wolonghu Coalfield[J]. Mining science and technology (China),2011,21(5):737-741.

[11] STEWART A K,MASSEY M,PADGETT P L,et al. Influence of a basic intrusion on the vitrinite reflectance and chemistry of the Springfield(No. 5)coal, Harrisburg, Illinois[J]. International journal of coal geology,2005,63(1/2):58-67.

[12] WANG L,CHENG Y P,LI F R,et al. Fracture evolution and pressure relief gas drainage from distant protected coal seams under an extremely thick key stratum[J]. Journal of China University of Mining and Technology,2008,18(2):182-186.

[13] 赵继尧.安徽省淮北闸河矿区煤的岩浆热变质作用的几个问题[J].煤炭学报,1986(4):19-27,97.

[14] MOFFAT D H,WEALE K E. Sorption by coal of methane at high pressure[J]. Fuel,1955,34:449-462.

[15] YANG R T,SAUNDERS J T. Adsorption of gases on coals and heattreated coals at elevated temperature and pressure: 1. adsorption from hydrogen and methane as single gases [J]. Fuel,1985,64(5):616-620.

[16] ZWIETERING P,KREVELEN D V. Chemical structure and properties of coal Ⅳ: pore structure[J]. Fuel,1954,33(3):331-337.

[17] 顾惕人,朱玻瑶,李外郎,等.表面化学[M].北京:科学出版社,1994.

[18] 程远平,刘清泉,任廷祥.煤力学[M].北京:科学出版社,2017.

[19] 崔永君,张庆玲,杨锡禄.不同煤的吸附性能及等量吸附热的变化规律[J].天然气工业,2003,23(4):130-131.

[20] 赵伟,程远平,王凯.煤中瓦斯扩散理论与应用[M].徐州:中国矿业大学出版社,2020.

[21] 侯程,张英华,朱传杰.高温高压下瓦斯在煤体内表面吸附力变化研究[J].煤矿安全,2019,50(2):1-5.

[22] ZHAO W,CHENG Y P,PAN Z J,et al. Gas diffusion in coal particles:a review of mathematical models and their applications[J]. Fuel,2019,252:77-100.

[23] DEBOER J H. The dynamical character of adsorption [J]. Soil science, 1953, 76(2):166.

[24] KARACAN C Ö, MITCHELL G D. Behavior and effect of different coal microlithotypes during gas transport for carbon dioxide sequestration into coal seams

[J]. International journal of coal geology,2003,53(4):201-217.

[25] ZHANG Y X. Geochemical kinetics[M]. Princeton, N. J.: Princeton University Press,c2008.

[26] AKKUTLU I Y,FATHI E. Multiscale gas transport in shales with local kerogen heterogeneities[J]. SPE journal,2012,17(4):1002-1011.

[27] CUI X J,BUSTIN R M,DIPPLE G. Selective transport of CO_2,CH_4,and N_2 in coals: insights from modeling of experimental gas adsorption data[J]. Fuel,2004,83(3):293-303.

[28] WU K L,LI X F,WANG C C,et al. Model for surface diffusion of adsorbed gas in nanopores of shale gas reservoirs[J]. Industrial & engineering chemistry research,2015,54(12):3225-3236.

[29] YANG B, KANG Y L, YOU L J, et al. Measurement of the surface diffusion coefficient for adsorbed gas in the fine mesopores and micropores of shale organic matter[J]. Fuel,2016,181:793-804.

[30] ZHAO W,CHENG Y P,YUAN M,et al. Effect of adsorption contact time on coking coal particle desorption characteristics[J]. Energy &fuels,2014,28(4):2287-2296.

[31] DO D D,RICE R G. A simple method of determining pore and surface diffusivities in adsorption studies[J]. Chemicalengineering communications,1991,107(1):151-161.

[32] KAPOOR A,YANG R T. Surface diffusion on energetically heterogeneous surfaces [J]. AIChE journal,1989,35(10):1735-1738.

[33] 近藤精一,石川达雄,安部郁夫. 吸附科学:第2版[M]. 李国希,译. 北京:化学工业出版社,2006.

[34] BILOÉ S, MAURAN S. Gas flow through highly porous graphite matrices[J]. Carbon,2003,41(3):525-537.

[35] WELTY J,RORRER G L,FOSTER D G. Fundamentals of momentum, heat, and mass transfer[M]. New Jersey:John Wiley & Sons,2020.

[36] HAMDAN M H,BARRON R M. A dusty gas flow model in porous media[J]. Journal of computational and applied mathematics,1990,30(1):21-37.

[37] TAYLOR R, KRISHNA R. Multicomponent mass transfer[M]. New York: Wiley,1993.

[38] BLIEK A,VAN POELJE W M,VAN SWAAIJ W P M,et al. Effects of intraparticle heat and mass transfer during devolatilization of a single coal particle[J]. AIChE journal,1985,31(10):1666-1681.

[39] VELDSINK J W, VAN DAMME R M J,VERSTEEG G F,et al. The use of the dusty-gas model for the description of mass transport with chemical reaction in porous media[J]. The chemical engineering journal and the biochemical engineering journal,1995,57(2):115-125.

[40] 卢平,鲍杰,沈兆武. 岩浆侵蚀区煤层孔隙结构特征及其对瓦斯赋存之影响分析[J]. 中国安全科学学报,2001,11(6):41-44.

[41] 王飞,程远平,蒋静宇,等.大兴煤矿岩浆侵入对煤体性质的影响研究[J].煤炭科学技术,2015,43(12):61-65,71.

[42] 徐超.岩浆岩床下伏含瓦斯煤体损伤渗透演化特性及致灾机制研究[D].徐州:中国矿业大学,2015.

[43] 蒋静宇.岩浆岩侵入对瓦斯赋存的控制作用及突出灾害防治技术:以淮北矿区为例[D].徐州:中国矿业大学,2012.

[44] 张晓磊.巨厚岩浆岩下煤层瓦斯赋存特征及其动力灾害防治技术研究[D].徐州:中国矿业大学,2015.

[45] 王亮,蔡春城,徐超,等.海孜井田岩浆侵入对下伏煤层的热变质作用研究[J].中国矿业大学学报,2014,43(4):569-576.

[46] 王亮,程龙彪,蔡春城,等.岩浆热事件对煤层变质程度和吸附-解吸特性的影响[J].煤炭学报,2014,39(7):1275-1282.

第 5 章　岩浆岩对煤层煤与瓦斯突出灾害的影响

煤与瓦斯突出是一种非常复杂的动力现象,影响因素众多,一般认为是地应力、瓦斯压力和煤体结构综合作用的结果。岩浆侵入会造成煤系地层地应力场发生改变,热演化作用对煤的变质程度和煤体结构造成显著影响,进而影响煤层瓦斯的生成与富集状态,特别是顶板厚硬岩浆岩岩床对煤层瓦斯的圈闭作用更容易导致突出危险性增大。本章基于煤与瓦斯突出灾害的基本概念,分析了岩浆侵入对煤系地层地应力分布、瓦斯富集和煤体结构破坏的影响,揭示了岩浆侵入对煤与瓦斯突出的控制作用机制。

岩浆侵入对煤层含气能力的影响,不仅表现在对煤的生气量及煤层中吸附气和游离气相对含量的影响上,也表现在对含气量富集程度的影响上。一般情况下,岩浆侵入含煤区域后,由于岩浆极高的温度使得煤排出大量挥发分并产生大量的甲烷及其他气体,而且煤层中的气体可能从煤表面脱附运移到岩浆岩岩体周围的围岩裂隙带中,形成气藏。

5.1　煤与瓦斯突出发生的控制因素

在《煤与瓦斯突出矿井鉴定规范》(AQ 1024—2006)[1]中,根据动力现象的力学特征不同,将煤与瓦斯分为突出、压出和倾出三种类型。煤与瓦斯突出是煤层中存储的瓦斯能和应力能的失稳释放,表现为在极短时间内向采掘空间内抛出大量的煤岩体及瓦斯,突出煤岩量从几吨到上万吨,瓦斯量从几百到上百万立方米,并可能诱发瓦斯次生灾害。它是一种瓦斯特殊涌出的类型,也是煤矿地下开采过程中的一种动力现象[2]。突出能在一瞬间向采掘工作面空间喷出大量煤与瓦斯,不仅会摧毁巷道设施、毁坏通风系统,而且会使附近区域的巷道全部充满瓦斯与煤粉,造成瓦斯窒息或煤流埋人,甚至会诱发煤尘和瓦斯爆炸等严重事故。

5.1.1　煤与瓦斯突出灾害特征及规律

煤与瓦斯突出的主要特征有[1,3]:① 突出的煤向外抛出距离较远,具有分选现象;② 抛出的煤堆积角小于煤的自然安息角;③ 抛出的煤破碎程度较高,含有大量的煤块和手捻无粒感的煤粉;④ 有明显的动力效应,如破坏支架、推倒矿车、破坏和抛出安装在巷道内的设施等;⑤ 有大量的瓦斯涌出,涌出量远远超过突出煤的瓦斯含量,有时会使风流逆转;⑥ 突出孔洞呈口小腔大的梨形、舌形、倒瓶形、分岔形以及其他形状等。

大量统计数据分析显示,煤与瓦斯突出具有一般的规律性,而了解这些规律,对制定防治突出措施有一定的参考价值。我国煤与瓦斯突出事故具有以下基本特征[3-4]:

(1) 突出发生在煤层的特定埋深处。开始发生突出的最浅深度称为始突深度,一般比瓦斯风化带的深度深 1 倍以上。随着深度的增加,突出的危险性增大,这表现为突出次数增多、突出强度增大、突出煤层数增加、突出危险区域扩大(从一点突出发展到多点突出甚至再发展到几乎点点突出)。始突深度标志着突出发生所需要的最小地应力与瓦斯压力。

(2) 突出次数和强度随着煤层厚度特别是软分层(煤层中受构造应力破坏的煤体破碎松软的区域称软分层)厚度增加而增加。突出灾害最严重的煤层一般是最厚的主采煤层。

(3) 突出煤层中瓦斯压力越高,突出的危险性越大。根据目前的统计,发生突出时伴随涌出的气体主要是甲烷,个别矿井(如吉林的营城煤矿等)涌出的是二氧化碳。能够被煤层吸附的气体都可能引发突出,且煤层对气体的吸附性越强,同等条件下发生突出的危险性越大。例如,含二氧化碳的煤层的突出强度相比含甲烷的煤层的突出强度要大些。在这些含气煤层中,煤层孔隙内气体压力越高,就越容易发生突出,并且其突出强度也越大。

(4) 突出时的吨煤瓦斯涌出量均比突出点煤层的原始瓦斯含量高。发生突出后,用涌出的瓦斯体积除以抛出孔洞外的煤的质量得到吨煤瓦斯涌出量,它比煤层的原始瓦斯含量高许多,达每吨煤数十至数百立方米。

(5) 突出煤层具有低强度的特点。受地质构造作用影响,煤的原生结构遭到破坏,层理紊乱,煤层有明显遭受搓揉的迹象,裂隙面上存在滑动镜面,形成大量的软分层。在一些经受过多次地质构造破坏的煤层中,软硬煤体互相掺混,很不均匀。

(6) 受煤体自重影响,突出点位于巷道上方的突出事故占大多数,位于巷道下方的占极少数。因此突出危险性随着煤层倾角的增大而增大。

(7) 突出与地质构造有密切的关系。尽管在煤层赋存稳定的地方也有突出,但突出更多的是发生在有地质构造的地方。例如,在向斜的轴部区域、向斜构造中局部隆起的区域、向斜轴部与断层或褶曲交会的区域、岩浆岩侵入形成变质煤与非变质煤交混的区域、煤层发生扭转的区域、煤层倾角突然变大的区域、煤层走向突然拐弯、煤层厚度突然变化特别是软分层突然变厚的区域、断层地带等,都是经常发生突出的区域,甚至是发生大型突出的区域。

(8) 由采掘形成的应力集中区域,突出危险性较大。例如,在邻近层的煤柱上下、相向采掘的接近区、巷道开口或贯通前,以及在集中应力带内掘进上山时,不仅发生突出次数多,且突出强度大。

(9) 突出受到采掘工艺的影响。绝大多数突出发生在落煤时,特别是在爆破时。

(10) 从巷道类型来看,石门揭煤过程中煤层突出危险性最大,突出强度也最大,一般在100 t/次以上,喷出瓦斯超过10 000 m^3,瓦斯逆流数百米,易造成重大事故。

(11) 突出的危险性随着煤层顶底板围岩(硅质灰岩、砂岩)硬度和厚度的增大而增大。

(12) 绝大多数突出都有预兆。地压显现方面的预兆有煤炮声、支架声响、掉渣、煤岩开裂、底鼓、岩与煤自行剥落、煤壁外鼓、来压、煤壁颤动、钻孔变形、垮孔顶钻、夹钻杆、钻粉量增大、钻机过负荷等;瓦斯涌出方面的预兆有瓦斯涌出异常、瓦斯浓度忽大忽小、煤尘增大、气温与气味异常、打钻喷瓦斯及煤、哨声蜂鸣声等;煤力学性能与结构方面的预兆有层理紊乱、煤强度松软或软硬不均、煤暗淡无光泽、煤厚变化大、倾角变大、波状隆起、褶曲、顶(底)板阶状凸起、断层、煤干燥等。

5.1.2 煤与瓦斯突出机理及控制因素

煤与瓦斯突出过程可划分为4个阶段,如图5-1所示:① 准备阶段;② 激发阶段;③ 发展阶段;④ 终止阶段。在突出的不同阶段研究对象、涉及主要物理过程差异大,所采用的研究方法也不同。

(1) 准备阶段。在突出发动前期经历着两个过程,即突出潜能积聚过程和失稳阻力降

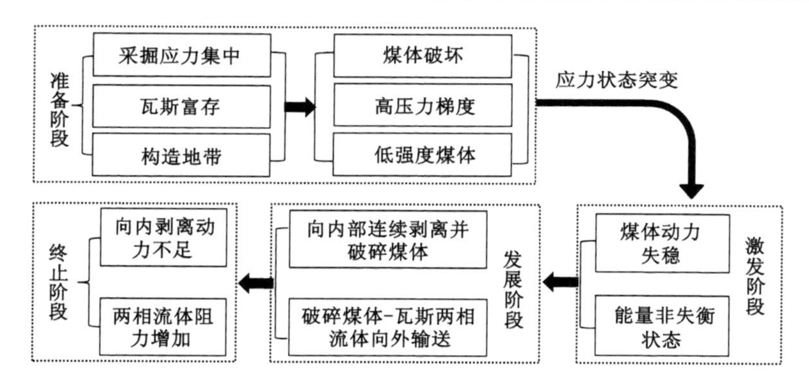

图 5-1　煤与瓦斯突出过程

低过程。在工作面附近的煤壁内往往会形成较高的地应力与瓦斯压力梯度，如在有利的约束条件下（石门岩柱，煤巷的硬煤包裹体），煤体内应力梯度急剧增高，在各种应力叠加的条件下，形成应力集中，使煤中积聚较大的变形能。同时由于煤体裂隙的压缩，使瓦斯压力增高，瓦斯内能增大。在这一阶段，会显现出多种有声的与无声的突出预兆。此外，应力集中会降低煤体强度，当工作面遭遇强度低的煤体，煤体抵抗失稳的能力降低，逐渐发展到临界破坏甚至过载的脆弱平衡状态。准备阶段的时间变化范围较大，在放炮或顶板垮落等冲击作用下，仅需几秒钟即可完成。

（2）激发阶段。突出的激发是煤体积聚能量超出平衡态，发生失稳释放能量的过程。激发阶段的特点是煤层应力状态突然改变，即在极限应力状态下，部分煤体突然破坏，卸载（卸压）并发生巨响和冲击，向巷道方向作用的瓦斯压力的推力迅速增加几倍到十几倍，同时伴随着裂隙的生成与扩张，膨胀瓦斯流开始形成，大量吸附瓦斯进入解吸过程而参与突出。大量的突出实例表明，工作面的多种作业都可以引起应力状态的突变而激发突出。

（3）发展阶段。该阶段具有两个互相关联的过程，一是突出从激发点起向内部连续剥离并破碎煤体，二是破碎的煤在不断膨胀的承压瓦斯中边运移边粉碎。前者是地应力与瓦斯压力共同作用的过程，后者主要是瓦斯做功的过程。煤的粉化程度与瓦斯放散初速度、解吸的瓦斯量以及突出孔洞周围的卸压瓦斯流有关，对瓦斯流的形成与发展起着决定作用。

（4）终止阶段。此时突出停止向内剥离，但是异常瓦斯涌出仍会持续进行一段时间。突出的终止有以下两种情况：一是在剥离和破碎煤体的扩展中遇到了较硬的煤体或地应力与瓦斯降低不足以破坏煤体；二是突出孔道被堵塞，其孔壁由突出物支撑建立起新的平衡，地应力与瓦斯压力梯度不足以剥离和破碎煤体。

突出灾害机制复杂，到目前为止，对各种地质、开采条件下突出发生的机理还没有完全掌握，大部分是根据现场统计资料及实验研究提出的假说。国外关于突出机理的研究成果可以归纳为 4 个方面[3-7]，即“以瓦斯为主导作用的假说（瓦斯作用说）”“以地应力为主导作用的假说（地应力作用说）”“化学本质说”“综合作用假说”。其中“综合作用假说”由于全面考虑了突出发生的作用力和介质两个方面的主要因素，受到普遍认可[6]。

综合作用假说最早是由苏联的 Я. Э. 聂克拉索夫斯基提出的，认为突出是地应力和瓦斯共同作用引起的，之后又考虑了煤质条件。综合作用假说中有代表性的有“振动说”“分层分离说”“破坏区说”“动力效应说”“游离瓦斯压力说”“能量假说”“应力分布不均匀说”，另外还有我国学者提出的“发动中心说”、“流变说”[8]、“球壳失稳说”[9]和“突出的力学作用机理”[10-11]等。

综合作用假说中地应力在突出过程中起到诱导作用，高压瓦斯在突出发展过程中起到决定性作用，煤的力学性质则会阻碍突出的发生。地应力是发生煤与瓦斯突出的一个必要条件。瓦斯压力和煤体结构也受到地应力及其演化史的控制作用，即地应力场对瓦斯压力有着很大影响，而构造应力场往往对地应力场起着决定性因素，而且构造应力还会导致煤体结构破坏，煤体的强度减小。因此，在突出事故中地应力起着主导控制作用，构造应力是诱发突出的关键因素[12]。突出三要素（地应力、瓦斯压力、煤体结构）之间相互作用关系图如图 5-2 所示。

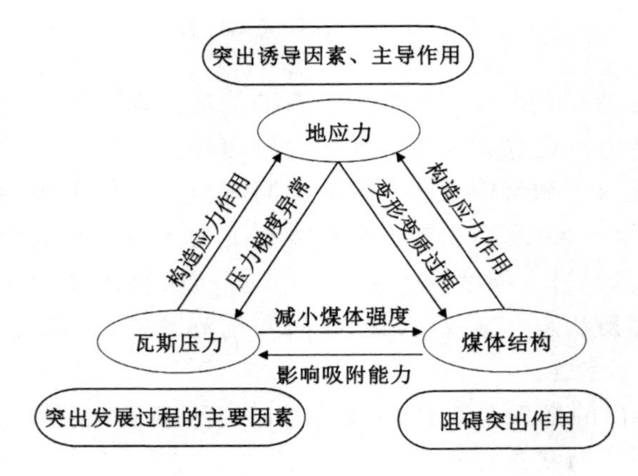

图 5-2　突出三要素之间相互作用关系图[13]

突出的发生既是一个材料动力失稳的过程，也是煤-瓦斯系统能量演化的结果，可通过煤-瓦斯系统能量状态对突出进行分析。突出发生的前提条件是煤体的破坏，因此对突出能量的分析是针对采掘工作面前方煤体破坏区累积能量而言。如图 5-3 所示，突出耗能是煤-瓦斯系统所能保存的能量，当累积突出潜能超过突出耗能时就存在突出危险。因此系统能量具有三个状态：稳定的平衡状态、临界平衡状态和不平衡状态。当采掘工作面前方煤体瓦斯得到有效排放或煤体强度大、煤体抗失稳能力较强时，破坏区煤-瓦斯系统处于状态 1——稳定的平衡状态，系统能够储存更多能量，突出不能发生；若破坏区煤-瓦斯系统处于状态 2，累积的能量与系统所能保存的能量相近时系统处于临界平衡状态，若有震动放炮、冲击矿压等扰动进行能量输入时即可超过系统保存能量上限，发生突出；若破坏区煤-瓦斯系统处于状态 3，累积的能量超过系统所能保存的能量时，系统处于不平衡状态，有发动突出释放能量的倾向，在发动突出消耗能量后达到能量更低的新稳定平衡状态 4。

在进行有效的消突措施之后，煤层采掘过程中采掘工作面前方煤体瓦斯含量低，破坏区煤体累积的突出潜能较少，低于煤-瓦斯系统所能保存的极限能量。若消突措施不到位或未进行消突，采掘工作面前方破坏区煤体具有高压瓦斯，累积的突出潜能会接近或超过煤-瓦斯系统所能保存的极限能量，能量状态处于 2 或 3，在采掘扰动后就可能发生突出。而在采掘过程中若遭遇构造影响区，煤体力学强度降低减弱了煤-瓦斯系统储存能量的能力，煤体渗透性减小也会增加瓦斯排放难度而加强突出潜能的累积，因而能量状态相对正常煤层倾向于状态 2、3，极易发生突出。瓦斯作为突出能量的主要来源，是突出发生及规模大小的主

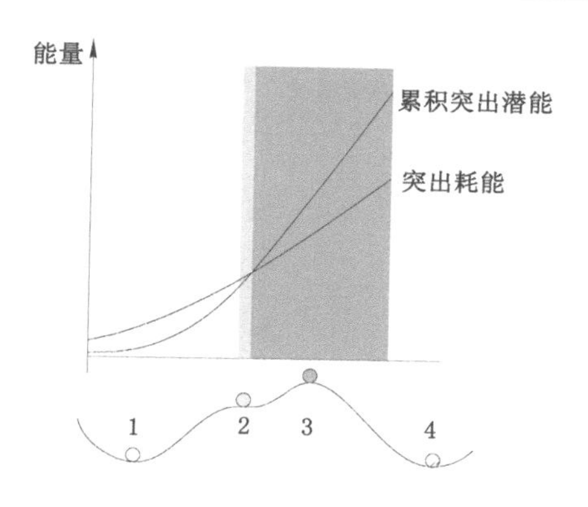

图5-3 煤-瓦斯系统累积能量状态

要控制因素，高压瓦斯的存在往往预示着有突出危险。

此外，煤体发生力学破坏是煤体发生动力失稳的前提条件，地应力分布及对煤体结构的破坏是影响煤与瓦斯突出的关键因素。煤与瓦斯突出往往发生在地层构造带。构造运动不仅会增加煤体地应力、形成构造煤，也对瓦斯保存及运移产生影响，因而是突出危险性及分布的控制性因素。

5.2 岩浆侵入对地应力分布的改造作用

5.2.1 地应力的基本概念与控制因素

存在于岩体中未受人工开挖扰动影响的自然应力，称地应力或原岩应力。地应力是各种岩石开挖工程变形和破坏的根本作用力，了解地应力场是确定工程岩体力学属性，进行围岩稳定性分析，实现开挖设计和决策科学化的必要前提条件。地应力场呈三维状态有规律地分布于岩体中。当工程开挖后，围岩的应力受到开挖扰动的影响而重新分布，重分布后形成的应力称为二次应力或诱导应力[14-15]。

地应力状态对地震、区域地壳的稳定性、油田油井的稳定性、核废料储存、岩爆、煤与瓦斯突出以及地球动力学等的研究具有重要意义。

5.2.1.1 地应力的成因

产生地应力的原因是十分复杂的，地应力的形成主要与地球的各种动力运动过程有关，其中包括：大陆板块边界受压、地幔热对流、地球内应力、地心引力、地球旋转、岩浆侵入和地壳非均匀扩容等。另外，温度不均、水压梯度、地表剥蚀或其他物理化学变化等也可引起相应的应力场。其中，构造应力场和自重应力场为现今地应力场的主要组成部分[15-17]。

(1) 大陆板块边界受压引起的应力场。我国大陆板块受到外部两板块（印度洋板块和太平洋板块）的推挤，推挤速度为每年数厘米，同时受到了西伯利亚板块和菲律宾板块的约束。在这样的边界条件下，板块发生变形，产生水平受压应力场，其主应力轨迹如图5-4所示。印度洋板块和太平洋板块的移动促成了我国山脉的形成，控制了我国煤层瓦斯分布的区域构造背景。

(2) 地幔热对流引起的应力场。当地幔深处的上升流到达地幔顶部时，就分为两股方向相反的平流，经一定流程直到与另一对流圈的反向平流相遇，一起转为下降流，回到地球

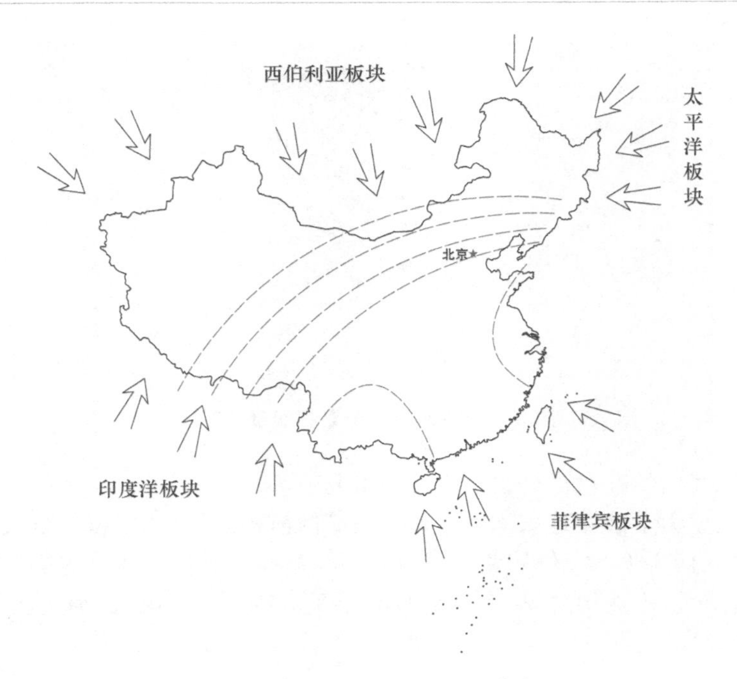

图 5-4　大陆板块边界受压[18]

深处，形成一个封闭的循环体系，如图 5-5 所示。地幔热对流会引起地壳下面的水平切向应力场。

(3) 地心引力引起的应力场，也称为自重应力场。自重应力场是各种应力场中唯一能够计算的应力场。地壳中任一点的自重应力等于单位面积上覆岩层的重力。自重应力为垂直方向应力，它是地壳中各点垂直应力的主要组成部分。但是垂直应力一般并不完全等于自重应力，这是因为板块移动等其他因素也会引起垂直方向应力变化。

(4) 岩浆侵入引起的应力场。岩浆侵入挤压、冷凝收缩和成岩，均在周围地层中产生相应的应力场，其过程也是相当复杂的。熔融状态的岩浆处于静水压力状态，周围是各个方向相等的均匀压力。但是炽热的岩浆侵入后即逐渐冷凝收缩，并从接触界面处逐渐向内部发展。不同的热膨胀系数及热力学过程会使侵入岩浆自身及其周围岩体应力产生复杂的变化过程。应当指出，由岩浆侵入引起的应力场是一种局部应力场。

(5) 温度不均引起的应力场。地层的温度随着深度增加而升高，由于温度梯度引起地层中不同深度的岩体产生相应膨胀，从而改变地层中的正应力。另外，岩体局部寒热不均，产生收缩和膨胀，会导致岩体内部产生局部应力场。

(6) 地表剥蚀产生的应力场。地壳上升部分的岩体会因为风化、侵蚀和雨水冲刷搬运而产生剥蚀作用。剥蚀后，由于岩体内颗粒结构的变化和应力松弛赶不上这种变化，导致岩体内仍然存在着比由地层厚度所引起的自重应力还要大得多的水平应力。因此，在某些地区，大的水平应力除与构造应力有关外，还和地表剥蚀有关。

5.2.1.2　岩体的原始应力状态

原岩体所受地应力的组成部分非常复杂，其中自重应力和构造应力是原始应力的主要组成部分。瑞士地质学家海姆通过对隧道围岩工作状态的研究，首先提出了地应力处于静

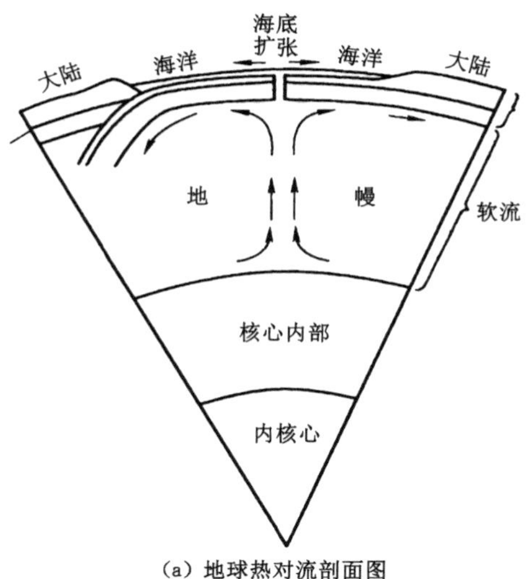

(a) 地球热对流剖面图

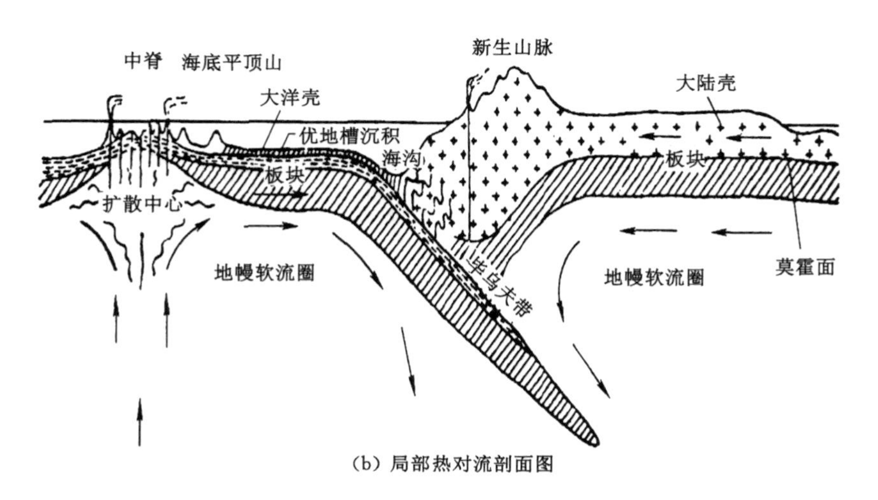

(b) 局部热对流剖面图

图 5-5　地幔热对流

水压力状态的观点，认为地应力的垂直分量和水平分量相等，并可用岩石的重力密度(γ)和埋深(H)的乘积来决定。1925 年，苏联学者金尼克根据弹性理论分析，提出垂直应力为[19]：

$$\sigma_v = \gamma H \tag{5-1}$$

水平应力为：

$$\sigma_h = \gamma H \frac{\mu}{1-\mu} \tag{5-2}$$

式中　μ——岩体的泊松比。

对于地面平坦情况的重力场，他们的假设是正确的，这一假设被应用于地下工程设计达半个多世纪，但假设中没有考虑构造应力场。1951 年，N. Hast 在瑞典矿山中开始了地应力测量，之后，加拿大、美国、南非、澳大利亚等国也开展了地应力的实测与研究工作[20-21]。在大量实测及统计分析的基础上，并将构造应力的影响考虑进去，挪威专家提出了岩体水平应力表达式：

$$\sigma_{h} = \gamma H\left(\frac{\mu}{1-\mu} + K_{t}\right) \tag{5-3}$$

式中　K_t——构造应力系数。

但由于构造应力的复杂性，在目前的应用中，原始应力中的垂直应力大多采用式(5-1)计算，水平应力则采用式(5-2)计算。

5.2.1.3　地应力的控制因素

地壳深层岩体地应力分布复杂多变，造成这种现象的根本原因在于地应力的多来源性和多因素影响，但主要还是由岩体自重、地质构造运动和剥蚀决定。

(1) 岩体自重的影响

岩体应力的大小等于其上覆岩体自重，研究表明在地球深部岩体的地应力分布基本一致。但岩体初始应力场的形成因素众多，剥蚀作用难以考虑其中，因此在常规的反演分析中，通常只考虑岩体自重和地质构造运动。

(2) 地形地貌和剥蚀作用的影响

地形地貌对地应力的影响是复杂的，剥蚀作用对地应力也有显著的影响，剥蚀前，岩体内存在一定数量的垂直应力和水平应力，剥蚀后，垂直应力降低较多，但有一部分来不及释放，仍保留一部分应力数量，而水平应力却释放很少，基本上保留为原来的应力数量，这就导致了岩体内部存在着比现有地层厚度所引起的自重应力还要大很多的应力数值。

(3) 构造运动的影响

在地壳深层岩体，其地应力分布要复杂很多，此时构造运动对地应力的大小起决定性的控制作用。研究表明：岩体应力的垂直应力分量是由其上覆岩体自重产生的，而水平应力分量则主要由构造应力所控制，其大小比垂直应力要大得多。

(4) 岩体物理力学性质的影响

从能量角度看，地应力其实是一个能量的积聚和释放的过程。因为岩石中地应力的大小必然受到岩石强度的限制，可以说，在相同的地质构造中地应力的大小是岩性因素的函数。弹性强度较大的岩体有利于地应力的积累，所以地震和岩爆容易发生在这些部位，而塑性岩体因容易变形而不利于地应力的积累。

(5) 地下水、温度的影响

地下水对岩体地应力的大小具有显著的影响，岩体中包含有节理、裂隙等不连通层面，这些裂隙面里又往往含有水，水的存在使岩石孔隙中产生孔隙水压力，这些孔隙水压力与岩石骨架的应力共同组成岩体的地应力。温度对地应力的影响主要体现在地温梯度和岩体局部受温度的影响两个方面。由于地温梯度而产生的地温应力为静压力场，可以与自重应力场进行代数叠加。如果岩体局部寒热不均，就会产生收缩和膨胀，导致岩体内部产生应力。

5.2.1.4　地应力的分布规律

(1) 地应力是一个相对稳定的非稳定应力场，且是时间和空间的函数

三个主应力的大小和方向是随着空间和时间变化的，因而它是一个非均匀的应力场。地应力在空间上的变化，从小范围来看，其变化是很明显的；但就某个地区整体而言，变化不大。

在某些地震活跃的地区，地应力大小和方向随时间的变化也是非常明显的，在地震前，处于应力积累阶段，应力值不断升高，而地震时，集中的应力得到释放，应力值突然大幅度下

降。主应力方向在地震发生时会发生明显改变，震后一段时间又恢复到震前状态。

(2) 地层垂直应力基本等于上覆岩层的自重

有关学者对我国主要产煤矿区的地层垂直应力进行统计分析(图 5-6)，总结出煤系地层垂直应力(σ_v)与埋深(H)满足[16,18]：

$$\sigma_v = 0.0257H \tag{5-4}$$

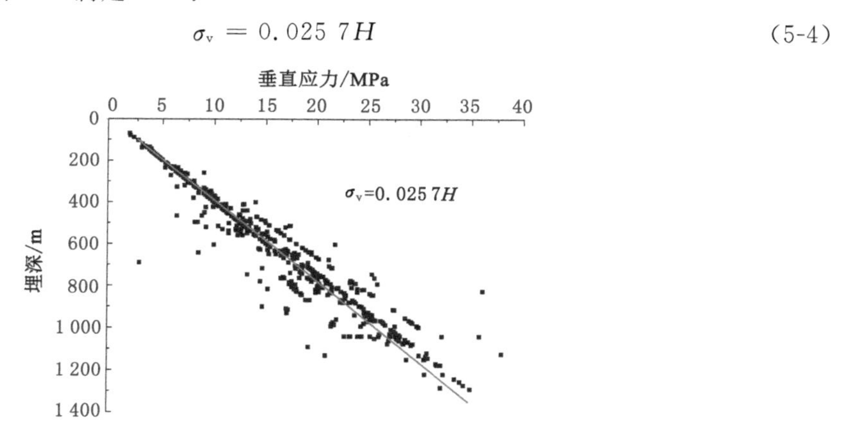

图 5-6　我国煤系地层垂直应力随埋深变化关系[16]

E. Hoek 和 E. T. Brown 对世界上部分地区的地层垂直应力进行统计分析(图 5-7)，总结出地层垂直应力(σ_v)与埋深(H)满足[18,22]：

$$\sigma_v = 0.0270H \tag{5-5}$$

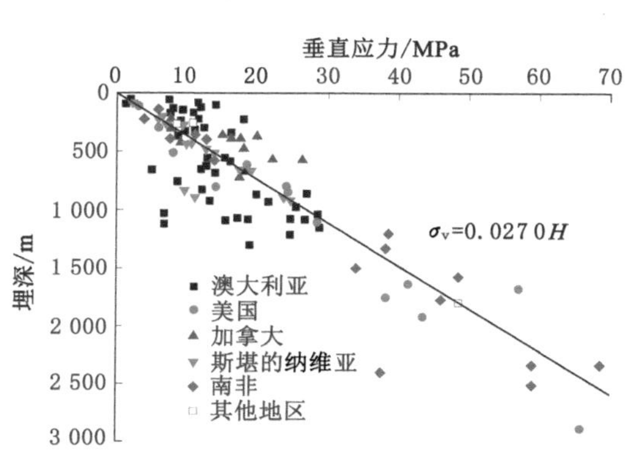

图 5-7　世界上部分地区地层垂直应力随埋深的变化规律图[18]

上述两者规律一致，地层垂直应力基本等于上覆岩层的自重。由式(5-4)和式(5-5)可知，两者系数的大小存在差别，其主要原因为不同地区上覆岩层岩石密度不同。在煤系地层，岩层多为沉积岩，其岩性主要为泥岩、页岩和砂岩等，密度相对较小。

(3) 水平应力随埋深变化规律

有关学者对我国主要产煤矿区的地层水平应力进行统计分析(图 5-8 和图 5-9)，总结出煤系地层最大水平应力($\sigma_{h,max}$)和最小水平应力($\sigma_{h,min}$)与埋深(H)分别满足：

$$\sigma_{h,max} = 0.0272H + 2.900 \tag{5-6}$$

$$\sigma_{h,min} = 0.0179H + 1.312 \tag{5-7}$$

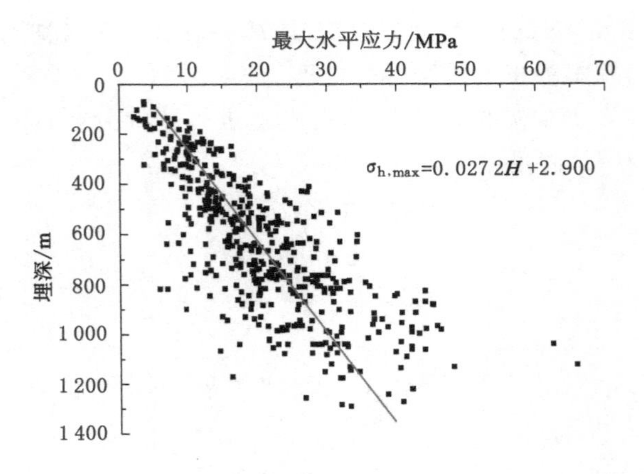

图 5-8　我国煤系地层最大水平应力随埋深变化关系[16]

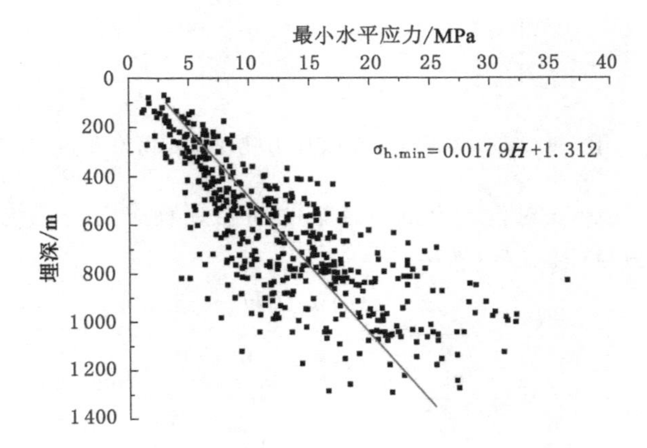

图 5-9　我国煤系地层最小水平应力随埋深变化关系[16]

由此可知，水平应力随埋深线性增加。由式(5-6)和式(5-7)可得，在地表处水平应力不为零，即在地表处存在一定大小的水平应力。

取平均侧压比 $k=\frac{\sigma_{h,max}+\sigma_{h,min}}{2\sigma_v}$，计算我国煤系地层的平均侧压比，如图 5-10 所示。我国煤系地层平均侧压力随埋深增加呈非线性减小，其内包络线为：

$$k=\frac{38.36}{H}+0.258\ 8 \tag{5-8}$$

外包络线为：

$$k=\frac{650.44}{H}+0.697\ 2 \tag{5-9}$$

平均值为：

$$k=\frac{344.40}{H}+0.478\ 0 \tag{5-10}$$

我国煤系地层平均侧压比和埋深的关系与 E. Hoek 和 E. T. Brown 统计的世界上部分地区地层平均侧压比和埋深的关系(图 5-11)类似[18,23]。但是可以发现，二者之间具体参数存在差异。这与不同地区应力场的差异有关，同时也与应力测试地点的岩性有关。赵德安

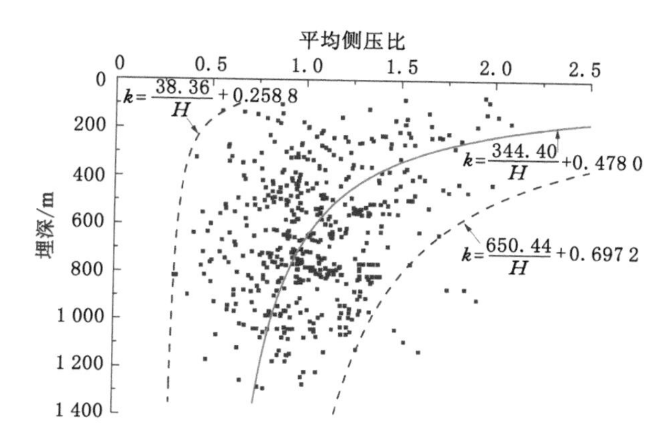

图 5-10　我国煤系地层平均侧压比随埋深变化关系[16]

等人统计了我国矿山、油田、交通等各行业的地应力实测资料，分析了不同岩性地层平均侧压比和埋深的关系，如表 5-1 所列。

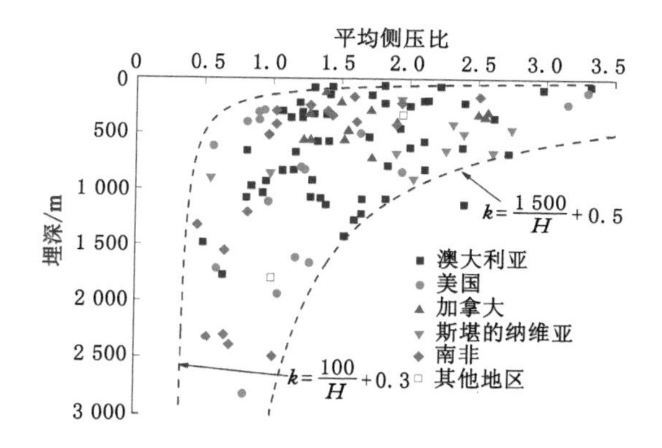

图 5-11　世界上部分地区地层平均侧压比随埋深变化关系[18]

表 5-1　不同岩性地层平均侧压比和埋深的关系[16]

岩性	平均侧压比		
	平均值	外包络线	内包络线
岩浆岩	$k=\frac{200}{H}+0.7$	$k=\frac{76}{H}+0.3$	$k=\frac{309}{H}+1.2$
沉积岩	$k=\frac{104}{H}+0.9$	$k=\frac{41}{H}+0.4$	$k=\frac{673}{H}+1.3$
变质岩	$k=\frac{82}{H}+1.0$	$k=\frac{45}{H}+0.4$	$k=\frac{172}{H}+1.3$

地应力的上述分布规律还会受到地形、地表剥蚀、风化、岩体结构特征、岩体力学性质、温度、地下水等因素的影响，特别是地形和断层的扰动影响最大[16]。

5.2.2 淮北煤田岩浆侵入区地应力分布特征

5.2.2.1 区域古构造应力场分析

从历史来看，区域构造应力场是一个不断变化的非稳定场，一方面从时间上来看，区域构造应力场不断变化，另一方面从空间上来看，区域应力场内的某些地方应力加强，而另外一个地方可能正在削弱。但是相对于所处的时间段来看，区域构造应力场又是一个稳定场，因此通过研究区域应力场的演化，对认识现存应力场的分布特征及其发展趋势有很大帮助。

淮北煤田的大地构造受控于板块运动，地层在石炭纪中期开始连续沉积，之后先后经历了印支运动、燕山运动和喜马拉雅运动三个构造运动。印支构造期，华北板块与扬子板块在印支期的晚三叠纪开始发生碰撞对接，淮北煤田位于华北板块的东南边缘，构造应力场为强大的南北向的挤压应力。燕山构造期开始，东西向的挤压应力逐渐增强，并逐渐形成南北向的格局，同时切割印支期形成的东西向构造，自侏罗纪后由于太平洋板块对中国大陆的俯冲作用，此时的淮北煤田区域应力场转变为东西-北东东向的强烈挤压作用。在喜马拉雅期内，淮北煤田的构造运动表现形式为拉张裂陷、不均匀的升降以及断裂活动的相互结合。华北板块在喜马拉雅期产生近南北向的伸展作用，对淮北煤田之前的构造有很大影响[13]。淮北煤田古构造应力场演化如图 5-12 所示。

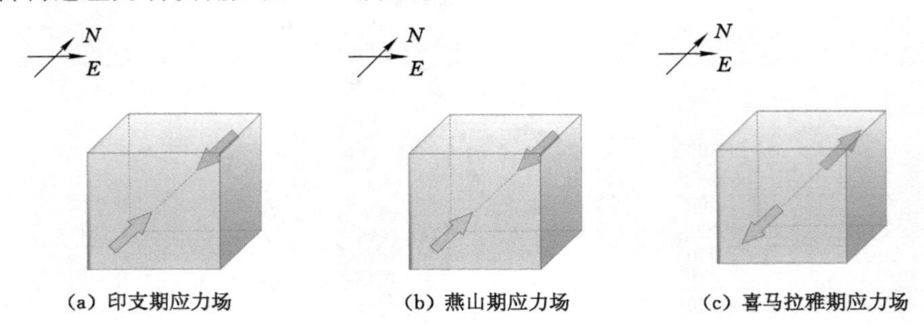

(a) 印支期应力场　(b) 燕山期应力场　(c) 喜马拉雅期应力场

图 5-12　淮北煤田古构造应力场演化[13]

5.2.2.2 区域现今构造应力场分析

学者们对于现今构造应力场的研究主要是通过先实地测量地应力然后统计分析来实现的。基于先进的测量设备和测量技术，我国在全国各地进行了大量的地应力测量，获得了丰富的实测资料。通过对这些实测地应力资料的分析研究，大致了解了我国现今地应力场的分区。

淮北煤田海孜煤矿主要受到宿北断裂拉张挤压作用的影响，宿北断裂为正断层，同时其切割近北北东向断层，因此分析海孜煤矿的水平地应力方向大致为近东西向。

5.2.2.3 海孜煤矿岩浆岩岩床下应力场分布特征

实测地应力是研究地应力的一种重要方法，所以近年来地应力测定的重点放在原始地应力的测定方面。地应力的直接测定方法中，声发射法最为常用，其可以通过岩石材料的凯塞效应来推算应力历史，进而用来测定地应力。采用声发射法测定地应力的时候，对所取定向试样进行单轴压缩，在压缩的同时辅助计算机接收试样的声发射信号。根据凯塞效应，当作用力达到临界值时，试样的声发射信号会突然增强，此临界应力值即为所测试的试样之前所受的应力[12]。

为了研究不同岩浆岩岩床厚度对地应力改造作用的大小，在海孜煤矿开展了地应力的实测项目，同时考虑取样难度，分别在岩床覆盖厚度为 0 m，22 m，60 m，85 m，145 m 处布置测点测定地应力的大小，测点布置如图 5-13 所示，试样基本参数如表 5-2 所列。

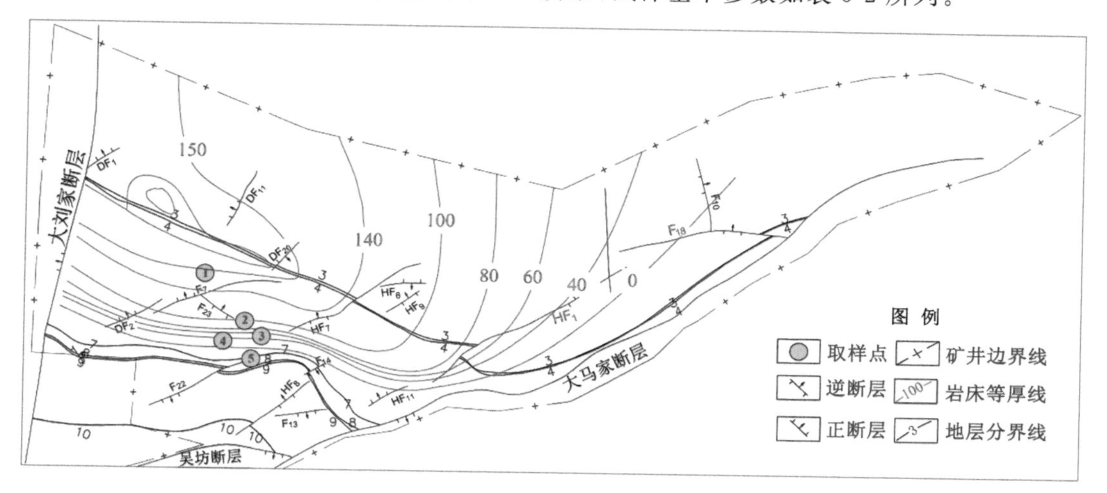

图 5-13　地应力测点布置[12]

表 5-2　试样基本参数[12]

试样编号	取样地点	标高/m	方向/(°)	上覆岩床厚度/m
1	R559	639.80～647.40	135.2	145
2	R558	622.40～627.80	130.0	85
3	R557	627.10～630.20	105.1	60
4	R556	612.10～618.30	94.5	22
5	R555	652.10～659.30	90.5	0

(1) 测点应力计算

试验加载系统为 100 kN 普通试验机，采用国产 AE-400B 型四通道 AE 参数测试仪记录获得的声发射率-时间曲线和声发射累计数-时间的对应曲线，测试结果如表 5-3 所列。

表 5-3　测点的应力大小[12]

试样编号	取样地点	上覆岩床厚度/m	σ_1^1/MPa	σ_2^1/MPa	σ_3^1/MPa	$\sigma_{h,max}$/MPa	$\sigma_{h,min}$/MPa	σ_v/MPa	$\sigma_{h,av}$/MPa	φ/(°)	$\frac{\sigma_{h,av}}{\sigma_v}$	$\sigma_{T,max}$/MPa	$\sigma_{T,min}$/MPa
1	R559	145	21.64	15.52	23.76	29.96	15.44	13.18	22.70	120.1	1.72	25.62	11.09
2	R558	85	20.57	10.29	15.41	26.11	9.87	12.62	17.99	103.2	1.43	21.95	5.70
3	R557	60	10.26	20.56	17.51	21.47	6.29	12.82	13.88	124.8	1.08	17.24	2.06
4	R556	22	9.51	15.55	13.25	15.95	6.80	12.44	11.38	122.4	0.91	11.85	2.69
5	R555	0	8.75	8.32	9.11	9.56	8.29	12.94	8.93	115.5	0.68	5.29	4.02

表 5-3 中，为了方便计算，取样多从六个特定的方向进行：X 方向、Y 方向、Z 方向、$X45°Y$ 方向、$Y45°Z$ 方向和 $Z45°X$ 方向，并根据式(5-11)求得应力的唯一解。

$$\begin{cases} \tan 2\varphi = \dfrac{\sigma_1^1 + \sigma_3^1 - 2\sigma_2^1}{\sigma_1^1 - \sigma_3^1} \\ \sigma_{\mathrm{h,max}} = \dfrac{\sigma_1^1 + \sigma_3^1}{2} + \dfrac{\sqrt{2}}{2}\sqrt{(\sigma_1^1 - \sigma_2^1)^2 + (\sigma_2^1 - \sigma_3^1)^2} \\ \sigma_{\mathrm{h,min}} = \dfrac{\sigma_1^1 + \sigma_3^1}{2} - \dfrac{\sqrt{2}}{2}\sqrt{(\sigma_1^1 - \sigma_2^1)^2 + (\sigma_2^1 - \sigma_3^1)^2} \\ \sigma_{\mathrm{h,av}} = \dfrac{\sigma_{\mathrm{h,max}} + \sigma_{\mathrm{h,min}}}{2} \end{cases} \tag{5-11}$$

式中 σ_1^1 ——平行方向的正应力,MPa;

σ_2^1 ——垂直方向的正应力,MPa;

σ_3^1 ——45°方向的正应力,MPa;

$\sigma_{\mathrm{h,max}}$ ——最大水平应力,MPa;

$\sigma_{\mathrm{h,min}}$ ——最小水平应力,MPa;

φ ——最大水平应力方向,(°);

$\sigma_{\mathrm{h,av}}$ ——平均水平应力,MPa。

同时规定式中应力以压为正,φ 角以由 $\sigma_{\mathrm{h,max}}$ 方向逆时针转到 σ_1^1 方向为正。

由上式可得各测点的应力大小和最大水平应力方向。

将试验所测得的结果代入式(5-11)可以计算得到各测点的最大水平应力 $\sigma_{\mathrm{h,max}}$、最小水平应力 $\sigma_{\mathrm{h,min}}$、平均水平应力 $\sigma_{\mathrm{h,av}}$ 以及最大水平应力方向 φ,依据式(5-1)可以计算出垂直应力 σ_{v}。

由表 5-3 可以看出,最大水平应力随着上覆岩床厚度的增加具有一定的规律性,上覆岩床厚度越大,则最大水平应力越大。在上覆岩床厚度 145 m 的 R559 处所取试样测得的最大水平应力达到 29.96 MPa,而无上覆岩床覆盖的 R555 处的最大水平应力为 9.56 MPa。最大水平应力方向近东西向,偏向西南,这与前面构造应力场的分析结果是一致的。

因为垂直应力与标高呈现出线性关系,取样点位置标高差别不大,所以所取试样垂直应力差别很小。最大水平应力与垂直应力的比值随着上覆岩床厚度的增加逐渐增大且呈线性关系,由图 5-14 可得到平均水平应力与垂直应力的比值 $\sigma_{\mathrm{h,av}}/\sigma_{\mathrm{v}}$ 和上覆岩床厚度 H' 的关系为:

$$\sigma_{\mathrm{h,av}}/\sigma_{\mathrm{v}} = 0.007\,1H' + 0.721\,5 \tag{5-12}$$

(2) 构造应力的计算

对于构造应力场来说,一点在水平方向所受的力是由水平构造应力以及岩体自重而引起的侧压力构成的。因此,各测点的构造应力大小可通过下式计算:

$$\sigma_{\mathrm{T}} = \sigma_{\mathrm{h}} - \lambda\sigma_{\mathrm{v}} \tag{5-13}$$

式中 σ_{T} ——水平构造应力,MPa;

σ_{h} ——水平应力,MPa;

σ_{v} ——垂直应力,MPa;

λ ——侧压力系数,$\lambda = \dfrac{\mu}{1-\mu}$;

μ ——岩体的泊松比,根据淮北煤田地层实测数据,取 μ=0.25。

计算得到的测点构造应力大小如表 5-3 所列。

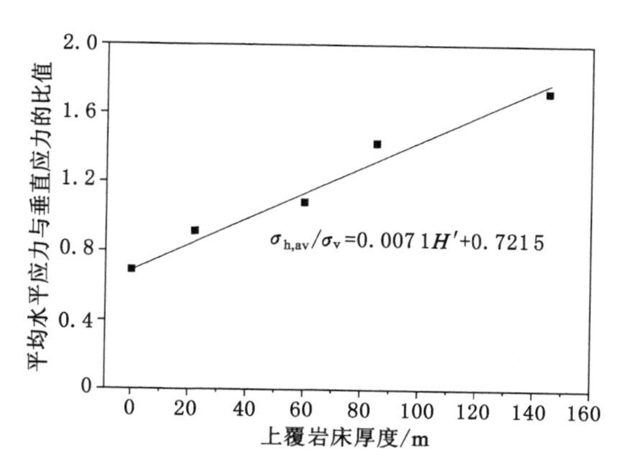

图 5-14 平均水平应力与垂直应力的比值和上覆岩床厚度的关系[12]

由表 5-3 可以看出，最大水平构造应力随着上覆岩床厚度的增加具有一定规律性，上覆岩床厚度越大，则最大水平构造应力越大。在上覆岩床厚度 145 m 的 R559 处所取试样测得的最大水平构造应力达到 25.62 MPa，而无上覆岩床覆盖的 R555 处的最大水平构造应力为 5.29 MPa。最大水平构造应力值明显大于由于自重引起的侧压力值，说明岩浆侵入引起的局部应力场为水平构造应力场。

由图 5-15 可得到最大水平构造应力 $\sigma_{T,max}$ 和上覆岩床厚度 H' 的关系为：

$$\sigma_{T,max} = 0.1369H' + 7.8246 \tag{5-14}$$

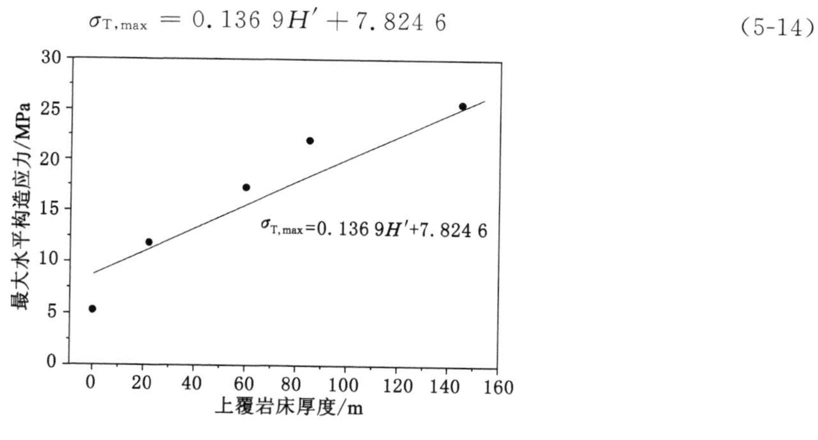

图 5-15 最大水平构造应力和上覆岩床厚度的关系[12]

5.2.2.4 岩浆侵入对地应力的改造作用模式

为了简化研究，根据地质力学的分析，在没有地质构造运动的前提下，深部岩体所受的地应力主要由上覆岩层的自重应力产生，根据泊松效应，自重应力会在水平方向产生一定的分量即自重侧压力，如图 5-16 所示。

岩浆侵入引起的局部应力场为水平构造应力场。通过研究可以发现，岩浆在侵入地层形成岩床的过程中主要是通过挤压作用进入地层的。此时，下伏岩体不仅受到自重应力的作用，还受到岩浆侵入地层引起的挤压应力的作用(图 5-17)，挤压应力的大小随着上覆岩床厚度的增大而增大(图 5-18)。因此，可以认为岩床对地应力的改造作用大致为上覆岩床厚度越大，下伏岩体所受的地应力就越大。

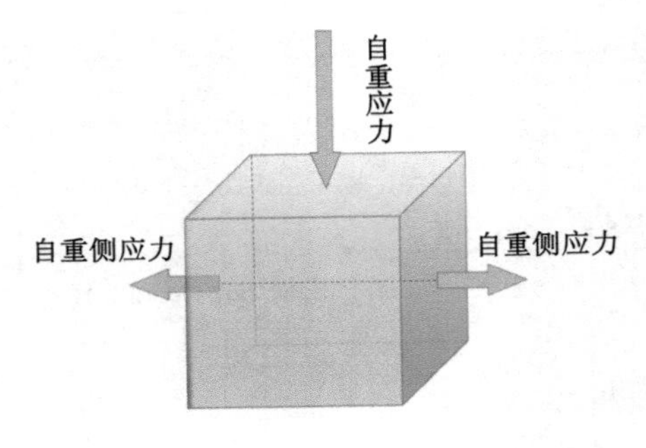

图 5-16　正常区岩体力学分析示意图[13]

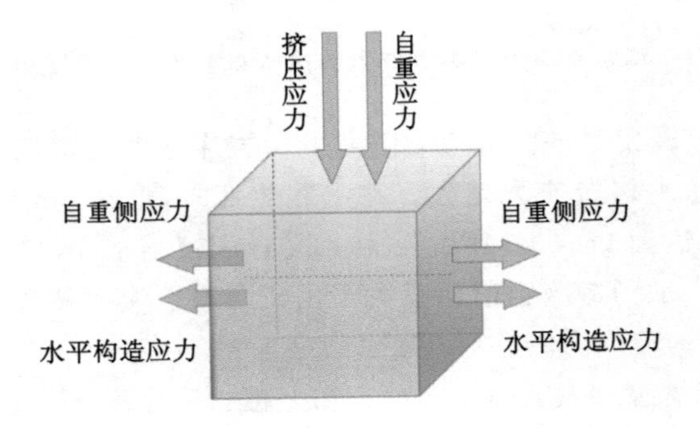

图 5-17　岩床覆盖区岩体力学分析示意图[13]

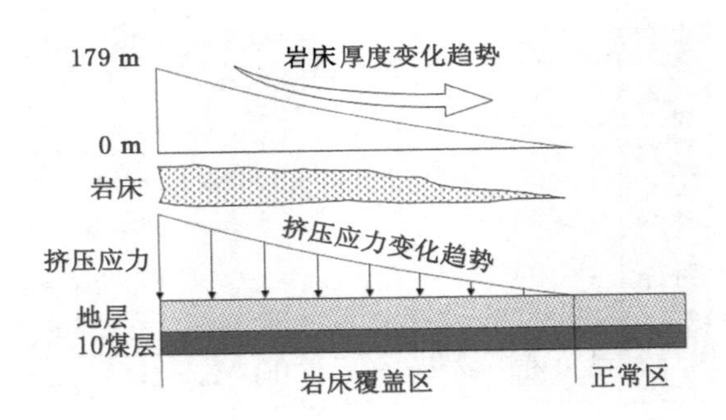

图 5-18　挤压应力作用示意图[13]

5.3　岩浆岩对煤层瓦斯的圈闭作用机制

岩浆的区域热变质作用对中国煤变质起到重要作用，广泛分布的岩浆岩岩床为煤层提供了一个高温、高压的环境，在促进煤层热演化的同时，侵入体的厚度差异使得侵入影响区煤体结构、变质程度等物性特征不同，导致不同矿井瓦斯赋存规律差异很大，且岩浆岩岩体本身渗透性较低并往往覆盖于煤层之上，使侵入体附近煤层在热力作用下生成的大量瓦斯被圈闭起来，造成瓦斯压力和瓦斯含量增加[24]。

5.3.1　岩浆岩渗透性能测定

目前,煤岩体渗透率测定的方法主要为渗透率稳态测定法和瞬态压力脉冲测定法,实验系统如图 5-19 所示。

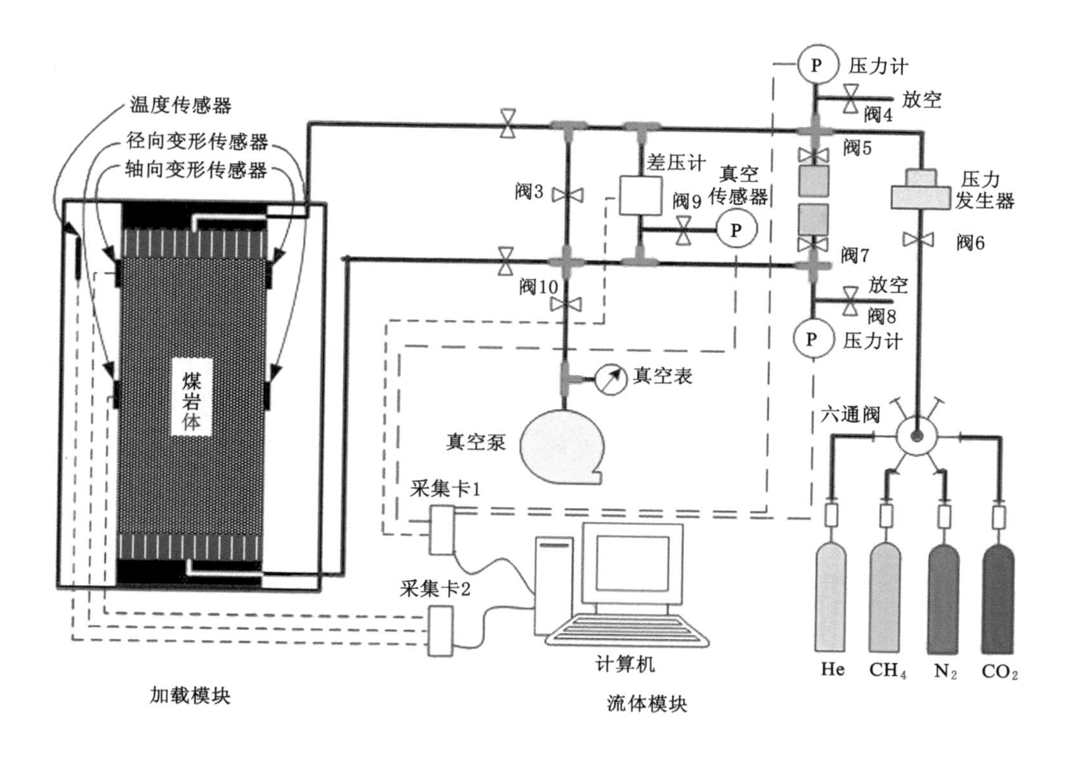

图 5-19　煤岩体渗透率测定的实验系统

渗透率稳态测定法主要是在试件两端施加气体压力差,气体不断渗流过试件,待流量稳定后,通过记录某时间内流经试件的气体总量来进行计算[25]。渗透率稳态法测定的控制方程为[26]:

$$k=\frac{2p_0QL\mu}{A(p_1-p_2)^2} \tag{5-15}$$

式中　k——试件渗透率,mD;

Q——气体的流量,cm^3/s;

μ——气体黏度系数,Pa·s;

L——试样的长度,mm;

A——试件截面面积,mm^2;

p_1,p_2——试件进、出口的压力,MPa;

p_0——当地大气压力,MPa。

渗透率瞬态压力脉冲测定法[27-28]的测试原理主要是试件两端压力稳定后,瞬间提高一端气体压力,给予试件两端形成瞬间脉冲压力差,使气体在试件内形成渗流状态,试件的上游压力将不断降低,而下游压力将增加,直至系统整体达到新的压力平衡状态。其基本的控制方程如下：

$$\left.\begin{aligned} P_u(t)-P_d(t) &= [P_u(t_0)-P_d(t_0)]e^{-\alpha t} \\ \alpha &= \frac{kA}{\mu L}\left(\frac{1}{S_u}+\frac{1}{S_d}\right) \end{aligned}\right\} \tag{5-16}$$

式中　$P_u(t)$，$P_d(t)$——t 时刻上、下游储气罐气体压力，MPa；

$P_u(t_0)$，$P_d(t_0)$——初始时刻上、下游储气罐气体压力，MPa；

α——压力差随时间的衰减过程中指数拟合因子；

k——煤样试件的渗透率，mD；

μ——气体黏度系数，Pa·s；

A——试件截面面积，mm^2；

L——试件长度，mm；

S_u，S_d——上、下游的贮留系数。

渗透率稳态测定法通常适用于本身渗透率较大的试件，而渗透率瞬态压力脉冲测定法通常适用于渗透率较小的试件。采用渗透率瞬态压力脉冲测定法进行测定煤岩渗透率，测试过程中根据如图 5-20 所示的压力脉冲曲线，结合式(5-16)就可以得出压力差随时间衰减过程中的指数拟合因子 α，同时结合试件的长度 L 及截面面积 A 等即可求出试样在该条件下的渗透率 k 大小。

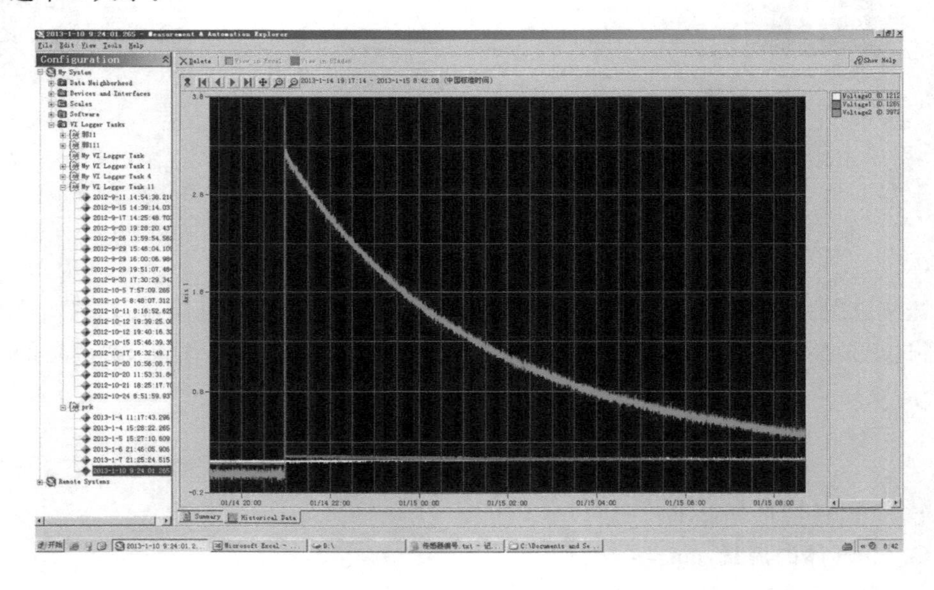

图 5-20　压力脉冲曲线

以海孜煤矿煤层上覆岩层渗透率测定为例，由于岩浆岩渗透率较小，故采用渗透率瞬态压力脉冲测定法进行测定。岩石的 CH_4 渗透实验在温度 30 ℃、孔隙压力 0.5 MPa 的条件下进行，围压加载范围 2～15 MPa，测定结果如图 5-21 所示。厚硬岩浆岩的渗透率为 1.4×10^{-3}～2.8×10^{-3} mD(围压 2～15 MPa)，小于泥岩、砂岩和粉砂岩的渗透率。岩浆岩岩体以岩床盖层形式赋存于煤层顶板，形成了天然的“瓦斯封存箱”，对瓦斯运移通道起到封闭作用，易于圈闭保存瓦斯[24]。

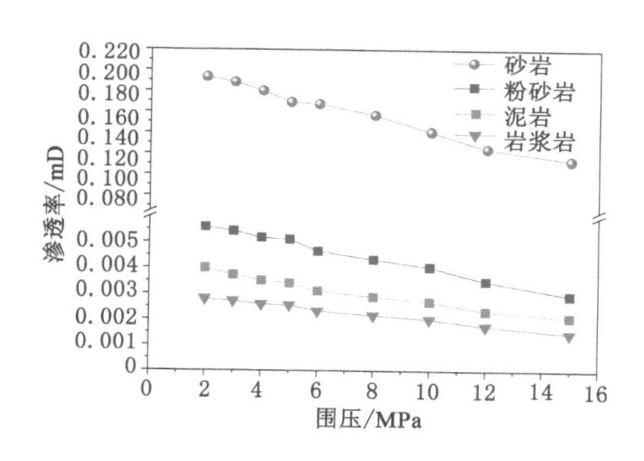

图 5-21 岩石渗透率测定结果[29]

5.3.2 顶板岩床对煤层瓦斯的圈闭作用

岩床和岩墙这两种形式是我国煤矿最常见的岩浆侵入体产状，并以岩床的分布面积最广。岩浆侵入时的高温烘烤作用，使靠近岩浆岩附近的煤体产气量升高，煤的变质程度增加，煤的结构受到不同程度破坏，同时岩浆岩是渗透性能较弱的致密岩体，其渗透率远远小于煤层，侵入的岩浆岩就如同一密封盖层覆盖在煤层之上，对下伏煤层瓦斯起到了极好的圈闭作用，形成了巨大的瓦斯包，增加了煤层的突出危险性，对煤层安全开采影响尤为严重。淮北煤田的海孜煤矿与杨柳煤矿的岩浆侵入体以顶板岩床的形式赋存在煤层之上，对煤层瓦斯的富集起到了良好的圈闭作用，具体形式见 2.2.3 小节。

坚硬岩浆岩的渗透性能弱于泥岩、砂岩和粉砂岩的渗透性能，构造圈闭性较好，一定程度上阻止了瓦斯的逸散，使该区域封存瓦斯的能力大大增强，煤层的瓦斯含量和瓦斯压力增加，使得部分地区出现了异常高压现象。另外，上覆岩浆岩岩床的圈闭效应与其厚度呈正相关性。据矿井生产期间井下煤层瓦斯含量和瓦斯压力实测结果显示[24,30]，海孜煤矿岩浆岩岩床覆盖区域 7、8、9、10 煤层的瓦斯压力大，瓦斯含量高，均超过了瓦斯压力和瓦斯含量的临界值，且煤层瓦斯含量和瓦斯压力随着煤层与上覆岩床距离的增大而减小，如图 5-22(a) 所示；随着煤层上覆岩床厚度的增大而增大，如图 5-22(b)所示。

杨柳煤矿 104、106、107 采区的瓦斯压力和含量，如图 5-23 所示，其中 104、106 采区被顶部的岩床和沿 10 煤层侵入的环形岩墙圈闭。104 采区 8_2 煤层最大瓦斯压力为 1.60 MPa，最高瓦斯含量为 10.70 m^3/t；104 采区 10 煤层最大瓦斯压力为 2.50 MPa，最高瓦斯含量为 9.98 m^3/t；106 采区 10 煤层最大瓦斯压力为 1.10 MPa；未受岩浆岩影响的 107 采区 10 煤层瓦斯压力为 0.20～0.89 MPa。8_2 煤层瓦斯压力测定值相对集中，均大于临界值；10 煤层瓦斯压力测定值相对离散，且 104、106 采区 10 煤层最大瓦斯压力均大于 107 采区 10 煤层最大瓦斯压力。这是因为岩浆热演化作用促进了煤层的二次生烃，且封顶岩床和环形岩墙的圈闭作用阻止了煤层瓦斯的逸散，使次生瓦斯得以较好保存，导致 104 采区 8_2 煤层、10 煤层瓦斯含量和压力大大增加，并具有强烈的突出危险性。

5.3.3 环形岩床对煤层瓦斯的圈闭作用

卧龙湖煤矿南一采区主采煤层 10 煤层被环形岩床圈闭（见 2.2.3 小节），导致圈闭区 10 煤层异常高压，实测 10 煤层原始瓦斯压力变化情况如图 5-24 所示。

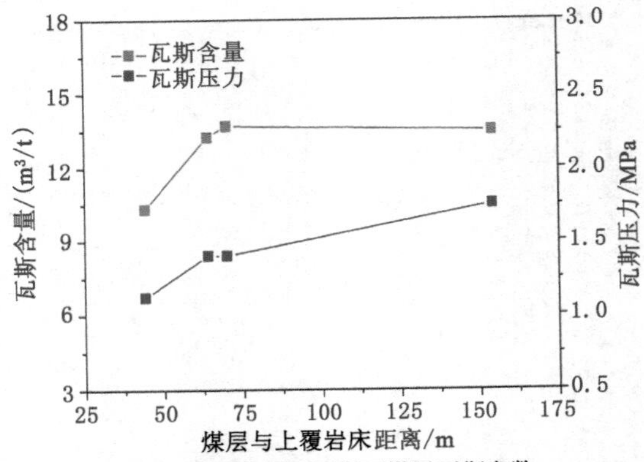

(a) 与上覆岩床不同距离下煤层瓦斯参数
(7煤层：44 m；8煤层：64 m；9煤层：70 m；10煤层：154 m）

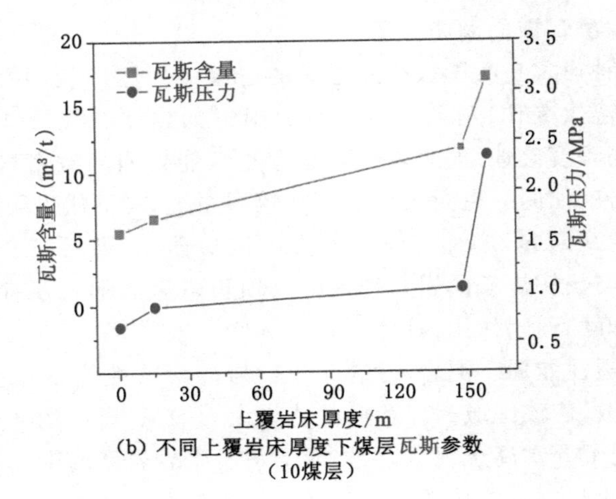

(b) 不同上覆岩床厚度下煤层瓦斯参数
（10煤层）

图 5-22　海孜煤矿煤层瓦斯参数[27]

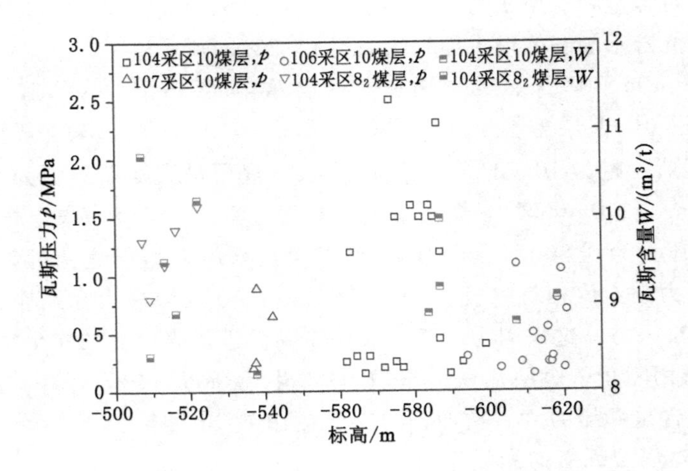

图 5-23　杨柳煤矿煤层瓦斯参数[28]

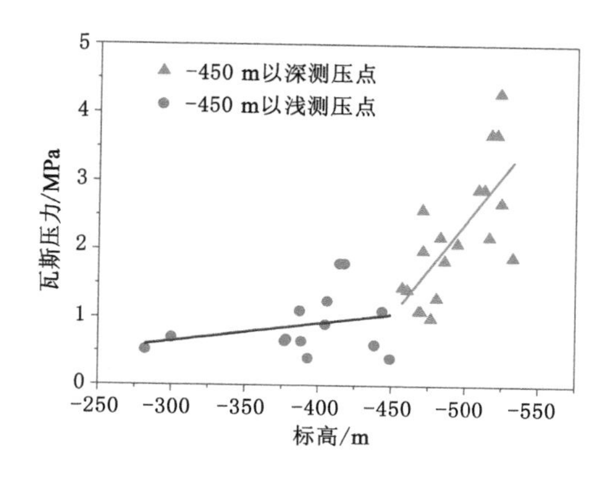

图 5-24　卧龙湖煤矿南一采区环形岩床圈闭区 10 煤层瓦斯压力与标高关系[31]

通过分析瓦斯压力和标高的关系分布特点，对 10 煤层瓦斯压力以标高－450 m 为界进行考察，得到的 10 煤层－450 m 以浅和以深瓦斯压力梯度公式分别为：

－450 m 以浅：

$$p = -0.003 \times H - 0.158 \tag{5-17}$$

－450 m 以深：

$$p = -0.027 \times H - 11.322 \tag{5-18}$$

式中　p——瓦斯压力，MPa；

　　　H——标高，m。

－450 m 以浅的 10 煤层瓦斯压力梯度较小，压力梯度为 0.003 MPa/m，该区域内埋深较浅、存在露头，靠近煤层风氧化带；－450 m 以深的 10 煤层瓦斯压力梯度为 0.027 MPa/m，远大于静水压力梯度 0.01 MPa/m，区内 10 煤层基本被环形岩床覆盖圈闭。岩浆覆盖区顶板岩床圈闭作用加上正常区 10 煤层的顶底板为密封性较好的泥岩，使圈闭区形成天然的瓦斯封存箱，使瓦斯得到保存和积累，造成 10 煤层瓦斯压力异常升高。这种瓦斯压力梯度突然变大的现象在油气地质勘探领域通常被叫作异常高压[32-33]。异常高压常常和封存箱有关系，封存箱在沉积盆地中是一种重要而普遍的地质结构，它常常是大中型油、气田形成和保存的重要地质实体[34-35]。

5.4　岩浆侵入对煤体结构的破坏作用

地下煤体在深部受到多种应力作用，在未受采动影响以前主要受到自重应力和构造应力作用，在受到采动影响以后还会受到开采附加应力作用，其中各向异性的构造应力会导致煤体物理化学结构发生变化。煤体原生结构在构造应力作用下遭受严重破坏，煤体的软分层因受挤压拉张，使煤中有机组分的活动性增大，进而发生韧性变形，即发生构造煤化作用。构造煤是煤层由于受到了构造应力的作用，煤体结构发生破碎或者煤体发生强烈韧塑性变形而形成的，其中煤体不仅受到区域变质作用还受到动力变质作用。巨厚岩浆岩岩体侵入会对下伏煤层产生推挤作用，使地层产生附加构造应力，提高了地应力水平，造成煤体物理结构破坏，降低了煤的坚固性系数，煤层受力揉搓粉碎，形成软煤分层。通过对大量的突出案例[36-37]研究发现，在突出煤层几乎均有一定程度的构造煤发育。原生煤的孔隙结构因构造应力的作用而遭受破坏、变形，随着煤体被破坏程度的增高，孔隙结构发育，孔隙容积、煤的比表面积均增大，从而造成煤体对瓦斯吸附能力的增强[13]。

海孜煤矿86采区7煤层是淮北煤田受构造运动影响最为严重的煤层之一，同时也是整个煤田突出危险性最高的区域之一，采区位于矿井一水平西翼边界，东以F_7断层为界并与84采区相邻，西以大刘家断层为界。该地区受区域构造作用的影响十分明显，形成了粉化煤体，其破碎程度极其严重，远远高于普通的构造煤和原生煤体的破碎程度。粉化煤体大都呈现粉碎状态，工作面中很难取到尺寸较大的块煤，煤体的硬度和强度都极小，手捏即可破碎，与之相对应的是该煤层的突出危险性极高。

在海孜煤矿86采区764工作面采集7煤层煤样进行构造煤的特征研究，如图5-25所示。该煤样是直接从巷道煤壁上取得的，在取样过程中，未借助外部工具对煤体进行破碎，在运回实验室的过程中也未受人为破坏。从外观上看，现场取回的煤样非常破碎，和发生突出时喷出的煤粉极其相似，局部放大后发现煤颗粒大都是松散鳞片状、不规则透镜状碎片和碎块以及较小粒度的碎粒和碎粉，层理和内生裂隙难以辨认，如图5-26所示。块体裂隙面延伸不稳定，连续性较差，部分块体断面可见较为严重的粉粒化现象。煤体强度和硬度非常小，易捏成碎片和碎粉。该类煤体大都是在强烈的压剪性或多期剪切作用下破碎成鳞片状、粉粒状碎片和碎块等，煤体中主要密集发育着剪切裂隙，裂隙面多呈弧形、凹凸起伏。

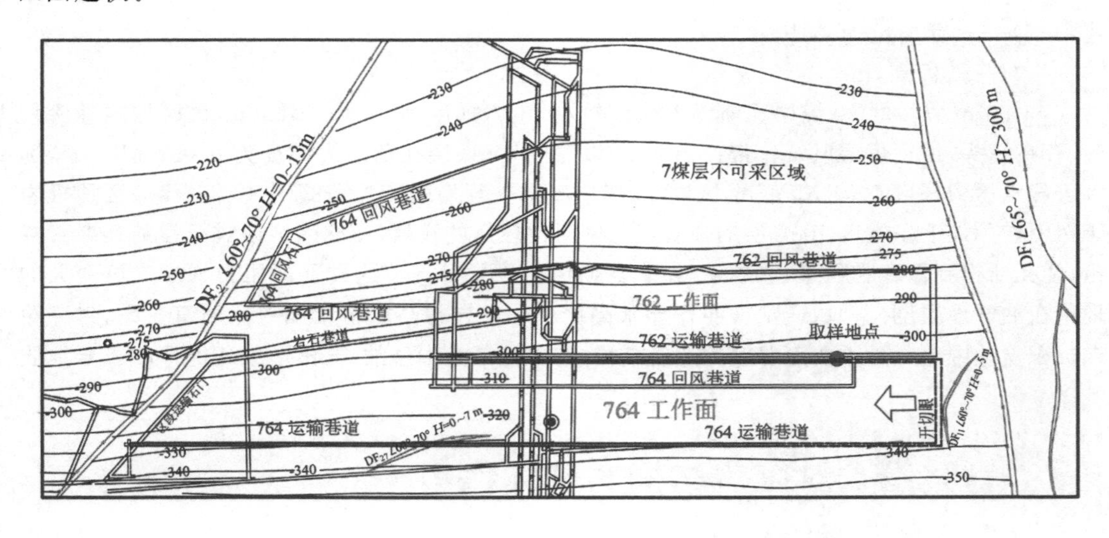

图5-25　海孜煤矿86采区7煤层工作面和取样地点平面图

为了从微观方面更确切地分析粉化煤体的结构特征，对煤样进行了扫描电镜分析，结果如图5-27所示。由图5-27(a)可知，颗粒状煤体上面有形状不规则的裂隙发育；由图5-27(b)和图5-27(c)可知，煤样破碎断面参差不齐，有大量毛茬，呈现出明显的层状结构；由图5-27(d)可知，煤样破碎断面非常粗糙，上面附着有大量破碎的煤屑等微小颗粒且发育有不规则的裂隙。

对图5-27综合分析可知，煤体的层状结构断口处凹凸不平，有大量毛茬、碎屑，说明这种微观上的层状结构是非常脆弱的，在宏观上主要表现为煤体质地松软，极易破碎。从煤样

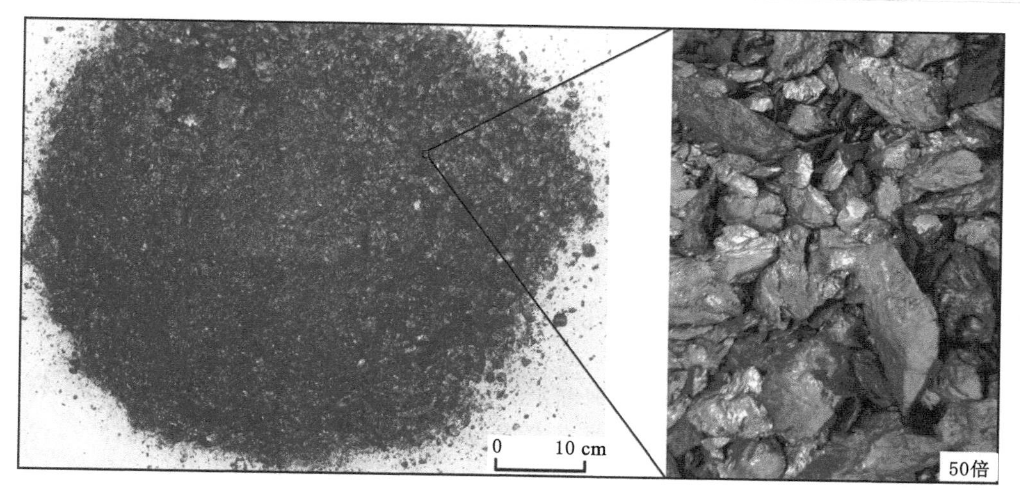

图 5-26　海孜煤矿 86 采区 7 煤层煤样

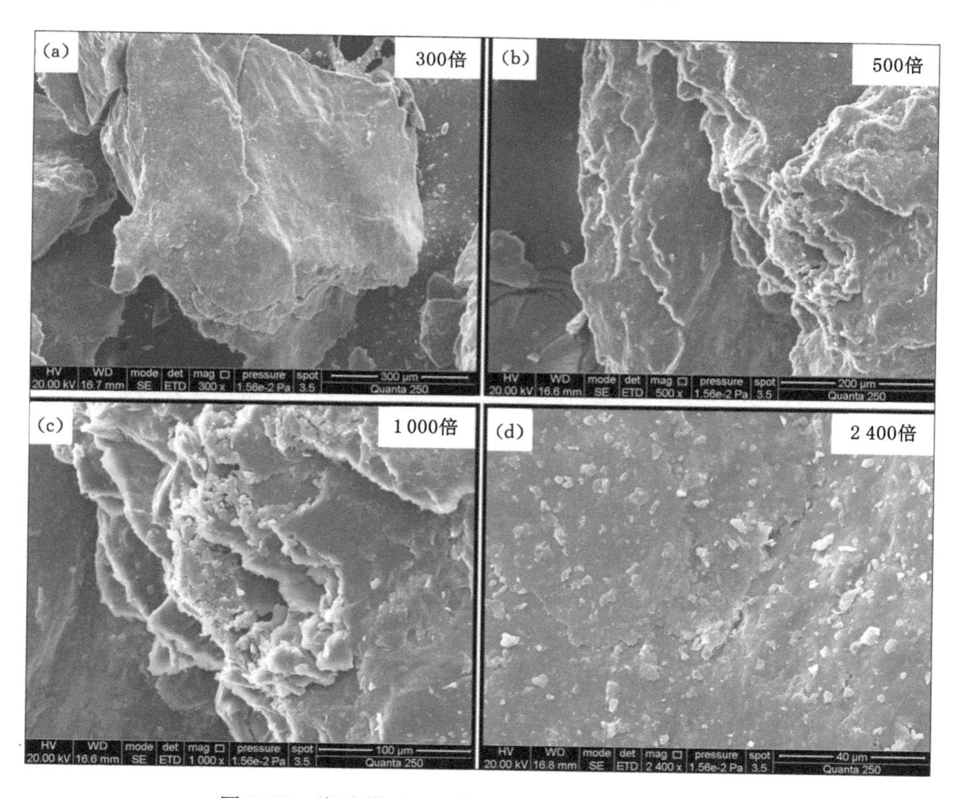

图 5-27　海孜煤矿 86 采区 7 煤层煤样扫描电镜图

的微观结构分析可知，该煤体裂隙发育非常好，因此，可以推测该类煤体基质尺寸较小，这种结构特征不仅对瓦斯进出煤基质孔隙的路径和阻力有显著影响，同时也必然在很大程度上影响着煤体基质内与瓦斯解吸能力密切相关的孔隙发育情况。

突出的能量主要是由瓦斯提供的，而瓦斯提供能量的前提是必须有大量的瓦斯从煤体基质中快速解吸出来，使得其能够在极短的时间内提供足够大的能量。通过实验室实验和现场考察可知，海孜煤矿7煤层煤体恰恰具备了这种条件。而这种粉化煤体主要是在复杂的地质条件下发生的多重构造运动造成的，煤层受到构造应力的作用导致煤体结构破坏，煤体的强度因此而降低[38]。

5.4.1 区域构造作用的影响

淮北煤田的地质构造受控于板块运动，地层在石炭纪中期开始连续沉积，之后先后经历了印支运动、燕山运动和喜马拉雅运动三个构造运动。多期构造运动相互叠加影响造成了淮北煤田近乎网状的断层构造格局。不同级别的构造活动和构造应力场控制构造作用的范围和强度，亦控制着不同范围煤层瓦斯的赋存和分布，同时还控制着煤层运移条件、煤体结构的破坏条件和范围。

海孜煤矿地处宿北断裂、太和-五河断裂、固镇-长丰断裂和丰涡断裂所围限的断块内，童亭背斜的西北端，总体上为一个走向近东西、向北倾斜的单斜构造。据统计，海孜煤矿7煤层断层密度为54条/km^2，断层性质以剪切为主，常见有压剪性和张剪性断层特征；断层形成后，大部分断层又受到拉张作用转化为正断层性质。宿北断裂走向为近东西向，同时又切割了位于海孜煤矿东西两侧的丰涡断裂和夏邑-固始断裂，该构造对海孜煤矿的影响最大。海孜煤矿86采区7煤层构造受到宿北断裂拉张挤压作用，其水平地应力方向大致为近东西向。在地层中，煤层的强度最低，当地层中存在不均匀的构造应力时，煤层的顶底板最容易产生相对移动。在漫长的地质年代里，强烈的水平应力作用使得海孜煤矿86采区7煤层上、下地层之间发生了严重的层滑运动，在层滑过程中，86采区7煤层原本完整的煤体在水平剪切应力的破坏作用下出现了层状碎裂，形成了层状结构的破坏断面(如鳞片状)，这种层状结构煤体极其脆弱，在地应力作用下很容易发生进一步的破碎。

5.4.2 岩浆侵入对煤体的破坏作用

在过去相当长的地质时期，淮北煤田不仅经历了多期的构造运动，而且期间还有不同强弱程度的岩浆活动伴随构造运动产生，在这些岩浆活动中，中生代燕山期的岩浆活动最为强烈，岩浆活动对煤田的破坏作用也在这个时期达到了最大。海孜煤矿岩浆主要是通过挤压作用侵入地层的，岩浆侵入产生的附加构造应力正是海孜煤矿86采区7煤层的构造软煤形成的主要原因之一。在岩浆挤压进入地层的过程中，下伏7煤层煤体不仅受到上覆岩体自重应力的作用，还受到岩浆侵入地层引起的巨大挤压应力的作用，挤压应力的大小随着岩浆岩岩床厚度的增大而增大。海孜煤矿7煤层上覆岩浆岩岩床厚度大部分都在100 m以上，86采区最大接近160 m。同时，岩浆侵入产生的巨大挤压应力又加剧了86采区7煤层与下伏地层之间的层滑运动，在这种复杂的多重应力作用下，原本就已经破碎的煤体遭到更为严重的破坏，煤中有机组分的活动加剧，进而发生韧性变形，即发生构造煤化，形成了现今的粉化煤体。在煤体结构破坏的过程中，孔隙损伤剧烈，孔隙结构越来越简单化，进而影响到了其对瓦斯的吸附解吸能力。

5.5 岩浆侵入对煤层煤与瓦斯突出灾害的控制作用

巨厚岩浆岩对下伏煤层瓦斯赋存的控制作用主要包括热演化作用、热变质作用、推挤作用和圈闭作用[24,39]，作用原理图如图5-28所示。岩浆侵入时的高温烘烤作用，使靠近岩浆岩附近的煤体产气量升高，煤的变质程度增加，煤的结构受到不同程度破坏，同时岩浆岩渗透性能弱，侵入的岩浆岩就如同一巨厚盖层覆盖在煤层之上，对岩浆热变质产生的瓦斯起到了极好的圈闭作用，该区域封存瓦斯能力大大增强，使煤层原始瓦斯含量和瓦斯压力增加，且随着巨厚岩浆岩岩体侵入对下伏煤层的推挤作用，使地层产生附加构造应力，提高了地应力水平，造成煤体物理结构破坏，降低了煤的坚固性系数，煤层受力揉搓粉碎，形成软分层。多种因素共同作用下，煤层瓦斯含量、瓦斯压力及瓦斯涌出量增加，且煤体变软，更易发生突出[24,29]。

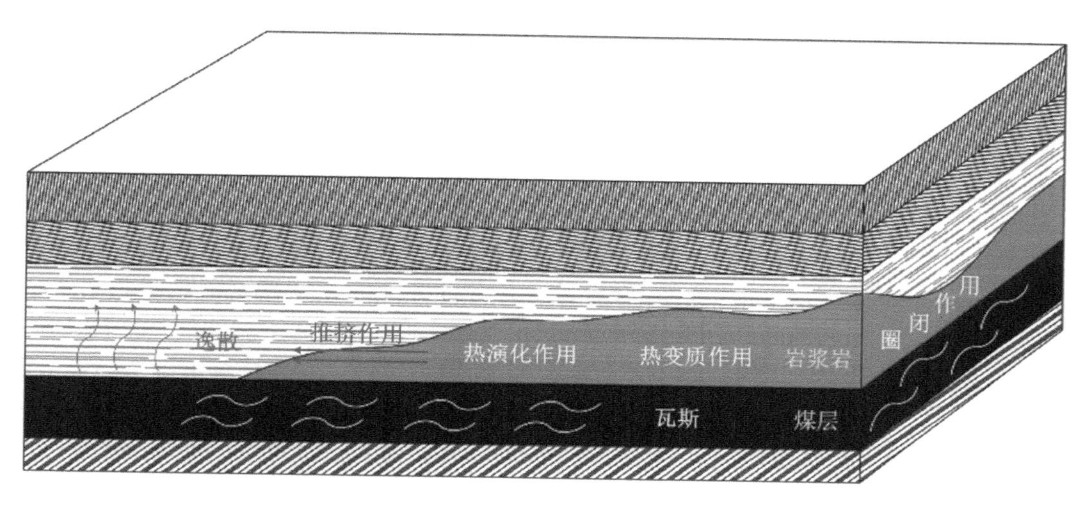

图 5-28　巨厚岩浆岩对下伏煤层瓦斯赋存控制作用原理图[40]

在国内外众多的突出灾害事故中，受岩浆侵入影响造成的突出或瓦斯异常涌出事故非常多。南非 Twistdraai 煤矿在 1993—1994 年间发生的 5 次突出均和岩浆侵入煤层有关[40]；法国 Cevennes 盆地、波兰 Lower Silesia 盆地、澳大利亚 Bowen 盆地发生的煤与 CO_2 突出事故均与岩浆活动有关[40]。1991 年辽宁阜新矿务局王营煤矿发生 11 次突出，突出点均发生在岩浆岩（岩墙）两侧区域[41]；甘肃民和盆地窑街矿区发生煤与 CO_2 突出事故也和岩浆活动有关[42-43]。1984—2009 年间，淮北矿区海孜煤矿有 11 次突出均发生在巨厚岩床（平均厚度 120 m）下[44]。1993 年和 1996 年，淮北矿区石台煤矿 3 煤层发生了 2 次突出，突出点距岩浆岩（岩床）边界分别为 30 m 和 50 m。2009 年发生的海孜煤矿“4・25”突出事故也与岩浆侵入有关。王以峰等[45]研究发现，徐矿集团张集煤矿的 7 次突出地点均位于岩浆岩覆盖区以下。铁法矿区大兴煤矿自 1987 年至 2007 年发生的 9 次突出事故，其中 6 次突出地点的顶板为辉绿岩（辉长岩类，岩浆岩的一种）[46]。2009 年 11 月 21 日，龙煤集团新兴煤矿发生特大型突出并引起瓦斯爆炸，经调查发现靠近突出地点的 15 煤层底板为岩浆岩侵入区，距工作面迎头 11 m 至 121 m 范围内，巷道内堆积物主要为岩石，岩性以岩浆岩为主，该事故造成了 108 人死亡[47]。

根据矿井统计资料，自 1984 年海孜煤矿巨厚岩浆岩岩床下伏 8 煤层发生突出事故以来，至 2008 年共计 10 次瓦斯突出事故发生在巨厚岩浆岩岩床下伏 7、8、9 煤层，如表 5-4 所列。另外，2009 年 4 月 25 日，位于海孜煤矿二水平的Ⅱ102 采区西翼三区段的Ⅱ1026 机巷掘进工作面发生突出事故，巷道内煤体堆积长度 74.7 m，突出煤岩量 656 t，突出瓦斯量

13 210 m^3，吨煤瓦斯涌出量 20.14 m^3/t，事故造成 1 人死亡，直接经济损失 76.48 万元。通过分析突出事故统计结果，可以发现距离巨厚岩浆岩岩床较近的 7、8 煤层突出次数较多（距离岩浆岩岩床最近的 7 煤层突出次数最多），距离岩浆岩岩床较远的 9、10 煤层突出次数较少，各为 1 次。

表 5-4　海孜煤矿巨厚岩浆岩岩床下突出煤层群突出数据统计

次数	煤层	年份	标高/m	突出距离/m	突出煤倾角/(°)	突出煤量/t	突出瓦斯量/m^3
1	8	1984	−475	45.0	25	197	4 700
2	8	1984	−475	17.0	30	112	7 950
3	7	1986	−475	13.0	30	50	5 548
4	8	1986	−475	11.0	70	30	1 089
5	9	1986	−475	21.0	70	100	7 510
6	7	2001	−385	5.0	35	20	500
7	7	2001	−384	3.0	37	8	1 337
8	8	2001	−346	3.3	36	25	234
9	7	2002	−384	4.2	37	10	100
10	7	2002	−398	3.6	37	6	500

上述突出事故案例数据统计表明，岩浆侵入的影响区域是突出的高发区。岩浆侵入所伴随的热力和应力，不仅显著促进了煤的变形-变质进程，而且还对已有构造格局产生一定程度的改造，区域岩浆影响区的热变质作用有利于提高煤层含气量和渗透率，煤吸附和储存瓦斯的能力增强，煤层瓦斯含量高，突出指标更加危险。在良好的封闭和赋存环境条件下则非常有利于形成煤层气气藏，存在异常瓦斯涌出和突出事故发生的先天条件。

参考文献

[1] 国家煤矿安全监察局.煤与瓦斯突出矿井鉴定规范：AQ 1024—2006[S].北京：煤炭工业出版社，2007.
[2] 陈雄，何荣军.矿井瓦斯防治[M].重庆：重庆大学出版社，2010.
[3] 俞启香，程远平.矿井瓦斯防治[M].徐州：中国矿业大学出版社，2012.
[4] 李国瑞，罗新荣，郑永昆，等.煤与瓦斯突出机理研究现状及研究新思路[J].能源技术与管理，2010(1)：21-23.
[5] 于不凡.煤和瓦斯突出的机理概述[J].矿业安全与环保，1976(3)：56-65.
[6] 于不凡.谈煤和瓦斯突出的机理[J].煤炭科学技术，1979(8)：34-42.
[7] 周世宁，何学秋.煤和瓦斯突出机理的流变假说[J].中国矿业大学学报，1990，19(2)：1-8.

[8] 蒋承林，俞启香. 煤与瓦斯突出机理的球壳失稳假说[J]. 煤矿安全，1995(2)：17-25.
[9] 梁冰，章梦涛，潘一山，等. 煤和瓦斯突出的固流耦合失稳理论[J]. 煤炭学报，1995，20(5)：492-496.
[10] 文光才. 煤的冲击破碎[J]. 煤炭工程师，1995(5)：8-11，48.
[11] WANG L，LIU S M，CHENG Y P，et al. The effects of magma intrusion on localized stress distribution and its implications for coal mine outburst hazards[J]. Engineering geology，2017，218：12-21.
[12] 蒋雨辰. 海孜井田岩浆构造演化区应力分布特征及其对瓦斯动力灾害控制作用[D]. 徐州：中国矿业大学，2015.
[13] 陈学习，王志亮. 矿井瓦斯防治与利用[M]. 徐州：中国矿业大学出版社，2014.
[14] 侯公羽. 岩石力学基础教程[M]. 北京：机械工业出版社，2011.
[15] 蔡美峰，乔兰，李华斌. 地应力测量原理和技术[M]. 北京：科学出版社，1995.
[16] 陈海波，刘志军，石建军. 岩体力学[M]. 2版. 徐州：中国矿业大学出版社，2013.
[17] 程远平，刘清泉，任廷祥. 煤力学[M]. 北京：科学出版社，2017.
[18] LIU Z，MYER L R，COOK N G W. Numerical simulation of the effect of heterogeneities on macro-behavior of granular materials [C]. Rotterdam：Balkema，1994.
[19] BLAIR S C，COOK N G W. Analysis of compressive fracture in rock using statistical techniques：part Ⅱ. effect of microscale heterogeneity on macroscopic deformation [J]. International journal of rock mechanics and mining sciences，1998，35(7)：849-861.
[20] BLAIR S C，COOK N G W. Analysis of compressive fracture in rock using statistical techniques：part Ⅰ. a non-linear rule-based model[J]. International journal of rock mechanics and mining sciences，1998，35(7)：837-848.
[21] BROWN E T，HOEK E. Trends in relationships between measured in-situ stresses and depth [J]. International journal of rock mechanics and mining sciences & geomechanics abstracts，1978，15(4)：211-215.
[22] 蔡美峰. 岩石力学与工程[M]. 2版. 北京：科学出版社，2013.
[23] KERMANI A. Permeability of stressed concrete：steady-state method of measuring permeability of hardened concrete studies in relation to the change in structure of concrete under various short-term stress levels [J]. Building research and information. 1991，19(6)：360-366.
[24] BRACE W F，WALSH J B，FRANGOS W T. Permeability of granite under high pressure[J]. Journal of geophysical research，1968，73(6)：2225-2236.
[25] WANG S G，ELSWORTH D，LIU J S. Permeability evolution in fractured coal：the roles of fracture geometry and water-content [J]. International journal of coal geology，2011，87(1)：13-25.
[26] 王亮，蔡春城，徐超，等. 海孜井田岩浆侵入对下伏煤层的热变质作用研究[J]. 中国矿业大学学报，2014，43(4)：569-576.

[27] 王亮,刘飞.岩浆盖层下伏煤层物性特征与瓦斯突出灾变机制[J].煤炭科学技术,2016,44(6):111-116.

[28] 徐超.岩浆岩床下伏含瓦斯煤体损伤渗透演化特性及致灾机制研究[D].徐州:中国矿业大学,2015.

[29] 张晓磊.巨厚岩浆岩下煤层瓦斯赋存特征及其动力灾害防治技术研究[D].徐州:中国矿业大学,2015.

[30] 国家安全生产监督管理总局,国家煤矿安全监察局.煤层瓦斯含量井下直接测定方法:AQ 1066—2008[S].北京:煤炭工业出版社,2009.

[31] 蒋静宇.岩浆岩侵入对瓦斯赋存的控制作用及突出灾害防治技术:以淮北矿区为例[D].徐州:中国矿业大学,2012.

[32] BARKER C. Aquathermal pressuring: role of temperature in development of abnormal-pressure zones: geological notes [J]. AAPG bulletin, 1972, 56 (10): 2068-2071.

[33] 邵强,王恩营,王红卫,等.构造煤分布规律对煤与瓦斯突出的控制[J].煤炭学报,2010,35(2):250-254.

[34] 张玉贵,张子敏,曹运兴.构造煤结构与瓦斯突出[J].煤炭学报,2007,32(3):281-284.

[35] GUO H J,CHENG Y P,REN T,et al. Pulverization characteristics of coal from a strong outburst-prone coal seam and their impact on gas desorption and diffusion properties[J]. Journal of natural gas science and engineering,2016,33:867-878.

[36] ZHANG X L,CHENG Y P,WANG L,et al. Research on the controlling effects of a layered sill with different thicknesses on the underlying coal seam gas occurrence[J]. Journal of natural gas science and engineering,2015,22:406-414.

[37] ANDERSON S B. Outbursts of methane gas and associated mining problems experienced at Twistdraai Colliery[C]. Wollongong:[s. n.],1995.

[38] BEAMISH B B, CROSDALE P J. Instantaneous outbursts in underground coal mines:an overview and association with coal type[J]. International journal of coal geology,1998,35(1/2/3/4):27-55.

[39] SU X B, LIN X Y, LIU S B, et al. Geology of coalbed methane reservoirs in the southeast Qinshui Basin of China[J]. International journal of coal geology, 2005, 62(4):197-210.

[40] LAMA R D,BODZIONY J. Management of outburst in underground coal mines[J]. International journal of coal geology,1998,35(1/2/3/4):83-115.

[41] 赵明鹏,王宇林,梁冰,等.煤(岩)与瓦斯突出的地质条件研究:以阜新王营矿为例[J].中国地质灾害与防治学报,1999,10(1):14-19.

[42] 李伟.海石湾井田 CO_2 成藏演化机制及防治技术研究[D].徐州:中国矿业大学,2011.

[43] LI W,CHENG Y P,WANG L,et al. Evaluating the security of geological coalbed sequestration of supercritical CO_2 reservoirs: the Haishiwan Coalfield, China as a natural analogue[J]. International journal of greenhouse gas control, 2013, 13: 102-111.

[44] 王亮，程远平，蒋静宇，等.巨厚火成岩下采动裂隙场与瓦斯流动场耦合规律研究[J].煤炭学报，2010，35(8)：1287-1291.
[45] 王以峰，王彬章，赵雪兵.岩浆岩侵入对下部煤层瓦斯赋存的影响[J].煤炭科技，2007(3)：84，88.
[46] 裴印昌，龚邦军，杨志.大兴井田火成岩活动与瓦斯突出的关系[J].煤炭技术，2007，26(5)：71-73.
[47] 亢方超.新兴矿井瓦斯地质规律与瓦斯预测[D].焦作：河南理工大学，2011.

第6章　采动影响下厚硬岩浆岩岩床下伏煤层瓦斯动力灾变特征

岩浆岩的产状、大小及分布形式对矿山安全开采具有极其重要的影响，特别是分布面积较广、厚度大和硬度高的岩床对矿井的安全开采影响尤为严重。当顶板覆岩存在厚硬岩浆岩岩床时，岩床的热演化和圈闭作用使得下伏煤层煤与瓦斯突出危险性大大增加，且随着开采面积的增加，厚硬岩床的失稳破断往往直接导致瓦斯突出、冲击地压等动力灾害发生[1-2]。淮北海孜煤矿 120 m 厚岩浆岩岩床、杨柳煤矿 33.4 m 和 40.24 m 厚两层岩浆岩岩床下发生过十数起应力主导型瓦斯突出事故，即使消突后的低瓦斯工作面采掘作业过程中也出现了多次瓦斯异常涌出现象；大同塔山煤矿(25 m 厚砂岩)、济宁二号煤矿(150 m 厚岩浆岩)、义马千秋煤矿(550 m 厚砾岩)、抚顺老虎台煤矿(500 m 厚页岩)等均发生过厚硬岩层突然破断导致的冲击事故，且往往伴随着瓦斯的异常涌出。

6.1　厚硬岩浆岩岩床破断机制

采场围岩在变形、破坏和运动过程中，由于成岩时间、矿物成分和地质构造的不同，煤岩层中各层厚度和力学特性等方面存在差别，其中一层或数层厚硬岩层在岩层移动中起主要的控制作用，对岩体活动全部或局部起控制作用的岩层称为关键层[3-4]，关键层起到承载主体或支撑骨架作用，对岩体活动全部起控制作用的岩层称为主关键层，其厚度、尺寸和岩性影响了采场岩层的移动规律。当厚硬顶板岩层突然发生强度失稳后，产生大面积运移、大步距破断运动，大量弹性能量的快速释放传递到采煤工作面，极易诱发冲击地压、煤与瓦斯突出等煤岩瓦斯动力灾害，严重影响了煤炭的安全开采。

6.1.1　采场覆岩破断形式

岩层控制的关键层理论认为，主关键层的断裂将导致全部的上覆岩层产生整体移动；而对采场上覆岩层局部岩层活动起控制作用的岩层则称为亚关键层，亚关键层的断裂则会导致相当部分的覆岩产生整体移动。根据关键层的定义与变形特征，在关键层变形过程中，关键层控制的上覆岩层随之同步变形，而与下部岩层的变形则不协调，因而它所承受的载荷已不再需要其下部岩层来承担。在研究岩层移动过程中，其主导因素是确定研究区关键层的位置及其所控制的岩层。

工作面开采之后，顶板岩层发生垮落、移动或弯曲变形，覆岩移动范围是由下往上逐渐发展的，按照岩层移动变形程度可分为垮落带、裂隙带和弯曲下沉带，当覆岩移动范围达关键层时，因其支撑作用，关键层及其上覆岩层的弯曲下沉量较小，与下伏岩层产生不协调变形，关键层下方将出现离层现象。

离层出现之后，关键层的悬空部分也会产生少量的弯曲下沉，但此时关键层未出现损伤破坏，关键层本身及其顶底板岩层整体完整性较好，对弯曲下沉部分的旋转角具有较好的约束作用，因此可将关键层弯曲下沉部分的边界视为四边固支约束，如图 6-1 所示。当关键层的悬空面积足够大时，其强度不足以支撑覆岩载荷 q，便发生失稳破断。

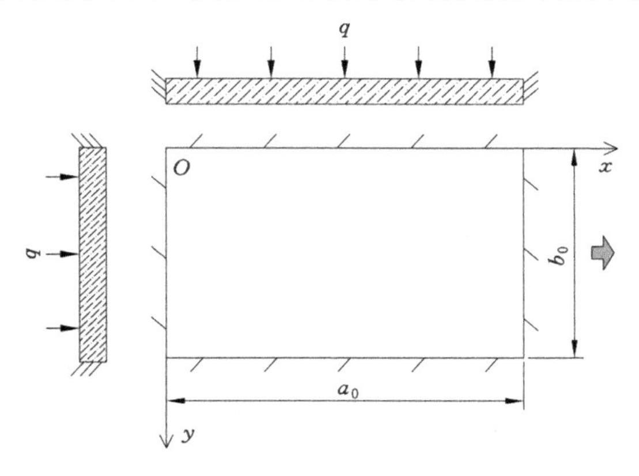

图 6-1　关键层的四边固支模型

6.1.2　岩浆岩岩床岩层结构见方失稳模型

随着工作面的推进，当覆岩载荷达到厚硬关键层的极限强度时，厚硬关键层结构便会发生强度失稳，具有明显的突变特性。本小节以四边固支模型为基础，建立了坚硬顶板岩层结构的见方失稳模型。

采煤工作面自开切眼不断推进，采空区面积逐渐增大，采空区形状可看作一边长不变、另一边长不断增大的矩形板。当工作面推进距离与工作面宽度相等时，采空区呈正方形板，称之为采空区一次见方。对于双工作面开采，第二个工作面推进距离与两个工作面的宽度之和相等时，称之为采空区二次见方，以此类推，如图 6-2 所示。

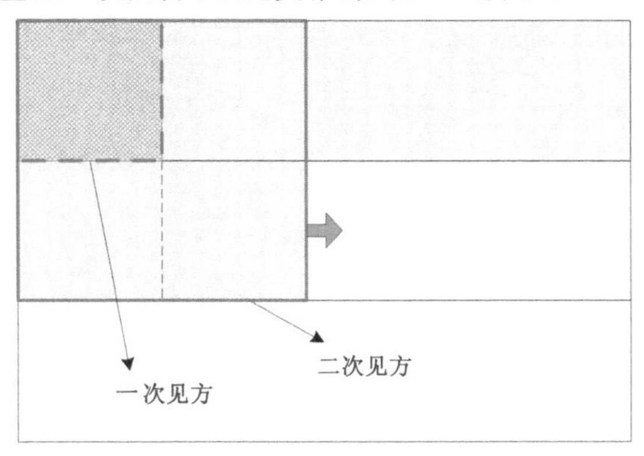

图 6-2　采空区见方概念模型

受采动影响，采空区顶板岩层将先沿采空区长边开始断裂并延伸裂纹长度，然后在短边开始断裂并延伸裂纹长度，在矩形四角形成“O”型贯通裂纹；在顶板岩层的中央沿长边方向开始断裂、延伸，并与四周的“O”型裂隙贯通，最终导致顶板的“X”型破断。工作面走向长度小于倾向长度时发生的沿工作面倾向方向的顶板岩层失稳破断，称之为横“O-X”型失稳破断，如图 6-3(a)所示；工作面走向长度等于倾向长度时发生的正交顶板岩层失稳破断，称之为正“O-X”型失稳破断，如图 6-3(b)所示；工作面走向长度大于倾向长度时发生的沿工作面走向方向的顶板岩层失稳破断，称之为纵“O-X”型失稳破断，如图 6-3(c)所示。我们将顶板岩层在采空区见方或接近见方时发生“O-X”型失稳破断的情形定义为“见方失稳模型”(square-form structure failure model，简称 SSF model)。

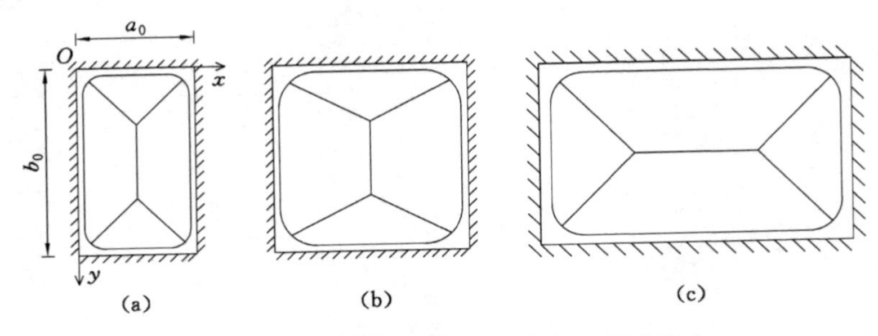

图 6-3　顶板岩层“O-X”型失稳破断形式

国内外学者大多采用弹性薄板理论计算岩层的破断距[5]。当板的厚度与短边长度之比小于 1∶5 时，可视其为薄板，而纳维叶解法往往是求解矩形薄板小挠度问题最有效且最常用的方法[6]。为计算方便可将符合薄板条件的岩层近似视为一个四边固支的薄板，如图 6-3(a)所示，其边界条件为：

$$\begin{cases} \omega_{x=0} = 0, \left(\dfrac{\partial \omega}{\partial x}\right)_{x=a_0} = 0 \\ \omega_{y=0} = 0, \left(\dfrac{\partial \omega}{\partial y}\right)_{y=b_0} = 0 \end{cases} \tag{6-1}$$

式中　ω——薄板的挠度，m；

a_0, b_0——薄板沿工作面走向和倾向的长度，m。

取挠度 ω 的表达式为：

$$\omega = \sum_m^\infty \sum_n^\infty \omega_{mn} \sin^2 \frac{m\pi x}{a_0} \sin^2 \frac{n\pi y}{b_0} \quad (m = 1,3,5\cdots; n = 1,3,5\cdots) \tag{6-2}$$

式中　ω_{mn}——待定系数。

式(6-2)可满足式(6-1)的边界条件。

等厚薄板的弹性曲面微分方程为：

$$\frac{\partial^4 \omega}{\partial x^4} + 2\frac{\partial^4 \omega}{\partial x^2 \partial y^2} + \frac{\partial^4 \omega}{\partial y^4} = \frac{q}{D} \tag{6-3}$$

式中　q——分布载荷，Pa，

D——抗弯刚度，Pa · m^4。

而薄板的抗弯刚度 D 可表示为：

$$D = \frac{Eh^3}{12(1-\mu^2)} \tag{6-4}$$

式中　E——弹性模量，Pa；

h——薄板的厚度，m；

μ——泊松比。

将式(6-2)中 ω 的各阶偏导数代入式(6-3)左侧，得到：

$$\frac{\partial^4\omega}{\partial x^4}+2\frac{\partial^4\omega}{\partial x^2\partial y^2}+\frac{\partial^4\omega}{\partial y^4}=\sum_m^\infty\sum_n^\infty 8\pi^4\left(\frac{2m^4}{3a_0^4}+\frac{4m^2n^2}{9a_0^2b_0^2}+\frac{2n^4}{3b_0^4}\right)\omega_{mn}\sin^2\frac{m\pi x}{a_0}\sin^2\frac{n\pi y}{b_0}$$
$$(m=1,3,5\cdots;n=1,3,5\cdots) \tag{6-5}$$

将式(6-3)右侧展开为式(6-2)的形式，可得到：

$$\frac{q}{D}=\frac{64}{9a_0b_0}\sum_m^\infty\sum_n^\infty\left(\int_0^{a_0}\int_0^{b_0}\frac{q}{D}\sin^2\frac{m\pi x}{a_0}\sin^2\frac{n\pi y}{b_0}\mathrm{d}x\mathrm{d}y\right)\sin^2\frac{m\pi x}{a_0}\sin^2\frac{n\pi y}{b_0}$$
$$(m=1,3,5\cdots;n=1,3,5\cdots) \tag{6-6}$$

根据纳维叶解法步骤，将式(6-3)等号两边的系数进行比较，即可得到 ω_{mn}：

$$\omega_{mn}=\frac{4\int_0^{a_0}\int_0^{b_0}\frac{q}{D}\sin^2\frac{m\pi x}{a_0}\sin^2\frac{n\pi y}{b_0}\mathrm{d}x\mathrm{d}y}{\pi^4a_0b_0\left(\frac{3m^4}{a_0^4}+\frac{2m^2n^2}{a_0^2b_0^2}+\frac{3n^4}{a_0^4}\right)} \tag{6-7}$$

当薄板受均布载荷时，式(6-7)简化为：

$$\omega_{mn}=\frac{q}{\pi^4D\left(\frac{3m^4}{a_0^4}+\frac{2m^2n^2}{a_0^2b_0^2}+\frac{3n^4}{a_0^4}\right)} \tag{6-8}$$

将式(6-8)代入式(6-2)后，即可得到均布载荷作用下四边固支矩形薄板的挠度解析式：

$$\omega=\frac{q}{\pi^4D}\sum_m^\infty\sum_n^\infty\frac{\sin^2\frac{m\pi x}{a_0}\sin^2\frac{n\pi y}{b_0}}{\frac{3m^4}{a_0^4}+\frac{2m^2n^2}{a_0^2b_0^2}+\frac{3n^4}{a_0^4}} \tag{6-9}$$

取($m=1;n=1$)级数第一项，并分别对 x、y 求二阶偏导数，得：

$$\begin{cases}\dfrac{\partial^2\omega}{\partial x^2}=\dfrac{2q}{a_0^2\pi^2D}\dfrac{1}{\frac{3}{a_0^4}+\frac{2}{a_0^2b_0^2}+\frac{3}{b_0^4}}\sin^2\dfrac{\pi y}{b_0}\cos\dfrac{2\pi x}{a_0}\\[2ex]\dfrac{\partial^2\omega}{\partial y^2}=\dfrac{2q}{b_0^2\pi^2D}\dfrac{1}{\frac{3}{a_0^4}+\frac{2}{a_0^2b_0^2}+\frac{3}{b_0^4}}\sin^2\dfrac{\pi x}{a_0}\cos\dfrac{2\pi y}{b_0}\end{cases} \tag{6-10}$$

由弹性挠曲面微分方程推导出薄板的正应力分量 σ_x 和 σ_y 为：

$$\begin{cases}\sigma_x=-\dfrac{E}{1-\mu^2}\left(\dfrac{\partial^2\omega}{\partial x^2}+\mu\dfrac{\partial^2\omega}{\partial y^2}\right)\\[2ex]\sigma_y=-\dfrac{E}{1-\mu^2}\left(\mu\dfrac{\partial^2\omega}{\partial x^2}+\dfrac{\partial^2\omega}{\partial y^2}\right)\end{cases} \tag{6-11}$$

将式(6-4)和式(6-10)代入式(6-11)可得：

$$\begin{cases}\sigma_x=-\dfrac{12q}{\pi^2h^2\left(\frac{3}{a_0^4}+\frac{2}{a_0^2b_0^2}+\frac{3}{b_0^4}\right)}\left(\dfrac{1}{a_0^2}\sin^2\dfrac{\pi y}{b_0}\cos\dfrac{2\pi x}{a_0}+\dfrac{\mu}{b_0^2}\sin^2\dfrac{\pi x}{a_0}\cos\dfrac{2\pi y}{b_0}\right)\\[2ex]\sigma_y=-\dfrac{12q}{\pi^2h^2\left(\frac{3}{a_0^4}+\frac{2}{a_0^2b_0^2}+\frac{3}{b_0^4}\right)}\left(\dfrac{\mu}{a_0^2}\sin^2\dfrac{\pi y}{b_0}\cos\dfrac{2\pi x}{a_0}+\dfrac{1}{b_0^2}\sin^2\dfrac{\pi x}{a_0}\cos\dfrac{2\pi y}{b_0}\right)\end{cases} \tag{6-12}$$

由于岩石的强度特征为：抗拉强度＜抗剪强度＜抗压强度，所以坚硬岩层主要的破坏形式为拉破坏。对于某一固定尺寸的采场，薄板沿工作面走向和倾向的长度 a_0 和 b_0 保持不变，则可根据式(6-12)绘制 x 和 y 方向的正应力分量 σ_x 和 σ_y 的三维分布图，如图 6-4 所示。

从图中可以看出，$x=\frac{a_0}{2}, y=\frac{b_0}{2}$ 时，σ_x 和 σ_y 均为最大拉应力，可知在薄板的几何中心位置处所受的正应力分量最容易达到薄板的抗拉强度而发生破断。

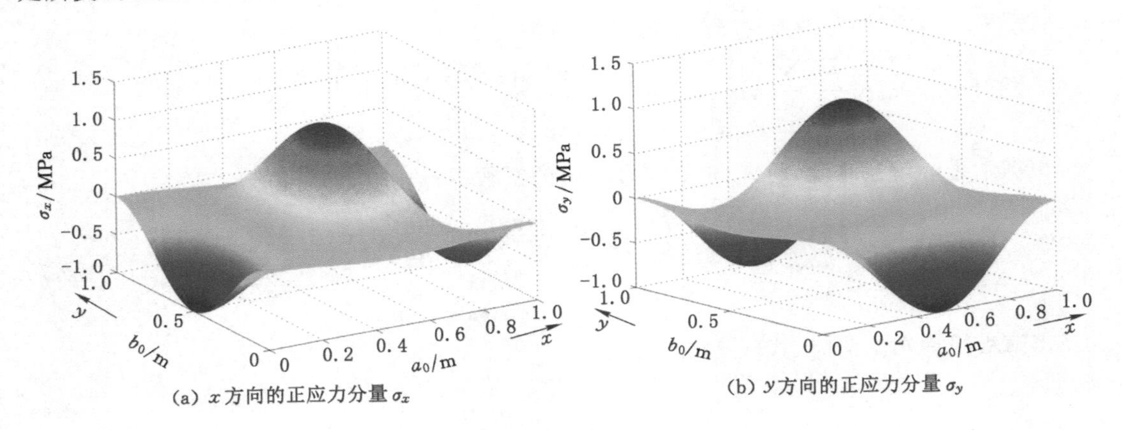

(a) x 方向的正应力分量 σ_x　　(b) y 方向的正应力分量 σ_y

图 6-4　x 和 y 方向的正应力分量 σ_x 和 σ_y 的三维分布图

取 $n_0=\frac{a_0}{b_0}$，并令 $x=\frac{a_0}{2}, y=\frac{b_0}{2}$，式(6-12)可改写为：

$$\begin{cases}\sigma_{x\mid\max}=\dfrac{12qb_0^2}{\pi^2h^2}\dfrac{(1+\mu n_0^2)n_0^2}{3n_0^4+2n_0^2+3}\\ \sigma_{y\mid\max}=\dfrac{12qb_0^2}{\pi^2h^2}\dfrac{(\mu+n_0^2)n_0^2}{3n_0^4+2n_0^2+3}\end{cases}\tag{6-13}$$

正应力分量最大值 $\sigma_{x\mid\max}$ 和 $\sigma_{y\mid\max}$ 随 n_0 的变化趋势可绘制曲线图，如图 6-5 所示。从图 6-5 中可以看出，$\sigma_{x\mid\max}$ 随 n_0 的增大呈先增大后减小趋势，当 $n_0=1$ 即 $a_0=b_0$ 时，$\sigma_{x\mid\max}$ 达最大值；$\sigma_{y\mid\max}$ 随 n_0 的增大而增大，当 $n_0>2$ 时，$\sigma_{y\mid\max}$ 趋于某一极限值。当 $n_0<1$ 时，$\sigma_{x\mid\max}>\sigma_{y\mid\max}$，甚至是 $\sigma_{y\mid\max}$ 的几倍；当 $n_0=1$ 时，$\sigma_{x\mid\max}=\sigma_{y\mid\max}$；当 $n_0>1$ 时，$\sigma_{x\mid\max}<\sigma_{y\mid\max}$。由此可知，对于固定长度 b_0 的薄板而言，当 $a_0<b_0$ 时，薄板所受的 x 方向正应力分量易达到薄板的抗拉强度而形成横“O-X”型失稳破断；当 $a_0=b_0$ 时，薄板所受的 x 和 y 方向正应力分量相等，若此时达到薄板的抗拉强度则形成正“O-X”型失稳破断；当 $a_0>b_0$ 时，薄板所受的 y 方向正应力分量易达到薄板的抗拉强度而形成纵“O-X”型失稳破断。

我国煤矿长壁工作面的倾向长度一般为 150～200 m。对于普通岩性岩层而言，其沿 x 方向的正应力分量在工作面推进十几米至几十米时就可以达到其抗拉强度，远小于工作面的倾向长度，一般形成横“O-X”型失稳破断。对于某些硬度或厚度较大的岩层而言，其沿 x 方向的正应力分量在采空区见方时容易达到其抗拉强度，形成正“O-X”型失稳破断。对于某些硬度和厚度均特别大的主关键层来说，下伏第一个工作面甚至第二个工作面回采完后，其正应力分量最大值仍小于其抗拉强度，因此不会发生失稳破断。往往在多个工作面回采完毕，工作面的倾向长度之和 b_0 足够大后，主关键层的正应力分量最大值才能达到其抗拉强度。此时，工作面走向和倾向长度均达几百米，采空区往往呈多次“见方”形状，从而形成较大的正“O-X”型失稳破断[7]。当然，坚硬顶板岩层的破断距受岩层厚度、抗拉强度、覆岩载荷、层间距、岩层移动角等多因素控制，并不仅仅在采空区恰恰见方时发生失稳破断，而在

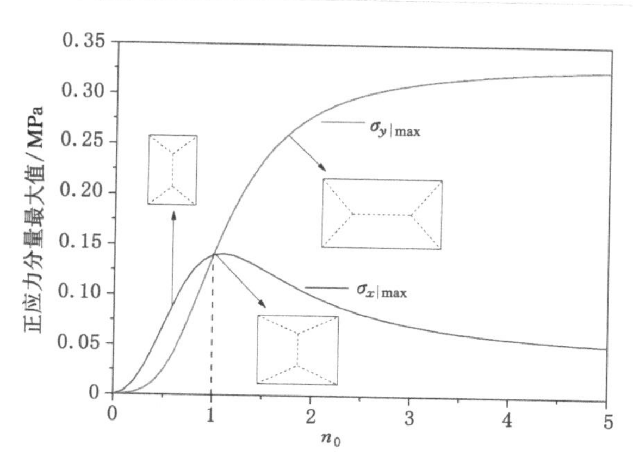

图 6-5　正应力分量最大值随 n_0 的变化趋势

采空区见方前后也存在失稳破断的可能。但在采空区见方时坚硬顶板岩层承受最大的走向正应力分量和较大的倾向正应力分量，此时最容易发生正“O-X”型失稳破断，符合“见方失稳模型”的定义。

6.1.3　厚硬顶板岩层失稳破断规律

厚硬顶板是指顶板岩石强度和弹性模量大、节理裂隙不发育、厚度大、整体性强、自承能力强、煤层开采后大面积悬露而在采空区短期内不垮落的顶板。这种顶板主要是砂岩、砾岩、石灰岩等岩层，其强度高、整体性好，一次性垮落的面积大、时间短、破坏力极强。坚硬顶板一般的厚度均在 3 m 以上，岩层内的层理、节理极少，绝大多数具有较均匀的特性。这些岩层的强度指标都比较高，其抗压强度为 54.0～146.0 MPa，抗拉强度为 5.5～18.0 MPa，抗剪强度为 6.4～54.5 MPa。顶板岩层的强度大、完整性好，因而在采场中悬露面积很大。厚硬难垮落顶板的控制一直是国内外矿山压力理论和实践研究中的一项重要内容[8]。我国的大同、鹤岗、枣庄、通化、神府、乌鲁木齐等矿区都有坚硬难垮落顶板，也都存在着对该类顶板控制的技术和工艺问题。

根据采场覆岩破断规律，下伏煤层回采后，顶板岩层破断角 β 一般为 65°～75°，本书中取 65°，如图 6-6 所示。

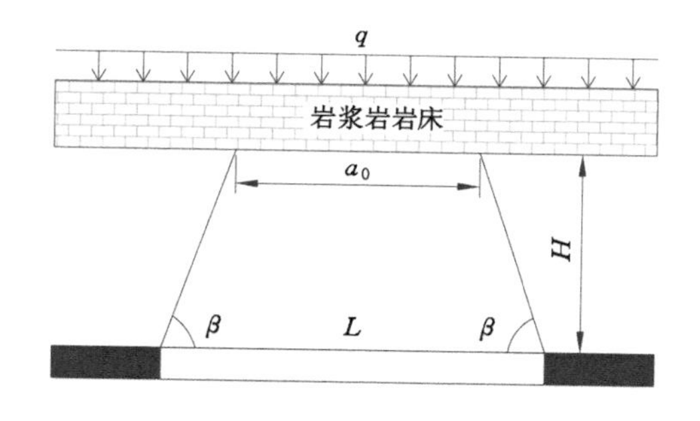

图 6-6　顶板岩层破断角示意图

工作面推进距离 L 与顶板岩层的悬空长度 a_0 之间的关系为：

$$L = a_0 + 2H\cot\beta \tag{6-14}$$

式中　H——顶板岩层与采煤工作面之间的垂距，m。

已知杨柳煤矿 10414 工作面宽度为 180 m，10416 工作面宽度为 170 m。由于杨柳煤矿有两层岩浆岩岩床，因此，在首先开采 10414 工作面时，考虑岩层破断角的影响，顶板的厚度与短边长度之比约为 1∶3，不能将第二层岩浆岩岩床作为弹性薄板。另知第二层岩浆岩岩床的厚度 h 为 43.6 m，抗拉强度 σ_t 为 8.58 MPa，载荷 q 为 2.5 MPa，其与工作面之间的垂距 H 为 102 m。采用两端固支梁模型计算岩层沿倾向的初次破断距的公式为：

$$L = h\sqrt{\frac{2\sigma_t}{q}} + 2H\cot\beta \tag{6-15}$$

代入已知量可计算得出第二层岩浆岩岩床沿倾向的初次破断距为 209 m，因此，10414 工作面在第二层岩浆岩岩床下的开采过程类似于巷道掘进情形，此时第二层岩浆岩岩床不发生失稳破断。

第二个工作面 10416 工作面开采过程中，第二层岩浆岩岩床的实际边界条件如图 6-7(a)所示，编号为①②的边为简支边，其余为固支边。为方便计算，将第二层岩浆岩岩床的边界条件简化为规则的四边固支模型，如图 6-7(b)所示。

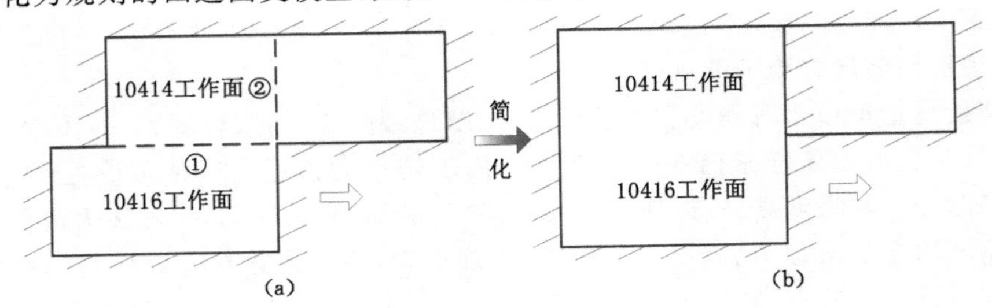

图 6-7　岩浆岩岩床边界条件简化模型

已知 10416 工作面开采后采空区的宽度之和将会达到 350 m，考虑岩层破断角的影响后第二层岩浆岩岩床的厚度与短边长度之比约为 1∶5.8，因此可将第二层岩浆岩岩床视为薄板，可利用薄板理论推导结果计算岩层破断距。将上述已知量代入可计算得出第二层岩浆岩岩床发生破断时的悬空长度 a 为 142 m。考虑到第二层岩浆岩岩床实际边界的不规则性对破断距的影响，在此取边界条件影响系数为 1.4，并考虑岩层破断角 β 的影响，可计算得出第二层岩浆岩岩床的初次破断距为 294 m。由此可知，当 10416 工作面推进约 300 m 时，采空区形状接近于二次见方，第二层岩浆岩岩床发生正"O-X"型失稳破断，符合"见方失稳模型"的定义。对于"O-X"型失稳破断，周期破断距 L' 约为初次破断距的 41%[9]，因此第二层岩浆岩岩床的周期破断距约为 121 m。

6.2　厚硬岩浆岩岩床下伏采场应力分布特征

6.2.1　不含厚硬岩浆岩岩床顶板下伏采场的应力分布特征

在地下煤炭开采过程中，了解地应力状态对煤岩瓦斯动力灾变防控具有重要的现实意义。对地下岩体应力状态的估计，最早是瑞士地质学家海姆提出的，他认为埋深越大，垂直应力越大。

在煤层开采过程中，采空区顶板岩层发生垮落、断裂、移动变形，煤岩体应力场重新分布。根据煤岩体应力场分布状态，沿工作面走向可划分为4个区域：原始应力区、应力集中区、卸压区和应力恢复区，如图6-8所示。随着工作面的推进，4个区域的应力场时空分布不断动态变化。

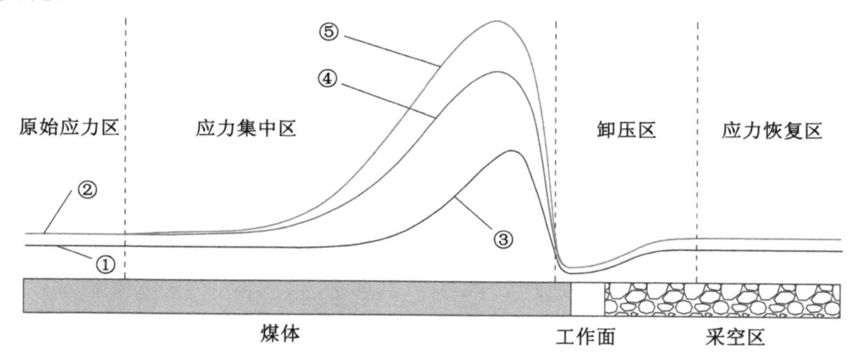

图6-8 工作面围岩走向应力场分区

（1）原始应力区

原始应力区为未受到采动影响的区域，一般处于采煤工作面前方50～100 m以外，该区域的垂直应力与埋深成正比，如图6-8中的曲线段①所示。当岩浆以岩床形式侵入顶板岩层时，对地层产生强大的推挤力，这种构造应力作用使岩浆侵入区域的地应力大于未受岩浆侵入区域的地应力，如图6-8中的曲线段②所示。

（2）应力集中区

应力集中区指的是由于采动影响、应力传递转移而形成的高应力区，其往往在采煤工作面附近。本煤层的应力集中区一般在工作面前方5～50 m范围内；顶板煤岩层的应力集中区一般在工作面前方50 m至后方20 m处。最大应力集中点通常位于工作面前方2～30 m处，且多数在工作面前方10 m范围内。应力集中区内的煤体处于三轴压缩状态，积聚着大量的弹性能量。

若顶板岩层均为普通岩层，因其破断距较小，工作面前方煤体承载较小的岩层重量，应力集中系数相对较小，如图6-8中的曲线段③所示。若顶板岩层中包含可视为主关键层的坚硬顶板岩层，因其抗弯刚度大，破断距较大，大量的岩层重量施加于工作面前方煤体，导致应力集中系数较大，如图6-8中的曲线段④所示。若坚硬顶板岩层破断，必然会对下伏煤岩体施加强烈的动载荷，导致应力集中系数大大增加，如图6-8中的曲线段⑤所示。

（3）卸压区

卸压区指的是由于采动、应力转移等影响而在一定的采场范围内形成的应力降低区。对于本煤层而言，卸压区一般在工作面前方0～5 m和工作面后方0～100 m处。对于顶板煤岩层而言，初始卸压点一般位于工作面后方5～20 m处，最大卸压点位于工作面后方20～130 m处，过了最大卸压点后应力逐渐恢复直至应力恢复区。卸压区内的煤体承受着远小于原始状态的应力，因此煤体会产生一定程度的膨胀变形。

（4）应力恢复区

应力恢复区是由于顶板岩层垮落、断裂和移动变形所形成的，位于采空区后部较远处。在应力恢复区内，采动煤岩体所承受的应力仍小于原始应力。

6.2.2 含厚硬岩浆岩岩床顶板下伏采场的应力分布特征

原始煤岩体的垂直应力与埋深成正比，而采动煤岩体的应力场时空分布随工作面的推进不断变化；受岩浆侵入的推挤作用影响，岩浆侵入区域的原始应力 $\overline{\sigma_0'}$ 高于未受岩浆侵入影响区域的原始应力 $\overline{\sigma_0}$。随着工作面的推进，坚硬顶板的悬空长度逐渐增加，因而工作面前方煤体的应力集中程度逐渐增大，集中应力为 $\overline{\sigma_j}$。若坚硬顶板的悬空长度达到一定值时采动煤体达到了极限强度条件，则悬空长度略微增加就会引起采动煤体的不可逆损伤破坏；若坚硬顶板的悬空长度达到自身临界值时采动煤体仍未达到极限强度条件，则坚硬顶板发生结构失稳破坏，由此产生的冲击载荷 $\overline{\sigma_d}$ 施加于采动煤体，形成强烈的应力扰动作用。冲击载荷 $\overline{\sigma_d}$ 与采动煤体的原始应力 $\overline{\sigma_0'}$、集中应力 $\overline{\sigma_j}$ 以矢量形式叠加，若大于采动煤体的极限强度条件，则会引起采动煤体的不可逆损伤破坏。由此可知，采动煤体的集中应力作用和顶板岩层破断的冲击载荷作用以矢量形式叠加于下伏煤体，叠加后的应力为 $\overline{\sigma}=\overline{\sigma_0'}+\overline{\sigma_j}+\overline{\sigma_d}$，效果等同于增加了顶板岩层下伏采动煤体的埋深，如图 6-9(a)所示。叠加后的应力足够大时，便会引起下伏采动煤体的不可逆损伤破坏。如图 6-9(b)所示，煤层 M 的实际埋深为 600 m，原始地应力为 16 MPa，其顶板上方存在一厚硬岩层；煤层 N 的实际埋深为 1 000 m，原始地应力为 25 MPa，其顶板上方不存在一厚硬岩层。煤层 M 开采过程中，采动煤体的集中应力作用和厚硬顶板岩层破断的冲击载荷作用叠加于该煤层，可能会使得该煤层的实际地应力达到甚至超过 25 MPa，力学状态等同于埋深更大的煤层 N。而煤层 M 受采动卸荷影响，煤层 N 不受任何扰动，因此煤层 M 的煤体比煤层 N 的煤体更易劣化失稳破坏。

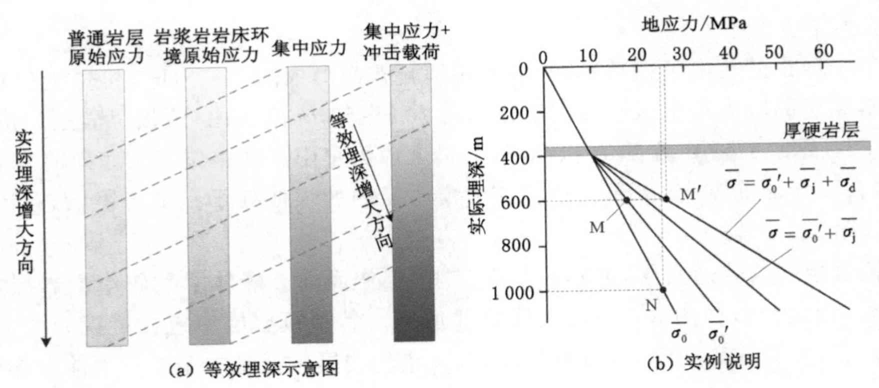

图 6-9 采动煤体的等效埋深示意图与实例说明

6.2.3 采场覆岩应力变化规律

6.2.3.1 UDEC 数值模型的建立

UDEC 是基于离散单元法原理，针对非连续介质模型的二维离散元数值计算程序。离散单元法是计算散体介质系统力学行为的数值方法，也是解决非连续介质力学问题的一个重要方法。离散单元法特别适用于节理岩体的大位移、大变形分析[10-11]。

(1) 数值模拟设计模型

以海孜煤矿Ⅱ102 采区为基本原型，采用 UDEC 数值模拟软件，模拟开采 10 煤层，10 煤层作为远距离下保护层保护 7、8、9 煤层。Ⅱ102 采区各煤层厚度及距厚硬岩浆岩距离如表 6-1 所列。

表 6-1　Ⅱ102 采区各煤层厚度及距厚硬岩浆岩距离

岩层名称	厚硬岩浆岩	7 煤层	8 煤层	9 煤层	10 煤层
厚度/m	120.00	2.00	1.40	2.43	2.67
距厚硬岩浆岩距离/m		55	79	83	170

为了定性说明问题，将Ⅱ102 采区地质条件进行适当的简化后建立计算模型。作为保护层的 10 煤层厚度为 2.67 m，模型下边界距 10 煤层底板约 30 m，模型上边界距地表约 336 m，模型总高度为 262 m。为了建立模型和数值模拟过程的方便，采用水平模型，忽略地层倾角的影响。模型按照地层的走向剖面进行设计，设置模型的走向长度为 600 m，开挖从模型左侧 150 m 处开始，设计的开采长度为 300 m。根据岩石力学性质分别对垂直应力和水平应力进行赋值。数值模拟的设计模型如图 6-10 所示。

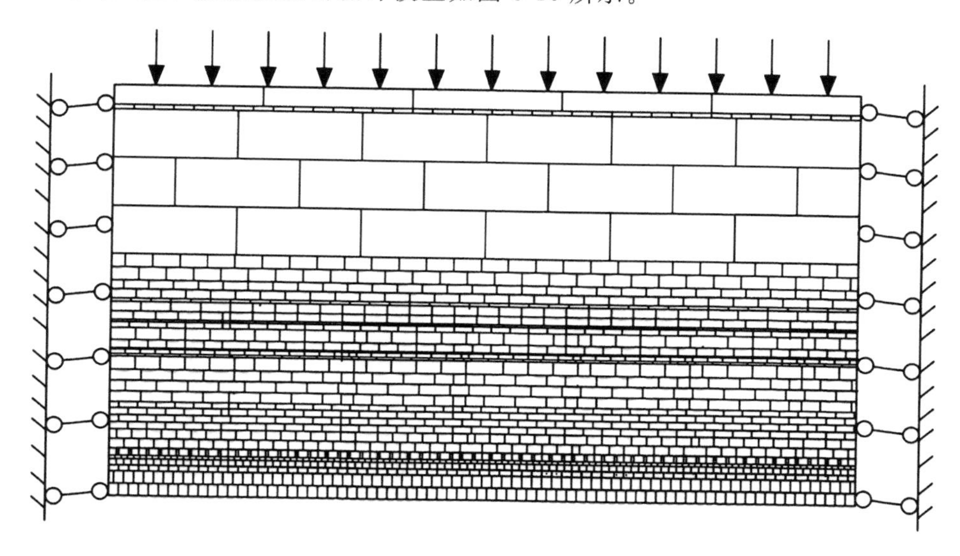

图 6-10　UDEC 数值模拟设计模型

(2) 力学参数及屈服准则的选择

数值模拟过程中采用莫尔-库仑模型，并假定材料所受屈服应力为剪切破坏。依据岩体力学特性，本次模型围岩体物理力学参数如表 6-2 所列[12]。

表 6-2　模型围岩体物理力学参数

岩层	弹性模量/GPa	体积模量/GPa	剪切模量/GPa	泊松比	密度/(kg/m³)	抗压强度/MPa	内聚力/MPa	内摩擦角/(°)
岩浆岩	28.64	38.90	29.30	0.170	2 780	144.2	12.630	43.33
砂岩	10.18	16.60	4.26	0.194	2 670	75.9	2.978	25.31
粉砂岩	7.78	4.64	3.18	0.221	2 560	60.5	2.186	23.82
泥岩	1.85	0.99	0.77	0.191	2 400	26.8	0.763	19.43
煤层	2.15	1.68	0.84	0.267	1 400	20.0	0.454	16.41

模型计算采用屈服准则：

$$f_s = \sigma_1 - \sigma_3 \frac{1+\sin\varphi}{1-\sin\varphi} + 2c\sqrt{\frac{1+\sin\varphi}{1-\sin\varphi}} \tag{6-16}$$

式中　σ_1 ——最大主应力，MPa；

σ_3 ——最小主应力，MPa；

c ——内聚力，MPa；

φ ——内摩擦角，(°)。

当 $f_s<0$ 时，材料发生剪切破坏，在低应力条件下，可以采用抗拉强度作为岩石（脆性材料）抗拉破坏的指标，当应力载荷大于岩体抗拉极限时，岩石抗拉强度将会发生弱化现象。

(3) 边界条件和单元划分

模型边界条件为：① 模型上边界为自由边界，未模拟岩体重力载荷，以外加载荷方式施加载荷；② 左右边界为单约束边界，采用水平位移边界条件；③ 下边界为全约束边界，采用水平和垂直位移边界条件。

模型单元划分依据为：基于海孜煤矿煤系地层赋存条件，依据岩层物理力学性质和赋存特征参数对各模型单元进行划分。单元的大小由煤岩体力学强度、屈服及破坏特性等因素决定。

6.2.3.2　采场覆岩应力变化规律分析

图 6-11～图 6-13 分别为工作面推进 100 m、200 m 和 300 m 时采场覆岩垂直应力分布云图（图中图例为垂直应力，单位为 Pa；横坐标为走向长度，单位为 m；纵坐标为倾向长度，单位为 m）。从图中可以看出随着工作面推进，采场覆岩应力分布具有明显的分区特征，采空区上下一定的范围内为卸压区，采空区两侧煤柱存在应力集中区。

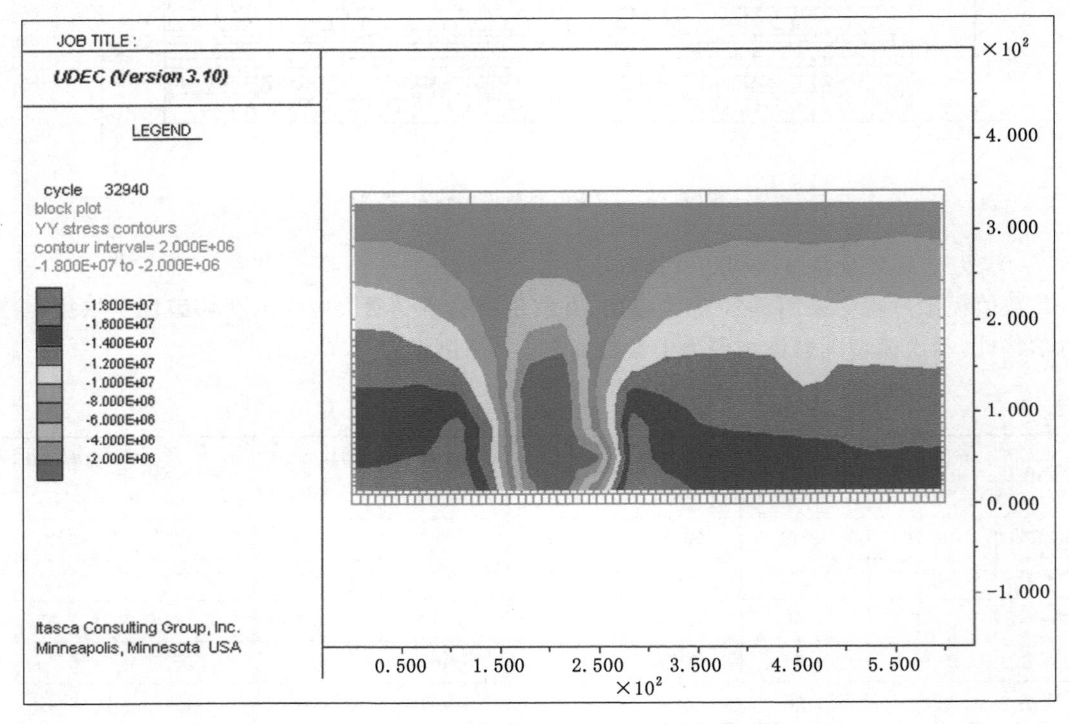

图 6-11　工作面推进 100 m 时采场覆岩垂直应力分布云图

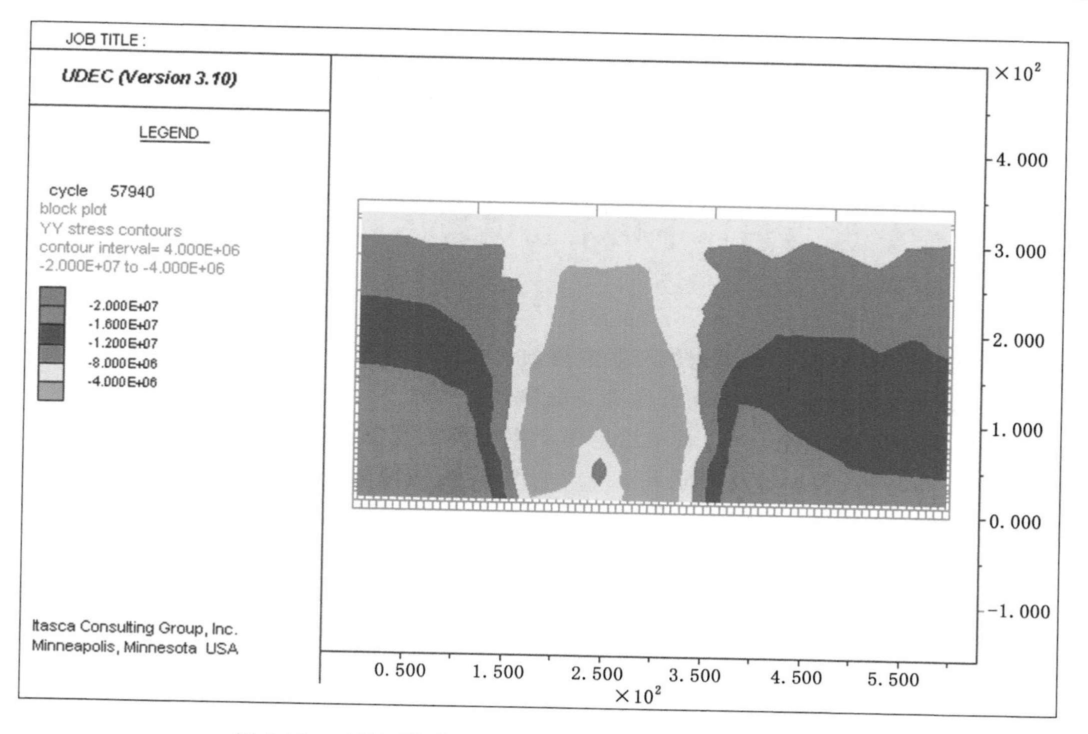

图 6-12　工作面推进 200 m 时采场覆岩垂直应力分布云图

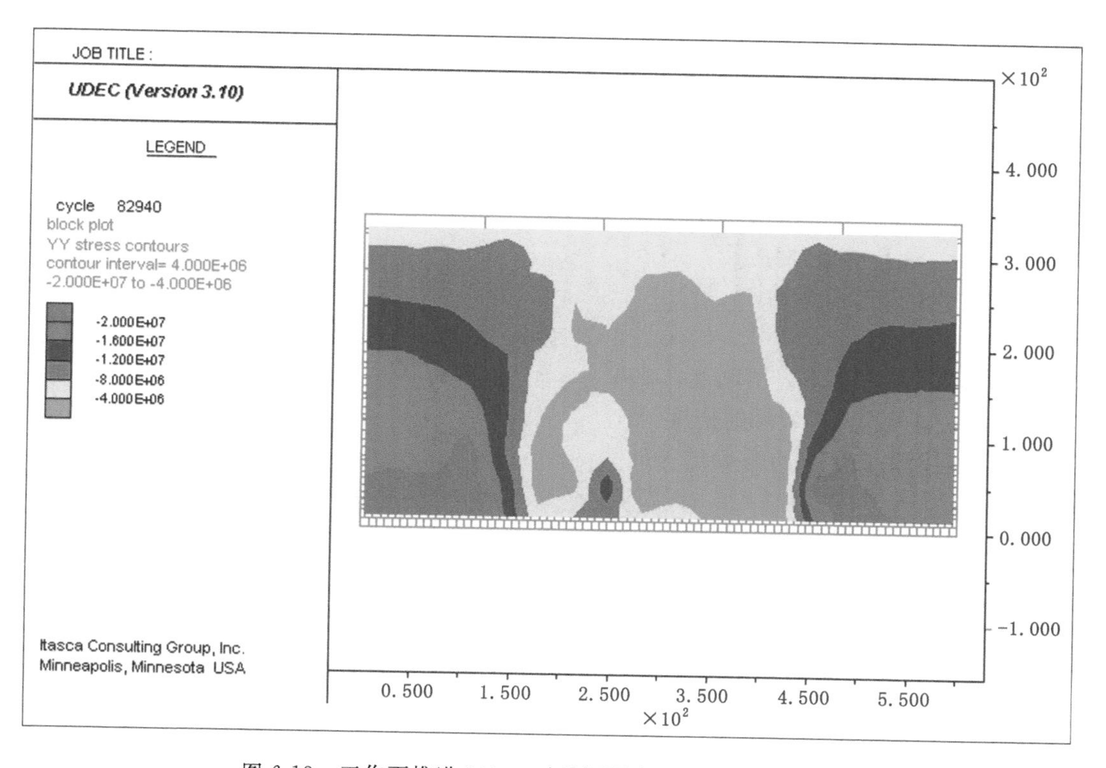

图 6-13　工作面推进 300 m 时采场覆岩垂直应力分布云图

垂直应力以开采区域为中线整体上呈对称分布，随着工作面不断推进，采空区两侧应力集中区以及10煤层上覆煤岩体卸压区都不断扩大。当工作面开采结束时，采空区两侧的垂直应力集中值在20 MPa以上。直接顶垮落后，随着工作面推进，采空区中部被重新压实，出现应力集中现象[12]。

6.3 厚硬岩浆岩岩床下伏采动煤岩体离层发育与裂隙演化特征

6.3.1 厚硬岩浆岩岩床下伏煤岩体离层裂隙演化机制

6.3.1.1 厚硬岩浆岩岩床下伏煤岩体离层裂隙产生机理

离层为采动覆岩沉陷运动过程中沿层面产生分离的现象，这一现象普遍存在于各类采场覆岩中，在垮落带、裂隙带及弯曲下沉带中均可产生，但垮落带、裂隙带中离层发育的时间较短且其空隙会逐渐被压实闭合，而弯曲下沉带中一般离层范围较大，发育时间较长[12]。

上覆岩体在采动扰动条件下会产生法向弯曲，不同岩层层面之间会发生剪切破坏，导致其垂向不协调移动。当两相邻岩层不产生断裂式破坏，且上部岩体刚度较大，下部岩体有足够移动空间，将会在接触面间形成离层空间，离层空间的产生要具备以下4个条件。

（1）相邻岩层沿层面剪切破坏与分层的条件

$$\tau \geqslant \sigma \tan \varphi + c \tag{6-17}$$

式中 τ——层面剪切力，MPa；

σ——层面法向应力，MPa；

c——内聚力，MPa；

φ——内摩擦角，(°)。

（2）上覆岩体完整性条件

$$\sigma_{\max} < \sigma_{t} \tag{6-18}$$

式中 $\sigma_{\max}$——最大法向应力，MPa；

σ_{t}——抗拉强度，MPa。

（3）岩层力学结构条件

$$G_{u} < G_{d} \text{ 或 } \omega_{u} < \omega_{d} \tag{6-19}$$

式中 G_{u}，G_{d}——上、下岩层刚度，GPa；

ω_{u}，ω_{d}——上、下岩层的挠度，m。

（4）岩层沿法向方向可移动的条件

$$M - \sum (K_{n} - 1) N_{n} > 0 \tag{6-20}$$

式中 M——煤层开采厚度，m；

N_{n}——第n岩层的厚度，m；

K_{n}——第n岩层的碎胀系数。

煤系地层成层分布，岩层间发育有层理面（不同岩性交界面或相同岩性内各分层间），层理面黏结强度较弱，尤其是不同岩性间的层理面，属岩层间的软弱结构面；在工作面煤层开采时，随着工作面推进，采空区煤层上覆顶板岩层由下往上依次发生下沉甚至垮塌，但上覆各岩层下沉速率并不完全一致。

当采场覆岩弯曲下沉带内存在厚硬关键层时，开采初期上覆岩层重力载荷被顶板岩层以板的形式支撑，处于应力平衡状态；随着开采面积的增大，顶板岩层达到垮落步距而出现垮落，覆岩中的上部坚硬岩层暴露形成应力拱，并达到一种新的应力平衡。平衡拱随着工作面开采不断地向上发展，拱内离层发育，拱外岩层整体移动。当平衡拱发展至厚硬岩浆岩时，由于岩浆岩厚度大而且其抗压、抗拉强度远大于其他岩层的抗压、抗拉强度，短期内无法垮落，造成平衡拱和离层均停止向上发展。覆岩力学模型由“拱形”转为“拱板形”，并形成帽状离层，如图6-14所示[12]。

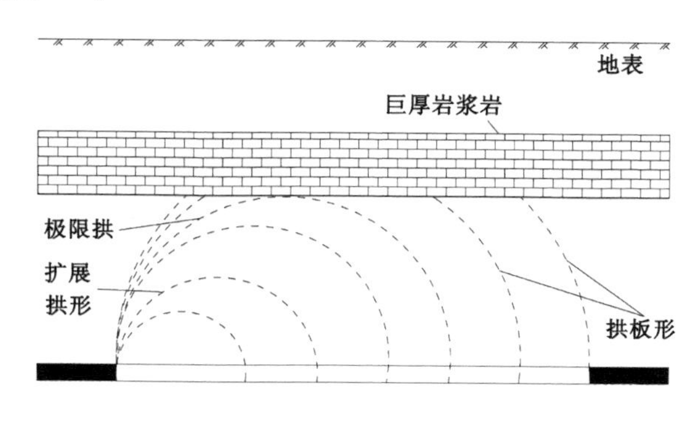

图6-14 厚硬岩浆岩下离层产生机理示意图

6.3.1.2 离层量计算

(1) 离层的力学模型

保护层开采后，厚硬岩浆岩下的岩层由于横向载荷较小，岩层厚度与采场长度较小，且一般岩层的弯曲挠度也较小，此时膜内力较小，在考虑岩层弯曲变形问题时，可以忽略不计，即认为中面没有伸缩，可以运用薄板小挠度理论对其进行分析。

通常情况下薄板区别于中厚板，板的厚度 h 与板面的最小尺寸 b 的比值需满足条件：

$$\frac{1}{100} \sim \frac{1}{80} \leqslant \frac{h}{b} \leqslant \frac{1}{8} \sim \frac{1}{5} \tag{6-21}$$

厚硬岩浆岩在较长时间内不会发生明显弯曲，挠度很小，不能采用克希霍夫假设而忽略厚度方向的剪切变形，所以中厚板理论是研究厚硬岩浆岩弯曲变形问题的基础。

将采场覆岩视为上覆载荷 q 均匀分布的矩形薄板或矩形厚板，岩板坐标系如图6-15所示，以中面为 xOy，走向为 x 轴正方向，倾向为 y 轴正方向，且 z 轴向下为正方向。z 方向载荷 q 数值相等，而 x、y 方向应力 σ_x、σ_y 无法确定是否相等，平板长度为 a，宽度为 b，厚度为 h。图6-16为岩板 xOz 面示意图，平分板厚度的面为中面。

结合现场实际情况，本节将覆岩视为四边固支的弹性岩板，边界条件为：

$$\left.\begin{aligned} &\text{当 } x=0 \text{ 或 } a \text{ 时}, \omega=0, \frac{\partial \omega}{\partial x}=0 \\ &\text{当 } y=0 \text{ 或 } b \text{ 时}, \omega=0, \frac{\partial \omega}{\partial y}=0 \end{aligned}\right\} \tag{6-22}$$

式中 ω——岩板的挠度，m。

板模型尤其是厚板的理论方程求解过程极为复杂，国内外学者在弹性板理论的基础上得到了板的挠度近似方程，见式(6-23)和式(6-24)。

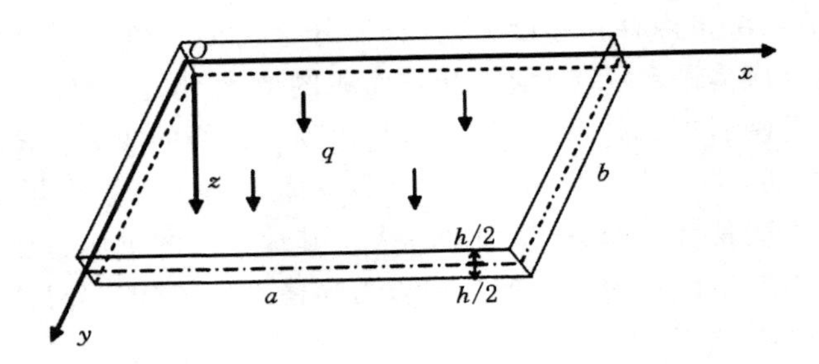

图 6-15　岩板坐标系示意图

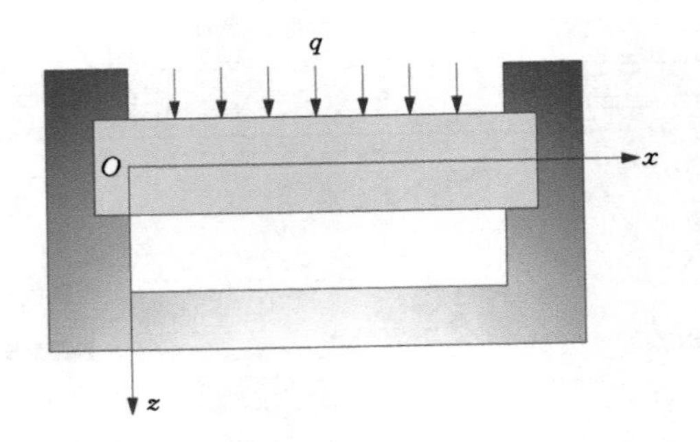

图 6-16　岩板 xOz 面示意图

薄板挠度 ω_b 的近似方程：

$$\omega_b = 0.001\,283\,\frac{q_0 a^4}{D}\cos^2\left(\frac{\pi x}{a}\right)\cos^2\left(\frac{\pi y}{b}\right)\omega \tag{6-23}$$

式中　q_0——垂直板面方向的载荷，Pa；

D——抗弯刚度，$Pa \cdot m^4$。

中厚板挠度 ω_h 的近似方程：

$$\omega_h = C_h \omega_b \tag{6-24}$$

式中　C_h——挠度厚化系数。

(2) 离层空间量的计算

岩板的极限跨距 a_m、b_m 与岩板的形状及岩石的结构性质等因素相关，当拉应力达到许用拉应力时，岩板将在中点处发生破断，通过岩板的抗拉强度 σ_t 与板尺寸的关系可以求出岩板的极限跨距，计算公式为：

$$\left.\begin{aligned} a_m &= \frac{ab_m}{b} \\ b_m &= \sqrt{\frac{\sigma_t h^2}{6kq}} \end{aligned}\right\} \tag{6-25}$$

式中　k——薄板的形状系数，数值与 a/b 相关，计算公式为：

$$k = 0.003\,02\,(a/b)^3 - 0.035\,67\,(a/b)^2 + 0.139\,53(a/b) - 0.058\,59 \tag{6-26}$$

当岩板没有发生破断时（$a \leqslant a_m$ 且 $b \leqslant b_m$），可将岩板尺寸直接代入式(6-25)，但在实际生产过程中，岩板 a、b 一般均大于 a_m、b_m，将极限跨距代入挠度公式可得到岩板的极限挠度 ω_m。

在弯曲下沉带内，极限挠度 ω_m 是岩板变形能达到的最大挠度，如果超过极限挠度，说明岩板已经处于采场裂隙带或者垮落带中。

将相邻岩板的挠度值求出即可得到岩层间的离层间距。通过对离层间距的计算，可以计算采场覆岩离层空间的体积，进而获得离层发育的分布规律。

离层空间的体积计算公式为：

$$\Omega = \iint(\omega_2 - \omega_1)\mathrm{d}x\mathrm{d}y = \iint\Delta\omega\mathrm{d}x\mathrm{d}y \tag{6-27}$$

式中　ω_1——相邻岩板上板的挠度，m；

　　　ω_2——相邻岩板下板的挠度，m。

6.3.2　离层裂隙发育时空演化规律

6.3.2.1　离层裂隙发育时空演化规律相似模拟

以淮北海孜煤矿远距离下保护层 10 煤层开采为背景，采用平面应变模型实验台进行相似模拟，模型开采按时间比例进行。当工作面推进 85 cm 时，厚硬岩浆岩下部出现了微小的顺层裂隙，随着工作面的周期垮落及垮落向上部的不断发展，顺层裂隙逐渐扩大形成明显的离层裂隙，随着厚硬岩浆岩下离层裂隙的不断增大，卸压煤岩体内的离层裂隙较初始阶段微微闭合。当煤层开采完毕时(开采 140 cm 时，如图 6-17 所示)，形成了两侧垮落近似对称的图形，左侧垮落充分，卸压角较大，裂隙较发育，厚硬岩浆岩宏观上并未发生弯曲，其下方的离层裂隙最为发育，中组煤呈现明显的弯曲下沉，被保护层顶底板附近存在的少数竖向裂隙与离层裂隙不完全闭合，如图 6-18 所示。

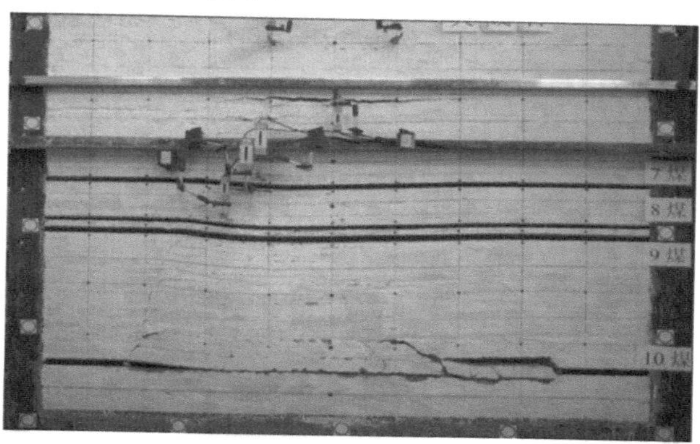

图 6-17　开采 140 cm 时的情形

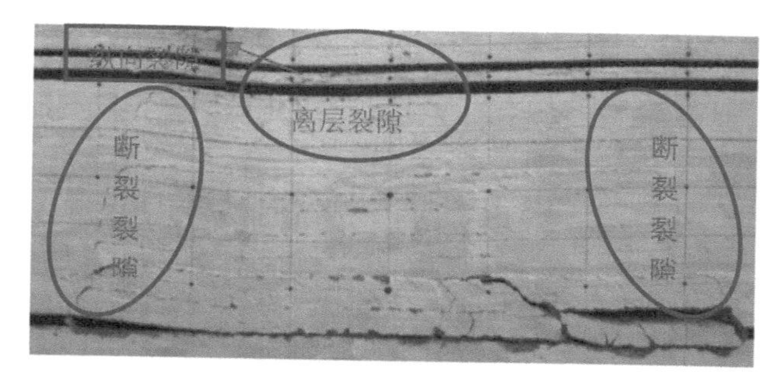

图 6-18　模型裂隙分布图

从模拟实验岩层断裂垮落过程中可以发现，随着工作面向前推进，覆岩均超前工作面煤壁开始移动，工作面上覆不同高度的岩层随采空区扩大而断裂垮落，距煤层越远，工作面上覆岩层断裂线至煤壁距离越大，岩层断裂后，岩层移动量急剧增加，并且工作面开切眼与终采线附近的裂隙发育密度明显要大于工作面中部的裂隙发育密度。

6.3.2.2 离层裂隙发育时空演化规律数值模拟

对厚硬岩浆岩下保护层 10 煤层开采过程进行数值模拟时，模型采用走向分步方式进行开采，每步开挖 10 m，开切眼位置位于 $x=100$ m 处，分别取工作面推进 100 m、200 m 和 300 m 时对应的三个时间点分析采动规律，如图 6-19～图 6-21 所示。

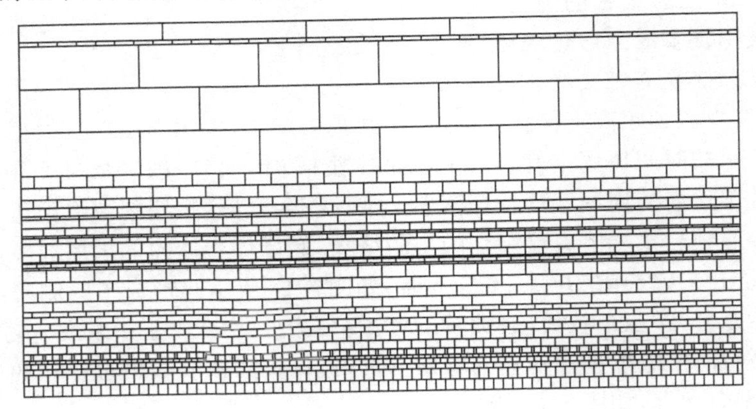

图 6-19 工作面推进 100 m 时离层裂隙发育情况

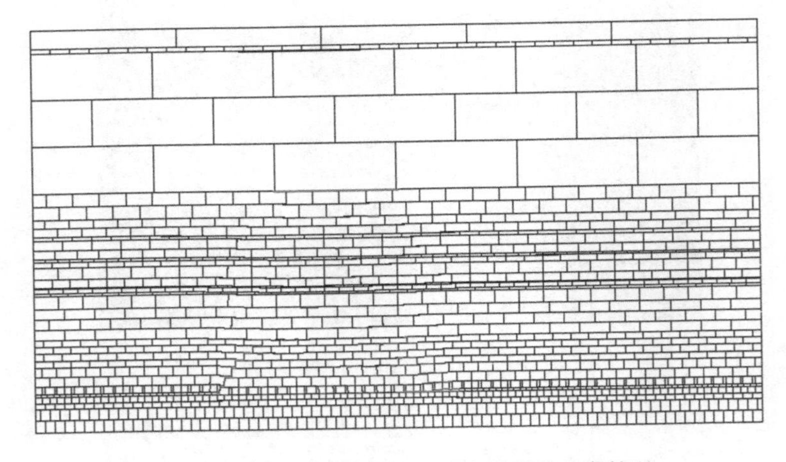

图 6-20 工作面推进 200 m 时离层裂隙发育情况

10 煤层开采初期，顶板的砂岩抗压强度较大，能够短时间内不破断垮落，采场的影响范围较小。当工作面推进 100 m 时，基本顶下部岩层垮落，在基本顶岩层上方区域出现了离层，继续向前推进时，离层继续向上发展。当工作面推进 200 m 时，在 7 煤层上覆的厚硬岩浆岩与其下泥岩界面上产生了长 100 m 左右的离层，最大离层高度约 436 mm，而且岩浆岩下部上位砂岩和下位泥岩间也不同程度出现了离层现象，但岩浆岩上部没有离层发育。随着工作面继续向前推进，厚硬岩浆岩底部的离层空间持续扩大，而 7 煤层以下的离层不断地

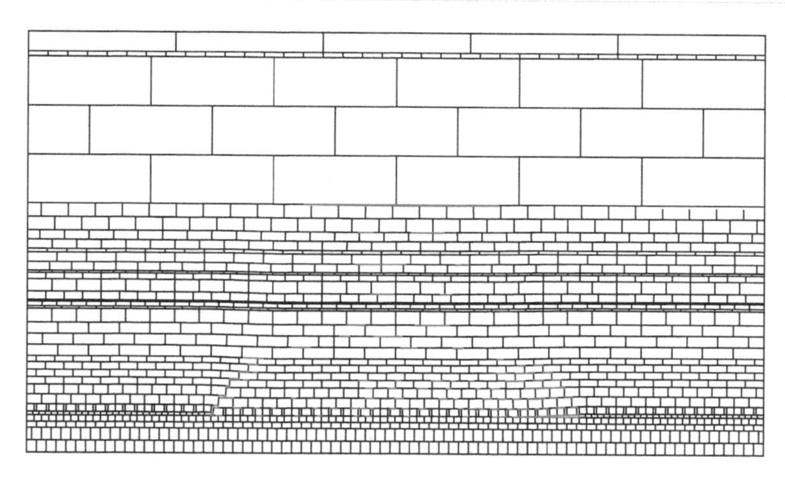

图 6-21 工作面推进 300 m 时离层裂隙发育情况

出现和闭合。当工作面推进 300 m 时，厚硬岩浆岩由于抗压强度较大，没有发生破断，其下离层体积（包括离层宽度和高度）发育至最大值，长约 150 m，离层高度达到 785 mm。岩浆岩下部硬软岩层间仍保存了部分离层，垮落带及裂隙带部分区域被压实，离层裂隙逐渐闭合，离层直到工作面开采完毕都没有发展至厚硬岩浆岩以上。

分析可知，弯曲下沉带内的岩浆岩下部离层最为发育，在岩浆岩的间接卸载作用下离层空间随着工作面的开采闭合较为缓慢，离层区内的离层主要集中在采空区上方中间区域。7 煤层和 9 煤层之间的区域距保护层及岩浆岩距离都较大，且离层面上下岩层的强度相差较小，因此离层发育的程度较小且存在时间较短。随着工作面不断推进，离层分布区域呈现由“拱形”向“拱板形”过渡的特征[12]，在岩浆岩破断前都无法越过岩浆岩向上继续发展。

随着工作面不断推进，由于岩层岩性及距 10 煤层顶板远近的差异，上覆岩层不同区域的离层发育程度不同。可以通过上部岩层下沉量与下部岩层下沉量的差与开采前岩层间的距离的比值来表示岩层的离层率，正值表示岩层产生离层，负值表示岩层被压缩，从而可以反映岩层的离层发育情况。为了考察采空区上覆岩层的离层发育情况，将上覆岩层分为三个区域：开采煤层顶板上部 8～16 m、16～40 m、130～170 m（岩浆岩下区域）煤岩体区域，工作面开采结束后，这些区域的离层率随距开切眼距离的变化曲线如图 6-22 所示。

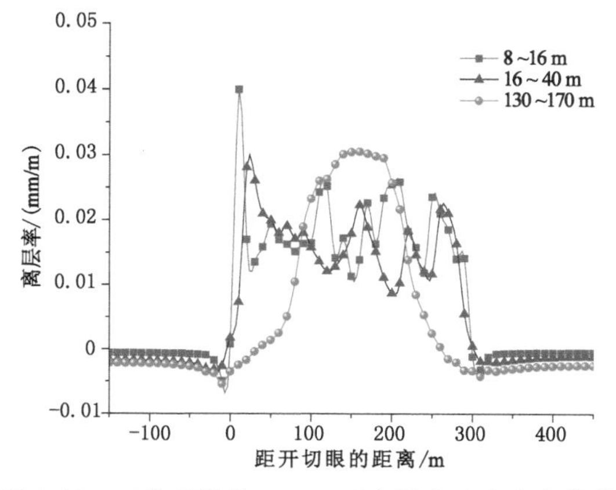

图 6-22 工作面推进 300 m 时离层率垂向变化曲线

随着工作面不断开采,采空区的面积随之不断增加,在工作面开采 300 m 时,距 10 煤层顶板上部 130～170 m 区域离层率呈类抛物线分布,对应采空区中部岩层离层率较大,岩浆岩下最大离层两侧煤岩体受支承力较大导致离层率下降梯度较大。距 10 煤层顶板上部 8～16 m、16～40 m 区域离层率大小接近,采空区中部都出现压实现象,离层率变小,表现出岩层移动的时间性。

6.3.3 覆岩采场围岩离层裂隙分布特征

在煤层开采过程中,一般情况下,总是首先在离煤层顶板较近的硬岩层下方出现离层现象;随着工作面不断推进,该硬岩层断裂,离层空间闭合,在离煤层顶板较远的硬岩层下又会出现离层现象,实际上离层空间的位置是在动态变化着的[13],覆岩离层在时间上都要经历产生、扩展到闭合消失的过程。顶板存在厚硬岩浆岩时,距保护层较近的各亚关键层下的离层随着岩石垮落,在上覆岩体自身重力作用下,出现近似"O"形圈效果的离层分布,较远的各亚关键层下出现弧形离层,离层最终发育止于厚硬岩浆岩下,岩浆岩下方出现最大的弧形离层。由于厚硬岩浆岩长期保持不破断,离层区主要以岩浆岩下的弧形离层及"O"形圈离层为主。

一般情况下,上覆岩层裂隙发展变化经历了卸压、失稳、起裂、突变张裂、吻合缩小、加速闭合、裂隙维持、再次加速闭合直至完全被压实闭合的过程[14]。但当弯曲下沉带内存在厚达百米以上的坚硬岩层时,其下伏的离层裂隙和竖向裂隙受垮落岩层的压实作用减少,在岩浆岩的支撑作用下,能保持不完全闭合。此时,离层裂隙分布将呈现三个阶段特征:

第一阶段,从开切眼开始到顶板初次来压前,随着工作面推进,顶板岩层由初次开挖的弹性变形向塑性变形、破坏发展,两端出现破断裂隙,中间出现离层裂隙,且裂隙密度不断增加,至工作面初次来压时,中间裂隙密度达到最大,但发育程度低。

第二阶段,工作面初采阶段,直接顶不规则垮落形成的散体堆积高度不能完全充满采空区,随着工作面的推进,顶板垮落高度增大,基本顶岩层中所形成的结构因垮落或回转变形逐渐失去平衡而垮落。此后进入顶板周期性矿压显现阶段,该阶段内覆岩破断和离层裂隙向较高层位发展,最终止于岩浆岩。距离保护层较近的裂隙带内的离层裂隙,在垮落岩石作用下趋于相对压实,离层率下降,采空区四周离层裂隙仍保持。而弯曲下沉带内的离层趋于发育明显,能够保持一定的时间,最为发育的离层出现在厚硬岩浆岩下。

第三阶段,随着开采时间与采场距离的不断增加,达到了厚硬岩浆岩的极限抗拉强度后,厚硬岩浆岩受采动影响发生破断垮落,导致弯曲下沉带内的离层趋于闭合,岩浆岩上覆岩层出现明显的整体移动现象,地表出现明显的下沉。

6.4 厚硬岩浆岩岩床下伏离层瓦斯储运特征及致灾机制

保护层开采后,在采动影响下,采场覆岩卸压带内会产生大量的离层和断裂裂隙,弯曲下沉带内厚硬岩浆岩的存在,使得卸压区域内的煤岩体中的大量顺层张裂隙和穿层裂隙长期保持不完全闭合,这种条件下瓦斯流动将呈现新特点。

6.4.1 厚硬岩浆岩岩床下伏离层瓦斯储运特征

6.4.1.1 采动覆岩裂隙对卸压瓦斯储运作用

(1) 裂隙带内瓦斯储运特征

保护层开采后，顶板岩石垮落、移动和变形，在采空区上方产生一个卸压带。在卸压带中，处于垮落带的邻近层直接向采空区放散瓦斯，处于裂隙带与弯曲下沉带内的邻近层则通过张裂隙向开采层的采空区放散瓦斯；底板方向的邻近层也会因卸压作用引起膨胀变形，使得底板方向邻近层的瓦斯通过张裂隙进入开采层的采空区。

被保护层顶板存在厚硬岩浆岩，距离岩浆岩较远的垮落带、裂隙带内煤岩体垮落后，受上覆载荷作用虽然减少，但中间仍相对压实，四周由裂隙分布沟通，如图 6-23 所示。离层裂隙主要分布在工作面及采空区四周煤柱侧，从而形成采动裂隙分布的“回”形圈[15-16]。“回”字形裂隙圈中间“口”字形重新压实区域随着开采的进行不断扩大，而在压实区域的四周始终存在一个环状的裂隙区，也就是说随着开采的进行裂隙区和重新压实区都是在动态变化的。

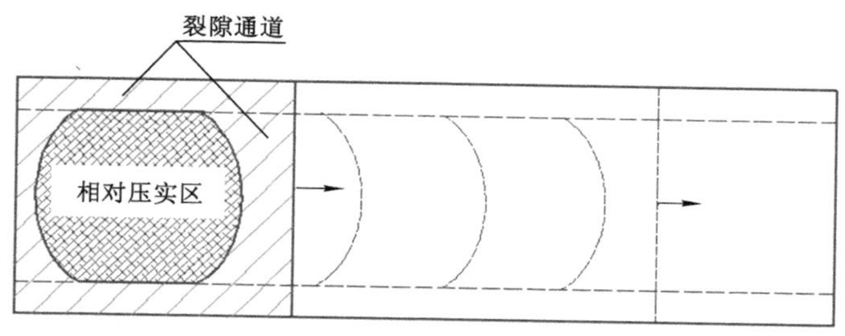

图 6-23　裂隙演化过程

从开采煤层的底板到采空区的顶部，所有裂隙通达之处，构成了采空区气体的流动空间。来自本煤层和上覆岩层的卸压瓦斯，其涌出和运移的不均衡性和采空区垮落煤岩体空洞的局部聚集，使得卸压瓦斯将在浮力作用下沿采动垮落带裂隙通道上升和扩散，瓦斯上升和扩散过程中不断掺入周围气体，使涌出源瓦斯与环境气体的密度差逐渐减小，直到密度差为零，混合气体则会聚集在垮落带上部的裂隙带内，使裂隙带成为瓦斯聚集带。特别是对于“U”形上行通风的工作面，采空区遗煤解吸出的瓦斯会沿顶板破断裂隙向上部离层裂隙区运移，并在通风动力的作用下，最后随风流到工作面上隅角，成为造成上隅角瓦斯超限的主要原因之一，如图 6-24 所示。

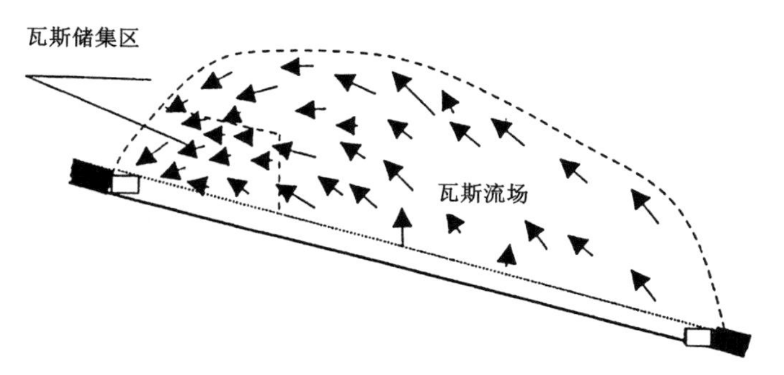

图 6-24　本煤层的采空区瓦斯流动

以上从理论上解释了采动裂隙带是瓦斯涌出较活跃区域，且是瓦斯的运移聚集带，为保护层工作面瓦斯治理技术（高位钻孔、高抽巷等）提供了科学依据。

在流动空间内，由于垮落带与裂隙带的透气性不同，渗流速度和流态差别较大。在层流区内瓦斯呈上浮特性，特别是采空区深部高浓度瓦斯向工作面上隅角运移时，这种上浮特性尤为明显；垮落带及工作面采空区漏风通道畅通，气体进入过渡流和紊流区，瓦斯与空气混合移动；在垮落带以上较远的区域，瓦斯气体呈上浮分层现象[16]。

(2) 弯曲下沉带离层区内卸压煤岩体瓦斯储运特征

煤岩体承受载荷时渗透性能降低，这是由于煤岩体的裂隙和孔隙缩小和闭合所致，卸除载荷时则相反。煤层开采时，由于集中应力的作用，煤岩体压缩变形，孔隙率减小，影响瓦斯渗透；反之，因卸压作用，孔隙和裂隙张开扩大，煤岩体伸张变形，同时还将产生新的裂隙，渗透率就会增大，有利于瓦斯渗透。

图 6-25 为厚硬岩浆岩下离层分布情况。厚硬岩浆岩为矿井的主关键层，控制着其上部所有岩层的整体运动。采动后厚硬岩浆岩能够保持长期的不下沉、不垮落，在其支撑作用下，其下部出现了最为发育的离层，并且在被保护层的上、下煤岩体内部软硬岩交接处形成了大量不完全闭合的离层。通过数值模拟可知，这种特殊地质条件下的保护层开采，卸压效果较一般情况更加明显，厚硬岩浆岩下伏的煤岩体卸压均匀，煤岩体的渗透性能大大增加，瓦斯流动的行程阻力大大降低。特别是弯曲下沉带内少数的竖向穿层裂隙能够不闭合，沟通了煤层与离层，使瓦斯在浓度差作用下，不断涌入离层区域内，使该区域成为瓦斯的富集区域。弯曲下沉带内离层区的存在，使远距离被保护层卸压瓦斯聚集，形成新的瓦斯聚集带，为被保护层卸压瓦斯抽采技术提供了理论依据。

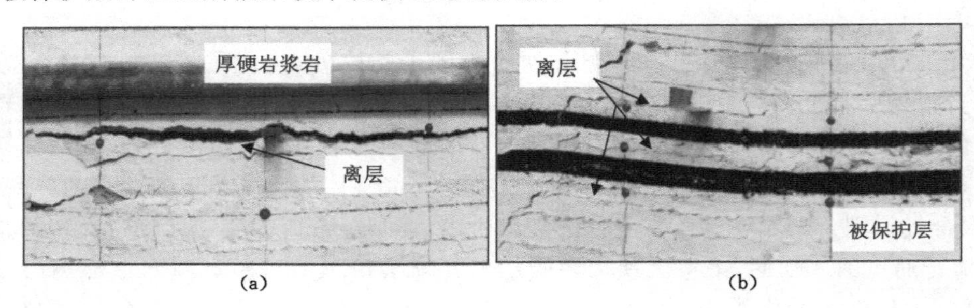

图 6-25　厚硬岩浆岩下离层分布情况

6.4.1.2　围岩采动裂隙场与瓦斯流动场的耦合规律

在厚硬岩浆岩存在的情况下，采动覆岩存在两个瓦斯的富集区域，即裂隙带瓦斯富集区和弯曲下沉带内离层区瓦斯富集区。其中裂隙带瓦斯富集区由于采场不可避免地存在漏风，以及上、下巷道压差等的驱动，裂隙带空间将充满瓦斯或瓦斯-空气混合气体，此外，邻近的卸压瓦斯也会顺着相互贯通的破断裂隙流入裂隙带内；弯曲下沉带离层区内，大量的卸压瓦斯沿着不完全闭合的竖向裂隙流入离层内。

一方面，当采用抽放巷道或抽放钻孔抽采富集区域的瓦斯时，其中高浓度瓦斯可直接从钻孔或巷道中抽出，邻近煤岩体的卸压瓦斯大量涌入富集区域，导致裂隙带内的混合气体以及离层区内的瓦斯浓度分布发生改变，从而影响混合气体的密度及黏度。反过来，混合气体密度及黏度的变化又改变混合气体的流动速度，从而导致混合气体中的瓦斯浓度发生改变，也就是瓦斯浓度的分布与瓦斯的流动相互影响、相互作用。

另一方面，煤岩层下沉、断裂时所形成的采动裂隙以及原有孔隙、裂隙为气体的运移提供了通道和空间，其中的气体流动对煤岩体产生孔隙压力的力学作用，从而改变了气体原来的流动状况和赋存状态[15]。同时，随着工作面的推进，裂隙带与离层区是动态变化的，其中煤岩体变形导致孔隙率的变化，从而使煤岩体的透气性发生改变，于是气体在孔隙、裂隙中的流动状况以及孔隙压力也将受到改变。

综上所述，厚硬岩浆岩下裂隙带与离层区内气体运移与煤岩体变形之间存在着复杂的相互作用。它是渗流场、浓度场和裂隙场（包括离层）之间耦合的一个动态平衡体系，其相互影响作用如图6-26所示。

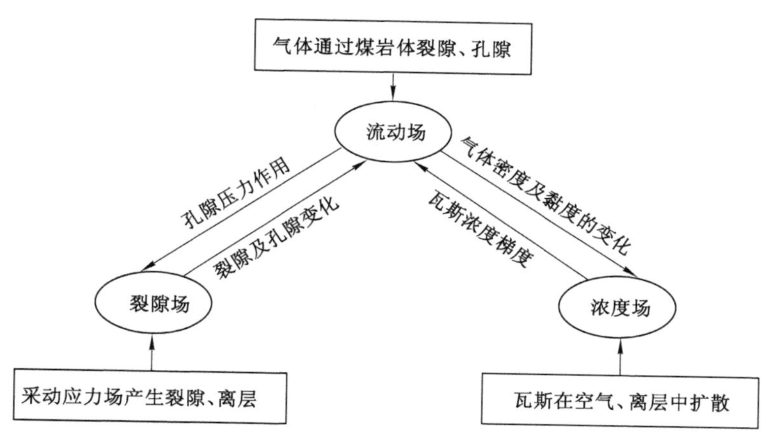

图6-26 采动裂隙场与瓦斯流动场耦合规律

6.4.2 厚硬岩浆岩岩床下伏离层瓦斯致灾机制

6.4.2.1 *厚硬岩浆岩岩床下伏煤岩瓦斯动力灾变倾向性*

岩浆岩岩床失稳破断易于诱发瓦斯异常涌出、煤与瓦斯突出、顶板来压显现、冲击地压等煤岩瓦斯动力灾变。对于覆岩中存在坚硬岩层的下伏采场，最明显特点就是极易在采空区见方期间发生煤岩瓦斯动力灾变。坚硬顶板岩层下伏采场煤岩瓦斯动力灾变的发生也需要一定的条件。工程实践研究认为灾变发生需具备关键层的存在、局部瓦斯富集、高地应力、开采扰动等4个必要条件。关键层和瓦斯是煤岩瓦斯动力灾变发生的物质条件，地应力是煤岩瓦斯动力灾变发生的内部动力条件，开采扰动为煤岩瓦斯动力灾变的发生提供触发动力，也是诱发煤岩瓦斯动力灾变的关键因素。

(1) 瓦斯异常涌出

煤层中超过90%的瓦斯以吸附状态存在，且游离态瓦斯和吸附态瓦斯随外界条件的改变而保持动态平衡。坚硬顶板岩层破断产生的能量施加于煤体后，促进了煤体微裂隙的产生，进而促进了煤层瓦斯解吸并涌入工作面空间。坚硬顶板岩层破断后迫使裂隙带和采空区空间减小，其中的瓦斯也会涌入工作面，产生瓦斯异常涌出现象。

(2) 煤与瓦斯突出

煤与瓦斯突出是地应力、瓦斯和煤的物理力学性质等因素综合作用的结果[17-18]。然而，对于有些矿井，采场局部应力集中明显，虽然采取了可靠的区域防突措施，煤层瓦斯压力和含量均降低到规定的临界值之下，但如果地质构造复杂、应力集中明显，依然会发生煤与瓦斯突出事故。岩浆岩岩床的存在使下伏采场的应力集中现象特别明显，岩浆岩岩床破断也会产生强烈的动载荷。若不采取更有效的防范措施，岩浆岩岩床周期破断时极易导致发生应力主导型的煤与瓦斯突出事故。

（3）顶板来压显现

顶板岩层的周期性破断会导致工作面的周期来压，主要表现为煤壁片帮增大、支架的工作阻力增大等现象，强烈的工作面来压甚至会压垮支架。

（4）矿震能量

工作面开采过程中，顶板岩层的破裂伴随着弹性能量的释放，能量通过围岩介质向四周传播。岩浆岩岩床发生破断并释放大量的弹性能量，强烈的动载荷施加到采煤工作面，极易诱发突出、冲击地压等煤岩瓦斯动力灾变。

由于坚硬岩浆岩岩床的存在，下伏煤层开采后，必然会在岩浆岩岩床下方形成一定大小的离层空间，其中存储着大量的高压瓦斯和水体。岩浆岩岩床失稳破断后，离层空间体积骤减，高压瓦斯和水体被迫通过地面钻井涌出地面或通过穿层钻孔、裂隙等涌入工作面，从而引发生产事故。

6.4.2.2 *厚硬岩浆岩岩床下伏离层瓦斯灾变机制*

岩浆侵入时的热演化作用提高了煤的变质程度，促进了下伏煤体的二次生烃，煤层瓦斯含量大大增加；岩浆岩岩床的封盖作用阻止了瓦斯的逸散，形成瓦斯富集区域。岩浆热演化作用和岩床封盖作用为离层瓦斯包的形成奠定了物质基础。工作面开采距离短时，上覆岩层的采动效应不充分，顶板下沉量小，岩浆岩岩床下无法形成离层空间或离层空间较小，不足以导致岩浆岩岩床的失稳破断。随着工作面的推进，上覆岩层采动效应逐渐充分，造成岩浆岩岩床与下伏岩层产生不协调变形并形成一定的离层空间，储存着大量的被保护层煤层卸压瓦斯。当岩浆岩岩床悬露面积足够大时，则无法承受上部的岩层压力，便快速下沉，造成离层空间体积骤减，高压瓦斯受到挤压，被迫通过地面钻井涌出地面或通过穿层钻孔、裂隙等涌入工作面，从而导致离层瓦斯灾变，引发生产事故。本小节以 2011 年 7 月 17 日杨柳煤矿地面钻井喷“水-瓦斯”事故为例，分析计算离层瓦斯压力、体积与流量，揭示岩浆岩岩床下伏离层瓦斯灾变机制。

（1）离层瓦斯压力与体积计算模型

下伏 10 煤层开采后，顶板煤岩体采动卸压，8_2煤层卸压瓦斯大量涌入邻近的离层空间中，形成高压瓦斯包。为简化离层瓦斯压力与体积的计算模型，做以下假设：

① 离层空间内只有纯浓度的瓦斯，无固态或液态充填物；

② 7_2煤层受岩浆热演化作用影响而变质为天然焦，并不赋存瓦斯；

③ 8_2煤层与岩浆岩岩床下离层空间相互贯通，8_2煤层卸压瓦斯压力与离层瓦斯压力相等；

④ 8_2煤层瓦斯与离层瓦斯达到动态平衡后，离层瓦斯体积量和压力值保持不变；

⑤ 忽略 8_2煤层瓦斯向 10 煤层采空区的涌出量；

⑥ 根据岩浆岩试样的渗透率试验结果（图 6-27）可知，岩浆岩的渗透率为 10^{-3}～10^{-4} mD，远远小于煤层和普通岩层的渗透率，因此，可认为岩浆岩岩床为致密不透气的盖层。

根据薄板理论，采用里兹法计算单一煤岩体的挠度，并根据上下位相邻岩层的挠度差 $\Delta\omega$ 就可求得离层空间 Ω 的大小[19]：

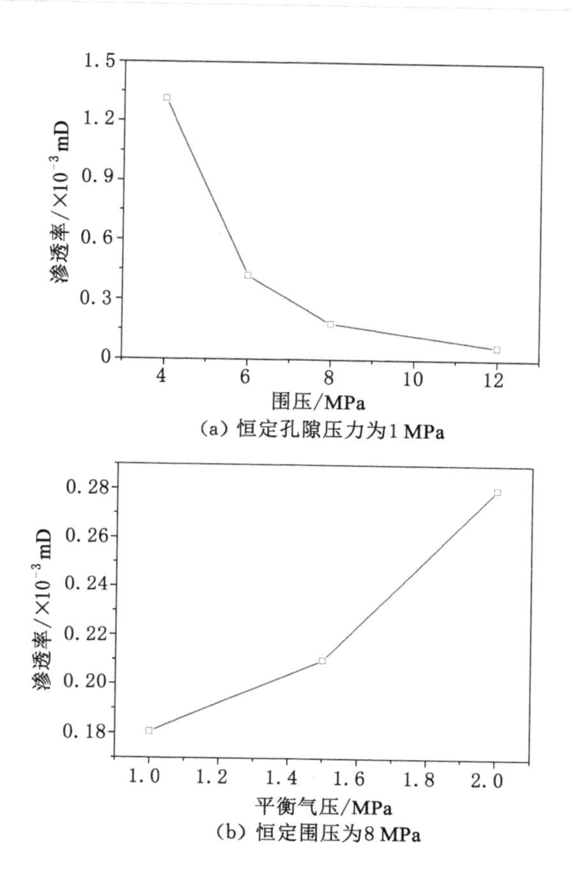

(a) 恒定孔隙压力为1 MPa

(b) 恒定围压为8 MPa

图 6-27 静水压力条件下岩浆岩试样渗透率测定结果

$$\Omega = \frac{1}{4} a_0 b_0 \Delta\omega_{\max} \tag{6-28}$$

式中 a_0——走向悬空长度，m；

b_0——倾向悬空长度，m；

$\Delta\omega_{\max}$——上下位相邻岩层的挠度差最大值，即最大离层量，m。

依据现场经验，覆岩无关键层时地表下沉系数 η 一般为 0.6 左右。已知 10414 工作面开采高度为 3 m，则第二层岩浆岩岩床下伏煤岩体采动充分后的理想下沉量为 1.8 m。基于地表下沉观测数据，2# 钻井发生喷孔事故前后，地表下沉量分别为 57 mm 和 607 mm，因此可知第二层岩浆岩岩床仅是发生突然弯曲下沉，而未发生失稳破断。根据理想下沉量与地表实际下沉量的差值，可计算得出喷孔事故前后的最大离层量分别为 1 743 mm 和 1 193 mm。喷孔事故发生时，10414 工作面推进 527 m，根据岩层破断角可计算得出第二层岩浆岩岩床走向悬空长度 a_0 为 95 m、倾向悬空长度 b_0 为 442 m，代入式(6-28)可计算得出喷孔事故前后的离层空间体积分别约为 1.83 万 m^3 和 1.25 万 m^3，离层空间体积约减小 0.58 万 m^3。

根据质量守恒定律，8_2煤层受采动区域的原始瓦斯储量等于 10 煤层开采后 8_2煤层卸压瓦斯储量与离层瓦斯体积量之和，即：

$$Xm = X'm + Q \tag{6-29}$$

式中 m——煤层受采动区域内的储量,t;

X——煤层原始瓦斯含量,m^3/t;

X'——煤层卸压瓦斯含量,m^3/t;

Q——离层瓦斯体积量,m^3。

而煤层原始瓦斯含量 X 可用下式表达:

$$X=\frac{VpT_0}{Tp_0\xi}+\frac{abp}{1+bp}\cdot e^{n(T_0-T)}\cdot\frac{1}{1+0.31W}\cdot\frac{100-A-W}{100} \tag{6-30}$$

式中 V——煤中孔隙体积,m^3/t;

p——瓦斯压力,MPa;

p_0——大气压力,MPa;

T——煤层温度,℃;

T_0——实验室测试温度,多为 30 ℃;

ξ——瓦斯压缩系数;

a——吸附常数,表示极限瓦斯吸附量,m^3/t;

b——吸附常数,MPa^{-1};

n——与瓦斯压力有关的常数,为 $\frac{0.020}{0.993+0.070p}$;

W——煤的水分,%;

A——煤的灰分,%。

2# 钻井发生喷孔时,8_2煤层卸压范围走向长 474 m,倾向长 127 m,煤厚 1.87 m,则计算得出 8_2煤层储量为 15.76 万 t。联立式(6-29)和式(6-30),并代入已知条件,可得离层瓦斯压力绝对值为 1.15 MPa,换算后可得标况下离层瓦斯体积量为 21.05 万 m^3。第二层岩浆岩岩床突然弯曲下沉后,离层空间体积约减小 0.58 万 m^3,使得离层瓦斯压力迅速增大至 1.68 MPa,足以冲破孔口防爆片。

(2) 离层瓦斯流量计算模型

第二层岩浆岩岩床突然弯曲下沉后,迫使离层瓦斯压力迅速增大,并向低压区域流动。当离层瓦斯通过地面钻井向地面流动时,可将这种流动视为瓦斯在粗糙的圆形巷道中做紊流运动,根据质量守恒、能量守恒,可计算得出地面钻井的瓦斯流量。

根据质量守恒,地面钻井井底、井口断面的瓦斯质量相等,即:

$$\frac{\pi d^2}{4}\rho v=\frac{\pi d_1^2}{4}\rho_1 v_1 \tag{6-31}$$

式中 d,d_1——地面钻井井底、井口断面内径,m;

ρ,ρ_1——地面钻井井底、井口断面处瓦斯密度,kg/m^3;

v,v_1——地面钻井井底、井口断面处瓦斯流速,m/s。

根据能量守恒,地面钻井井底、井口断面的瓦斯所具有的能量相等,即:

$$\frac{\rho v^2}{2}+p=\frac{\rho_1 v_1^2}{2}+p_1+\rho_1 gz+\frac{\lambda z\bar{\rho}\,\bar{v}^2}{2\bar{d}} \tag{6-32}$$

式中 p——地面钻井井底压力,MPa;

p_1——地面钻井井口压力,MPa;

z——地面钻井顶端距离层的高度,m;

λ——达西摩擦因子；
g——重力加速度，m/s^2；
$\bar{d}$——地面钻井平均内径，m；
$\bar{\rho}$——钻井内瓦斯平均密度，kg/m^3；
$\bar{v}$——钻井内瓦斯平均流速，m/s。

离层瓦斯靠压差向地面涌出时，已知地面钻井高度为 400 m，井底和井口断面内径分别为 139.7 mm 和 177.8 mm，井口抽采负压为 30 kPa，井口瓦斯密度为 0.5 kg/m^3，岩浆岩岩床突然下沉后离层瓦斯密度为 11.9 kg/m^3。将已知量代入式(6-31)和式(6-32)，可计算出岩浆岩岩床突然弯曲下沉后地面钻井的瓦斯流量为 178.4 m^3/min。假设地面钻井保持该流量连续喷孔 33 h，则喷出的瓦斯量约 35.3 万 m^3。通过数学计算模型得出的地面钻井瓦斯流量大于实测值，出现这种现象的原因是：① 计算模型已做简化处理，② 假设离层内充满纯瓦斯，而实际上离层内同时含有大量水体。但从防灾角度考虑，计算值大于实测值是允许的。

(3) 离层瓦斯灾变机制

根据上述计算结果，可以进一步分析岩浆岩岩床下伏离层瓦斯灾变机制。10414 工作面开采距离短时，上覆岩层的采动效应不充分，顶板下沉量小，岩浆岩岩床下无法形成离层空间或离层空间较小，不足以导致岩浆岩岩床的失稳破断。随着工作面的推进，上覆岩层采动效应逐渐充分，造成岩浆岩岩床与下伏岩层产生不协调变形并形成一定的离层空间，储存着大量的 8_2 煤层卸压瓦斯。而且杨柳煤矿地质条件复杂，瓦斯赋存不均匀，局部地区可能存在类似离层空间的"瓦斯包"。当岩浆岩岩床悬露面积足够大时，则无法承受上部的岩层压力，便快速下沉，造成离层空间或瓦斯包体积骤减，高压瓦斯受到挤压。10414 工作面推过 1# 钻井时，离层空间较小，岩浆岩岩床运动对离层瓦斯的冲击作用较小，不足以发生喷孔事故。10414 工作面推过 2# 钻井时，已形成较大的离层空间并储存着大量的瓦斯。岩浆岩岩床突然弯曲下沉造成离层瓦斯压力迅速增大且远大于 1 MPa，迫使大量瓦斯通过 2# 钻井向地面涌出，导致离层瓦斯灾变。10414 工作面继续推进时，由于 2# 钻井的卸压作用和区域瓦斯抽采技术的成功应用，即使岩浆岩岩床继续下沉也不足以产生致灾的瓦斯压力。

6.5 厚硬岩浆岩岩床结构失稳致灾条件与能量判据

6.5.1 厚硬岩浆岩岩床结构失稳的冲击力能效应

6.5.1.1 *厚硬岩浆岩岩床结构失稳前的能量积聚规律*

坚硬顶板岩层发生失稳破断前，积聚着大量的弹性能。发生失稳破断后，能量迅速释放，并向四周煤岩体不断传播、耗散，剩余能量会对处于极限应力状态的下伏煤体产生一定程度的冲击力能效应，极易造成煤体的不可逆损伤破坏[20]。

根据坚硬顶板岩层的受力状态，坚硬顶板岩层发生失稳破断前积聚的总能量 E_0 由弯矩引起的弯曲弹性能 E_v、应力压缩引起的体积应变能 E_h 和岩层运动产生的动能 E_k 等三部分组成：

$$E_0 = E_v + E_h + E_k \tag{6-33}$$

坚硬顶板岩层的弯曲弹性能 E_v 可由下式计算：

$$E_v = \frac{1}{2}M\varphi \tag{6-34}$$

$$M = \frac{1}{12}qa_0^2 \tag{6-35}$$

$$\varphi = \frac{qa_0^3}{24EI} \tag{6-36}$$

式中　M——坚硬顶板岩层的弯矩，N·m；

φ——坚硬顶板岩层弯曲下沉的转角，(°)；

q——垂向载荷，Pa；

a_0——坚硬顶板岩层的悬空长度，m；

E——坚硬顶板岩层的弹性模量，Pa；

I——坚硬顶板岩层的断面惯矩，m^4。

由此可得：

$$E_v = \frac{q^2 a_0^5}{576EI} \tag{6-37}$$

应力压缩引起的体积应变能 E_h 和岩层运动产生的动能 E_k 分别为[21]：

$$E_h = \frac{(1-2\mu)(1+2\lambda)^2}{6E}(\gamma H)^2 \tag{6-38}$$

$$E_k = \frac{1}{2}m\left(\frac{du}{dt}\right)^2 \tag{6-39}$$

式中　μ——坚硬顶板岩层的泊松比；

γ——坚硬顶板岩层的重力密度，N/m^3；

H——坚硬顶板岩层的埋深，m；

λ——水平应力与垂直应力的比值；

m——破断顶板岩层的质量，kg；

u——坚硬顶板岩层运动的位移，m。

将式(6-37)～式(6-39)代入式(6-33)，可得坚硬顶板岩层发生失稳破断前积聚的总能量 E_0：

$$E_0 = \frac{q^2 a_0^5}{576EI} + \frac{(1-2\mu)(1+2\lambda)^2}{6E}(\gamma H)^2 + \frac{1}{2}m\left(\frac{du}{dt}\right)^2 \tag{6-40}$$

由式(6-40)可知，坚硬顶板岩层发生失稳破断前积聚的总能量 E_0 与悬空长度、应力大小、运动速度均呈正相关关系，即坚硬顶板岩层悬空长度、垂直和水平应力、运动速度越大，积聚的能量越高。

6.5.1.2　*厚硬岩浆岩岩床结构失稳能量传播-耗散规律*

坚硬顶板岩层失稳破断时，其自身存储的大量能量得以释放，并在煤系地层中传播和衰减。研究表明[22]，顶板岩层破断后，在与其他岩石碰撞过程中大部分能量转化为热能，只有1%～10%的能量以振动波的形式释放。由于岩层的非均质性和阻尼作用，振动波在岩层中传播时能量随着传播距离的增大而以乘幂形式逐渐衰减，衰减后的能量为：

$$E_0{}' = E_0 l^{-\lambda_0} \tag{6-41}$$

式中　$E_0{}'$——衰减之后的能量，J；

l——能量传播距离，m；

λ_0——能量衰减系数，与介质自身性质有关，水泥地介质的能量衰减系数为 1.150 9，细砂土介质的能量衰减系数达 2.130 9。

6.5.1.3　坚硬顶板岩层结构失稳的冲击力能效应

坚硬顶板岩层结构失稳后对下伏煤体的冲击力能效应包含应力和能量两方面，应力矢量叠加和能量标量叠加后若超过煤体破坏和灾变的临界值，则诱发煤岩瓦斯动力灾变。

前面 6.2.2 小节已从应力角度分析了冲击效应，本小节重点从能量角度分析。处于压缩状态的煤体自身储存着弹性能 E_e，煤体内的高压瓦斯膨胀做功释放内能 E_g，顶板岩层破断后向采动煤体输入冲击能量 E_d。因此，煤体蕴含的灾变潜能为三者以标量形式的叠加之和 $E_e+E_g+E_d$。而诱发煤岩瓦斯动力灾变所消耗的能量包括煤体摩擦耗能 E_f、煤体破碎功 E_b 和煤体抛出所需的动能 E_k，三者之和为 $E_f+E_b+E_k$。若灾变潜能大于灾变耗能，则顶板岩层失稳破断后的冲击能量易诱发煤岩瓦斯动力灾变。顶板岩层失稳破断后的冲击能量越大，诱发煤岩瓦斯动力灾变的可能性就越大。

由此可知，从应力角度分析，煤岩瓦斯动力灾变发生的实质是煤岩体受力状态改变所导致的不可逆损伤演化和渗透特性突变；从能量角度分析，煤岩瓦斯动力灾变的发生是煤岩瓦斯系统的灾变潜能与灾变耗能综合作用的结果。应力矢量叠加是煤体损伤破坏的条件，而能量标量叠加是诱发采动煤体瓦斯动力灾变的根本原因[20]。因此，坚硬顶板岩层结构失稳后对下伏煤体的冲击力能效应可描述为：坚硬顶板岩层结构失稳破坏后对下伏煤体的冲击载荷作用与煤体自身的应力和能量相叠加，应力矢量叠加的效果等同于增加了采动煤体埋深并诱发煤体不可逆损伤破坏，能量标量叠加的结果则是诱发采动煤体瓦斯动力灾变的根本原因。

6.5.2　基于冲击力能的致灾关键层判别准则

6.5.2.1　致灾关键层的定义及影响因素

顶板岩层是由多层厚度不均、强度不一的岩层叠加组成的。根据钱鸣高院士提出的关键层理论，关键层被定义为对采场上覆岩层局部或直至地表的全部岩层活动起控制作用的岩层。而牟宗龙[23]认为诱发顶板型冲击地压的岩层并不总是岩层控制的关键层，并将在煤层上方的岩层中对煤体冲击危险性起主要影响作用的岩层定义为“诱冲关键层”。

由前一小节可知，由于岩层的非均质性和阻尼作用，顶板岩层破断后所释放的能量随着传播距离的增大而以乘幂形式逐渐衰减，传播到采动煤体时部分能量已被消耗，剩余能量会叠加至采动煤体。与采动煤体距离较远的厚硬关键层失稳破断时会释放大量的弹性能，但大部分能量传播到采动煤体之前已被消耗掉，剩余的能量不足以诱发煤岩瓦斯动力灾变。而与采动煤体距离较近的岩层失稳破断时即使释放出相对较少的弹性能，但传播到采动煤体后的剩余能量仍存在诱发煤岩瓦斯动力灾变的可能。因此，诱发煤岩瓦斯动力灾变的岩层并不完全等同于岩层控制的关键层。

由图 6-28 可知，虽然岩层①失稳破断时释放出相对较少的弹性能，但由于距离采动煤体较近，剩余能量仍大于诱发煤岩瓦斯动力灾变的最小能量 E_{min}；而岩层②失稳破断时释放出相对较多的弹性能，但由于距离采动煤体相对较远，剩余能量不足以诱发煤岩瓦斯动力灾变。当然，对于个别厚硬关键层（比如岩层③）而言，虽然距离采动煤体较远，但其失稳破断时会释放大量的弹性能，传播到采动煤体后的剩余能量仍能够诱发煤岩瓦斯动力灾变。因此，岩层控制的关键层在一定条件下也可以是诱发煤岩瓦斯动力灾变的岩层。

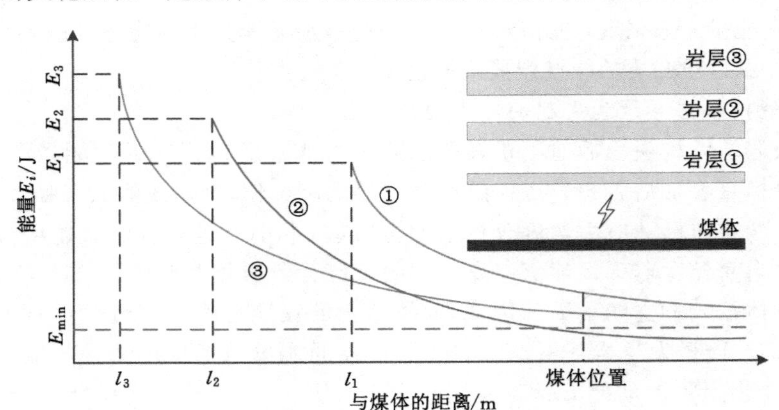

图 6-28　顶板岩层破断释放的能量随距离的衰减规律[23]

因此，在前人研究的基础上，从冲击力能角度出发，将覆岩中存在的一层或几层对诱发下伏煤体瓦斯动力灾变起主导作用的岩层定义为“致灾关键层”。顶板岩层的致灾能力与震源能量、传播距离和传播介质有关。震源能量越大、传播距离越短、衰减系数越小，顶板岩层的致灾能力越强，该顶板岩层越易成为致灾关键层。

6.5.2.2　致灾关键层判别准则

假设煤层上方存在距离采动煤体分别为 $l_1, l_2, l_3, \cdots, l_n$ 的 n 层岩层，这 n 层岩层失稳破断后释放的能量分别为 $E_1, E_2, E_3, \cdots, E_n$，该能量在周围岩体中以乘幂形式衰减，衰减指数均为 λ_0。根据式(6-41)的能量衰减规律，则 n 层岩层失稳破断后传播到采动煤体的剩余能量 $E_1', E_2', E_3', \cdots, E_n'$ 分别为：

$$\begin{cases} E_1' = E_1 l_1^{-\lambda_0} \\ E_2' = E_2 l_2^{-\lambda_0} \\ E_3' = E_3 l_3^{-\lambda_0} \\ \vdots \\ E_n' = E_n l_n^{-\lambda_0} \end{cases} \tag{6-42}$$

在此，定义致灾系数 ξ 为某层岩层失稳破断后传播到采动煤体的剩余能量 E_i' 与诱发煤岩瓦斯动力灾变的最小能量 E_{min} 的比值，即 $\xi = E_i'/E_{min}$。当 $\xi \geqslant 1$ 时，岩层失稳破断后能够诱发煤岩瓦斯动力灾变，该岩层即为致灾关键层；当 $0.1 \leqslant \xi < 1$ 时，考虑地应力、煤体力学性质等其他因素，岩层失稳破断后存在诱发煤岩瓦斯动力灾变的可能，该岩层为致灾弱层；当 $\xi < 0.1$ 时，岩层失稳破断后不足以诱发煤岩瓦斯动力灾变，该岩层为非致灾层。

以杨柳煤矿 104 采区煤系地层为例分析 10 煤层的致灾关键层。初步分析认为，距 10 煤层 12 m 的砂岩(1# 岩层)、21 m 的粉砂岩(2# 岩层)、72 m 的砂岩(3# 岩层)、102 m 的岩浆岩(4# 岩层)可能具有诱发煤岩瓦斯动力灾变的能力。采用前文公式计算该 4 层岩层失稳破断时释放的能量以及传播至 10 煤层的能量，见表 6-3、图 6-29。研究表明[23]，诱发煤岩瓦斯动力灾变的最小能量 E_{min} 的数量级为 10^4。假设诱发杨柳煤矿 104 采区 10 煤层煤岩瓦斯动力灾变的最小能量 E_{min} 为 1×10^4 J，则 4 层岩层的致灾系数分别为 0.99、1.13、0.18、

9.67，则 1# 和 3# 岩层可被判定为致灾弱层，2# 和 4# 岩层可被判定为致灾关键层，第二层岩浆岩岩床失稳破断后具有诱发 10 煤层煤岩瓦斯动力灾变的能力[20]。

表 6-3　杨柳煤矿 104 采区部分岩层致灾能力判别结果

岩层编号	1#	2#	3#	4#
岩性	砂岩	粉砂岩	砂岩	岩浆岩
岩层厚度/m	4.8	11.5	9.3	43.6
与 10 煤层距离/m	12	21	72	102
极限悬空长度/m	16.7	20.0	18.7	184.6
破断释放的能量/$\times 10^6$ J	0.25	0.59	0.47	39.52
传播至 10 煤层的能量/$\times 10^4$ J	0.99	1.13	0.18	9.67
致灾系数	0.99	1.13	0.18	9.67
致灾能力判别	致灾弱层	致灾关键层	致灾弱层	致灾关键层

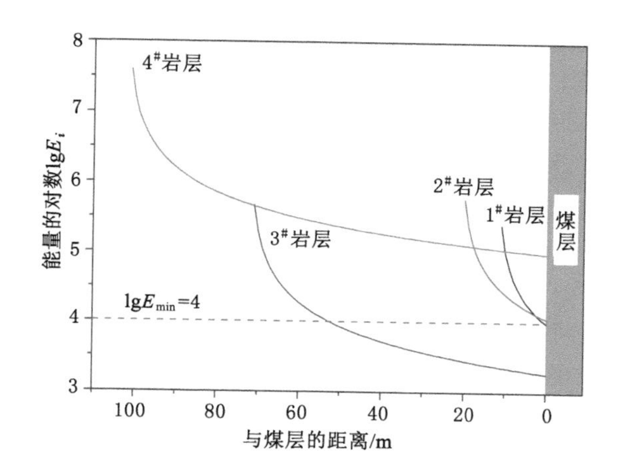

图 6-29　杨柳煤矿 104 采区部分岩层的能量衰减规律

6.5.3　厚硬岩浆岩岩床下伏煤层瓦斯动力灾变条件与能量判据

煤岩瓦斯动力灾变既是动力失稳过程，也是能量演化过程。从能量角度分析，煤岩瓦斯动力灾变的本质是煤岩瓦斯系统的灾变潜能与灾变耗能综合作用的结果。

6.5.3.1　灾变潜能

含瓦斯煤体在地应力作用影响下处于三轴压缩状态，且内含大量的高压瓦斯。受压缩煤体自身储存着大量的弹性能 E_e，高压游离瓦斯和吸附瓦斯含有大量的膨胀内能 E_g。岩浆岩岩床结构失稳后向采动煤体输入冲击能量 E_d。因此，含瓦斯煤体的灾变潜能由煤体弹性能 E_e、瓦斯膨胀内能 E_g 和冲击能量 E_d 等三部分组成。

受压缩煤体的弹性能 E_e 可通过胡克定律用应力表示。在单向应力状态下，受压缩单位煤体的弹性能 E_e 为：

$$E_e = \frac{\sigma^2}{2E} \tag{6-43}$$

式中　σ——应力，MPa；

E——弹性模量，MPa。

在三向应力状态下，基于广义胡克定律的受压缩单位煤体的弹性能 E_e 为：

$$E_e = \frac{1}{2E}[\sigma_1^2 + \sigma_2^2 + \sigma_3^2 - 2\mu(\sigma_1\sigma_2 + \sigma_2\sigma_3 + \sigma_3\sigma_1)] \tag{6-44}$$

式中 σ_1——第一主应力，MPa；

σ_2——第二主应力，MPa；

σ_3——第三主应力，MPa；

μ——泊松比。

由式(6-43)和式(6-44)可知，弹性模量 E 越小或地应力 σ 越大，则受压缩煤体储存的弹性能越大。煤层越松软，其弹性模量越小，所存储的弹性能越大；在地质构造带或顶板岩层存在坚硬岩层，煤层所受的地应力越大，所存储的弹性能也越大，更容易发生煤岩瓦斯动力灾变。

根据热力学原理，可计算得出单位煤体中瓦斯的膨胀内能 E_g：

$$E_g = \frac{pv_0}{n-1}\left[\left(\frac{p}{p_0}\right)^{\frac{n-1}{n}} - 1\right] \tag{6-45}$$

式中 v_0——煤岩瓦斯动力灾变过程中参与做功的吨煤瓦斯涌出量，从实测资料可知该值约等于煤体内的游离瓦斯含量，m^3/t；

p——煤岩瓦斯动力灾变前的煤层原始瓦斯压力，MPa；

p_0——煤岩瓦斯动力灾变后采掘空间内的瓦斯压力，约等于大气压，MPa；

n——多方过程指数，对于甲烷而言，等温膨胀过程 $n=1$，绝热过程 $n=1.31$，煤岩瓦斯动力灾变过程中瓦斯膨胀是接近于绝热过程的多方过程，n 可近似取值为 1.25。

由式(6-45)可知，瓦斯的膨胀内能 E_g 与煤层瓦斯压力 p 和瓦斯涌出量 v_0 呈正相关关系，煤层瓦斯压力和瓦斯涌出量越大，则瓦斯的膨胀内能越大。

6.5.3.2 灾变耗能

煤岩瓦斯动力灾变过程中，煤体裂纹扩展、碎片剥离并形成新的表面，需要煤体破碎功 E_b；煤体内的高压瓦斯将破碎煤体向采掘空间抛出，需要动能 E_k；破碎煤体在向外剥离抛出过程中产生相互摩擦作用，需要煤体摩擦耗能 E_f。因此，含瓦斯煤体的灾变耗能包括煤体破碎功 E_b、煤体摩擦耗能 E_f 和煤体抛出所需的动能 E_k 等三部分。

单位体积煤体的破碎功 E_b 为：

$$E_b = sw\rho \tag{6-46}$$

式中 s——煤体破碎后的新增比表面积，cm^2/g；

w——煤体的破碎比功，J/cm^2；

ρ——煤体的密度，g/cm^3。

研究表明，煤的破碎比功 w 与坚固性系数成正比，因此突出煤的破碎比功小于非突出煤的破碎比功。蔡成功等[24]测得煤样的破碎比功为 $1.07\times10^{-3}\sim2.88\times10^{-3}$ J/cm^2。煤岩瓦斯动力灾变发生后破碎煤体的新增比表面积 s 的测定是非常困难的，文献[24]中计算得出煤体破碎后的新增比表面积为 113～525 cm^2/g，文献[25]中计算得出花岗岩在岩爆实验后产生 200 cm^2/g 的微粒比表面积。松软煤体的破碎功应远小于坚硬煤体和岩石的破碎功，因此取破碎比功 w 为 1.0×10^{-3} J/cm^2，煤体破碎后的新增比表面积 s 为 150 cm^2/g，煤体的密度 ρ 为

1.3 g/cm^3，计算得出煤岩瓦斯动力灾变过程中单位体积煤体的破碎功为 0.195 J/cm^3[26]。

煤体摩擦耗能 E_f 可由下式计算：

$$E_f = fmgL'\cos\theta \tag{6-47}$$

式中　f——参与灾变煤体与移动面的摩擦因数；

m——参与灾变煤体的质量，kg；

g——重力加速度，m/s^2；

L'——参与灾变煤体在原始煤体中的相对移动距离，m；

θ——参与灾变煤体移动曲线与水平面的夹角，(°)。

煤体抛出所需的动能 E_k 可由下式计算：

$$E_k = \frac{1}{2}mv^2 \tag{6-48}$$

式中　v——煤体抛出的初始速度，m/s。

6.5.3.3　灾变条件与能量判据

煤岩瓦斯动力灾变的发生是煤岩瓦斯系统能量演化的结果。灾变潜能是损伤破坏区的煤岩瓦斯系统中不断累积的能量，而灾变耗能是煤岩瓦斯系统发生失稳破坏的临界能量。当不断累积的灾变潜能大于灾变耗能时，即会发生煤岩瓦斯动力灾变。因此，损伤破坏区的煤岩瓦斯系统存在三种状态：稳定状态、临界稳定状态和不稳定状态。

当地应力较小、煤体强度较高或瓦斯抽采充分时，煤岩瓦斯系统的灾变潜能较小，不足以诱发煤岩瓦斯动力灾变，因此该系统处于稳定状态；当采动煤体所受地应力较大、煤体松软破碎或瓦斯抽采不充分时，煤岩瓦斯系统的灾变潜能不断累积，若灾变潜能接近灾变耗能时，该系统处于临界稳定状态；若采动煤体顶板存在坚硬岩层，坚硬岩层破断后会向下伏煤岩瓦斯系统输入冲击能量，灾变潜能大于灾变耗能时，该系统处于不稳定状态，即会发生煤岩瓦斯动力灾变；灾变后的煤岩瓦斯系统释放大量的能量，因而灾变潜能小于灾变耗能，系统重新处于稳定状态。

在损伤破坏区内，当含瓦斯煤体的灾变潜能大于灾变耗能时，即会发生煤岩瓦斯动力灾变，用积分形式表达煤岩瓦斯动力灾变的能量判据为：

$$\iiint_{V_p}(E_e + E_g + E_d)\mathrm{d}V_p > \iiint_{V_p}(E_b + E_f + E_k)\mathrm{d}V_p \tag{6-49}$$

式中　V_p——损伤破坏区的体积，m^3。

6.5.4　厚硬岩浆岩岩床结构失稳致灾机制

岩浆热演化作用提高了煤的变质程度，促进了煤层的二次生烃，且封顶岩床和环形岩墙的圈闭作用阻止了煤层次生瓦斯的逸散，导致下伏煤层瓦斯含量和压力大大增加，进而提高了下伏煤层的瓦斯膨胀内能。岩浆侵入的构造应力作用使煤层产生更高的局部应力集中，并对煤体挤压、揉搓，加剧了煤体结构的损伤破坏，使煤体内储存着大量的弹性能。

岩浆岩岩床结构极易发生见方失稳破断，并向下伏煤岩瓦斯系统输入动载荷和冲击能量。动载荷与煤体原始应力相叠加，增大了煤体所受的差应力比，加剧了煤体的不可逆损伤程度，效果等同于增加了采动煤体的埋深，一方面提高了煤体内储存的弹性能，另一方面降低了煤体的破碎功和灾变耗能。冲击能量与煤体自身能量相叠加，提高了煤体的灾变潜能。

因此，岩浆热演化作用和圈闭作用提高了煤层的瓦斯膨胀内能，岩浆侵入的构造应力作用和岩浆岩床结构失稳的动载荷作用提高了煤体内储存的弹性能，岩浆岩岩床结构见方失稳破断后还会向煤体输入巨大的冲击能量。上述几方面的效果相叠加后，若煤体的灾变潜能超过灾变耗能，则诱发煤岩瓦斯动力灾变，如图 6-30 所示。这就是岩浆岩岩床结构失稳诱发煤岩瓦斯动力灾变的机制。

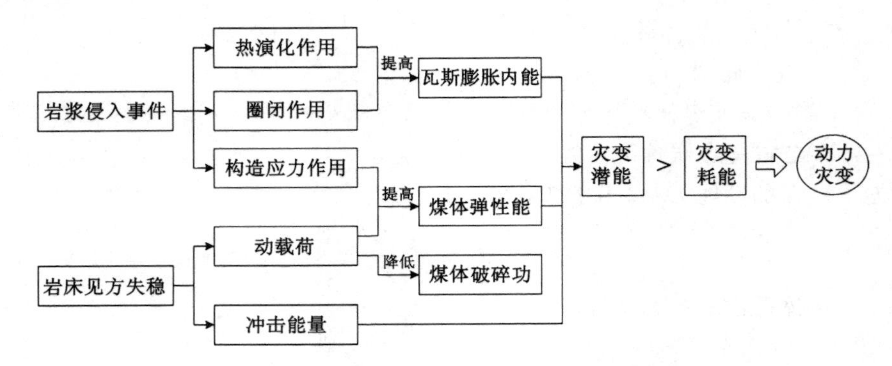

图 6-30　岩浆岩岩床结构失稳诱发煤岩瓦斯动力灾变原理图

参考文献

[1] 李铁，蔡美峰，王金安，等. 深部开采冲击地压与瓦斯的相关性探讨[J]. 煤炭学报，2005，30(5)：562-567.

[2] 袁瑞甫. 深部矿井冲击-突出复合动力灾害的特点及防治技术[J]. 煤炭科学技术，2013，41(8)：6-10.

[3] 钱鸣高，缪协兴，许家林，等. 岩层控制的关键层理论[M]. 徐州：中国矿业大学出版社，2000.

[4] 史红. 综采放顶煤采场厚层坚硬顶板稳定性分析及应用[D]. 青岛：山东科技大学，2005.

[5] PONTAZA J P，REDDY J N. Mixed plate bending elements based on least-squares formulation[J]. International journal for numerical methods in engineering，2004，60(5)：891-922.

[6] 柳小波，安龙，张凤鹏. 基于薄板理论的空区顶板稳定性分析[J]. 东北大学学报(自然科学版)，2012，33(11)：1628-1632.

[7] MU Z L，DOU L M，HE H，et al. F-structure model of overlying strata for dynamic disaster prevention in coal mine[J]. International journal of mining science and technology，2013，23(4)：513-519.

[8] 王高利. 厚硬顶板破断规律及控制研究[D]. 淮南：安徽理工大学，2008.

[9] 钱鸣高，石平五，许家林. 矿山压力与岩层控制[M]. 2 版. 徐州：中国矿业大学出版社，2010.

[10] 王泳嘉，邢纪波. 离散单元法及其在岩土力学中的应用[M]. 沈阳：东北工学院出版社，1991.

[11] INC I C G. Universal distinct element code user's guide, version 4. 0 [M].

Minneapolis:Itasca Consulting Group Inc,2000.
[12] 张晓磊.巨厚岩浆岩下煤层瓦斯赋存特征及其动力灾害防治技术研究[D].徐州:中国矿业大学,2015.
[13] 郝延锦,吴立新,胡金星.注浆过程中离层位置的判定研究[J].煤,2000,9(1):33-34,44.
[14] 翟成.近距离煤层群采动裂隙场与瓦斯流动场耦合规律及防治技术研究[D].徐州:中国矿业大学,2008.
[15] 林海飞.采动裂隙椭抛带中瓦斯运移规律及其应用分析[D].西安:西安科技大学,2004.
[16] 刘泽功.卸压瓦斯储集与采场围岩裂隙演化关系研究[D].合肥:中国科学技术大学,2004.
[17] ALEXEEV A D, REVVA V N, ALYSHEV N A, et al. True triaxial loading apparatus and its application to coal outburst prediction[J]. International journal of coal geology,2004,58(4):245-250.
[18] PENG S J,XU J,YANG H W,et al. Experimental study on the influence mechanism of gas seepage on coal and gas outburst disaster[J]. Safety science,2012,50(4):816-821.
[19] 王亮.巨厚火成岩下远程卸压煤岩体裂隙演化与渗流特征及在瓦斯抽采中的应用[D].徐州:中国矿业大学,2009.
[20] 徐超.岩浆岩床下伏含瓦斯煤体损伤渗透演化特性及致灾机制研究[D].徐州:中国矿业大学,2015.
[21] 贺虎,窦林名,巩思园,等.覆岩关键层运动诱发冲击的规律研究[J].岩土工程学报,2010,32(8):1260-1265.
[22] 蒋金泉,张培鹏,聂礼生,等.高位硬厚岩层破断规律及其动力响应分析[J].岩石力学与工程学报,2014,33(7):1366-1374.
[23] 牟宗龙.顶板岩层诱发冲击的冲能原理及其应用研究[M].徐州:中国矿业大学出版社,2007.
[24] 蔡成功,王佑安.突出危险和非危险煤冲击破碎时煤的破碎功试验研究[J].煤矿安全,1988(7):13-18,65.
[25] 李德建,贾雪娜,苗金丽,等.花岗岩岩爆试验碎屑分形特征分析[J].岩石力学与工程学报,2010,29(增刊1):3280-3289.
[26] 安丰华.煤与瓦斯突出失稳蕴育过程及数值模拟研究[D].徐州:中国矿业大学,2014.

第7章　岩浆岩影响区煤层煤与瓦斯突出预测与效果检验

煤与瓦斯突出是一种复杂的动力现象,合理的突出预测与效果检验在区域和局部综合防突措施中占有重要地位,是突出煤层安全开采的前提条件[1-2]。岩浆侵入的形态及其与煤层的空间位置关系,对煤层结构特征与物化性质有着重要影响,进而改变瓦斯赋存规律,并影响到煤层突出危险性预测的准确性。本章依据《防治煤与瓦斯突出细则》(以下简称《防突细则》)中的规定,介绍了突出预测指标的敏感性及其临界值的确定方法,探讨了岩浆岩分布与突出预测指标之间的关系,并提出了岩浆影响区煤层突出预测指标的修正方法。

7.1　突出预测与效果检验指标分类

7.1.1　突出预测指标

突出危险性预测是区域综合防突措施和局部综合防突措施的第一环节,其实施的目的是确定煤层中的突出危险区域,指导防突措施的具体应用。进行煤与瓦斯突出危险性预测,不仅能指导防突措施的科学运用、减少防突措施工程量,还能保证突出煤层作业人员的安全[3]。由此可见,突出预测具有重大的现实意义。

煤层突出危险性预测分为区域突出危险性预测和工作面突出危险性预测。区域预测范围根据开拓、准备的实际需要等情况来确定,一般不得超出1个采(盘)区,不小于1个区段[4]。工作面预测又包括采煤工作面突出危险性预测、煤巷掘进工作面突出危险性预测和井巷揭煤工作面突出危险性预测。正确选取突出预测指标对煤与瓦斯突出危险性预测具有关键意义[5-6]。

在突出矿井生产时,应当对新水平或者新采区内平均厚度在0.3 m以上的煤层进行区域突出危险性评估,并将评估结果作为新水平和新采区设计以及揭煤工作的依据。对突出煤层必须进行区域突出危险性预测[4],一般通过煤层瓦斯的井下实测资料,并结合地质勘查资料、上水平及邻近区域实测数据和生产资料等对开采的突出煤层进行区域突出危险性预测。经区域预测后,突出煤层划分为无突出危险区和突出危险区,用于指导采煤工作面设计和采掘生产作业。未进行区域预测的区域视为突出危险区。采用煤层瓦斯参数法预测时应主要依据煤层瓦斯压力 p 和煤层瓦斯含量 W 两个指标进行,预测所依据的临界值应根据试验考察确定,在确定前可暂按表7-1选取。预测时要求煤层瓦斯压力、瓦斯含量等参数应为井下实测数据,用直接法测定瓦斯含量时应当定点取样。测定煤层瓦斯压力、瓦斯含量等参数的测试点在不同地质单元内应根据其范围、地质复杂程度等实际情况和条件分别布置;同一地质单元内沿煤层走向布置测试点不少于2个,沿倾向不少于3个,并确保在预测范围内埋深最大及标高最低的部位有测试点。

表 7-1　根据煤层瓦斯压力和瓦斯含量进行区域预测的临界值

瓦斯压力 p/MPa	瓦斯含量 W/(m^3/t)	区域类别
$p<0.74$	$W<8$(构造带 $W<6$)	无突出危险区
除上述情况以外的其他情况		突出危险区

工作面预测应当在工作面推进过程中进行，经工作面预测后划分为突出危险工作面和无突出危险工作面。工作面预测的方法主要有钻屑瓦斯解吸指标法、钻屑指标法、复合指标法、R 值指标法等[7]。在主要采用敏感指标进行工作面预测的同时，可以根据实际条件增加一些辅助指标(如工作面瓦斯涌出量动态变化、声发射、电磁辐射、钻屑温度、煤体温度等)，并采用物探、钻探等手段探测前方地质构造，观察分析煤体结构和采掘作业、钻孔施工中的各种现象，进一步开展工作面突出危险性的综合预测，实现工作面突出危险性的多元信息综合预测和判断。钻屑瓦斯解吸指标法是工作面预测中最为常用的方法，可以运用在采掘、石门(及其他岩石巷道)揭煤工作面中。各类工作面钻屑瓦斯解吸指标的临界值应根据试验考察确定，在确定前可暂按表 7-2 中所列的指标临界值预测工作面突出危险性。如果所有实测的指标值均小于临界值，并且未发现其他异常情况，则该工作面为无突出危险工作面；反之，为突出危险工作面。

表 7-2　钻屑瓦斯解吸指标法预测工作面突出危险性的参考临界值

煤样	Δh_2 指标临界值/Pa	K_1 指标临界值/[mL/(g·$min^{1/2}$)]
干煤样	200	0.5
湿煤样	160	0.4

7.1.2　效果检验指标

对开采保护层和预抽煤层瓦斯区域防突措施进行效果检验时，均应保证抽采钻孔的分布符合设计要求[8]。

7.1.2.1　开采保护层的保护效果检验

开采保护层的保护效果检验主要采用残余瓦斯压力、残余瓦斯含量及其他经试验证实有效的指标和方法，也可以结合煤层的透气性系数变化率和顶底板位移量等辅助指标。采用残余瓦斯压力、残余瓦斯含量检验的，应当根据实测的最大残余瓦斯压力或者最大残余瓦斯含量对被保护区域的保护效果进行检验。当矿井首次开采某个保护层，或者保护层与被保护层的层间距、岩性及保护层开采厚度等发生了较大变化时，应当对被保护层的保护效果及其有效保护范围进行实际考察。经保护效果考察有效的范围视为无突出危险区。若经实际考察，被保护层的最大膨胀变形率大于 0.3%，则检验和考察结果可适用于具有同一保护层和被保护层关系的其他区域。

有下列情况之一的，必须对每个被保护层工作面的保护效果进行检验：

① 未实际考察保护效果和保护范围的；

② 最大膨胀变形率未超过 0.3%的；

③ 保护层的开采厚度小于或等于 0.5 m 的；

④ 上保护层与被保护层煤层间距大于 50 m 或者下保护层与被保护层煤层间距大于

80 m 的。

7.1.2.2 区域预抽的效果检验

采用预抽煤层瓦斯区域防突措施的，必须对区域防突措施效果进行检验。检验指标优先采用残余瓦斯含量指标，根据现场条件也可采用残余瓦斯压力或者其他经试验证实有效的指标和方法进行检验。采用残余瓦斯含量或者残余瓦斯压力作为检验指标时，应当首先根据检验单元内瓦斯抽采及排放量等计算煤层的残余瓦斯含量或者残余瓦斯压力，达到要求后，再现场直接测定残余瓦斯含量或者残余瓦斯压力，并根据直接测定结果判断防突效果。当瓦斯含量或者瓦斯压力大于或等于临界值，或者在检验过程中有喷孔、顶钻等动力现象时，判定区域防突措施无效，该预抽区域为突出危险区；反之，预抽措施有效，该预抽区域为无突出危险区。

7.1.2.3 工作面措施效果检验

煤巷掘进工作面、采煤工作面以及井巷揭煤工作面执行防突措施后的效果检验方法可参照与之对应的工作面预测指标方法，根据钻孔竣工图合理布置效果检验钻孔。如检验结果的各项指标值都在该煤层突出危险预测指标临界值以下，且未发现其他异常情况，则措施有效；反之，判定为措施无效[4]，必须重新执行区域综合防突措施或者局部综合防突措施。

7.2 突出预测指标敏感性与临界值的确定

煤与瓦斯突出是由地应力、瓦斯及煤的物理力学性质三种因素综合作用的结果[9]。理想的预测指标应是能够完全反映引发突出的三个因素，而实际上，目前常用的预测指标仅是间接和部分反映这三个突出预测因素。对不同矿井、煤层或区域，突出的主导因素有所不同，三种因素在导致突出作用中的贡献比重有所不同。

运用理论分析、实验室测试与现场验证相结合的方法，提出了突出预测指标敏感性与临界值的确定方法，如图 7-1 所示。该方法主要包括：① 矿井突出煤层地质特征和主控因素分析；② 煤层多元物性参数、解吸规律、瓦斯含量及突出预测指标的实验室模拟与现场试验测定；③ 区域突出预测指标及临界值判定；④ 局部（工作面）突出预测指标及临界值判定；⑤ 突出预测指标体系建立与验证。

7.2.1 区域突出预测指标敏感性与临界值的确定

《防突细则》中规定，突出矿井的突出煤层必须进行区域突出危险性预测，其主要依据的突出预测指标参数为煤层瓦斯压力和煤层瓦斯含量。根据煤层瓦斯压力或者瓦斯含量进行区域预测的临界值应当由具有突出危险性鉴定资质的单位进行试验考察[10]。

瓦斯含量指标临界值主要以国内统计资料和国外（如澳大利亚、俄罗斯、德国等）经验作为依据。但该指标与煤质参数关系密切，少数煤层的残余瓦斯含量都接近 8 m^3/t，在现有的抽采技术水平下将其降至残余瓦斯含量指标临界值以下较为困难，为此增加了瓦斯压力指标。国外经验主要由各地区分别立法确定，而我国由国家统一确定[10]。

苏联和我国突出矿井统计资料表明，在煤层可燃基瓦斯含量小于 10 m^3/t 时，基本上没有发生过突出事故，可燃基瓦斯含量指标换算成原煤瓦斯含量，近似为 8 m^3/t。联邦德国和澳大利亚开采煤层煤质较坚硬，统计资料表明，煤层可解吸瓦斯含量小于 9 m^3/t 时，基本上没有发生过突出事故。但这些国家实际执行过程中普遍都将可解吸瓦斯含量降低到

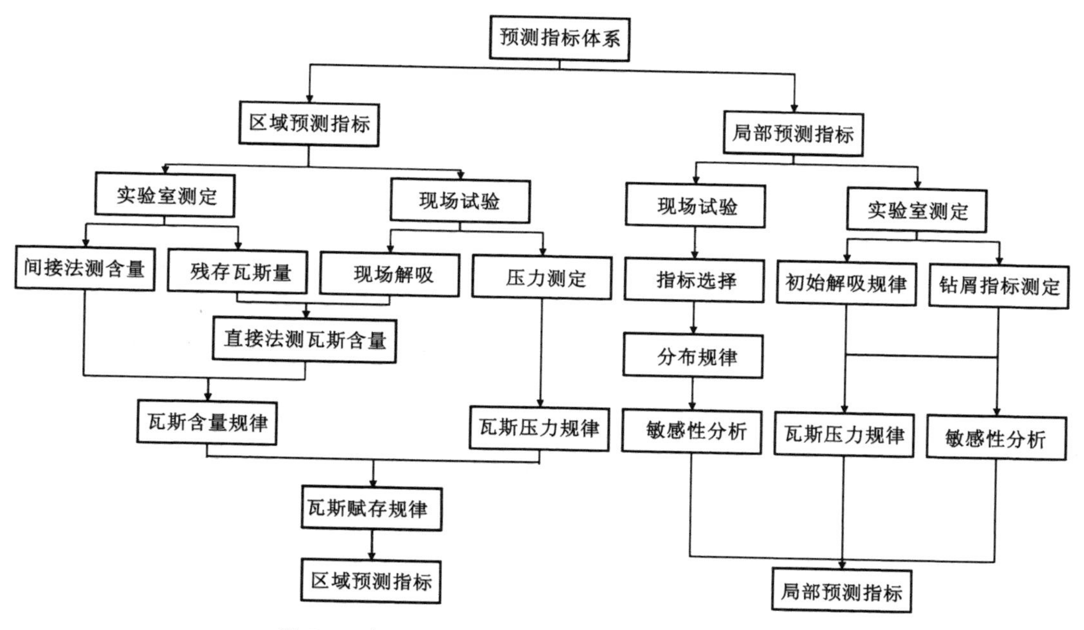

图 7-1 突出预测指标敏感性与临界值的确定方法

6 m³/t 左右，换算成原煤瓦斯含量也与 8 m³/t 接近。而瓦斯压力指标确定为 0.74 MPa，是综合原有规定、统计资料以及理论分析的结果[10]。

由于煤层的变质程度、孔隙结构等不一样，煤层瓦斯吸附和解吸特性也大为不同，导致煤层的瓦斯含量数值也不尽相同，如图 7-2 所示。一般煤层变质程度高、微孔发育将导致煤层的吸附能力大为增强，煤层瓦斯含量增大，经过抽采后其残余瓦斯含量也往往很大，可能出现数值接近 8 m³/t 的情况，如无烟煤的残余瓦斯含量一般为 5～7 m³/t。当煤层中混有 CO_2 时，由于 CO_2 的吸附能力远远大于 CH_4 的吸附能力，其残余瓦斯含量可能出现大于 8 m³/t 的现象，如甘肃窑街矿区海石湾煤矿经保护层开采和卸压瓦斯抽采后残余瓦斯（CO_2）含量可达 13 m³/t。此时如果采用瓦斯含量作为煤层的主要突出预测指标，将会导致突出煤层无论采取何种措施都无法将其降至规定值以下的情况[10]。

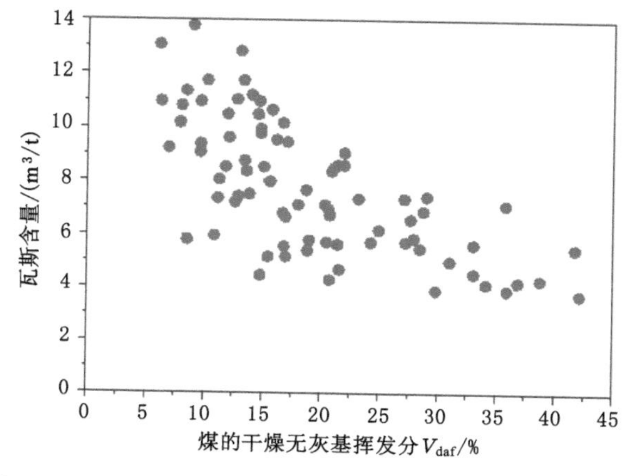

图 7-2 0.74 MPa 时不同煤种的煤层瓦斯含量分布情况[10]

通过上述分析可以看出，煤层瓦斯压力和煤层瓦斯含量之间并非绝对的一一对应关系。因此，需要对区域突出预测指标的敏感性进行研究，并根据各个矿区的煤层地质条件，对区域突出预测指标的临界值进行试验分析，同时确定效果检验的指标临界值，以便于指导矿井突出预测和效果检验工作[10]。

7.2.1.1　煤层瓦斯压力和瓦斯含量分布特征分析

（1）瓦斯压力指标

根据国内外大量的煤层瓦斯观测记录，瓦斯赋存具有垂向分带特征，从上而下分为瓦斯风化带和甲烷带。瓦斯风化带内煤层瓦斯含量和瓦斯压力较小，一般瓦斯风化带下部边界瓦斯压力 p 为 0.15～0.20 MPa，不具有煤与瓦斯突出危险性；在瓦斯风化带下边界的甲烷带内，瓦斯压力和瓦斯含量随埋深增大而有规律地增加，增长的梯度因地质构造与赋存条件而异。具有相同地质条件的地质区段，同一煤层相同埋深处具有相近的瓦斯压力[11]。煤层瓦斯压力与埋深或标高具有线性关系，通过对北票等多个矿区的实测数据进行统计分析，发现煤层瓦斯压力随埋深的变化线一般在静水压力线附近分布，在岩浆岩侵蚀、开放式的大断层附近、覆盖岩层性质改变等地质条件局部变化区域，煤层瓦斯压力可能会较大地偏离直线[12]。此外，文献[13-14]提出了安全线法预测煤层瓦斯压力随埋深的变化关系，该方法是根据现场实测瓦斯压力值，排除由于承压水等因素造成的异常点，通过选取数据中的两个真实的压力点作为标志点，做出安全线，并使其他真实压力点均在安全线以下。

（2）瓦斯含量指标

瓦斯含量测定方法可分为直接法和间接法两类[10]。直接法测定瓦斯含量流程图如图 7-3 所示。在现场选取适宜的瓦斯含量测定地点，通过钻孔将煤样从深部取出，剔除矸石、泥石和研磨烧焦部分。煤样取出后快速装入煤样罐中并密封起来，现场测试 2 h 解吸瓦斯量 Q_j；根据煤样的瓦斯解吸规律，选取合理的经验公式推算煤样装入煤样罐密封之前的损失瓦斯量 Q_s；把煤样罐带回实验室进行残存瓦斯含量 Q_c 的测定。损失瓦斯量 Q_s、解吸瓦斯量 Q_j 与残存瓦斯量 Q_c 之和就是瓦斯含量 Q_m，即：

$$Q_m = Q_s + Q_j + Q_c \tag{7-1}$$

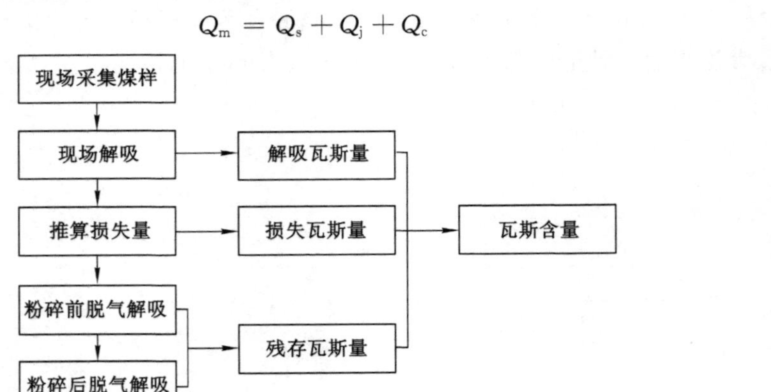

图 7-3　直接法测定瓦斯含量流程图

间接法测定瓦斯含量方法是建立在煤吸附瓦斯理论的基础上的，分别从游离量和吸附量两部分进行计算，最终得到瓦斯含量。利用间接法计算瓦斯含量，首先需要进行实测或根据已知规律推算瓦斯压力，然后在实验室测定吸附常数（a、b 值）、煤的孔隙率、煤的工业分析参数等，最后根据公式计算瓦斯含量[10]。间接法测定瓦斯含量流程图如图 7-4 所示。

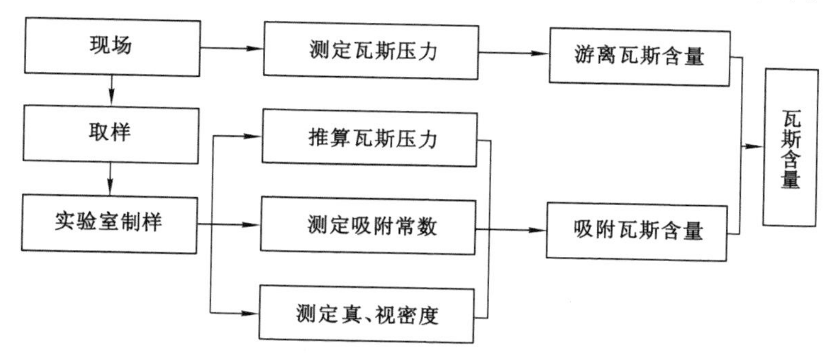

图 7-4　间接法测定瓦斯含量流程图[10]

一般在现场或者实验室测定瓦斯含量后需要进行直接法与间接法的结果对比。图 7-5 为采用两种不同方法测定杨柳煤矿 10 煤层瓦斯含量的结果对比图，平均误差在 5.99%左右，两种方法测得的瓦斯含量最大误差值小于 0.2 m^3/t，因此，采用间接法对杨柳煤矿 10 煤层瓦斯含量大小进行推算是可靠的。

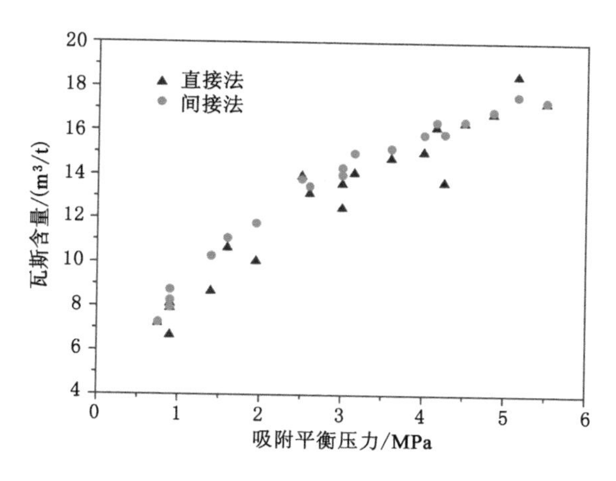

图 7-5　两种方法测定杨柳煤矿 10 煤层瓦斯含量的结果对比图[15]

（3）瓦斯压力与瓦斯含量的关系

一般来说，瓦斯压力较小时，吸附量占瓦斯含量的绝大部分。吸附量随着瓦斯压力的增大逐渐饱和，游离量所占的比例也会有所上升。因此，当瓦斯压力较大时，游离量也可以达到相当大的数值。对于同一煤样，瓦斯含量的大小与煤的特性、温度及瓦斯压力大小有着密切的关系，如图 7-6 所示。

在实际应用时，由于在矿井中各煤层的煤质变化不大，因此，可先在实验室中测定出各个煤样在不同瓦斯压力和温度条件下的瓦斯含量曲线，然后再根据采掘工作地点的煤层温度和瓦斯压力，从该煤样的瓦斯含量曲线中求得该地点的瓦斯含量。同样，也可以根据直接法测出的瓦斯含量，按瓦斯含量曲线或者计算公式反算出该地点的瓦斯压力。

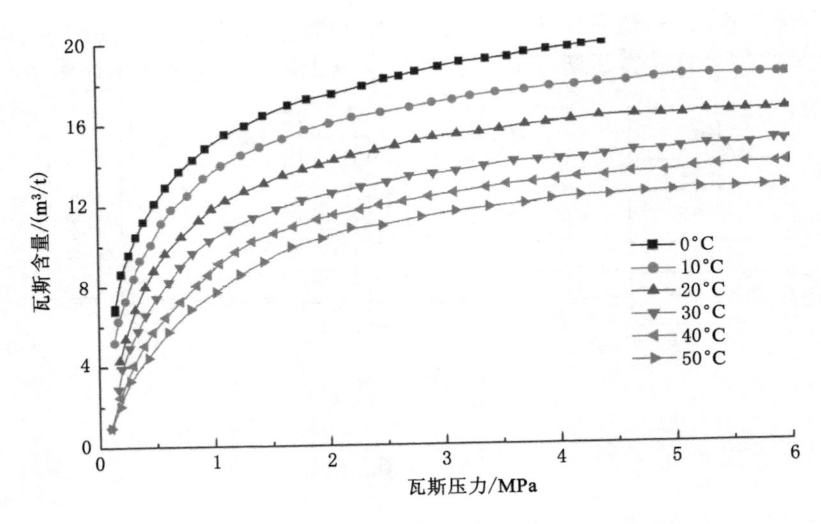

图 7-6　瓦斯含量与温度及瓦斯压力的关系图[15]

7.2.1.2　指标敏感性与临界值的确定

(1) 煤层发生突出的最小瓦斯压力的分析

煤的多样性决定了煤层瓦斯压力与含量之间的关系表现出不同特征，主要表现为压力大、含量小或者压力小、含量大。在《防突细则》中给出的临界值主要是参考国外经验并结合国内矿井统计结果给出的参考值。对于某一矿井来说，区域预测指标敏感性与临界值的确定需要具体定义，国内外很多学者都对此进行了研究[16-17]。苏联马克耶夫煤矿安全研究院基于 83 次石门揭煤测试结果得出，煤层发生突出的最小瓦斯压力应大于 1 MPa，然而在瓦斯压力小于 1 MPa 的区域发生了突出事故，并且在卡拉干达地区，有的煤层瓦斯压力高达 6.5 MPa 却未发生突出事故。切尔诺夫等人从突出与不突出矿井实例中得出，煤层发生突出的最小瓦斯压力与煤的坚固性系数有关。原北票矿务局和抚顺煤研所曾针对北票矿区进行了大量的统计分析研究，得出北票矿区煤层发生突出的最小瓦斯压力也与坚固性系数有关，并得出了经验公式[18-19]：

$$p_{\min} = 2.79 f_{\min} + 0.39 \tag{7-2}$$

式中　$p_{\min}$——煤层发生突出的最小瓦斯压力，MPa；

$f_{\min}$——软煤分层的最小坚固性系数。

根据全国 25 个突出矿井实测资料可以得出，国内大多数始突深度处的瓦斯压力均在 1 MPa 以上，但也有少数矿井发生突出的最小瓦斯压力介于 0.57～1.0 MPa 之间。根据这项统计数据分析结果，国内学者得出了煤层发生突出的最小瓦斯压力的另一个经验计算公式，即：

$$p_{\min} = A(0.1 + BVf_{\min}) \tag{7-3}$$

式中　V——软煤分层煤的挥发分，%；

A,B——常数，与煤的性质有关。

以杨柳煤矿 10 煤层为例，将采集于 104 采区不同位置的 4 组煤样的坚固性系数和挥发分值代入相关公式，即可得到各取样位置对应的发生突出的最小瓦斯压力。出于安全考虑，将坚固性系数及挥发分的最小值代入相关公式，得到的计算结果作为杨柳煤矿 10 煤层的理论计算的发生突出的最小瓦斯压力，如表 7-3 所列。

表 7-3　杨柳煤矿 10 煤层发生突出的最小瓦斯压力

煤样编号	取样标高/m	f_{min}	V/%	发生突出的最小瓦斯压力	
				$p_{min}=A(0.1+BVf_{min})$	$p_{min}=2.79f_{min}+0.39$
10-1#	−574.2	0.33	23.66	1.163 7	1.310 7
10-2#	−573.9	0.46	24.39	1.453 6	1.673 4
10-3#	−583.2	0.36	25.73	1.287 3	1.394 4
10-4#	−587.4	0.40	22.16	1.253 4	1.506 0
取 f_{min} 及 V 的最小值计算 p_{min} 结果		0.33	22.16	1.121 6	1.310 7

注：公式中的 A、B 值参考文献[16]中的统计结果，A=5，B=0.017。

（2）指标敏感性的确定

在煤层区域预测中，由于实际突出点和突出预兆确定的突出危险区范围很小，所以更多范围需要根据煤层瓦斯参数（瓦斯压力和瓦斯含量）来预测其突出危险性。从表 7-3 中可以看出，按照前人提出的经验公式计算的杨柳煤矿 10 煤层的发生突出的最小瓦斯压力均大于 1 MPa。为了分析杨柳煤矿 10 煤层瓦斯压力及瓦斯含量的相对敏感性，根据杨柳煤矿10 煤层瓦斯压力与瓦斯含量的关系，反推出了《防突细则》中给定的瓦斯压力和瓦斯含量临界值分别对应的瓦斯含量和瓦斯压力值，如表 7-4 所列。为了更好地比较各点的对应关系，将表中各点绘制于同一坐标轴下，如图 7-7 所示。

表 7-4　杨柳煤矿 10 煤层瓦斯压力与瓦斯含量对应关系表

煤样编号	10-1#		10-2#		10-3#		10-4#	
压力/MPa	0.74	0.86	0.74	0.92	0.74	0.77	0.74	0.89
含量/(m^3/t)	7.35	8.00	7.04	8.00	7.83	8.00	7.19	8.00

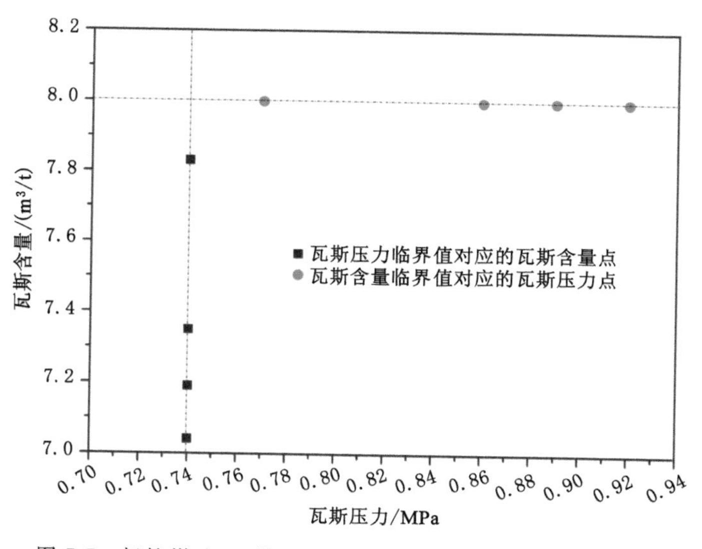

图 7-7　杨柳煤矿 10 煤层瓦斯压力与瓦斯含量对应关系图[15]

从图 7-7 中可以看出，按照《防突细则》中给出的瓦斯压力临界值(0.74 MPa)推算出的瓦斯含量值均小于《防突细则》中给定的瓦斯含量临界值($8\ m^3/t$)；而按照给定的瓦斯含量临界值($8\ m^3/t$)反算出的瓦斯压力值却大于 0.74 MPa。这说明在利用瓦斯压力和瓦斯含量对杨柳煤矿 10 煤层进行区域性突出危险性预测时，当某一位置的瓦斯压力值超过临界值 0.74 MPa 时，瓦斯含量却未必超过 $8\ m^3/t$，因此同等条件下选用瓦斯压力作为区域预测指标更加安全。区域突出危险性预测是对待测区域大范围内是否具备突出危险进行判定，判定结论的安全与否对于矿井的安全生产具有重大的意义，所以将瓦斯压力定为杨柳煤矿 10 煤层生产过程中区域突出危险性预测的主要判定指标，而将瓦斯含量作为辅助判定指标。

(3) 指标临界值的确定

在明确瓦斯压力和瓦斯含量这两个指标的敏感性后，再根据实际突出预测结果来确定指标临界值。在确定区域预测指标敏感性时，通常将区域指标与实际突出点和突出预兆处的瓦斯压力进行对比，确定煤层瓦斯压力和瓦斯含量的临界值。杨柳煤矿 10 煤层已测定的原始数据有限，0.74 MPa 以下未发生过突出事故，可以认定其为杨柳煤矿 10 煤层区域突出危险性预测敏感指标瓦斯压力的临界值。按照瓦斯压力与瓦斯含量的关系，推算出此压力条件下的瓦斯含量值，参见表 7-4，取其最小值为 $7.04\ m^3/t$。考虑到实验所用煤样个数较少，为安全起见，将瓦斯含量临界值暂定为 $7.00\ m^3/t$。

7.2.2 局部突出预测指标敏感性与临界值的确定

局部突出危险性预测(工作面突出危险性预测)作为我国防治突出体系中的一个重要环节，主要是在经区域预测或区域防突措施效果检验判定为无突出危险区内进行的。预测方法主要有钻屑瓦斯解吸指标法、钻屑量指标法、R 值指标法和复合指标法等，但在实际应用过程中，根据生产情况及现场条件的不同，各矿井采用的预测方法也不同。由于预测方法简单、预测结果可靠，钻屑解吸指标法和钻屑量指标法的应用最为广泛，可准确预测巷道掘进工作面、采煤工作面及石门揭煤工作面的突出危险性。

钻屑瓦斯解吸指标是根据特定粒径煤样的瓦斯解吸规律判断突出危险性的一种预测指标，是煤体中瓦斯含量多少及煤体瓦斯解吸特性的体现。其中 Δh_2 和 K_1 是我国突出矿井中最常使用的两个工作面突出预测指标，瓦斯解吸量 Q 与 Δh_2 大小的关系式为 $Q = 0.0083\Delta h_2/10$。

在煤样暴露时间和粒度相同时，Δh_2 值综合反映了煤的破坏程度和瓦斯压力(含量)这两个与突出危险性密切相关的因素。实验证明，煤的破坏程度越高，则煤的解吸速度越大[19]；而且突出危险区煤样的瓦斯解吸速度，远比无突出危险区的大[10]。

从国内外研究钻屑瓦斯解吸规律的关系式中，选用了计算较为方便的直线方程对钻屑瓦斯解吸指标 K_1 值进行计算：

$$Q = K_1 t^{\frac{1}{2}} - W \tag{7-4}$$

式中 W——煤样自煤体暴露到大气中 t 时间内的瓦斯解吸量，mL/g；

K_1——钻屑瓦斯解吸指标，$mL/(g \cdot min^{1/2})$；

t——煤样暴露的总时间，min，$t=0.1L+t_1+t_2$；

L——取煤样时的钻孔长度，m；

t_1——煤样暴露于大气中到开始测量的时间，min；

t_2——自开始测量到读取数据的时间，min。

K_1 值的大小与煤层中瓦斯含量有关，也与煤的破坏类型有关[20]，它能较好地反映煤层的突出危险性。

由钻屑瓦斯解吸指标的原理可知，K_1 是基于巴雷尔公式推算出来的，反映的是煤样第1分钟的瓦斯解吸量，Δh_2 是煤样第4分钟和第5分钟瓦斯解吸所产生的压差。钻屑瓦斯解吸指标 Δh_2 和 K_1 值本质上反映的均是一段时间内煤样瓦斯解吸量的大小。故可以瓦斯压力为桥梁，在实验室条件下，根据不同瓦斯压力下煤样的瓦斯解吸特征曲线和钻屑瓦斯解吸指标与解吸量的数学关系，来分析瓦斯解吸指标的可靠性，即通过测定的 K_1 和 Δh_2 值与实际解吸量进行对比，找出相对可靠的指标[10]。

7.2.2.1　指标敏感性的确定

为了比较 Δh_2 和 K_1 值用于预测杨柳煤矿10煤层突出危险性的优劣，将解吸实验所得的第1分钟瓦斯解吸量与钻屑解吸指标 K_1 值之间的误差以及第4—5分钟解吸量与利用 Δh_2 指标换算所得的解吸量之间的误差绘制在同一坐标系中，如图7-8所示。

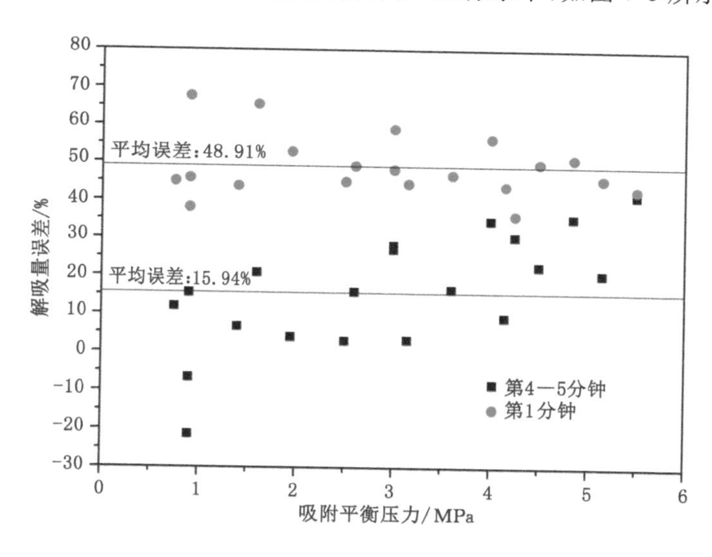

图7-8　解吸量误差对比分析图[15]

从图7-8中可以看出，换算所得的第4—5分钟解吸量小于实验室解吸实验所得的第4—5分钟解吸量，平均误差保持在15.94%左右，说明实测的钻屑瓦斯解吸指标 Δh_2 基本上能反映煤屑初始时刻(第4—5分钟内)瓦斯解吸量的大小。

实测的不同压力下的钻屑瓦斯解吸指标 K_1 值与实验室解吸实验所得的第1分钟解吸量差别较大，误差在36.13%～67.67%之间，平均误差高达48.91%，测得的 K_1 值远小于实际解吸实验所得的第1分钟解吸量大小。究其原因，进行钻屑瓦斯解吸指标 K_1 值的测定时，仪器测量解吸量是通过定容测压法实现的，且所测得的第1分钟解吸量(即 K_1 值)是通过巴雷尔式和最小二乘法推算得到的[21]，而杨柳煤矿10煤层具有初始时刻解吸速度快、解吸速度衰减迅速的特点，所以采用公式推算法反算第1分钟解吸量时，就会出现推算结果严重小于实际解吸量的现象。

综上所述,仅从实验室测得数据来看,在采用钻屑瓦斯解吸指标对杨柳煤矿10煤层的突出危险性预测时,指标 K_1 的预测效果较差,误差较大,而指标 Δh_2 具有预测效果稳定性较好,能较准确反映煤样初始时刻瓦斯解吸特性的特点,即 Δh_2 比 K_1 更敏感。

7.2.2.2 指标临界值的确定

由区域预测结果可知10煤层的区域预测敏感指标是瓦斯压力,临界值是0.74 MPa。为了研究该压力条件下钻屑瓦斯解吸指标的大小,一方面,在实验室分别对杨柳煤矿10煤层4组煤样在吸附平衡压力为0.74 MPa条件下的 Δh_2 和 K_1 值进行测定;另一方面,根据钻屑瓦斯解吸指标与瓦斯压力的经验公式推算0.74 MPa条件下 Δh_2 和 K_1 值的大小。

根据表7-5中实测及推算结果,可以看出在区域预测临界压力0.74 MPa下实测的局部突出预测敏感指标 Δh_2 的最大值为200 Pa,最小值为180 Pa; K_1 的最大值为0.30 mL/(g·min$^{1/2}$),最小值为0.26 mL/(g·min$^{1/2}$)。为了保证矿井的安全生产,确保局部突出预测结果有一定安全系数,这里将临界压力下对应的局部敏感指标 Δh_2 的最小值作为其临界值,即杨柳煤矿10煤层突出局部预测主要指标为钻屑瓦斯解吸指标 Δh_2,临界值为180 Pa; K_1 作为局部预测的辅助指标,参考临界值为0.26 mL/(g·min$^{1/2}$)。

表7-5 0.74 MPa条件下钻屑瓦斯解吸指标的大小[15]

煤样编号	指标 Δh_2 /Pa		指标 K_1 /[mL/(g·min$^{1/2}$)]	
	实验室实测	经验公式推算	实验室实测	经验公式推算
10-1#	190	148.42	0.27	0.11
10-2#	180	138.11	0.26	0.12
10-3#	200	204.09	0.30	0.29
10-4#	190	189.94	0.28	0.26

7.3 岩浆岩分布与预测指标内在联系

岩浆侵入煤层后,受岩浆岩自身大小、产状以及侵入体的位置和煤层之间距离远近的影响,一方面表现为对煤层具有不同程度的破坏作用,且随着上覆岩床厚度的增大,下伏煤层的地应力逐渐增大,煤体遭受的破碎和粉化作用也越来越大。另一方面岩浆提供的高温环境,促进了煤层的热演化,改变了煤体的物性特征、变质程度、孔隙结构、吸附解吸特征和煤体结构[22],进一步对瓦斯的赋存及致灾特性产生影响。故针对岩浆岩影响范围内的煤层,制定更为合理、可靠的突出预测指标是十分必要的。

一般情况下,靠近岩浆的煤体变质程度增加,挥发分与水分含量降低。图7-9展示了卧龙湖煤矿和海孜煤矿煤体水分含量与距岩浆岩距离间的关系[23]。在一定距离内,随着煤体与岩浆岩间距离增大,煤体水分含量显著上升。这是由于岩浆侵入时,较高的温度对煤体进行烘烤,造成大量水分逸出并在煤层中运移,使煤体水分含量随距岩浆岩距离的减小而降低。因此,煤体水分含量可以作为煤体与岩浆岩距离的判别指标。在受岩浆影响的煤层中开展采掘作业活动时,如果遇到煤层水分含量呈现阶梯式降低,则很可能说明煤体与岩浆岩的距离正在靠近。此时需要考虑岩浆演化使煤体瓦斯赋存状态改变，从而采用合理的突出预测指标进行灾害预警。

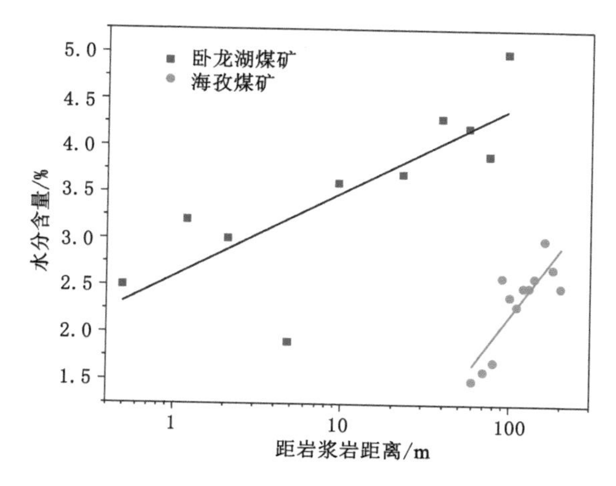

图 7-9　卧龙湖煤矿和海孜煤矿煤体水分含量与距岩浆岩距离间的关系

7.3.1　岩浆岩厚度及空间距离与预测指标的定量关系

为研究岩浆岩侵入对煤层瓦斯解吸指标产生的影响，本小节分别在海孜煤矿 10 煤层同一水平内的Ⅱ102 采区（巨厚岩浆岩覆盖热演化区，岩浆岩厚度平均为 120 m）和Ⅱ101 采区东翼（无岩浆岩覆盖区）以及杨柳煤矿 10 煤层同一水平内的 104 采区（岩浆岩覆盖区，瓦斯封存箱内）和 107 采区（无岩浆岩覆盖区）进行采样研究。海孜煤矿 10 煤层距离上覆岩浆岩距离为 160 m，其中 HZ2# 煤样上覆岩浆岩厚度为 142 m，HZ3# 煤样上覆岩浆岩厚度为 163 m；杨柳煤矿 10 煤层距上覆 7 煤层顶板岩浆岩距离为 106 m，距 5 煤层顶板岩浆岩距离为 160 m，其中 YL2# 和 YL3# 煤样上覆岩浆岩厚度分别为 44 m 和 28 m。研究表明，岩浆侵入对下伏煤层的作用与岩浆侵入体厚度 δ 成正比，与侵入体距煤层的距离 H 成反比。因此，针对同一煤田，可用系数 $D=\delta/H$ 来表示岩浆侵入对下伏煤层的作用大小。煤样工业分析、显微组分、吸附常数、孔隙参数和突出指标测定结果如表 7-6 和表 7-7 所列。

表 7-6　煤样工业分析及显微组分测定结果[24]

煤样	埋深 /m	上覆岩浆岩厚度/m	M_{ad}/%	A_d/%	V_{daf}/%	FC_{ad}/%	镜质组 /%	惰质组 /%	树脂体 /%	镜质组反射率 R_o/%
HZ1#	663.0	0	0.63	11.16	24.19	64.02	61.58	27.29		0.69
HZ2#	682.0	142	0.38	18.17	12.75	68.91	77.03	20.22		1.49
HZ3#	690.0	163	0.27	18.73	10.04	70.97	86.91	8.36		1.82
YL1#	525.0	0	1.50	15.59	29.67	53.25	58.71	32.35		0.86
YL2#	583.2	44	1.30	8.65	25.73	64.41	96.35	2.60		1.23
YL3#	597.4	28	1.26	9.28	22.16	67.30	97.24	1.23		1.38

表 7-7　煤样吸附常数、孔隙参数及突出指标测定结果[24]

煤样	煤样位置	D-R 表面积* /(m^2/g)	D-R 微孔体积* /(cm^3/g)	平均孔径 /nm	吸附常数		f	Δp /mmHg
					a /(m^3/t)	b /MPa^{-1}		
HZ1#	无岩浆岩覆盖区	7.350	0.005 310	0.899	19.33	0.870	0.40	3.53
HZ2#	巨厚岩浆岩覆盖区	15.630	0.006 710	1.067	31.67	1.043	0.35	7.36
HZ3#		18.120	0.008 830	1.167	34.35	1.071	0.33	10.00
YL1#	无岩浆岩覆盖区	9.880	0.002 171	1.056	21.10	0.580	0.52	9.60
YL2#	瓦斯封存箱内	13.870	0.004 835	1.220	26.12	0.950	0.36	12.90
YL3#		12.638	0.004 257	1.222	26.84	1.050	0.40	12.90

注：* 利用 D-R 模型计算得到的参数。

从表 7-6 和表 7-7 中可以发现，岩浆侵入下伏煤层受到岩浆热演化作用，改变了煤层的物性参数。相比于正常区煤样，海孜和杨柳煤矿煤样在岩浆岩作用下挥发分减少，镜质组含量及镜质组反射率均增加，说明所取煤样 HZ2#、HZ3# 及 YL2#、YL3# 受到岩浆岩侵入的影响，即下伏煤层受岩浆岩的热演化作用，使得煤的变质程度提高。同时，海孜和杨柳煤矿岩浆岩作用区瓦斯放散初速度 Δp 与吸附常数 a 值大于正常区测定值。由此说明，相同条件下，受岩浆岩作用影响的煤样初始解吸速度较大，解吸曲线斜率较高，解吸量较大。由海孜煤矿岩浆岩分布可知，HZ2# 煤样上覆岩浆岩厚度小于 HZ3# 煤样上覆岩浆岩厚度，说明岩浆岩厚度为主控因素，且厚度越大，影响越显著，煤的变质程度越高，解吸速度及解吸量也越大；由于杨柳煤矿受岩浆岩作用区煤样取样点上覆岩浆岩分布形态基本一致，YL2# 与 YL3# 煤样受岩浆岩热演化作用后的物性参数差别不大。同时，对比海孜和杨柳煤矿煤样的挥发分及镜质组反射率发现，海孜煤矿巨厚岩浆岩对下伏10 煤层的热演化作用在提高煤的变质程度、增加煤样解吸速度及解吸量方面明显大于杨柳煤矿“岩浆箱体”的作用。

海孜和杨柳煤矿 10 煤层煤样在不同吸附平衡压力下的瓦斯解吸曲线如图 7-10 所示。从图中可以看出，解吸曲线均是单调递增的幂函数曲线。在相同条件下，同一煤层受岩浆岩作用下煤样（HZ2#、HZ3# 及 YL2#、YL3#）的解吸量大于正常区煤样（HZ1# 及 YL1#）的解吸量，且从曲线斜率来看，侵入区煤样初期瓦斯解吸速度高，解吸量增幅大。而 HZ3# 煤样解吸量大于 HZ2# 煤样解吸量，说明煤样瓦斯解吸量受上覆岩浆岩厚度的影响。可见，岩浆岩对煤的解吸特性具有显著影响。

不同岩浆岩类型对煤样解吸特性的影响也是较为不同。仅从本数据来看，海孜煤矿巨厚岩浆岩岩床覆盖对瓦斯初期解吸效果的影响显著大于杨柳煤矿环形岩墙的作用，其大大增加了煤样的瓦斯解吸量和解吸速度，尤其是在解吸开始的前 10 min。无论是岩浆岩作用区煤样还是正常区煤样，瓦斯解吸均具有相同的特性：瓦斯解吸速度在前 10 min 最快，解吸量变化最大，增幅最快。而解吸指标多是对前 10 min 解吸数据的拟合考察，且岩浆岩作用区煤样较正常区煤样前 10 min 累计解吸量及增幅显著提高，可见岩浆岩作用对解吸指标影响明显；在 10 min 以后，瓦斯解吸逐渐进入平稳缓慢解吸阶段，解吸速度逐渐变慢，解吸量增幅不断减小。

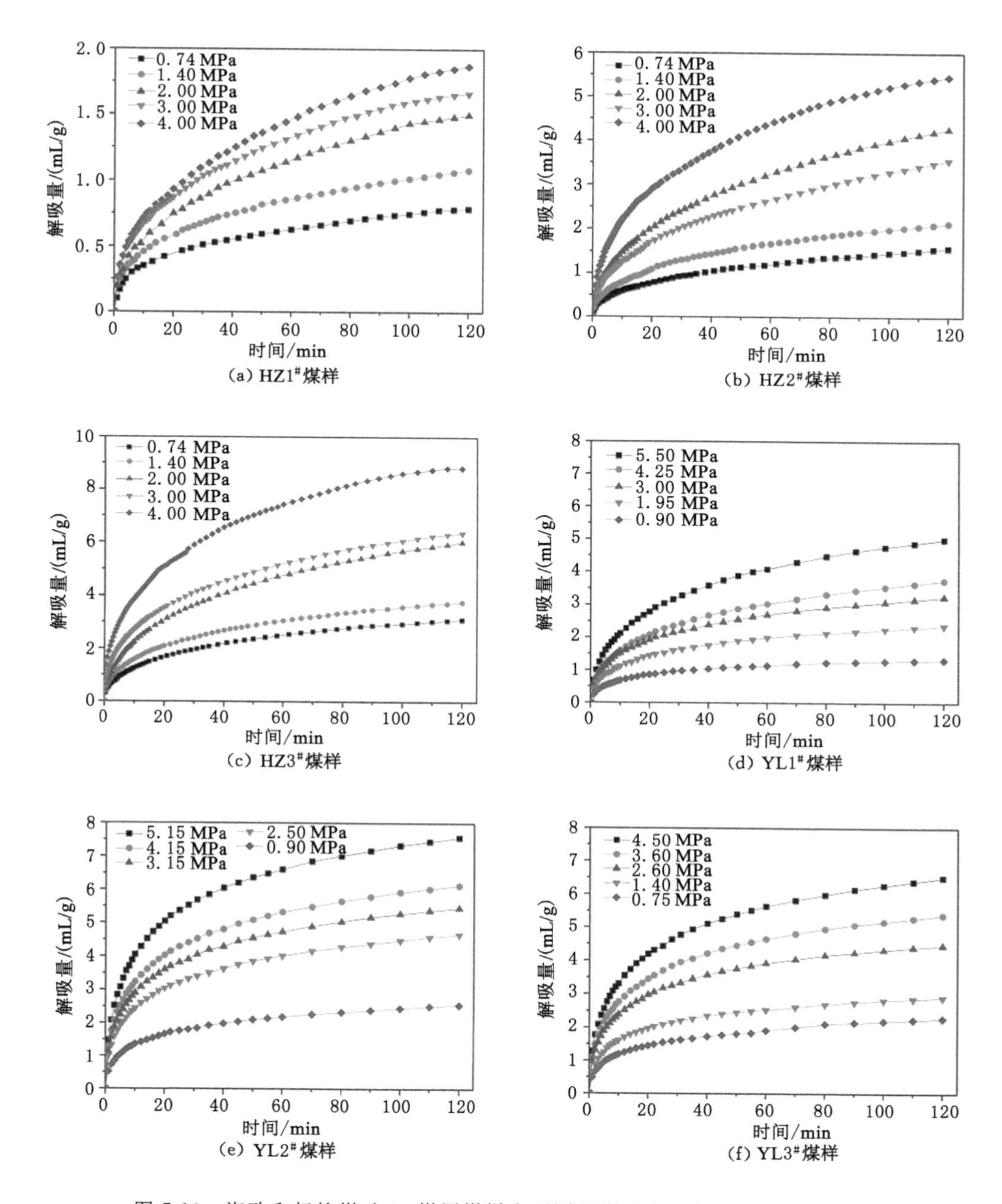

图 7-10　海孜和杨柳煤矿 10 煤层煤样在不同吸附平衡压力下的瓦斯解吸曲线

将解吸数据中第 1 分钟及第 4—5 分钟解吸量与吸附平衡压力的关系进行拟合，理论分析岩浆岩作用对解吸指标的影响，其中用 Q_1 表示第 1 分钟解吸量，Q_{4-5} 表示第 4—5 分钟解吸量，如图 7-11 所示。从图中可以看出，解吸量 Q_1 和 Q_{4-5} 与吸附平衡压力为正相关关系。岩浆岩作用区煤样（HZ2#、HZ3# 及 YL2#、YL3#）的解吸数据拟合曲线位于正常区煤样（HZ1# 及 YL1#）的上方。一般情况下吸附平衡压力越大，二者之间的差距越大。在吸附平衡压力为 4.0 MPa 时，海孜煤矿 10 煤层 HZ3# 煤样的解吸量 Q_1 和 Q_{4-5} 是 HZ1# 煤样对应解吸量的 3 倍多，是 HZ2# 煤样对应解吸量的 1.5 倍左右，说明岩浆岩侵入大大提高了煤样的解吸量 Q_1 和 Q_{4-5}，同时说明上覆岩浆岩厚度越大，影响越显著。

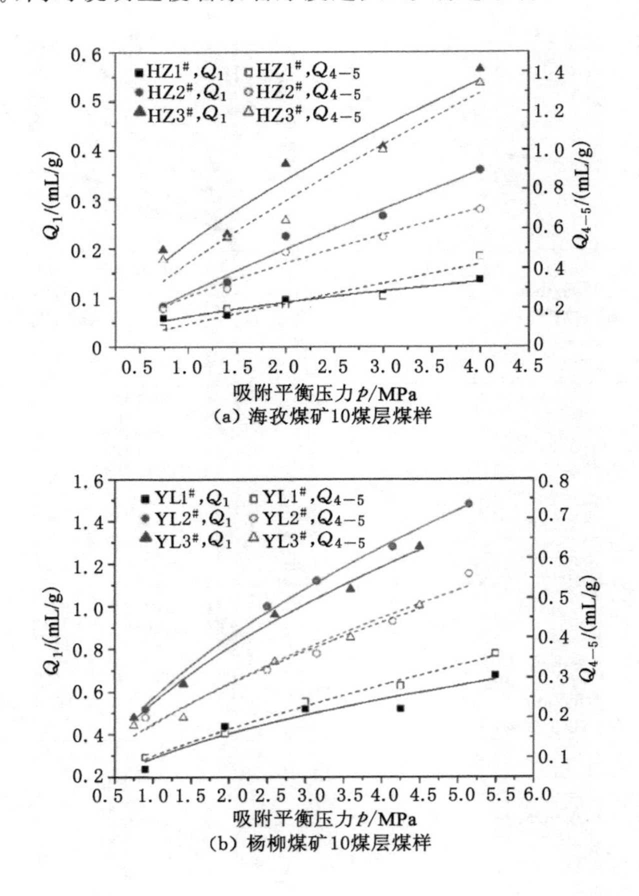

图 7-11　海孜和杨柳煤矿 10 煤层煤样解吸量 Q_1 和 Q_{4-5} 与吸附平衡压力 p 的拟合曲线

与海孜煤矿 10 煤层一致的是，杨柳煤矿 10 煤层受环形岩墙影响区相比于正常区大大增加了煤样的解吸量 Q_1 和 Q_{4-5}。YL2# 和 YL3# 煤样的解吸量 Q_1 和 Q_{4-5} 与吸附平衡压力拟合曲线基本一致，说明了 YL2# 和 YL3# 煤样受上覆岩浆岩作用差别不大，这与物性参数分析结果一致。从数值上可见，海孜煤矿巨厚岩浆岩岩床对解吸量 Q_1 和 Q_{4-5} 的影响大于杨柳煤矿环形岩墙的影响。在物理意义上，煤样解吸量 Q_1 和 Q_{4-5} 是对钻屑瓦斯解吸指标 K_1 和 Δh_2 的描述，因此可说明岩浆作用下钻屑瓦斯解吸指标大于正常区推测指标，即岩浆岩作用会使钻屑瓦斯解吸指标 K_1 和 Δh_2 值增大，且增幅较为显著，同时岩浆岩厚度对钻屑瓦斯解吸指标 K_1 和 Δh_2 值也有显著影响。

按照实验室测定方法对海孜和杨柳煤矿 10 煤层煤样分别进行了实验室模拟测定，钻屑瓦斯解吸指标 K_1 和 Δh_2 与吸附平衡压力的拟合曲线如图 7-12 所示。国内外众多学者通过实验研究证明了钻屑瓦斯解吸指标 K_1 和 Δh_2 与吸附平衡压力之间呈幂函数关系且相关性较高[25-26]，与本书实验结果一致(表 7-8)。将实验室模拟测定结果利用幂函数进行拟合，在同等条件下，受岩浆岩侵入影响的煤样的钻屑瓦斯解吸指标 K_1 和 Δh_2 值均大于正常区煤样的值。与正常区相比，海孜煤矿煤样钻屑瓦斯解吸指标 K_1 和 Δh_2 受岩浆岩影响变化最大，数值增幅大，且厚度越大，指标值越大；而杨柳煤矿煤样钻屑瓦斯解吸指标 K_1 和 Δh_2 受岩浆岩影响变化幅度较为平缓，但在数值差距上变化也较为显著，且 YL2# 和 YL3# 煤样的钻屑瓦斯解吸指标 K_1 和 Δh_2 与吸附平衡压力的拟合曲线也基本一致。可见，海孜煤矿巨厚岩浆岩对钻屑瓦斯解吸指标影响较大。钻屑瓦斯解吸指标 K_1 和 Δh_2 反映的是煤样初期瓦斯解吸的特征，这与前文岩浆岩作用区和正常区解吸特征相吻合。以上结果与解吸特征分析及理论分析结果一致。以海孜煤矿 10 煤层为例，对于正常区 HZ1# 煤样而言，当吸附平衡压力在 3.56 MPa 时测定的 K_1 值为 0.15 mL/(g · min$^{1/2}$)，Δh_2 值为 110 Pa，均为实验室测得的最大值；而对于岩浆岩作用区 HZ2# 煤样而言，当吸附平衡压力在 3.56 MPa 时测定的 K_1 值为 0.46 mL/(g · min$^{1/2}$)，Δh_2 值为 260 Pa，另外，对于岩浆岩作用区 HZ3# 煤样而言，当吸附平衡压力在 3.56 MPa 时测定的 K_1 值为 0.69 mL/(g · min$^{1/2}$)，Δh_2 值为 350 Pa，均远远大于正常区测定值，说明岩浆岩作用区煤层突出危险性增大，且厚度越大，影响越为显著。这在更深层次上说明岩浆岩使煤体结构发生改变，提高了煤体吸附和解吸瓦斯能力，增加了煤层的突出危险性，这与岩浆岩对煤样物性参数影响结果一致。

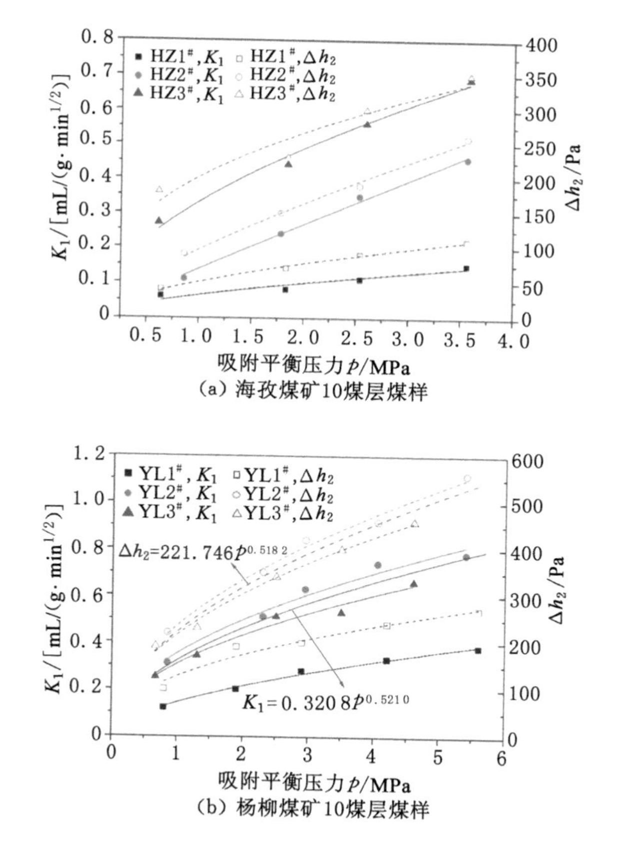

图 7-12　海孜和杨柳煤矿 10 煤层煤样钻屑瓦斯解吸指标 K_1 和 Δh_2 与吸附平衡压力 p 的拟合曲线

表 7-8　钻屑瓦斯解吸指标 K_1 和 Δh_2 与吸附平衡压力 p 的拟合结果

煤样	钻屑瓦斯解吸指标	拟合方程	相关系数 R^2
HZ1#	Δh_2	$\Delta h_2 = 50.350p^{0.6115}$	0.993
	K_1	$K_1 = 0.0636p^{0.6314}$	0.868
HZ2#	Δh_2	$\Delta h_2 = 96.530p^{0.7678}$	0.992
	K_1	$K_1 = 0.1378p^{0.9619}$	0.993
HZ3#	Δh_2	$\Delta h_2 = 201.210p^{0.4087}$	0.897
	K_1	$K_1 = 0.3306p^{0.5612}$	0.981
YL1#	Δh_2	$\Delta h_2 = 126.796p^{0.4462}$	0.944
	K_1	$K_1 = 0.1428p^{0.5787}$	0.988
YL2#	Δh_2	$\Delta h_2 = 215.488p^{0.4938}$	0.989
	K_1	$K_1 = 0.3507p^{0.4985}$	0.965
YL3#	Δh_2	$\Delta h_2 = 234.975p^{0.5061}$	0.987
	K_1	$K_1 = 0.3052p^{0.4928}$	0.970

对 YL2# 和 YL3# 煤样来说，其上覆岩浆岩分布形态基本一致，二者物性参数和解吸特性受岩浆岩作用影响变化差别不大，故对钻屑瓦斯解吸指标 K_1 和 Δh_2 与吸附平衡压力 p 的拟合公式可用一个公式来表达：

$$\begin{cases} K_1 = 0.3208p^{0.5210}, R^2 = 0.92 \\ \Delta h_2 = 221.746p^{0.5182}, R^2 = 0.96 \end{cases} \tag{7-5}$$

众多学者[1,25,27-28]通过理论分析和大量的实验统计发现，煤样钻屑瓦斯解吸指标 K_1 和 Δh_2 之间存在着线性关系，即：

$$\Delta h_2 = AK_1 + B \tag{7-6}$$

式中　A,B——依赖于煤种的常数。

利用式(7-6)对实验数据进行了拟合，结果如图 7-13 所示。从图中可以看出，本实验测定的各煤样钻屑瓦斯解吸指标 K_1 和 Δh_2 之间线性关系显著。从拟合曲线可得出，海孜煤矿 10 煤层煤样钻屑瓦斯解吸指标 K_1 和 Δh_2 符合关系式 $\Delta h_2 = 469.07K_1 + 34.07$，杨柳煤矿 10 煤层煤样钻屑瓦斯解吸指标 K_1 和 Δh_2 符合关系式 $\Delta h_2 = 634.45K_1 + 30.78$。岩浆岩作用虽然改变了钻屑瓦斯解吸指标 K_1 和 Δh_2 的数值大小，但整体上并未影响二者之间的线性关系，仅仅使钻屑瓦斯解吸指标数值按照线性方程方向移动增大。这说明钻屑瓦斯解吸指标 K_1 和 Δh_2 之间的线性关系是煤样解吸特征中固有的特性，任何一个变量的变动均会改变另一个变量，并且不受岩浆岩等其他外部因素影响。由此也说明岩浆岩对钻屑瓦斯解吸指标 K_1 和 Δh_2 的影响具有一致性。

由钻屑瓦斯解吸指标 K_1 值推算所得的第 1 分钟解吸量为 Q_1'，实验室解吸实验所得的第 1 分钟解吸量为 Q_1。根据瓦斯解吸数据得到的各煤样在第 4—5 分钟内的实际解吸量为 Q_{4-5}，依据瓦斯解吸量 Q 与 Δh_2 大小的关系式 $Q = 0.0083\Delta h_2/10$ 推算出的第 4—5 分钟解吸量为 Q_{4-5}'。可用式(7-7)和式(7-8)计算二者之间的相对误差(D_1 和 D_2)，结果如图 7-14 所示。

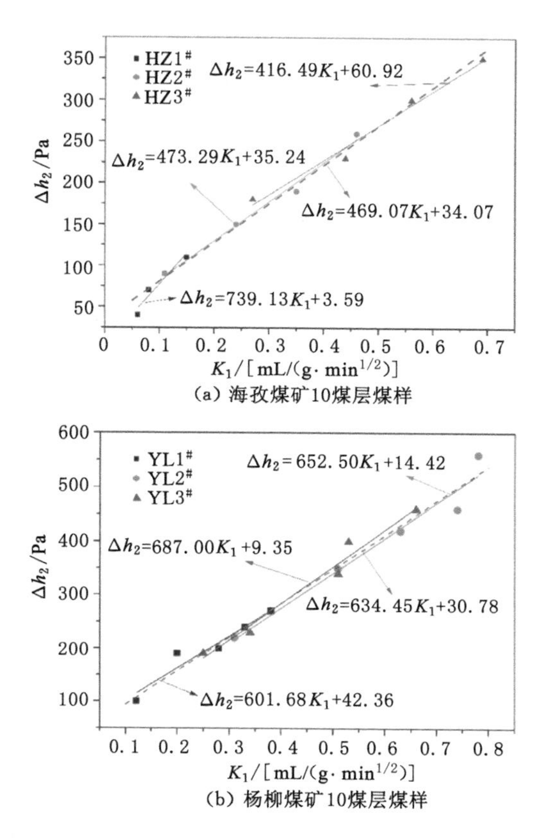

(a) 海孜煤矿10煤层煤样

(b) 杨柳煤矿10煤层煤样

图 7-13　海孜和杨柳煤矿 10 煤层煤样钻屑瓦斯解吸指标 K_1 和 Δh_2 的关系

$$D_1 = \frac{|Q_1 - Q_1'|}{Q_1} \times 100\% \tag{7-7}$$

$$D_2 = \frac{|Q_{4-5} - Q_{4-5}'|}{Q_{4-5}} \times 100\% \tag{7-8}$$

从图 7-14 中可以看出，无论正常区煤样还是岩浆岩作用区煤样，由钻屑瓦斯解吸指标 K_1 推算所得的第 1 分钟解吸量与实验室解吸实验所得的第 1 分钟解吸量的差别均较大，海孜煤矿 10 煤层煤样的平均相对误差为 32.95%，杨柳煤矿 10 煤层煤样的平均相对误差为 48.20%；推算所得的第 4—5 分钟解吸量与实验室解吸实验所得的第 4—5 分钟解吸量的差别相对较小，海孜煤矿 10 煤层煤样的平均相对误差为 15.58%，杨柳煤矿 10 煤层煤样的平均相对误差为 16.01%。因此，基于巴雷尔式所设计的 WTC 型瓦斯解吸仪并不能准确测得海孜和杨柳煤矿 10 煤层岩浆岩作用区及正常区煤样第 1 分钟解吸量的大小，即不能准确测定出钻屑瓦斯解吸指标 K_1 值，所以利用其进行突出危险性预测并不可靠；而钻屑瓦斯解吸指标 Δh_2 是直接通过 MD-2 型瓦斯解吸仪所测得的煤样第 4—5 分钟的解吸量，误差较小，能够较好地反映煤样的瓦斯解吸特性。这与海孜和杨柳煤矿 10 煤层具有初始时刻解吸速度快、解吸速率衰减迅速的解吸特性相关，即采用公式推算法反算第 1 分钟解吸量时，就会出现推算结果严重小于实际解吸量的现象。综上所述，仅从实验室测得的数据来看，可以得出同一煤层岩浆岩作用区及正常区的钻屑瓦斯解吸指标的可靠性一致，海孜和杨柳煤矿

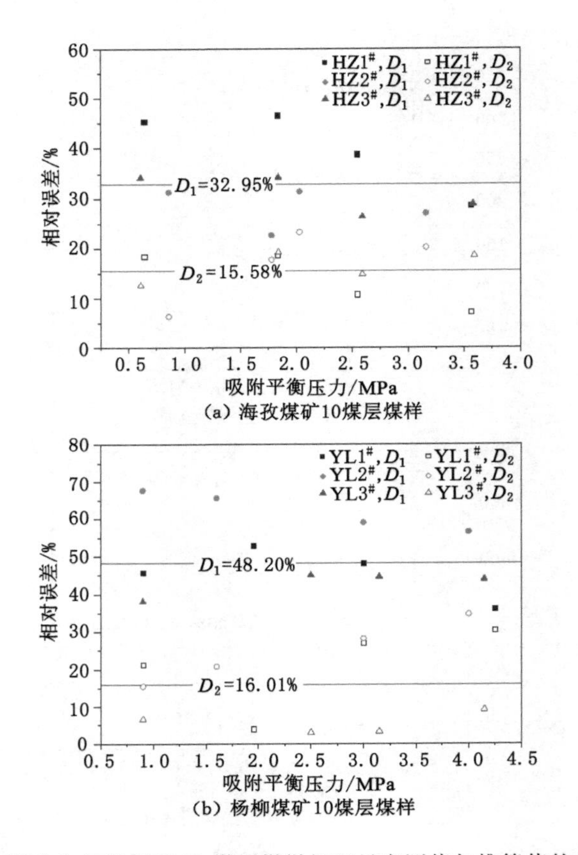

图 7-14 海孜和杨柳煤矿 10 煤层煤样解吸量实测值与推算值的相对误差

10 煤层的钻屑瓦斯解吸指标 Δh_2 的可靠性较高。

7.3.2 岩浆影响区煤层水分含量与预测指标内在联系

岩浆岩的热演化使煤的水分发生汽化，卧龙湖和海孜煤矿煤体的水分含量测定结果均显示，煤体水分含量随距岩浆岩距离的减小而降低。而水分含量对煤层的吸附性能影响十分显著，一般随着煤样水分含量的升高，同等压力和温度条件下煤样的极限解吸量减小，水分含量越高极限解吸量越小。

我国中等变质程度的煤中水分含量介于 1%～2%之间，低煤阶烟煤水分含量介于 3%～12%之间，褐煤水分含量一般为 10%～28%[29-30]，而实验室进行钻屑瓦斯解吸指标测定时要对煤样抽真空 24 h，实验结束后用工业分析仪测定得到煤样的水分含量在 0.5%左右，对于低变质程度的煤层，水分含量的降低直接影响到现场突出预测指标测定的准确性。

我国铁法矿区大隆煤矿的煤属于低变质长焰煤，原煤的平均水分含量为 6.53%～8.86%，通过实验室和现场研究确定该矿主采 13 煤层的区域敏感指标临界值为 1.5 MPa，因此需要利用 1.5 MPa 下的解吸数据对局部敏感指标进行水分含量校正。以局部指标 Δh_2 为例，首先通过实验获得大隆煤矿 13 煤层不同水分含量煤样在 1.5 MPa 压力条件下第 4—5 min 对应的瓦斯解吸量，对数据进行拟合(图 7-15)发现第 4—5 min 的瓦斯解吸量(y)与水分含量(x)符合对数关系 ($y=-1.4113\ln x+4.3357$)，代入水分含量可以计算出对应时刻下的瓦斯解吸量；其次，计算不同煤样水分含量对应的瓦斯解吸量与煤样水分含量为

0.5% 时(实验室条件)对应的解吸量之间的比值,就可以得到对应水分含量下钻屑解吸指标的校正系数 $A_x = y_x / y_{0.5}$,其中 A_x 表示煤样水分含量为 x%时的校正系数,y_x 表示水分含量为 x%时的解吸量,$y_{0.5}$ 表示水分含量为 0.5%时的解吸量;最后通过钻屑瓦斯解吸指标与解吸量的内在关系式,获得了考虑水分含量校正系数后的 Δh_2 与水分含量之间的变化关系(图 7-16)。由图 7-16 可知,13 煤层局部敏感指标的临界值定为 200 Pa,对应水分含量为 3%,因此取水分含量 3%作为岩浆岩赋存区区域煤与瓦斯突出危险性的补充判定指标。

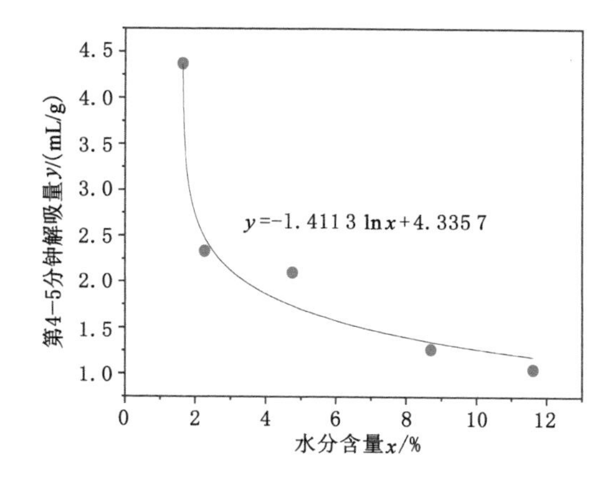

图 7-15　大隆煤矿 13 煤层煤样第 4—5 分钟解吸量与水分含量的关系曲线(1.5 MPa)

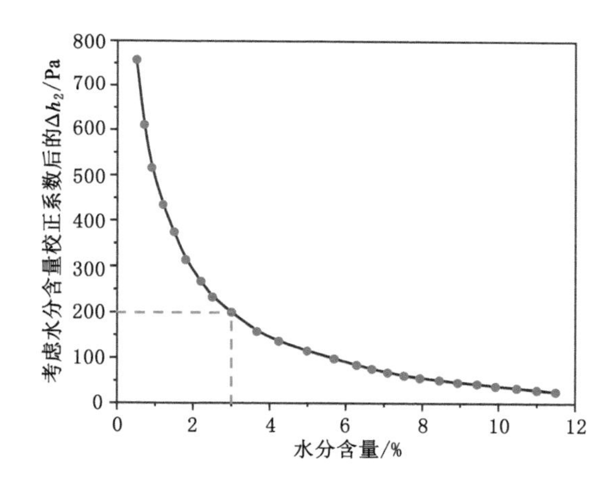

图 7-16　大隆煤矿 13 煤层煤样考虑水分含量校正系数后的 Δh_2 与水分含量的关系曲线(1.5 MPa)

7.4　突出预测与效果评价指标体系应用

以杨柳煤矿 10 煤层为例,其煤层瓦斯压力大、含量高,经鉴定为突出煤层,且受岩浆岩侵蚀严重,加剧了突出的危险性。该煤层开采过程中,已多次发生动力现象,因此,确定 10 煤层的突出预测敏感指标,建立煤层的突出预测指标体系,能更好地保障 10 煤层的安全高效开采。根据前述章节的实验及理论分析结果，将杨柳煤矿10煤层的区域突出预测敏感指标瓦斯压力（临界值为0.74 MPa）和瓦斯含量（临界值为7.00 m^3/t）作为主要指标，局部突出预测敏感指标 Δh_2（临界值为180 Pa）和 K_1 [临界值为0.26 mL/(g · $min^{1/2}$)]作为辅助指标，结合《防突细则》中的防突工作基本流程，制定杨柳煤矿10煤层的突出预测敏感指标体系，如图7-17所示。

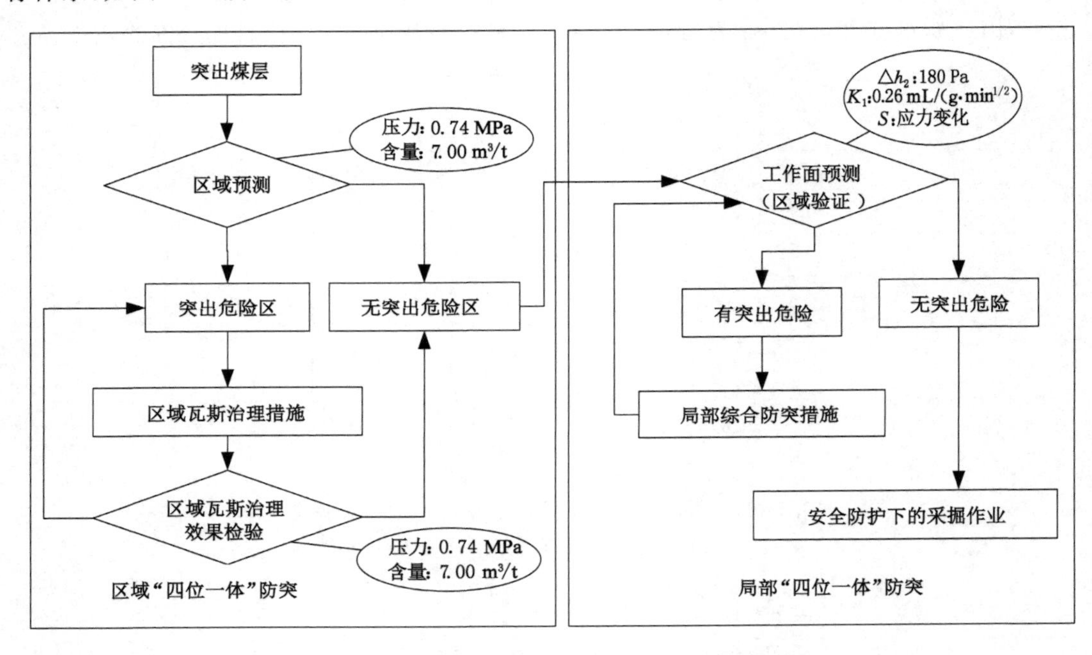

图7-17　杨柳煤矿10煤层突出预测敏感指标体系框图

7.4.1　区域预测与防突效果检验

7.4.1.1　区域突出危险性预测

按照《防突细则》要求，突出矿井的突出煤层应当进行区域突出危险性预测，经区域突出危险性预测后，突出煤层划分为突出危险区和无突出危险区。区域预测一般采用煤层瓦斯参数结合瓦斯地质分析方法进行。采用瓦斯参数进行预测时，应主要依据煤层实测瓦斯压力 p 和瓦斯含量 W 进行预测。杨柳煤矿104采区突出危险性预测指标如表7-9所列。

表7-9　杨柳煤矿104采区突出危险性预测指标

煤层	测定地点	突出危险性预测指标考察			是否具有突出危险性
		指标性质	预测指标	测值大小	
10	104采区	主要指标	瓦斯压力 p	1.90 MPa	有
10	104采区		瓦斯含量 W	12.02 m^3/t	有
10	104采区	突出危险性鉴定指标	瓦斯放散初速度 Δp	20 mmHg	有
10	104采区		煤的坚固性系数 f	0.36	有
10	104采区		煤的破坏类型	Ⅲ～Ⅳ类	有

注：表中各参数测值大小均为所测最大值。

根据表中数据可以看出，104采区的煤层瓦斯压力大于0.74 MPa，瓦斯含量也高于前面章节所确定的7.00 m^3/t。而此时其他几个常用的突出危险性预测指标也都超出了规定临界值，因此依据前面章节所确定的敏感指标瓦斯压力p（临界值0.74 MPa）和瓦斯含量W（临界值为7.00 m^3/t）对区域性突出危险性进行判定是可靠的，且杨柳煤矿104采区整个区域属于突出危险区。

7.4.1.2　区域防突效果检验

根据杨柳煤矿10煤层的赋存条件及现场实际情况，104采区采用底板岩巷穿层钻孔抽采条带瓦斯掩护工作面机、风巷掘进，以及穿层钻孔结合倾向顺层钻孔抽采模式预抽工作面瓦斯的区域性消突措施。为了考察上述这种区域性瓦斯消突措施的应用效果，需要对预抽效果进行考察，考察指标主要有：① 残余瓦斯压力；② 残余瓦斯含量；③ 抽采量及抽采率。考察时以前两种判定指标为主，临界值分别为0.74 MPa和7.00 m^3/t。根据现场实际施工条件，杨柳煤矿10414工作面的消突评价按4个阶段进行，效果检验指标如表7-10所列。

表7-10　杨柳煤矿10414工作面区域防突措施效果检验指标

评价地点	范围（开切眼往里）/m	残余瓦斯压力/MPa	残余瓦斯含量/(m^3/t)	根据抽采量计算残余瓦斯含量/(m^3/t)	措施是否有效
10414工作面	0～100	0.43（区段内最大值）	4.36（区段内最大值）	5.80	有效
10414工作面	100～400			3.58	有效
10414工作面	400～680			3.75	有效
10414工作面	680～1 030			2.92	有效

根据表中数据可以看出，10414工作面内已采取区域防突措施的范围内的煤层瓦斯压力低于0.74 MPa，瓦斯含量低于7.00 m^3/t，可以认为区域防突措施已达到预期消突效果。

7.4.2　局部“四位一体”防突效果检验

在对104采区内工作面机、风巷进行掘进之前，机、风巷条带内瓦斯必须经过区域预抽。根据《防突细则》要求，机、风巷掘进过程中仍然要进行工作面突出危险性预测，并对具有突出危险区域采取局部防突措施。在104采区已开拓的10416工作面和10414工作面的机、风巷掘进过程中均采用了局部防突措施，本小节以10416工作面突出预测数据来说明局部防突体系在现场的应用情况。根据测得的钻屑瓦斯解吸指标Δh_2和K_1的最大值预测工作面突出危险性，敏感指标Δh_2的临界值为180 Pa，辅助指标K_1的临界值为0.26 mL/(g·min$^{1/2}$)，最大钻屑量S_{max}用于预测所处位置的地应力。

当突出预测指标小于临界值时，可继续进行掘进，否则需要采取局部防突措施并施工排放钻孔排放瓦斯，并且经效果检验合格后方可继续掘进。

在10416工作面突出危险性预测所用的各指标的实测数据中随机选取600组进行统计，如图7-18所示。

从图7-18中可以发现，钻屑瓦斯解吸指标Δh_2增大时，指标K_1也呈现出相同的变化趋势。在掘进过程中，钻屑瓦斯解吸指标Δh_2小于180 Pa、K_1小于0.26 mL/(g·min$^{1/2}$)，且未发生任何瓦斯动力现象，保证了10416工作面机巷的安全高效掘进，这说明利用选定的突

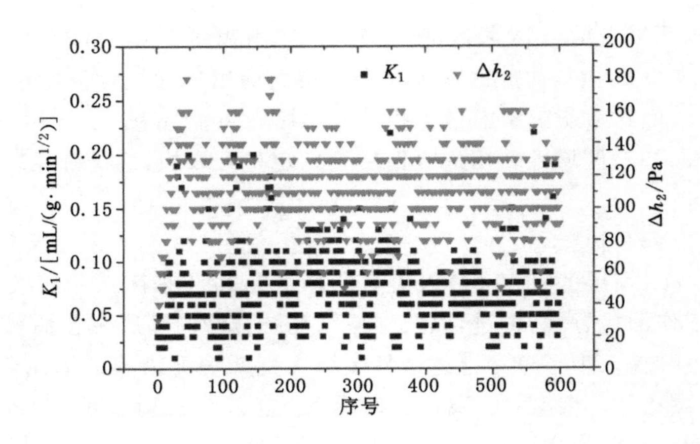

图 7-18 10416 工作面机巷突出预测指标分布[20]

出预测敏感指标及确定的临界值进行局部突出危险性预测是合理可靠的。

参考文献

[1] 胡千庭. 对钻屑瓦斯解吸指标预测突出敏感性的探讨[J]. 煤矿安全,1997(10):41-43.

[2] 孙东玲. 突出敏感指标及临界值确定方法的探讨与尝试[J]. 煤炭工程师,1996(4):3-7.

[3] 周睿,刘文波. 钻孔瓦斯流量预测区域突出危险性技术研究[J]. 煤炭技术,2015,34(9):140-142.

[4] 国家煤矿安全监察局. 防治煤与瓦斯突出细则[M]. 北京:煤炭工业出版社,2019.

[5] 于仲秋. 煤与瓦斯突出和工作面危险性预测方法[J]. 科技创业家,2014(1):86.

[6] 张松朝,李冠亚. 浅谈煤与瓦斯突出防治措施[J]. 科技与创新,2016(17):113-114.

[7] 舒龙勇,张浪,范喜生,等. 基于防突工作流程的突出预测敏感指标体系构建方法[J]. 安全与环境学报,2015,15(3):42-47.

[8] 汪坤. 煤与瓦斯突出机理及防治[J]. 内蒙古煤炭经济,2014(8):131-132.

[9] 赵旭生,董银生,岳超平. 煤与瓦斯突出预测敏感指标及其临界值的确定方法[J]. 矿业安全与环保,2007,34(3):28-30,52.

[10] 程远平,王海锋,王亮. 煤矿瓦斯防治理论与工程应用[M]. 徐州:中国矿业大学出版社,2010.

[11] 焦汉林,杨胜强. 瓦斯等值线图在煤层突出危险区域划分中的应用[J]. 煤炭技术,2015,34(3):150-152.

[12] 程远平,张晓磊,王亮. 地应力对瓦斯压力及突出灾害的控制作用研究[J]. 采矿与安全工程学报,2013,30(3):408-414.

[13] 田靖安,王亮,程远平,等. 煤层瓦斯压力分布规律及预测方法[J]. 采矿与安全工程学报,2008,25(4):481-485.

[14] 俞启香,程远平. 矿井瓦斯防治[M]. 徐州:中国矿业大学出版社,2012.

[15] 舒龙勇. 杨柳煤矿 10 煤层突出预测敏感指标及临界值的研究[D]. 徐州:中国矿业大学,2012.

[16] 付建华. 煤矿瓦斯灾害防治理论研究与工程实践[M]. 徐州：中国矿业大学出版社，2005.
[17] 程远平，周红星. 煤与瓦斯突出预测敏感指标及其临界值研究进展[J]. 煤炭科学技术，2021，49(1)：146-154.
[18] 北票矿务局瓦斯组，辽宁省煤炭研究所第一研究室. 北票煤田煤层煤与瓦斯突出危险性若干问题的探讨[J]. 煤矿安全，1975(1)：10-15.
[19] 王佑安. 煤和瓦斯突出危险性预测方法[J]. 煤矿安全，1984(4)：1-7.
[20] 孔胜利. 采动煤岩体离散裂隙网络瓦斯流动特征及应用研究[D]. 徐州：中国矿业大学，2015.
[21] 胡千庭，文光才. WTC瓦斯突出参数仪及其应用[J]. 煤炭工程师，1994(4)：2-6.
[22] 赵继尧. 安徽省淮北闸河矿区煤的岩浆热变质作用的几个问题[J]. 煤炭学报，1986(4)：19-27，97.
[23] 蒋静宇. 岩浆岩侵入对瓦斯赋存的控制作用及突出灾害防治技术：以淮北矿区为例[D]. 徐州：中国矿业大学，2012.
[24] CHENG L B，WANG L，CHENG Y P，et al. Gas desorption index of drill cuttings affected by magmatic sills for predicting outbursts in coal seams[J]. Arabian journal of geosciences，2016，9(1)：1-15.
[25] 邵军. 关于钻屑瓦斯解吸指标的探讨[J]. 煤矿安全，1991(3)：34-39.
[26] AN F H，CHENG Y P，WU D M，et al. The effect of small micropores on methane adsorption of coals from northern China[J]. Adsorption，2013，19(1)：83-90.
[27] 胡菊，崔恒信. 试论 K_1 和 Δh_2 值的关系[J]. 平煤科技，1992(3)：36-38.
[28] 王魁军，程五一，栾永祥. 预测敏感指标及临界值的确定[J]. 煤炭科学技术，1996，24(11)：44-47.
[29] 汤达祯. 煤变质演化与煤成气生成条件[M]. 北京：地质出版社，1998.
[30] 杨起，刘大锰，黄文辉，等. 中国西北煤层气地质与资源综合评价[M]. 北京：地质出版社，2005.

第 8 章　岩浆岩影响下煤岩动力灾害一体化防治技术

通过前文分析可知，厚硬岩浆岩对下伏煤层动力灾害的影响十分显著。厚硬岩浆岩热演化和圈闭作用导致矿井不同区域煤层瓦斯赋存和突出危险性存在较大差异，同时厚硬岩浆岩的突然失稳破断会瞬间释放大量弹性能，造成瓦斯突出、冲击地压等多元动力灾害。针对上述煤岩动力灾害的复杂性，本章提出了多元动力灾害的一体化综合防治技术思路，实现了厚硬岩浆岩下突出煤层煤与瓦斯安全高效开采。

8.1　岩浆岩影响下煤层多元动力灾害发生机制

8.1.1　煤与瓦斯突出

根据前面研究内容可知，厚硬岩浆岩下伏煤层开采导致其覆岩离层发育，使得大量卸压瓦斯因岩浆岩热演化和圈闭作用而聚集到离层空间，造成瓦斯富集现象，形成“瓦斯包”，对煤层安全开采构成很大威胁。当参与突出的瓦斯内能不足或尚未达到发生煤与瓦斯突出的临界条件时，煤-瓦斯系统外部的能量输入，将加速煤与瓦斯突出的孕育过程，甚至提前激发煤与瓦斯突出。当厚硬岩浆岩破断所释放的能量传播至煤层或“瓦斯包”区域时，都有可能引发外部动力和煤层瓦斯的复合型灾害。厚硬岩浆岩下采动应力分布特征如图 8-1 所示。

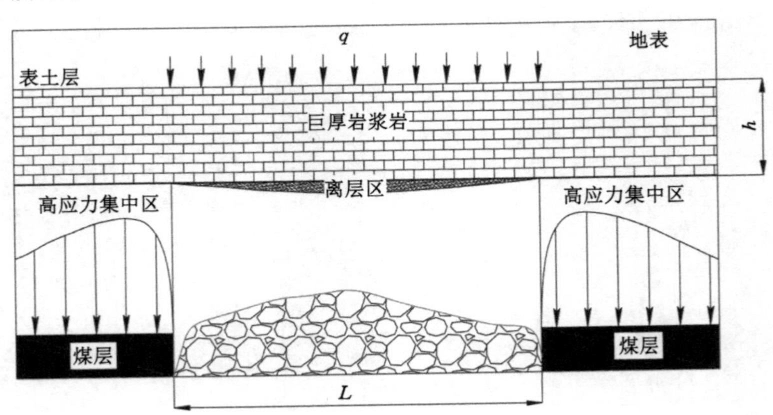

图 8-1　厚硬岩浆岩下采动应力分布特征[1]

厚硬岩浆岩的存在使得工作面采空区两端煤壁内的应力集中情况发生改变，应力集中范围增大，顶板各煤层围岩应力分布特征如图 8-2 所示。由于地质构造或采掘应力集中区是突出的重点区域，因此，厚硬岩浆岩导致的大范围应力集中区使可能发生突出的区域范围大大增加。

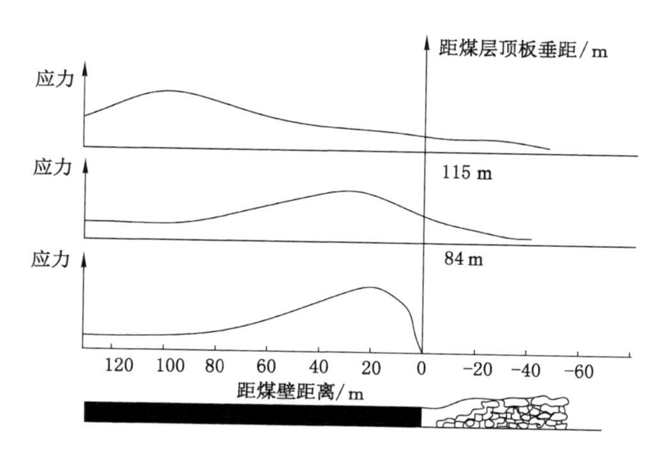

图 8-2　海孜煤矿顶板各煤层围岩应力分布[1]

有些地质构造复杂的矿井，虽然采取了可靠的区域防突措施，煤层瓦斯压力和含量均降低到规定的临界值之下，但如果构造应力与采场应力叠加显现，依然会发生煤与瓦斯突出事故。例如，2009 年 4 月 25 日，淮北矿区海孜煤矿厚硬岩浆岩下伏Ⅱ1026 机巷发生了煤与瓦斯突出事故，突出煤岩量 656 t，突出瓦斯量 13 210 m^3，但突出前的实测瓦斯压力仅为 0.55 MPa，小于矿区规定的临界值 0.74 MPa。

8.1.2　冲击地压灾害

厚硬岩浆岩的存在和破断常常会引起煤岩突发失稳现象，造成冲击地压灾害。海孜煤矿厚硬岩浆岩为矿井主关键层，其极限跨距为 332 m，明显大于一般岩层的极限跨距。当厚硬岩浆岩发生破断时，由于其破断控制的岩层范围较广，将会引起采场强烈的来压显现。海孜煤矿厚硬岩浆岩动态破坏时间 t_D、弹性能量指数 W_{ET} 和冲击能量指数 K_E 三项指标的实验室测试结果如表 8-1 所列，结果显示岩浆岩冲击倾向性综合判定为强烈。随着 10 煤层采煤工作面推进，岩浆岩将会发生强度失稳现象，大量弹性能瞬间释放，引发冲击地压事故。

表 8-1　海孜煤矿厚硬岩浆岩冲击倾向性指标测试结果

钻孔	冲击倾向性			
	t_D	W_{ET}	K_E	冲击倾向性评价
5#	中等	强烈	强烈	强烈
7#	中等	中等到强烈	强烈	中等到强烈
9#	中等	中等到强烈	强烈	中等到强烈
10#	中等	强烈	强烈	强烈
平均	中等	强烈	强烈	强烈

8.1.3 突水灾害

厚硬岩浆岩的存在表现的水文地质意义，一是在区域上形成地下水的阻（隔）水边界并构成水文地质条件明显不同的水文地质块段，二是形成含水体或沟通邻近含水层形成水力联系，三是影响地下水水质。当覆岩顶板存在厚硬岩浆岩时，该岩体构成了区域地下水运动的阻隔水屏障，构成“隔水关键层”，成为区域上控制或影响地下水运动的因素。以海孜煤矿为例，通过岩芯的透水性试验，得出其厚硬岩浆岩的渗透系数平均为 1.15×10^{-5} cm/s，构成“隔水关键层”。随着工作面逐步推进，岩浆岩与其下伏煤系地层之间的离层量逐渐增加，水源开始通过离层裂隙进入到粉砂岩层，并且水压逐渐上升[2-3]。如图 8-3 所示，离层空间内往往会储存大量的积水，当岩浆岩突然发生强度失稳时，瞬间释放大量弹性能，对离层水体产生强大的冲击力，形成超高水压。在这一异常高水压作用下，工作面顶部煤系地层沿强度薄弱带瞬间破裂，形成突水通道，发生突水。例如，海孜煤矿一水平 84 采区 7 煤层 745 工作面，于 2005 年 5 月 21 日发生了最大瞬时流量达 3 887 m^3/h 的顶板特大突（溃）水事故。

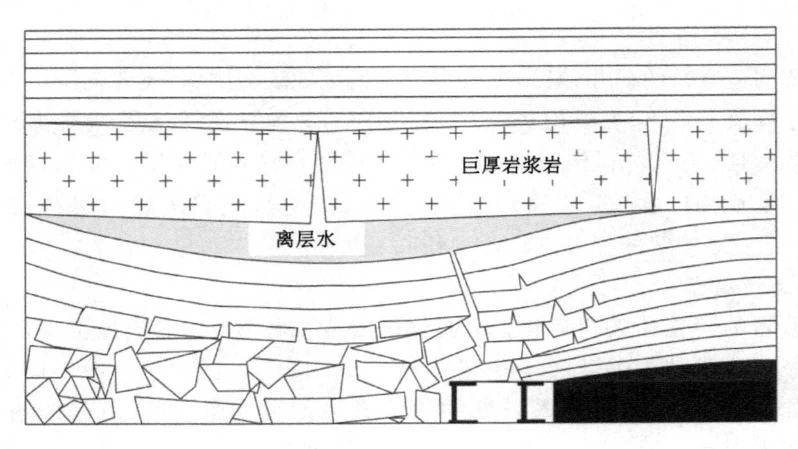

图 8-3 厚硬岩浆岩下突水事故示意图[1]

8.1.4 地表沉陷灾害

煤体被采出后，采空区围岩原始应力状态失去平衡，直接顶垮落，上覆煤岩体发生弯曲变形。随着煤层的持续开采，采动影响的破坏变形范围不断向上发展直至地面，表现为地表沉陷。地表沉陷会引发很多问题，比如交通道路破坏、建筑物破坏、土地断裂等。由于厚硬岩浆岩的刚度、强度和厚度较大，其下伏煤层开采后，岩浆岩岩体弯曲下沉的挠度较小，岩浆岩能够减弱采动对其上覆岩层的影响，地表沉陷的程度较小[2-4]。根据海孜煤矿地表沉陷观测数据，Ⅱ1022 工作面开采 13 个月后，在 W6 号点处实测得到地表沉陷最大值为 0.212 m，相对采场高度下沉系数为 0.11；Ⅱ1022 工作面开采 17 个月后，在 I37 号点处实测得到地表沉陷最大值为 0.310 m，相对采场高度下沉系数仅为 0.12；Ⅱ1024 工作面开采 14 个月后，在 20 号点处实测得到地表沉陷最大值为 0.431 m，相对采场高度下沉系数为 0.16；84 采区 1042 工作面（厚度 2 m 的 10 煤层）开采后，地表沉陷最大值为

0.100 m，相对采场高度下沉系数仅为 0.05。结合两淮矿区地表沉陷观测数据，相对采场高度下沉系数通常在 0.80～1.00 之间，但在海孜煤矿岩浆岩覆盖区观测所得的相对采场高度下沉系数远远小于这一数值。但如果大面积连续开采后不及时采取有效措施防止岩浆岩破断，岩浆岩的突然破断会引发地表大幅度沉陷，造成人员伤害事故。地表沉陷现场观测结果如图 8-4 所示。

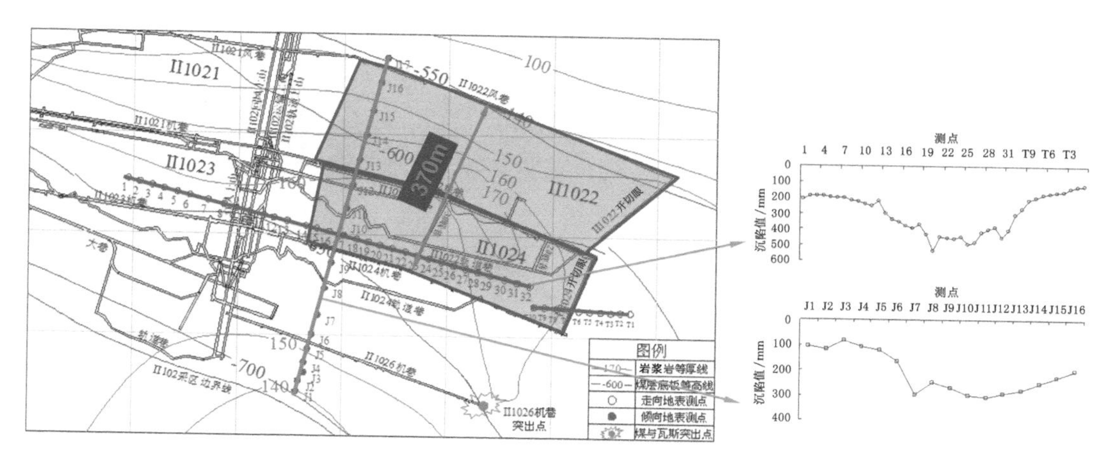

图 8-4　地表沉陷现场观测结果[1]

8.2　岩浆岩影响下煤层瓦斯灾害分区分级特征及综合防治技术

8.2.1　岩浆岩影响下煤层瓦斯灾害分区分级特征

煤层区域性瓦斯防治方法需要根据井田地质构造分布特征、煤系地层赋存条件和瓦斯灾害特点综合制定。厚硬岩浆岩呈现的岩床盖层条件极大影响了矿井瓦斯赋存，使下伏各煤层升级为突出煤层并随着岩浆岩岩床厚度变化而呈现分区特征，同时岩浆岩的存在控制了采动覆岩离层裂隙发育和卸压瓦斯储运特征，因此，原始煤层瓦斯区域预抽和卸压瓦斯抽采均需要结合岩浆岩分布特征进行。根据厚硬岩浆岩的分布、煤层赋存和瓦斯突出特征，提出以下针对性的分区分级瓦斯防治技术。对于保护层，具备保护层开采的区域，一定优先开采保护层。在保护层开采前，如果保护层位于无突出危险区，应注重区域验证工作；如果保护层处于突出危险区但瓦斯压力 $p<3$ MPa，可先施工底板岩巷穿层钻孔预抽煤巷条带瓦斯，然后利用顺层钻孔预抽工作面瓦斯；如果保护层位于突出危险区且 $p\geqslant3$ MPa，应当采用地面采动井预抽煤层瓦斯，或者采用远程操控方式施工的底板岩巷大面积穿层钻孔预抽煤层瓦斯，待瓦斯压力降至临界值以下后开掘煤巷并利用顺层钻孔预抽工作面瓦斯[5]。对于被保护层，需要根据采场覆岩离层演化特征，选择较佳的卸压瓦斯抽采方法，确保瓦斯防治安全高效。以海孜煤矿为例，区域性分区分级瓦斯防治技术体系见图 8-5 和表 8-2。

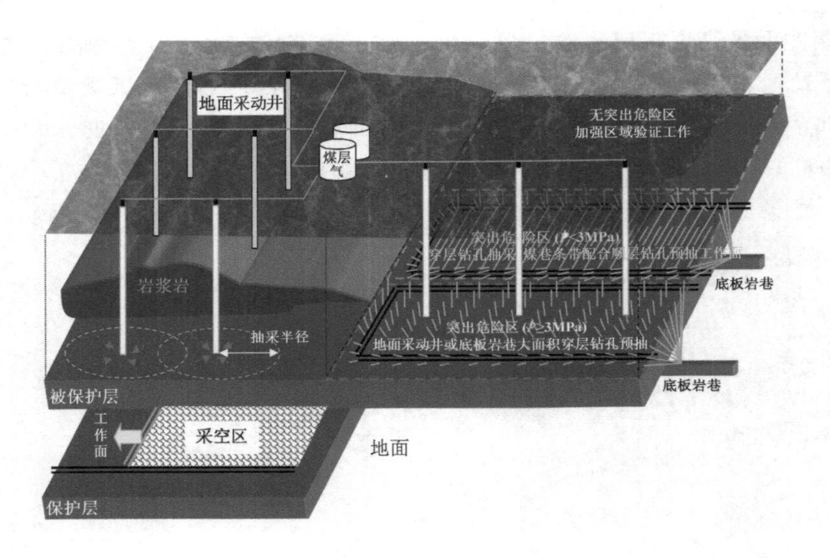

图 8-5 海孜煤矿区域性分区分级瓦斯防治技术示意图[1]

表 8-2 海孜煤矿区域性分区分级瓦斯防治技术列表[1]

矿井分区	区域划分	方法	区域性瓦斯治理技术		备注
			保护层	被保护层	
厚硬岩浆岩覆盖	无突出危险区	连续验证			加强探测工作
	突出危险区	开采10煤层	底板穿层钻孔预抽煤巷条带结合顺层钻孔预抽工作面($p<3$ MPa)	远距离穿层钻孔预抽或者地面采动井预抽	① Ⅱ102 采区Ⅱ1026 工作面应用预抽技术； ② Ⅱ102 采区Ⅱ1021 工作面应用远距离穿层钻孔； ③ Ⅱ102 采区Ⅱ1017 工作面应用地面采动井
			底板大面积穿层钻孔预抽与顺层钻孔预抽相结合($p\geqslant 3$ MPa)		密集穿层钻孔预抽煤巷条带，少量穿层钻孔预抽工作面内部，压力降至 3 MPa 以下后采用顺层钻孔预抽
		无10煤层可采	① 穿层钻孔预抽 7、8、9 煤层群； ② 开采 7 煤层为保护层； ③ 结合 9 煤层底板穿层钻孔抽采卸压瓦斯		86 采区 764 工作面应用预抽技术

表 8-2(续)

矿井分区	区域划分	方法	区域性瓦斯治理技术		备注
			保护层	被保护层	
无厚硬岩浆岩覆盖	无突出危险区	连续验证			加强探测工作
	突出危险区	开采10煤层	底板穿层钻孔预抽煤巷条带结合顺层钻孔预抽工作面($p<3$ MPa)	远距离穿层钻孔预抽或者地面采动井预抽(钻孔和钻井间距均加密)	Ⅱ101采区Ⅱ10113工作面应用预抽技术
			底板大面积穿层钻孔预抽与顺层钻孔预抽相结合($p\geqslant3$ MPa)		密集穿层钻孔预抽煤巷条带,少量穿层钻孔预抽工作面内部,压力降至3 MPa以下后采用顺层钻孔预抽

8.2.2 岩浆岩影响下煤层瓦斯灾害分区分级防治技术应用

8.2.2.1 岩浆岩影响下单一(首采)突出煤层瓦斯综合防治技术

(1) 底板穿层钻孔结合顺层钻孔预抽煤层瓦斯模式($p<3$ MPa)

当煤层瓦斯压力小于3 MPa时,实施底板穿层钻孔预抽煤巷条带煤层瓦斯结合顺层钻孔预抽工作面煤层瓦斯模式,如图8-6所示,主要按以下步骤实施。

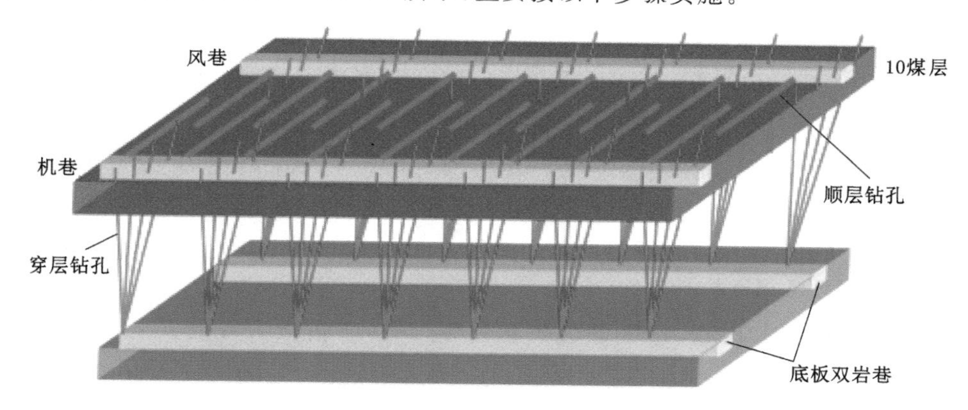

图 8-6 底板穿层钻孔结合顺层钻孔预抽煤层瓦斯模式[1]

① 在煤层底板距机巷和开切眼一定距离的岩层中施工抽采巷,与上区段的底板巷形成全负压通风系统。

② 在底板巷内向机巷和开切眼位置及附近一定范围内施工穿层钻孔并抽采煤层瓦斯,将该区域内的煤层瓦斯含量和压力降低到该煤层始突深度的瓦斯含量和压力临界值以下,若没有考察到该临界值,则将煤层瓦斯含量和压力分别降到8 m^3/t 和0.74 MPa以下,消除机巷和开切眼位置及附近一定范围内的突出危险性,保证机巷的安全掘进。

③ 在消除突出危险的煤体中掘进机巷和开切眼。由于采空区形成的卸压带内已消除了风巷及其附近一定区域的煤层突出危险性,因此,可以留设合理的安全煤柱沿空掘进风巷。

④ 待形成通风系统后，在机、风巷内分别施工一定间距的顺层钻孔抽采煤层瓦斯，将煤层瓦斯含量降低到该煤层始突深度的瓦斯含量和压力临界值以下，若没有考察到该临界值，则将煤层瓦斯含量和压力分别降到 8 m^3/t 和 0.74 MPa 以下，消除工作面的突出危险性。

该模式在海孜煤矿保护层开采区域得到了成功实施。实施后，海孜煤矿Ⅱ1026 工作面煤层瓦斯抽采率达到 60%，残余瓦斯含量降至 6 m^3/t 以下，残余瓦斯压力降至 0.4 MPa 以下，显著消除了煤层的煤与瓦斯突出危险性。

(2) 底板大面积穿层钻孔结合顺层钻孔预抽煤层瓦斯模式($p \geqslant 3$ MPa)

当煤层瓦斯压力大于或等于 3 MPa 时，实施底板大面积穿层钻孔结合顺层钻孔预抽煤层瓦斯模式，如图 8-7 所示，主要按以下步骤实施[1,6]。

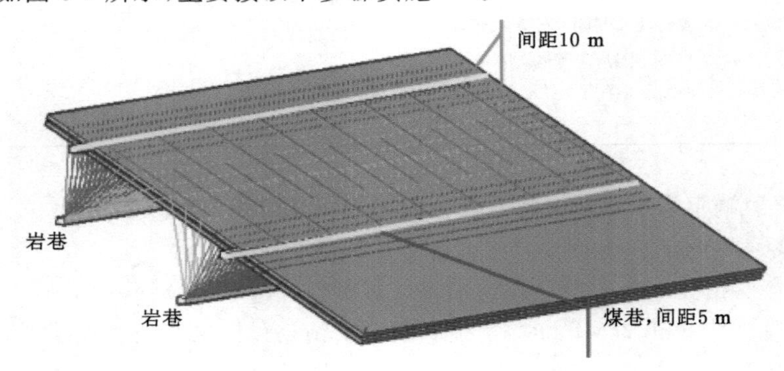

图 8-7　底板大面积穿层钻孔结合顺层钻孔预抽煤层瓦斯模式[1]

① 在突出煤层底板距机巷和开切眼一定距离的岩层中施工底板巷，与上区段的底板巷形成全负压通风系统。需要特别注意的是，首采工作面要施工两条底板巷。

② 在底板巷内向工作面煤层及附近一定范围内施工穿层钻孔并抽采煤层瓦斯，将该区域内的煤层瓦斯含量和压力降低到该煤层始突深度的瓦斯含量和压力临界值以下，若没有考察到该临界值，则将煤层瓦斯含量和压力降到 8 m^3/t 和 0.74 MPa 以下，保证煤层巷道的安全掘进。

③ 在消除突出危险的区域中掘进机巷和开切眼，并留设合理的安全煤柱沿空掘进风巷。

④ 待形成通风系统后，在机、风巷内分别施工一定间距的顺层钻孔抽采煤层瓦斯，将煤层瓦斯含量和压力降低到该煤层始突深度的瓦斯含量和压力临界值以下，若没有考察到该临界值，则将煤层瓦斯含量和压力分别降到 8 m^3/t 和 0.74 MPa 以下，消除工作面煤层的突出危险性。

8.2.2.2　*岩浆岩影响下被保护层卸压煤层群区域性瓦斯综合防治技术*

岩浆岩影响下被保护层卸压煤层群区域性瓦斯综合防治技术主要包括地面采动井瓦斯抽采技术和远距离穿层钻孔瓦斯抽采技术。针对上覆岩层存在厚硬岩浆岩的情况，需要实施分区瓦斯防治措施。若上覆岩层存在厚硬岩浆岩且能保持长期不断裂，则岩浆岩弯曲下沉量较小，对上覆岩层移动有着控制作用，导致下部软岩层变形的挠度保持不变或变化较小，使得离层裂隙长期保持开放状态，为瓦斯流动提供了通道[3]。因此，在实施地面采动井和远距离穿层钻孔瓦斯抽采措施时，存在厚硬岩浆岩区域的地面采动井和远距离穿层钻孔的布置密度要小于不存在厚硬岩浆岩区域的布置密度。

(1) 地面采动井瓦斯抽采技术

地面采动井瓦斯抽采技术是抽采被保护层卸压瓦斯的有效方法之一，其以抽采上覆被保护层卸压瓦斯为主，以抽采采空区瓦斯为辅，如图 8-8 所示。开采下保护层时，上覆煤岩体发生弯曲下沉，使处于弯曲下沉带的被保护层卸压，产生移动、变形，形成大量顺层张裂隙，导致煤层透气性系数大大增加，为煤层瓦斯的解吸和运移创造了有利条件，此时利用地面采动井抽采被保护层的卸压瓦斯，有利于降低其瓦斯压力和含量，消除被保护层的突出危险性[7-8]。

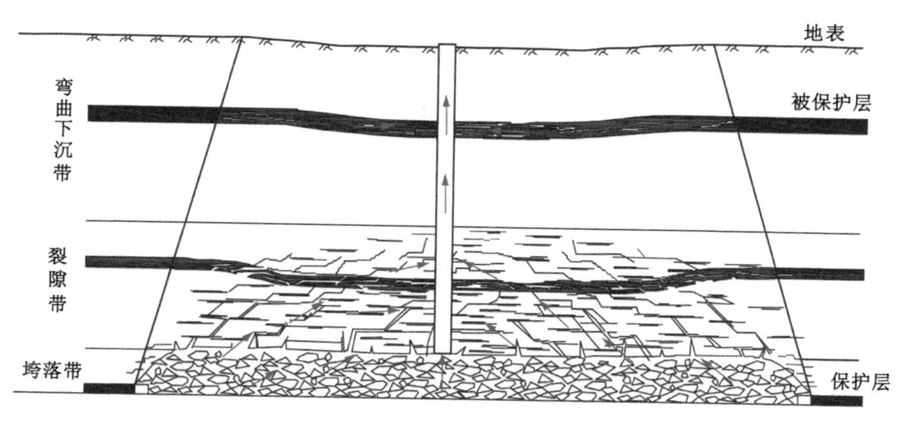

图 8-8　地面采动井瓦斯抽采技术原理[1]

被保护层卸压瓦斯的储集和流动机理取决于上覆岩层的运动特征及移动变形规律。在保护层开采后，工作面后方形成采空区，因采动卸压作用而产生移动裂隙的上覆岩层可分为“竖三带”，即沿开采层顶板垂直方向，由下往上分为垮落带、裂隙带、弯曲下沉带[9]。随着工作面的推进，垮落带内因顶板弯曲、破碎而形成大量不同方向和大小的裂隙，裂隙带内可形成顺着层理面的离层裂隙和垂直于层理面的破断裂隙，而弯曲下沉带内只能产生大量离层裂隙。工作面采空区上覆岩层的这些裂隙既为卸压瓦斯的聚集及运移提供了空间和通道，又为地面采动井抽采瓦斯提供了条件[10]。

以海孜煤矿为例，每隔约 120 m 布置一口地面采动井，地面采动井至保护层 10 煤层底板以下 1 m。被保护层过煤段设置筛管，终孔在保护层 10 煤层段下木塞堵塞至 10 煤层顶 1 m，以上为裸孔，以防止采煤过采动井时，井内积水突然涌入工作面，为此工作面见采动井前要探水前进并检查钻井偏斜位置。地面采动井设计结构如图 8-9 所示。

在海孜煤矿Ⅱ1017 工作面采用地面采动井瓦斯抽采技术累计抽采瓦斯 322.77 万 m^3，抽采率达 72%以上，抽采半径可达 300 m，如图 8-10 所示。

(2) 远距离穿层钻孔瓦斯抽采技术

远距离下保护层开采后，卸压带内被保护层煤体卸荷，发生膨胀变形，瓦斯得到活化解吸。在煤岩层内，不但产生新裂缝，原有裂缝也张开扩大，煤层透气性可提高数百倍甚至上千倍。煤岩体渗透率在有裂隙时比无裂隙时要大 1～2 个数量级，对于同一性质的煤岩体，在同样的条件下，平行层理煤岩体的渗透率大于垂直层理煤岩体的渗透率，其相差可达十倍

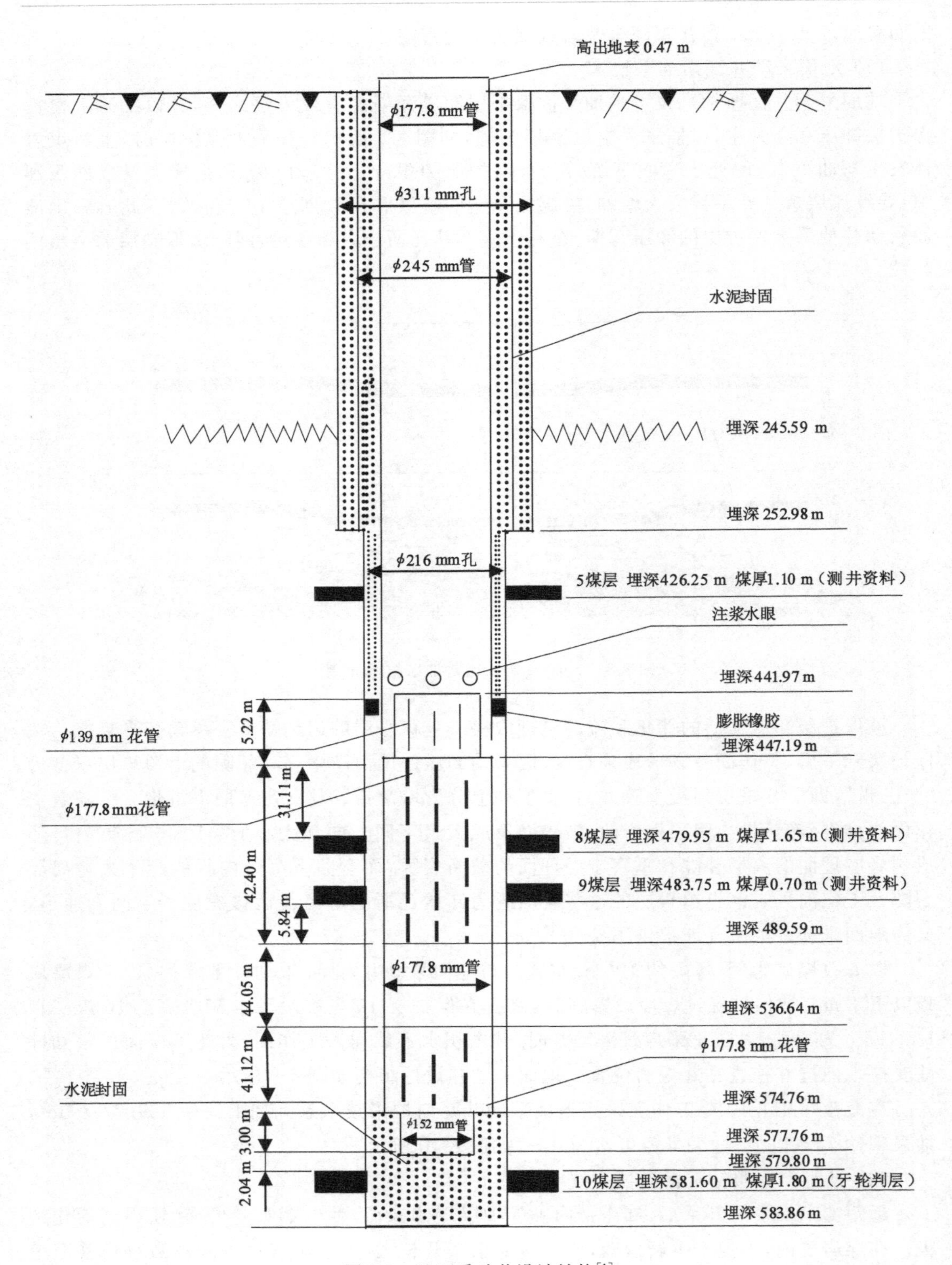

图 8-9 地面采动井设计结构[1]

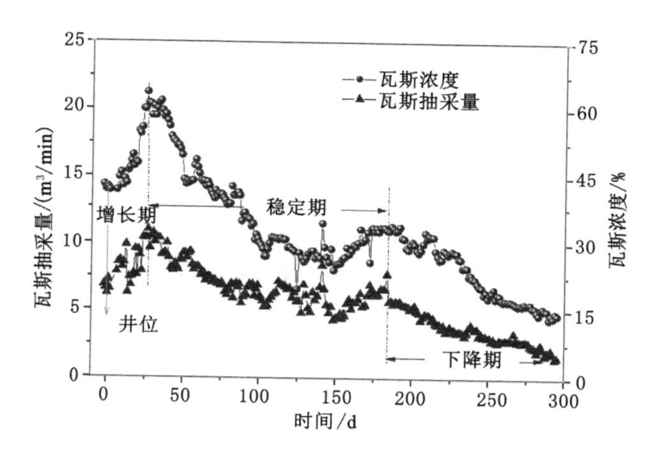

图 8-10　地面采动井抽采瓦斯效果[1]

甚至几十倍。一般情况下，远程卸压瓦斯解吸后沿顺层张裂隙流动条件较好，沿穿层张裂隙流动条件较差，但当处于弯曲下沉带内的煤层顶板存在厚硬岩浆岩时，裂隙与离层可长期保持不闭合，煤层透气性系数大大增加，瓦斯在煤层中流动阻力进一步减小，特别是当被保护层顶板存在离层时，游离瓦斯沿着阻力较小的穿层裂隙涌入“弧形”离层区，使该区域成为瓦斯富集区[11]。

以海孜煤矿为例，虽然 10 煤层与 9 煤层之间的法向距离平均为 84 m，10 煤层与 7 煤层的法向距离达到了 115 m，但是离层区卸压瓦斯抽采仍可长时间取得较好的抽采效果。基于这一理论，在海孜煤矿实施了远距离穿层钻孔瓦斯抽采技术，如图 8-11、图 8-12 所示，直接从 10 煤层工作面的高位钻场内施工远距离穿层钻孔，穿至被保护层 7 煤层顶板。

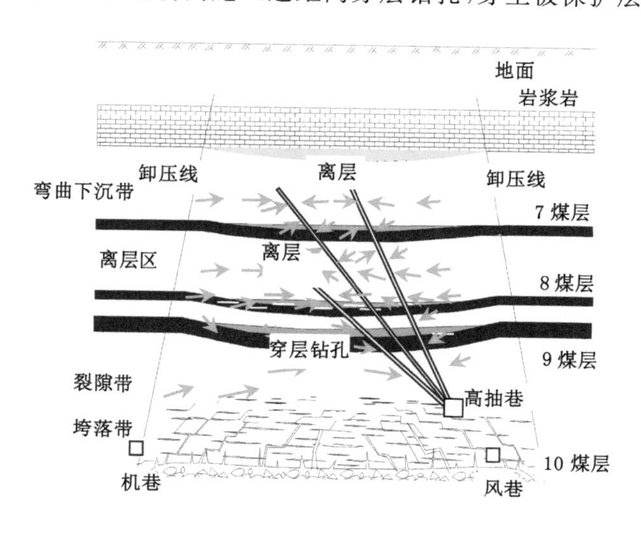

图 8-11　远距离穿层钻孔布置剖面图[1]

中组煤卸压瓦斯采用地面采动井瓦斯抽采技术和远距离穿层钻孔瓦斯抽采技术时，上覆岩层厚硬岩浆岩控制着裂隙与离层的长期不闭合，地面采动井和远距离穿层钻孔布置间

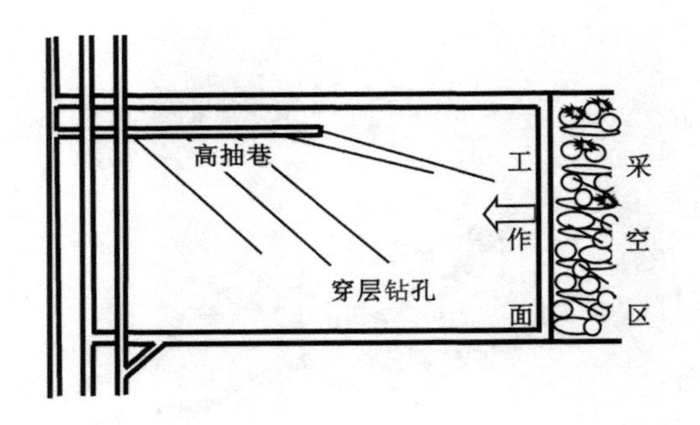

图 8-12 高抽巷内布置远距离穿层钻孔平面图[1]

距可增大。如此，不仅解决了保护层开采期间的瓦斯问题，同时强化了被保护层的保护效果，并减少了底板岩石巷道，高浓瓦斯抽采还能兼顾瓦斯利用，为瓦斯防治提供了另外一种新思路。在海孜煤矿Ⅱ1021 工作面采用远距离穿层钻孔瓦斯抽采技术累计抽采瓦斯 485.82 万 m^3，稳定期单孔流量达 4～6 m^3/min，瓦斯抽采总量占卸压范围内瓦斯资源总量的 73%以上，抽采半径在 100 m 以上，如图 8-13 所示。

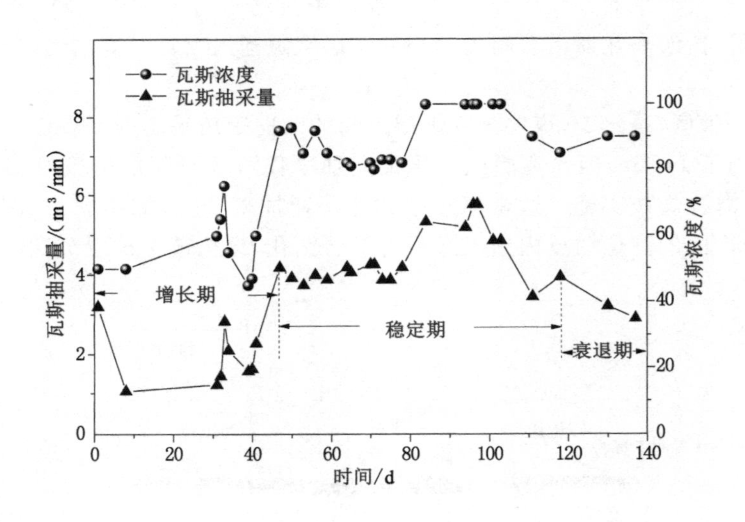

图 8-13 远距离穿层钻孔抽采瓦斯效果[1]

8.2.2.3 岩浆岩影响下近距离突出煤层群区域性瓦斯综合防治技术

当突出煤层群局部地区不存在保护层或者保护层不可采时，无法采用下保护层开采及卸压瓦斯抽采技术，需要采取煤层群区域预抽防治技术。例如，海孜煤矿 86 采区无 10 煤层可采，只能采取 9 煤层底板巷穿层钻孔结合顺层钻孔预抽 7 煤层瓦斯的措施，待 7 煤层消除突出危险性后，将 7 煤层作为上保护层，保护下被保护层 8、9 煤层，如图 8-14 所示，主要按以下步骤实施。

① 在 9 煤层底板施工底抽巷，在底抽巷每隔 20～30 m 施工一个钻场，在钻场内施工上向穿层钻孔。钻孔穿过 7 煤层顶板 0.5 m，煤巷掘进区域钻孔终孔间距 5 m，控制巷帮两侧 15 m，工作面区域钻孔终孔间距 15 m。通过抽采将 7 煤层机、风巷瓦斯含量降到 8 m^3/t 以

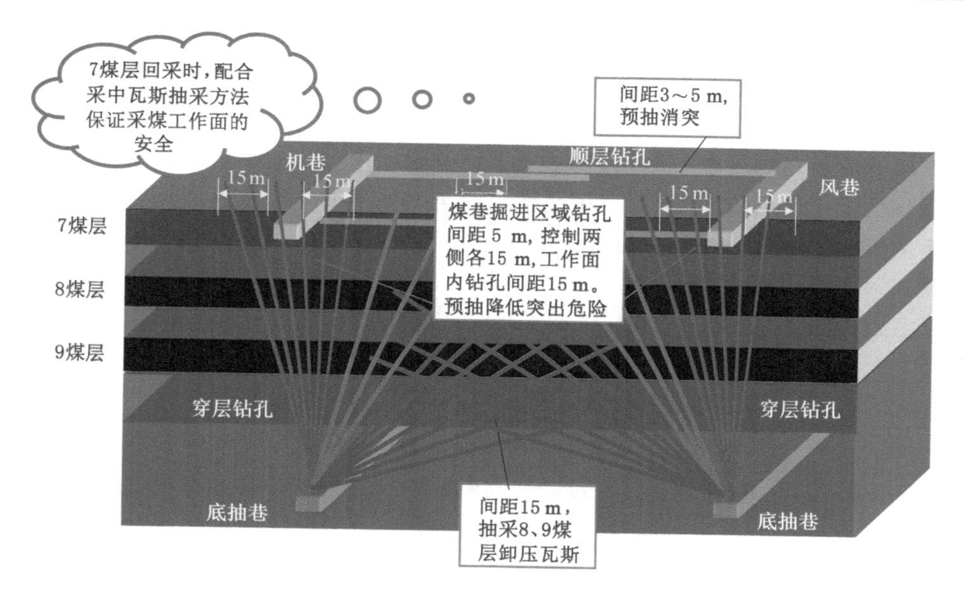

图 8-14 无 10 煤层时中组煤区域性瓦斯防治示意图

下，瓦斯压力降到 0.74 MPa 以下，消除 7 煤层机、风巷的突出危险性，并尽可能降低 7 煤层工作面的突出危险性。同时，施工钻孔穿过 8、9 煤层，钻孔间距 15 m，抽采 8、9 煤层原始瓦斯。

② 在消除突出危险的 7 煤层中掘进机、风巷和开切眼。

③ 待形成通风系统后，在 7 煤层机、风巷内施工一定间距的顺层钻孔抽采煤层瓦斯，将 7 煤层工作面瓦斯含量和压力分别降到 8 m^3/t 和 0.74 MPa 以下，消除工作面煤层的突出危险性。

④ 利用 9 煤层底板巷穿层钻孔抽采 8、9 煤层卸压瓦斯，将煤层瓦斯含量和压力分别降到 8 m^3/t 和 0.74 MPa 以下，消除 8、9 煤层的突出危险性。

8.2.3 岩浆岩影响下煤层分区分级瓦斯防治经济性论证方法

基于岩浆岩对突出煤层的分区控制作用，统筹安全、技术和经济效益三者的关系，利用采前核算瓦斯防治成本及完全成本的计算模型，优化制定分区分级瓦斯综合防治技术方案，建立矿井分区分级安全经济一体化瓦斯综合防治技术体系。安全技术经济一体化主要内容就是统筹安全、技术和经济效益三者的关系，努力实现重大投入的安全可靠性、技术先进性及经济合理性的有效结合。安全技术经济一体化论证既体现了科学决策，也体现了管理创新，尤其是在降低成本方面，抓住一体化论证，就像抓住了“牛鼻子”，牵一发而动全身，对建设投入巨大的矿井意义重大[12]。在瓦斯灾害严重的矿区，关键在于采用合理的瓦斯防治技术，既能确保生产安全，又能降低成本。

8.2.3.1 原煤成本计算方法

原煤成本核算实行完全成本法，如表 8-3 所列。完全成本可分为直接生产成本、间接生产成本、营业税金及附加、期间费用 4 项。直接生产成本是指为了生产而直接消耗的材料、燃料动力和职工薪酬。即使没有瓦斯，煤矿生产也必须进行采煤、掘进、运输提升、通风、排水、机电、灾害防治等作业，因此，可将直接生产成本分为瓦斯防治成本、采煤掘进成本、其他工程成本等；间接生产成本主要包括折旧费、维简费、安全费、地面塌陷费、资源费用、修理费、其他费用（租赁费、会议费、办公费、差旅费、业务招待费等）等，其中有部分用于瓦斯防治，如瓦斯防治设备折旧、租赁、修理以及瓦斯防治设计、科研经费等；营业税金及附加是指企业日常活动应负担的税金及附加，包括城市维护建设税、资源税、教育附加税、矿产资源补偿费、房产税、土地使用税等；期间费用是指企业本期发生的直接计入当期损益的各项费用，包括销售费用、管理费用、财务费用等。

表 8-3　原煤完全成本构成

名称		分类
完全成本	直接生产成本	瓦斯防治成本、采煤掘进成本、其他工程成本（运输提升、通风、排水、机电、其他灾害防治）等
	间接生产成本	折旧费、维简费、安全费、地面塌陷费、资源费用、修理费、其他费用等
	营业税金及附加	城市维护建设税、资源税、教育附加税、矿产资源补偿费、房产税、土地使用税等
	期间费用	销售费用、管理费用、财务费用等

为了方便比较，通常需要计算吨煤完全成本。工作面产煤包括回采和掘进两部分。回采煤量根据下式计算：

$$Q_r = LhM\rho k \tag{8-1}$$

式中　Q_r——回采煤量，t；

L——工作面沿走向的可采长度，m；

h——工作面沿倾向的可采长度，m；

M——煤层的可采厚度，m；

ρ——煤的视密度，t/m^3；

k——工作面采出率，%。

掘进煤量根据其占回采煤量的百分比确定，如淮北许疃煤矿根据采掘情况确定 3_2 煤层掘进煤量占回采煤量的百分比为 4.0%。

煤矿从准备一个工作面到回采完毕所需的时间普遍较长，特别是高瓦斯突出煤层需要大量的时空条件来保证瓦斯抽采达标。例如，许疃煤矿在计算各项成本时均是以 2020 年物价水平为基准的，而物价上涨及煤炭成本增加是客观存在的事实，若仅用 2020 年的标准核算完全成本是不合适的，因此，需要利用一定的模型计算实际的成本。根据该矿近 5 年来的生产成本资料，确定其煤炭生产的年成本增长率为 3%，因此，将以 2020 年标准核算出的成本平均分配到各年中，然后以 3%的年增长率计算实际完全成本。值得一提的是，尽管维简费、安全费等费用是按原煤产量提取的，但这些费用都是用于煤炭生产的，随着物价水平的上涨仍会增加，仅仅是在一小段时间内不变。实际的完全成本与以 2020 年标准核算的成本的比值为：

$$A = \frac{k_2}{k_1} = \frac{1}{n}\sum_{i=1}^{n} 1.03^{i-1} = \frac{1.03^n - 1}{0.03n} \tag{8-2}$$

式中　A——实际的完全成本与以 2020 年标准核算的成本的比值；

k_1——以 2020 年标准核算的成本，元；

k_2——实际的完全成本，元；

n——工程时间，a。

8.2.3.2 瓦斯防治成本计算方法

瓦斯防治成本包括直接瓦斯防治成本及间接瓦斯防治成本。直接瓦斯防治成本包括主要瓦斯防治工程产生的费用及其他瓦斯防治工程产生的费用。主要瓦斯防治工程包括底板岩巷、穿层钻孔、顺层钻孔、风巷高位钻孔、地面钻井、采空区埋管施工等，其他瓦斯防治工程包括瓦斯基本参数测定、补充施工钻孔、石门揭煤瓦斯防治措施、工作面局部防突措施、效果检验、瓦斯抽采等。由于其他瓦斯防治工程项目较多、费用较杂，难以精确计算，一般取主要瓦斯防治工程费用的15%作为其他瓦斯防治工程费用。因此，直接瓦斯防治成本为主要瓦斯防治工程费用的1.15倍。间接瓦斯防治成本主要包括瓦斯防治设备的折旧、租赁、修理以及瓦斯防治设计、科研经费等。直接瓦斯防治成本加上间接瓦斯防治成本并乘以 A 后即为实际的瓦斯防治成本。

8.3 岩浆岩影响下充填开采防灾技术

厚硬岩浆岩突然破断垮落是造成下伏突出煤层动力灾害和安全事故的主要根源之一。因此，采取措施降低厚硬岩浆岩大面积悬空形成的采空区四周煤体应力集中程度，并避免大面积悬空厚硬岩浆岩的破断垮落，可以降低煤岩动力灾害发生的可能性[13]。

在矿山开采中，采用充填开采技术不仅能减少顶板垮落、地表沉陷、冲击地压、岩爆、突水等矿山灾害发生，还能有效地保护环境和资源。在存在上覆厚硬岩浆岩的情况下，充填法能有效地防止厚硬岩浆岩的破断失稳，减小离层空间体积，增大岩浆岩下岩层对其的支承力，缓解煤柱上方应力集中的现象，继而防止冲击地压、突水、瓦斯突出等灾害的发生。本节主要对几种常用的充填方法进行简要介绍。

8.3.1 充填方法的分类及介绍

充填方法的分类有多种[14]。按充填料浆的浓度大小，充填可分为低浓度充填、高浓度充填和膏体充填。按充填料浆是否胶结，充填可分为胶结充填和非胶结充填。除此之外，常用的充填方法还有以下分类。

按充填过程的动力源不同，充填通常可以分为自溜充填、风力充填、机械充填、水力充填等，前三种充填方法主要用于充填材料为松散固态物质的情形。其中，自溜充填的动力来自充填材料的自身质量，风力充填的动力来自压缩空气，机械充填的动力来自投掷机等专用设备，水力充填又可依据充填物浓度分为低浓度、高浓度以及膏体充填。

按充填位置的不同，充填通常可分为采空区充填、垮落区充填和离层区充填。其中，采空区充填是在煤层采出后顶板未垮落前的采空区进行充填，垮落区充填是在煤层采出后顶板已垮落的破碎矸石中进行注浆充填，离层区充填是在煤层采出后覆岩的离层空洞区域进行注浆充填。一般情况下，采空区充填宜采用高浓度或膏体的胶结充填，离层区充填和垮落区充填宜采用低浓度充填。

按充填量和充填范围的不同，充填通常可以分为全部充填和部分充填。全部充填是在煤层采出后顶板未垮落前，对所有采空区进行充填，充填量和充填范围与采出煤量大体一致，完全靠采空区充填体支撑覆岩以控制开采沉陷。部分充填是相对全部充填而言的，其充填量和充填范围仅是采出煤量的一部分，它仅对采空区的局部或离层区与垮落区进行充填，靠覆岩关键层结构、充填体及部分煤柱共同支撑覆岩以控制开采沉陷。全部充填的位置只能是采空区，而部分充填的位置可以是采空区、离层区或垮落区。

如何降低充填成本，是煤矿充填方法研究的关键问题。采用部分充填方法，可以减少充填材料的用量和充填量，是降低充填成本的重要技术途径，也是我国煤矿充填方法研究的方向。部分充填方法的研究必须结合采动岩层移动规律进行，而岩层控制的关键层理论为部分充填方法提供了理论依据。如何保证建筑物下采煤既具有较好的经济效益，同时又确保地面建筑物不受到损害，关键在于根据具体条件下覆岩结构与主关键层特征来研究确定合理的减沉开采技术及参数。其原则为：判别覆岩层中的主关键层位置，在对主关键层破断特征进行研究的基础上，通过合理设计部分充填技术手段来保证覆岩主关键层不破断并保持长期稳定。

部分充填方法有效利用了覆岩结构自身的承载能力，从而极大地减小了充填量，使充填成本有效降低，采煤的经济效益得到提升。部分充填方法依据其充填的区域与时间可分为采空区充填法、垮落区注浆充填法、覆岩离层注浆充填法等。下面结合上覆厚硬岩浆岩的特殊地质条件，对采空区充填法和覆岩离层注浆充填法进行简单的分析与探讨。

8.3.2 采空区充填法

当前主要有充填法、崩落法、封闭法和加固法等 4 种方法处理矿山开采遗留的采空区。充填法因其具有环保和相对安全的特点而作为首选方法。目前充填采空区的成本比较高，但随着充填材料及工艺的发展，应用此方法的矿山越来越多。

把煤矸石充填到采空区，已经成为广大学者研究的方向，主要因为它不仅可以有效地控制地表沉陷，还可以较好地利用在采煤和掘进过程中产生的煤矸石，实现了固体废弃物的重复利用。目前，利用煤矸石充填的实现方式主要有两种：第一种是矸石不升井，运用煤与矸石自动分离系统将矸石分离出来直接进行采空区充填；第二种是在地面应用专门的破碎机将煤矸石进行处理，并与其他充填材料按照一定的比例混合制作成充填浆体，然后通过管道输送至采空区。

虽然采空区充填法可以解决煤炭采出率低的问题，但是由于充填法在我国尚处于发展阶段，而且该方法的实施不仅需要大量充填材料，还需要进行充填系统的建设及设备的投入，大大增加了吨煤成本，对于矿山企业来说是一个不可忽视的负担。另外，充填材料的来源是制约充填开采技术发展的一个重要因素。很大一部分充填材料来自煤矿自身产生的矸石等固体废弃物，而煤矿的矸石量仅为开采量的 15%左右，如果进行大面积充填作业，煤矿自身矸石量远远不能满足需求。如果采用其他材料如建筑垃圾、铁矿尾砂等作为充填原料，则会增加运输费用。

8.3.3 覆岩离层注浆充填法

覆岩离层注浆充填法是利用岩层移动过程中覆岩内形成的离层空洞，从钻孔向离层空洞充填外来材料以支撑覆岩，从而减缓覆岩移动往地表传播的方法。自 20 世纪 80 年代以来，该方法先后在我国多个矿井得到了应用，并取得了较好的应用效果。覆岩离层注浆充填法除在地表沉陷控制中得到应用以外，也在厚硬岩浆岩下煤层动力灾害控制方面得到广泛应用，如图 8-15 所示。

覆岩离层注浆充填法控制厚硬岩浆岩下煤层动力灾害的机理之一是充填体消除了岩浆岩进一步的移动空间，防止其突然破断。另一作用机理是减小实体煤侧的采动应力集中，主

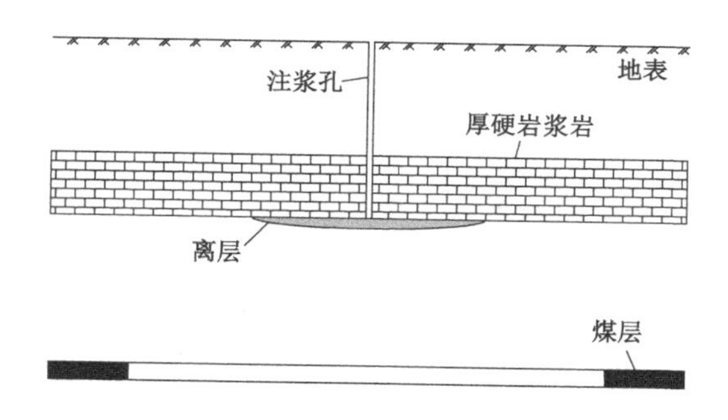

图 8-15　厚硬岩浆岩下覆岩离层注浆充填法示意图[15]

要体现在两个方面：一是高注浆压力对岩浆岩的主动支撑使煤体承受载荷减少，为后续采掘活动提供了安全基础和条件；二是在充填体支撑作用下，降低了后续工作面回采过程中的采动支承压力[16]。当煤层的开采破坏影响到厚硬岩浆岩下部时，由于岩层力学性质等的差异，岩浆岩下会出现较大离层，离层上方的岩浆岩处于悬空状态，下位岩层对其没有支撑作用，支承力转移至两侧煤柱，产生明显的应力集中。当向离层区进行注浆后，浆体充填离层空间，重新建立起原离层下部煤岩体对厚硬岩浆岩的支撑关系，同时两侧煤柱的应力有所降低。

对采动覆岩离层位置、离层量和动态发育规律的研究是覆岩离层注浆充填法的理论基础。研究表明[17-18]，离层主要出现在关键层下部。当相邻两层关键层复合破断时，两关键层间将不出现离层。关键层初次破断前的离层区发育、离层量大，易于注浆充填，而关键层一旦发生初次破断后，关键层下部离层量明显变小，仅为关键层初次破断前的 25%～33%，注浆难度增加。因此，对离层注浆必须在主关键层初次破断前进行。钻孔布置及最佳的注浆减沉效果是保证关键层始终不发生初次破断。

覆岩离层注浆充填法能够很好地减小煤层开采对厚硬岩浆岩的影响，保持厚硬岩浆岩的完整性，降低其破断滑落的可能性。因此，该方法能有效地防止冲击地压、突水和地表沉陷等灾害的发生。注浆是实现充填的有效手段，而其他充填方式无法对覆岩内的离层和裂隙进行充填。

在海孜煤矿Ⅱ102 采区采用了注浆充填方法来防止地表沉陷和厚硬岩浆岩破断。其中在Ⅱ1022 工作面与Ⅱ1024 工作面共施工 5 个地面注浆充填钻孔。注浆层位包括采空区垮落带、中组煤下部的离层带和岩浆岩下方离层带。为了达到有效的充填承载墩柱效果，各钻孔最终注浆充填位置需要进入 10 煤层的垮落带。由相关经验可知，充填浆体扩散半径可达 150 m。Ⅱ1022 与Ⅱ1024 工作面采空区可注浆量为 248 878 m^3，孔口所需注浆压力约为 4.8 MPa，要求注浆泵能提供压力为 6.0 MPa。注浆充填原材料选用粉煤灰，浆体采用粉煤灰掺水配制而成，部分时期还需要适量掺加水泥和其他骨料[19]。注浆充填材料的浆液水灰质量比为 0.76～1.18，以保证采空区破碎岩体能够胶结且具有一定的整体性和强度特性，从而起到承载的目的。海孜煤矿Ⅱ102 采区自 2009 年 12 月 8 日开始注浆，截至 2011 年 7 月 15 日，各钻孔均停止注浆，注粉煤灰总量 267 320 m^3，折合压实后的粉煤灰量为 219 202 m^3。采空区内离层带有效支撑区域面积占整个采空区面积的 78%，垮落带有效支撑区域面积占整个采空区面积的 70%。叠加后，离层带与垮落带均有效支撑区域面积占整个采空区面积的 70%。

8.4 岩浆岩影响下多元复合动力灾害防治技术

8.4.1 岩浆岩影响下多元复合动力灾害防治思路

在煤层开采过程中，厚硬岩浆岩作为下伏煤层开采的主关键层，其刚度、强度和厚度较大，弯曲下沉的挠度较小，下伏煤岩体易形成大量未闭合的瓦斯富集区——离层区，采用地面钻孔或井下穿层钻孔进行卸压瓦斯抽采将具有十分明显的效果[2]。此外，岩浆侵入带来的热演化和变质作用引起煤体孔隙结构、吸附/解吸特性等发生变化，而且厚硬岩浆岩对煤层瓦斯生成—储存—圈闭过程具有控制作用，最终导致厚硬岩浆岩下出现多层突出煤层。同时，煤层持续大面积开采导致厚硬岩浆岩突然破断滑落，而破断过程中会释放出大量能量并向周围传播，容易引起复合型动力灾害的发生[2-3]。基于上述几个方面，作者提出了厚硬岩浆岩下多元复合动力灾害防治的基本对策，如图 8-16 所示。如果采用离层区注浆，聚集的瓦斯将重新被“驱赶”回突出煤层区域，影响保护层开采效果，甚至有可能导致富集瓦斯包在注浆外力的作用下发生瓦斯动力灾害。如果提高充填高度，虽可防止厚硬岩浆岩发生垮落破坏而引起地表沉陷、冲击矿压、突水等动力灾害，但充填体的支撑作用抑制了上覆岩体的移动变形，进而影响被保护层的卸压效果，因此，需要获得采空区充填的最小高度，来保证被保护层得到理想的卸压效果，使保护层开采技术与采空区充填技术在上覆厚硬岩浆岩的特殊地质条件下可以高效共存，以达到充分消除矿井灾害的目的[2]。

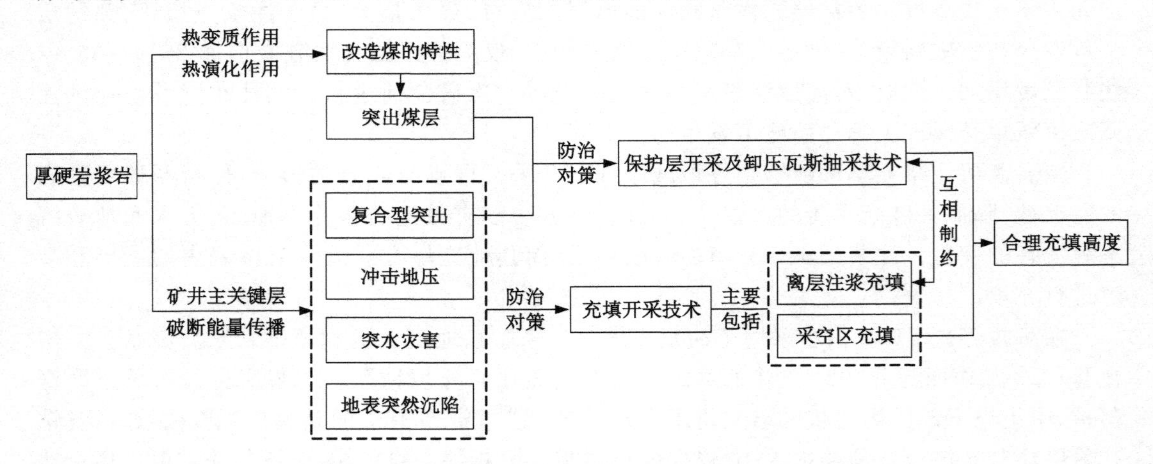

图 8-16 厚硬岩浆岩下多元复合动力灾害防治的基本对策[1]

8.4.2 岩浆岩影响下采空区最小充填高度理论分析

(1) 采空区充填矸石的碎胀系数分析

为研究保护层开采后矸石充填高度对矿井动力灾害的控制作用，需了解矸石的碎胀与压实特性，如图 8-17 所示。矸石的碎胀系数 k 一般为 1.30～1.40，矸石的残余碎胀系数 k' 一般为 1.10～1.15。

结合海孜煤矿Ⅱ102 采区地质资料，10 煤层平均埋深约 650 m，通过计算可得其上覆煤岩体载荷约 15 MPa。由图 8-17 可得 10 煤层采空区充填矸石的碎胀系数 k 为 1.20～1.50，符合矸石碎胀系数的一般规律。本书选取矸石的碎胀系数 k 为 1.40，残余碎胀系数 k'

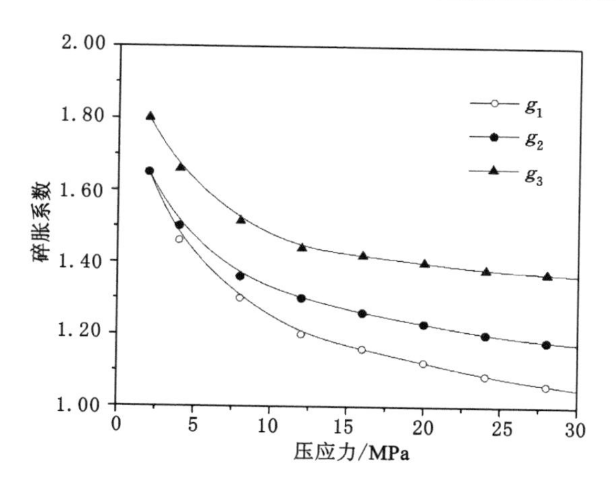

图 8-17　矸石碎胀系数与压应力的关系曲线[1]
（图中 g_1、g_2、g_3 代表不同的颗粒级配）

为 1.15。

（2）充填高度与等价采高的关系

为便于后文通过数值模拟研究 10 煤层开采后不同充填高度对被保护层卸压保护效果的影响，需引入等价采高的概念，等价采高为实际采高减去采空区充填矸石压实后的高度。矸石充填等价采高为：

$$h = H - \frac{k'}{k} h_c \tag{8-3}$$

式中　h——矸石充填等价采高，m；

H——实际采高，m；

h_c——矸石充填高度，m。

当实际采高为 H 时，保护层充填开采等同于开采厚度为 h 的薄保护层，因而上覆煤岩体的膨胀变形规律会显著区别于同类非充填开采。对于海孜煤矿 10 煤层充填开采而言，计算其等价采高为 $h = 2.74 - 0.82h_c$。

（3）最小充填高度的理论计算

充填开采时，前期的开采范围较小，对顶板覆岩的采动影响小，其结构没有发生根本破坏，仅发生微量的挠曲变形，使得上覆岩层能够保持整体弯曲下沉。随着工作面推进，顶板覆岩的弯曲变形逐步增大，但由于充填体的支撑作用，若上覆岩层与充填矸石接触时厚硬岩浆岩的挠度小于其初次破断时的最大挠度，则厚硬岩浆岩只会发生缓慢弯曲下沉现象，而不会发生断裂破坏，从而避免发生冲击矿压、地表沉陷、突水等动力灾害[2]。也就是说，矸石充填高度决定厚硬岩浆岩是否破断。此时，厚硬岩浆岩下保护层充填开采的最小充填高度 $h_{c,\min}$ 为：

$$h_{c,\min} = \frac{k}{k'}\left[H - f - (k' - 1)\sum h\right] \tag{8-4}$$

式中　f——厚硬岩浆岩初次破断时的最大挠度，m；

$\sum h$——岩层垮落厚度，取 10 m。

考察厚硬岩浆岩初次破断的最大挠度时，可以将模型简化为岩层在上部均匀载荷作用下的两端固支梁模型，则：

$$f=\frac{qL^{4}}{384EI} \tag{8-5}$$

式中 q——作用于厚硬岩浆岩上的等效均布载荷，MPa；

L——固支梁模型的极限跨距，m；

E——弹性模量，MPa；

I——惯性矩，m^4。

将式(8-4)代入式(8-5)可得最小充填高度为：

$$h_{c,\min}=\frac{k}{k'}\left[H-\frac{qL^{4}}{384EI}-(k'-1)\sum h\right] \tag{8-6}$$

已知 $q=9$ MPa，$E=28.64$ GPa，$L=120$ m，$I=1\times10^{3}$ m^4，代入式(8-6)，可得 $h_{c,\min}=1.30$ m，即矸石充填高度大于 1.30 m 时可保证厚硬岩浆岩不破断，此时的等价采高为 1.67 m。

8.4.3 岩浆岩影响下保护层开采数值模拟验证

本书采用 $FLAC^{3D}$ 软件模拟计算在充分保障被保护层卸压效果情况下采空区最大和最小充填高度。以海孜煤矿Ⅱ102 采区 10 煤层开采保护 7、8、9 煤层为工程背景建立保护层充填开采 $FLAC^{3D}$ 数值模型，模型下至 10 煤层底板以下 35 m，上至 7 煤层顶板以上 143 m，整个模型高度为 300 m。模型共分 14 层，长×宽×高($x\times y\times z$)为 400 m×300 m×300 m，共划分了 182 400 个单元。建立 4 个开挖模型，共同点是 10 煤层开挖范围(长×宽)取值为 200 m×100 m，不同点为模型 1、2、3 分别开挖 10 煤层等价采高 1.0 m、1.5 m、2.0 m，模型 4 开挖 10 煤层全煤厚(2.74 m)。煤岩体可以近似看作理想的弹塑性模型，其破坏准则选用莫尔-库仑强度准则。图 8-18 为海孜煤矿Ⅱ102 采区保护层充填开采数值计算模型。模型下部是固定边界，四周是滚动边界。根据矿井地质资料，上边界埋深 450 m，所以模型上边界所加载荷为 9 MPa。

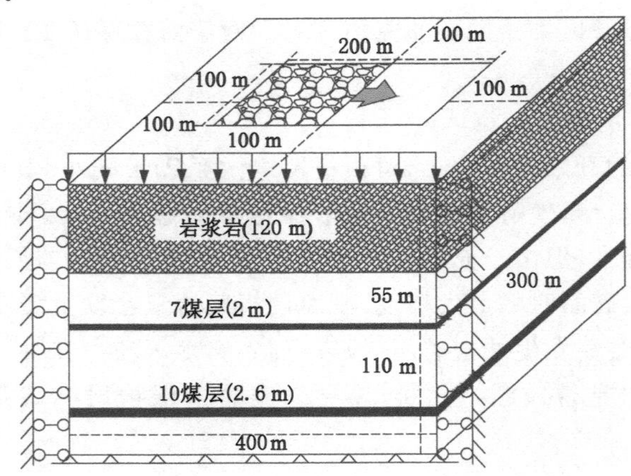

图 8-18 海孜煤矿Ⅱ102 采区保护层充填开采数值计算模型[1]

为研究厚硬岩浆岩下 10 煤层回采后矸石充填高度对被保护层卸压保护效果的影响，以 7 煤层为考察对象，模拟计算模型 1、2、3 开挖后 7 煤层的应力分布特征和移动变形规律，并与模型 4 进行对比分析。10 煤层回采 200 m 时垂直应力及位移云图如图 8-19 所示。

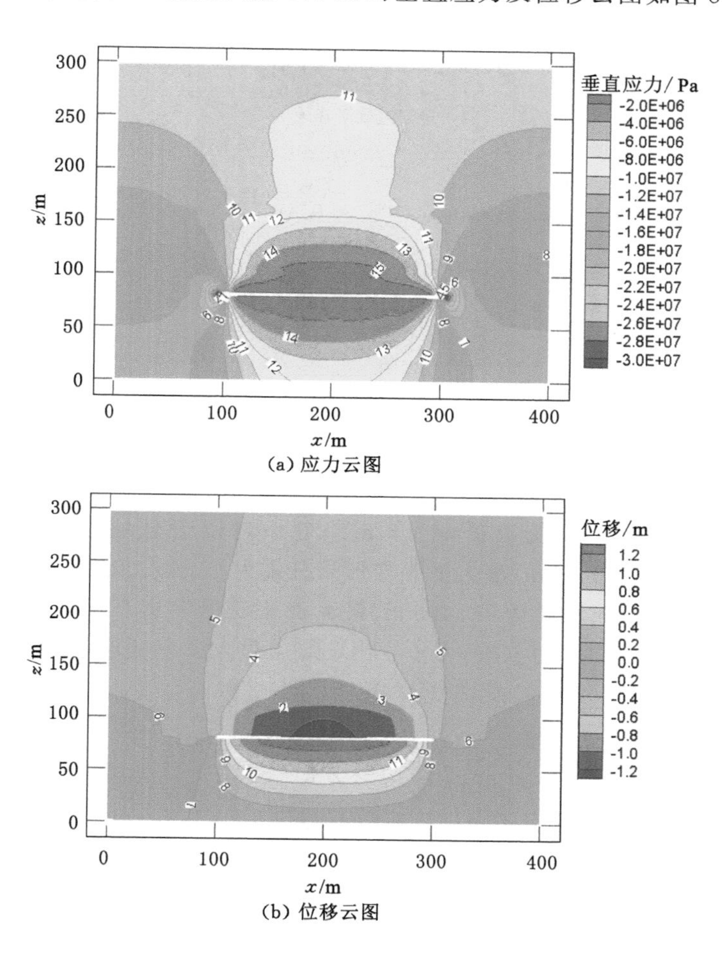

(a) 应力云图

(b) 位移云图

图 8-19　10 煤层回采 200 m 时垂直应力及位移云图[1]

10 煤层回采 200 m 时，不同等价采高下 7 煤层的应力分布特征如图 8-20 所示。无论是全煤厚开采还是充填开采，7 煤层的应力分布特征共同点为：在未采动区域所对应的 7 煤层，垂直应力基本保持原岩应力 13.50 MPa；在煤柱区域，出现了一定的应力集中；在采空区上方所对应的 7 煤层，垂直应力迅速下降；在采空区中部所对应的 7 煤层，垂直应力有所恢复，但仍保持一定的卸压程度。等价采高为 1.0 m、1.5 m、2.0 m 时，7 煤层的最小垂直应力分别为 10.86 MPa、9.48 MPa、8.83 MPa，比原岩应力降低了 19.6%、29.8%、34.6%；而全煤厚开采时，7 煤层的最小垂直应力仅为 7.91 MPa，比原岩应力降低了 41.4%。也就是说，随着等价采高的增大或充填高度的降低，7 煤层的卸压程度逐渐增大，全煤厚开采时卸压程度达到最大。因此，当充填高度为 1.30 m，即等价采高为 1.67 m 时，7 煤层的最小垂直应力比原岩应力降低约 30%，表明卸压保护效果理想。

根据实际的保护层开采经验，当保护层的膨胀变形率在 0.30% 以上时，煤层的渗透率将会增大很多从而达到充分卸压的目的，因此，可以将 0.30% 作为标准膨胀变形率进行考察。10 煤层回采 200 m 时，统计不同等价采高下 7 煤层的膨胀变形量，如图 8-21 所示。从

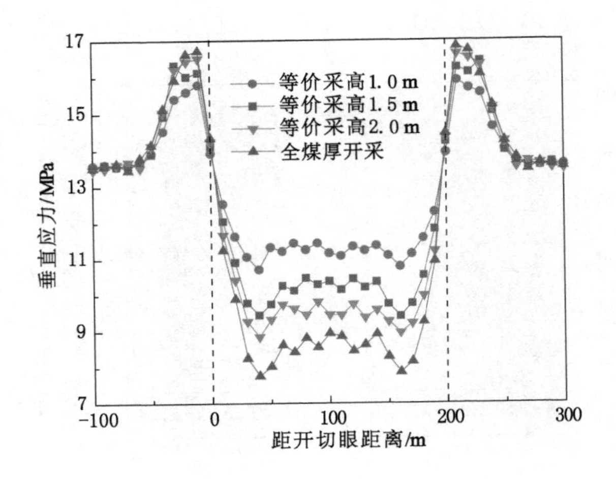

图 8-20　不同等价采高下 7 煤层的应力分布特征[1]

图 8-21 中可以看出，等价采高为 1.0 m、1.5 m、2.0 m 时，7 煤层的最大膨胀变形量分别为 5.21 mm、13.60 mm、16.96 mm，最大膨胀变形率分别为 0.26%、0.68%、0.85%；全煤厚开采时，7 煤层的最大膨胀变形量达 18.4 mm，最大膨胀变形率达 0.92%。以等价采高为 x 轴，以 7 煤层最大膨胀变形率为 y 轴，可拟合出 7 煤层最大膨胀变形率随等价采高的变化曲线，如图 8-22 所示。分析可知，变化曲线符合方程：

$$y = 0.9543 - \frac{0.9543}{1 + 0.3509x^{4.3993}} \tag{8-7}$$

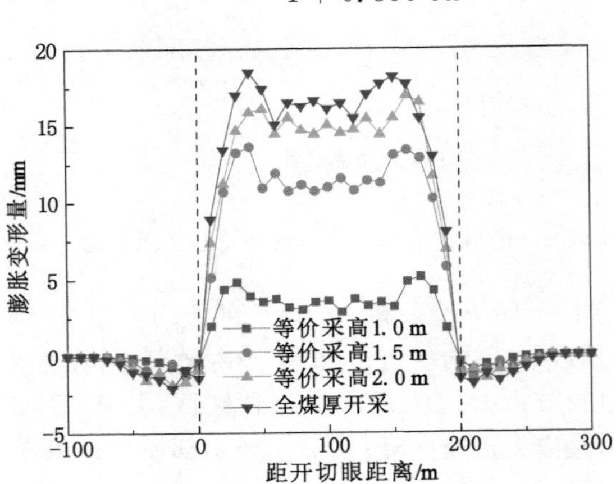

图 8-21　不同等价采高下 7 煤层的膨胀变形量[1]

由图 8-22 和式(8-7)可知，7 煤层最大膨胀变形率为 0.30%时，等价采高为 1.06 m，此时的充填高度为 2.05 m，即 10 煤层充填开采的矸石充填高度不大于 2.05 m 时可保证 7 煤层的卸压效果。因此，当最小充填高度为 1.30 m，即等价采高为 1.67 m 时，7 煤层的卸压保护效果比较理想。

综上所述，海孜煤矿厚硬岩浆岩下 10 煤层充填开采的充填高度在 1.30～2.05 m 时，能保证 7 煤层的卸压保护效果。综合考虑开采成本及充填富余系数，10 煤层回采后的合理充

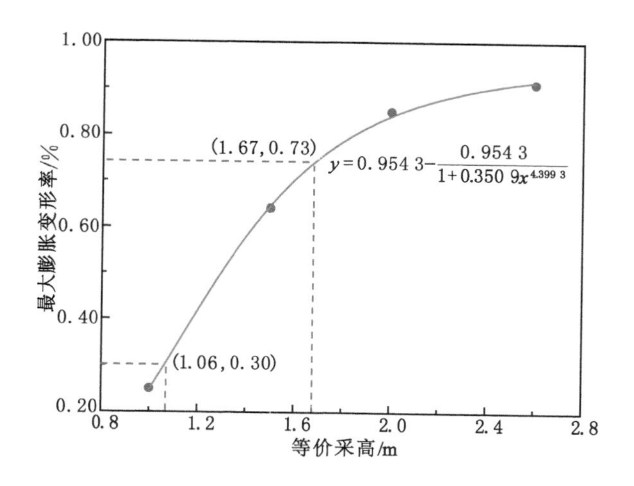

图 8-22　7 煤层最大膨胀变形率随等价采高的变化曲线[1]

填高度应在 1.40～1.50 m 之间。

8.5　岩浆岩影响下煤岩动力灾害防治工程案例

8.5.1　杨柳煤矿“7・17”地面钻井喷孔事件概述

10414 工作面是杨柳煤矿的首采工作面，截至 2011 年 7 月，10414 工作面上方共施工 3 口地面采动井，与开切眼的距离分别为 316 m、515 m、654 m。2011 年 7 月 17 日，2# 采动井发生喷“水-瓦斯”事故，现场拍摄的照片如图 8-23 所示。此时 10414 工作面推进 527 m，推过 2# 采动井 12 m，2# 采动井区域第一层、第二层岩浆岩的厚度分别为 27 m、36 m，10414 工作面与第二层岩浆岩的距离为 102 m。

图 8-23　2# 采动井喷孔现场[6]

与 2# 采动井相连接的地面泵瓦斯抽采参数变化曲线如图 8-24 所示。从 7 月 17 日 17 时至 17 时 30 分，瓦斯抽采浓度从 30%迅速升至 100%，抽采负压在 20 时时急剧下降到 0，抽采流量在 20 时之后从正常值的 55 m^3/min 开始产生剧烈波动。17 日 22 时 30 分，孔口防爆片（设计极限承压 1 MPa）被冲开，大量气、水从排空管剧烈喷出，导致瓦斯抽采泵短路，使得抽采泵中瓦斯浓度很高，但流量很小[6]。19 日 2 时 36 分 2# 采动井停喷，整个喷孔现象持续了 28 h 16 min。喷孔期间保守估算喷出瓦斯量 166 383 m^3，喷水量 7 845.6 m^3。

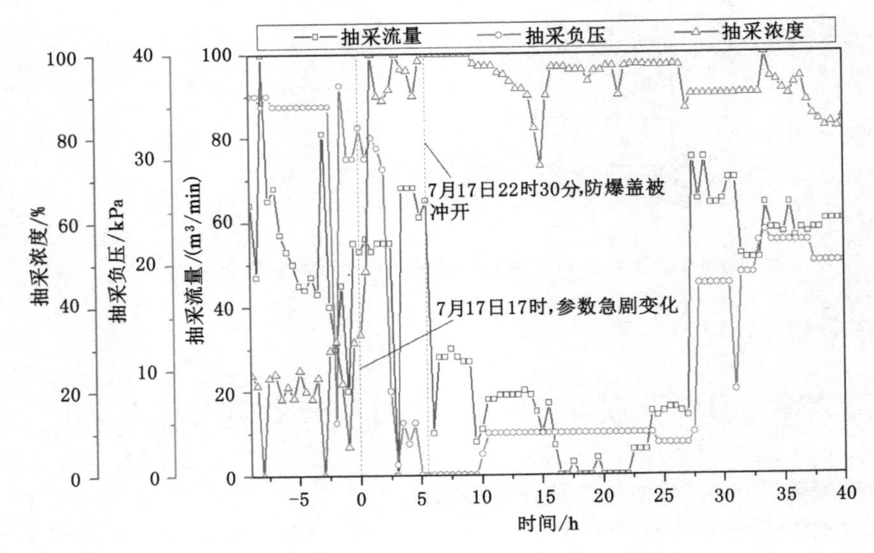

图 8-24　地面泵瓦斯抽采参数变化曲线[6]

8.5.2　杨柳煤矿岩浆岩影响下复合动力灾害防治总体技术思路

根据岩浆岩岩床下伏煤岩瓦斯动力灾变条件和能量判据可知，要防止发生煤岩瓦斯动力灾变，根本目标是减小煤岩瓦斯系统自身存储的能量和外来冲击能量，直接目标包括降低应力集中、充分抽采瓦斯、阻止或减缓岩浆岩岩床破断。针对岩浆岩岩床下伏煤岩瓦斯动力灾变特点，最有效的防治方法就是在常规防治方法基础上，进一步在采空区见方前后 100 m 区域加强预测预警，前后 50 m 区域加强防治措施。

在预测预警方面，通常沿工作面每隔 10～15 m 布置一个深度为 5～10 m 的预测钻孔，获得其钻屑量来预测地应力的大小，并采用残余瓦斯压力和含量评估瓦斯抽采效果，采用钻屑瓦斯解吸指标 K_1 和 Δh_2 预测工作面突出危险性。在采空区见方前后 100 m 区域，应加大预测钻孔的布置密度并测定相应的预测指标。

在防治措施方面，需采用区域瓦斯立体抽采技术：保护层回采前以井下抽采为主，实施底板穿层钻孔预抽煤层瓦斯与顺层钻孔预抽煤层瓦斯相结合的防突措施；煤层回采过程中以井上下联合抽采为主，在井上实施地面采动井抽采被保护煤层卸压瓦斯和离层瓦斯，在井下实施高位走向钻孔和上向拦截钻孔抽采被保护煤层卸压瓦斯，在采空区埋管抽采保护层采空区瓦斯，如图 8-25 所示。

为防治应力主导型煤与瓦斯突出及冲击地压等灾害，需采用大直径钻孔卸压、煤体爆破、煤层注水等措施，以减缓岩浆岩岩床造成的工作面煤壁前方应力集中并使应力峰值前

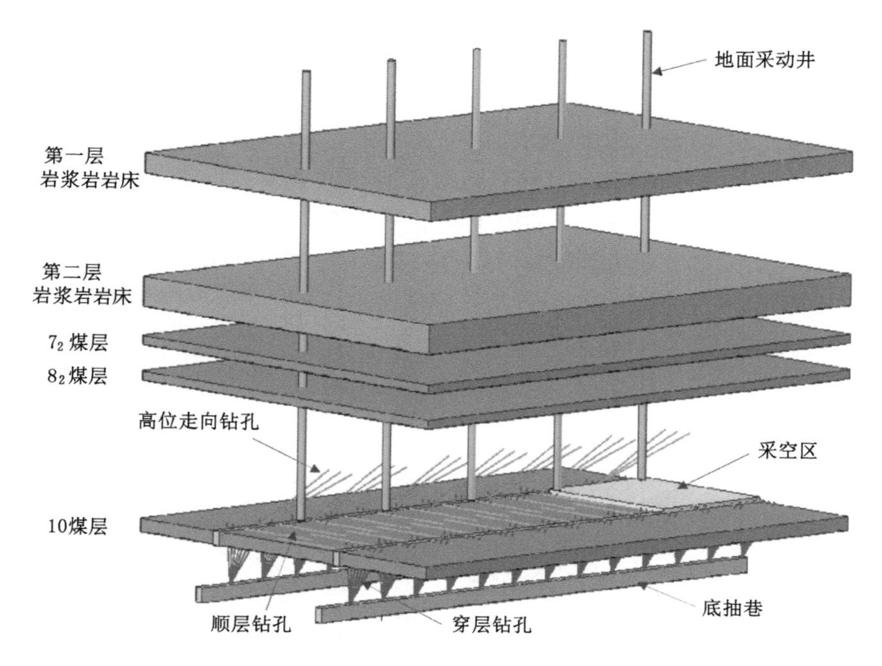

图 8-25　区域瓦斯立体抽采技术示意图[6]

移，如图 8-26 所示。经计算，为防止工作面压架事故，应选择最大工作阻力不低于 9 000 kN，初撑力不低于 1 200 kN 的支撑掩护式支架。另外，工作面推进过程中，需在采空区充填矸石并在离层区注浆，以阻止或减缓岩浆岩岩床的破断及地表大范围沉陷。

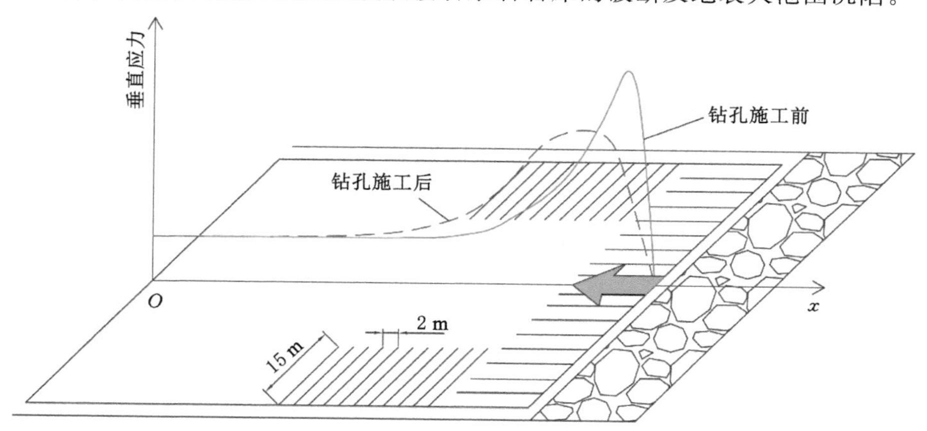

图 8-26　大直径钻孔卸压及应力峰值前移示意图[6]

综合运用上述几项措施后，能减小煤岩瓦斯系统自身存储的能量和外来冲击能量，基本能消除厚硬岩浆岩岩床破断而诱发的煤岩瓦斯动力灾变。

8.5.3　厚硬岩浆岩岩床下伏煤岩瓦斯动力灾变防治工程

根据前文提出的岩浆岩岩床下伏煤岩瓦斯动力灾变防治方法，在杨柳煤矿 10414、10416 工作面进行应用，并根据现场实测数据分析其防治效果。

8.5.3.1　首采层瓦斯综合抽采技术

为确保首采层10煤层的安全回采，需实施底板穿层钻孔结合顺层钻孔预抽煤层瓦斯的防突措施，从而先后消除机、风巷条带区域和回采区域煤层的突出危险性。掘进期间，10煤层的10414工作面主要采用底板穿层钻孔进行瓦斯抽采，以消除机、风巷及开切眼区域煤层的突出危险性。10414工作面回采时，预计绝对瓦斯涌出量为27 m^3/min，工作面配风量为1 500 m^3/min，回采期间采取从机、风巷施工顺层钻孔预抽煤层瓦斯、高位（斜交）钻孔抽采卸压瓦斯和埋管抽采采空区瓦斯等措施。10414工作面开切眼向里100 m范围内采用穿层钻孔抽采工作面瓦斯，钻孔间距10 m；开切眼向里200～300 m范围内采用穿层钻孔和顺层钻孔相结合的方法抽采工作面瓦斯，如图8-27所示。

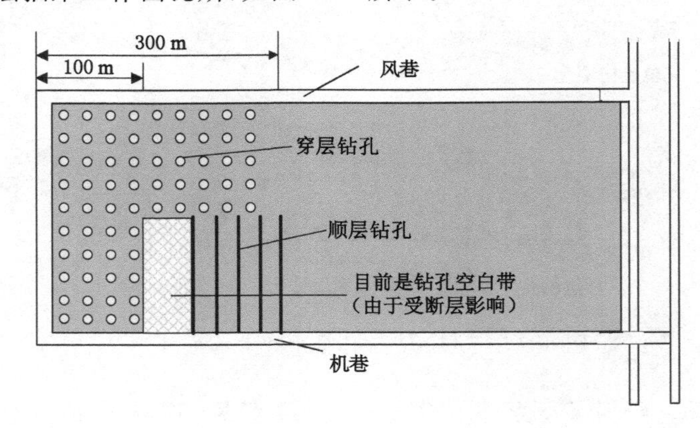

图8-27　10414工作面穿层钻孔和顺层钻孔布置示意图

10414工作面穿层和顺层钻孔自2010年4月16日开始施工并抽采瓦斯，截至2011年6月1日，累计瓦斯抽采量达395.50万 m^3，瓦斯抽采率为66.1%，残余瓦斯含量为3.39 m^3/t，已完全消除工作面的突出危险性。为进一步验证抽采效果，实测抽采前后的煤层瓦斯压力，如图8-28所示。瓦斯抽采前，工作面原始瓦斯压力最大达1.6 MPa，经过一段时间的瓦斯抽采，工作面残余瓦斯压力最大为0.33 MPa，低于临界值0.74 MPa。

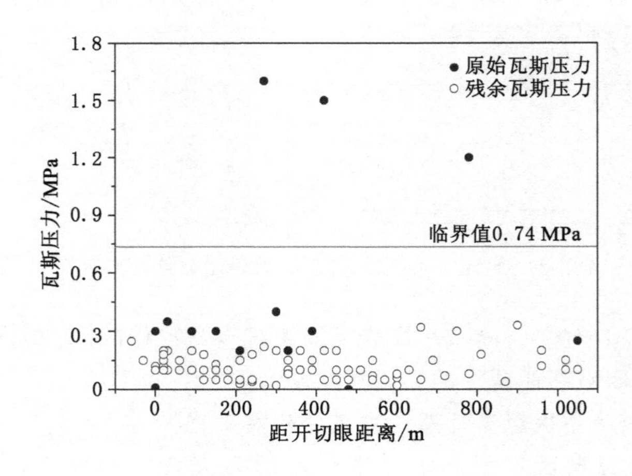

图8-28　10414工作面原始瓦斯压力和残余瓦斯压力实测值

8.5.3.2　邻近层卸压瓦斯综合抽采技术

10煤层回采后，8_2煤层处于弯曲下沉带下部，虽然获得了一定的卸压效果，但裂隙发育程度较小，且多为顺层张裂隙，大量卸压瓦斯无法涌出，适合采取地面采动井进行卸压瓦斯抽采。

根据淮南和淮北矿区的实践经验，抽采半径可取200 m，井间距以小于350 m为宜。为最大限度提高瓦斯抽采效果，在实际施工时，前期布置的井间距为200 m，后期布置的井间距为120 m。原则上采动井施工至10煤层顶板垮落带(10煤层工作面顶板以上20～30 m)，且采动井终孔位置的水平投影应位于采煤工作面前方30 m左右。10414工作面上方共布置5口地面采动井。

在抽采初期，瓦斯抽采纯流量和浓度均较低。随着10414工作面的回采，瓦斯抽采纯流量和浓度呈波动性上升趋势，并在2011年7月中旬2#采动井发生喷孔时达到最高峰，抽采纯流量达22.84 m^3/min，抽采浓度达99%。随后，瓦斯抽采纯流量呈波动性下降趋势，抽采浓度基本稳定在80%以上。5口地面采动井的瓦斯抽采量之和为799.8万m^3，抽采范围内的瓦斯储量约为1 336.0万m^3，地面采动井的瓦斯抽采率约为60%，取得了显著效果，如图8-29所示。

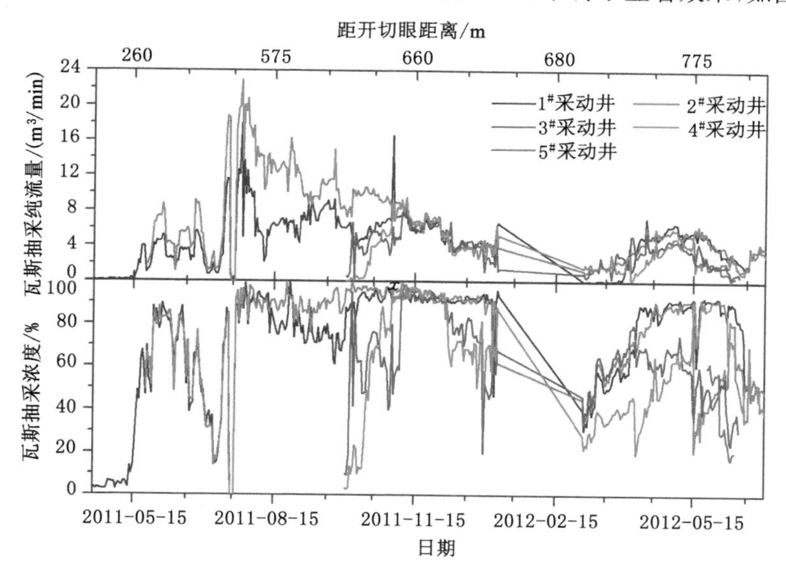

图8-29　地面采动井瓦斯抽采纯流量和浓度变化曲线

另外，工作面回采后，采空区上部煤岩层卸压，形成大量裂隙通道，此时，可采用顶板高位走向钻孔抽采邻近层及本煤层采空区上方垮落带内的高浓度瓦斯。根据经验，垮落带一般为采高的4～6倍。高位走向钻孔终孔一般布置在垮落带的拱顶部，抽采流量大，抽采效果好。因此，在10414工作面施工高位走向钻孔抽采8_2煤层涌向10414工作面的卸压瓦斯和10414采空区瓦斯。在10414风巷每间隔80～120 m施工一个高位钻场，在钻场内沿垂向共布置三排钻孔，每排5个，共计15个钻孔。三排钻孔终孔分别位于10煤层上方20 m、30 m、40 m处，钻孔控制倾向上距风巷0～30 m区域，并和前方高位钻场压茬40 m，如图8-30所示。

当钻场位于工作面前方50～100 m时，钻孔处于10煤层及上邻近层的未卸压区域，瓦斯抽采纯流量和浓度均较小。随着工作面的推进，钻孔逐渐进入10煤层及上邻近层的卸压区域，瓦斯抽采纯流量和浓度急剧上升，达到最大值后可稳定一段时间。当工作面采过高位钻场

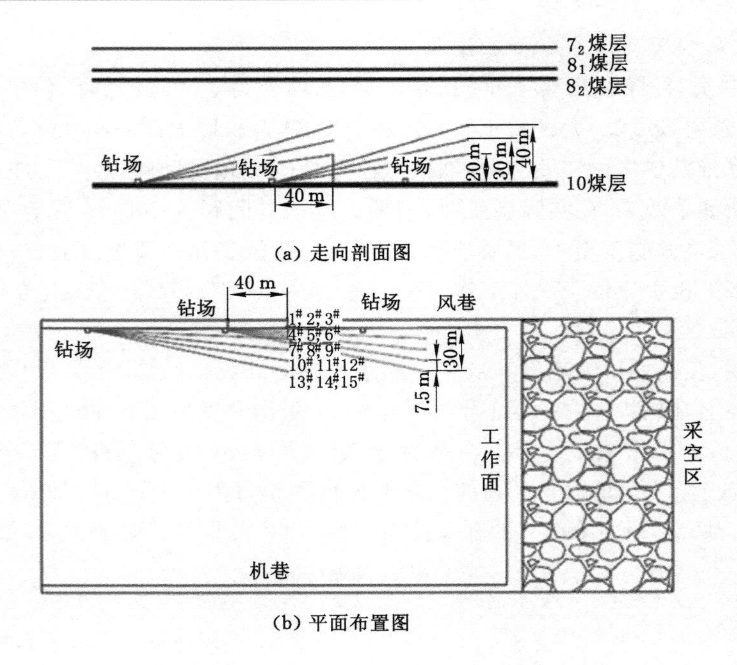

图 8-30　高位走向钻孔布置示意图

后，高位钻场垮塌，瓦斯抽采纯流量和浓度迅速降低，并趋于 0，如图 8-31 所示。通过实施高位走向钻孔瓦斯抽采技术，10414 工作面回采期间无瓦斯超限现象，确保了工作面的安全回采。

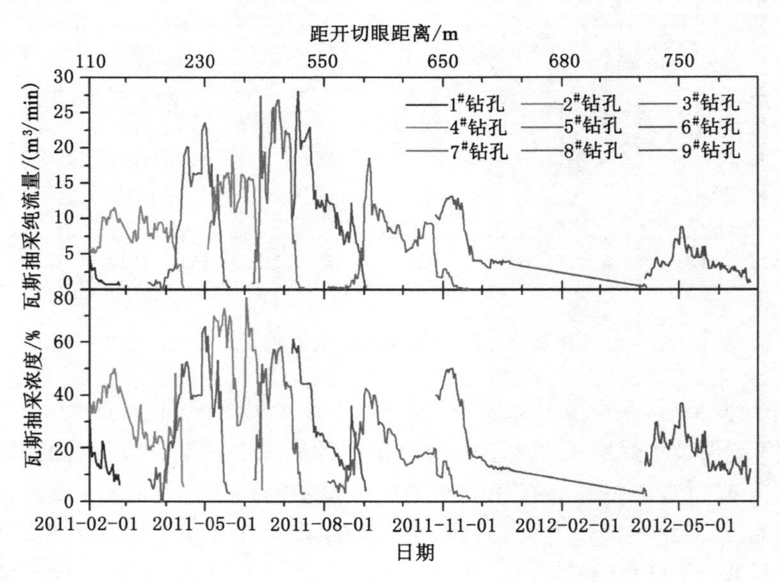

图 8-31　高位走向钻孔瓦斯抽采纯流量和浓度变化曲线

随着钻孔施工装备和工艺的快速发展，定向水平长钻孔施工工艺逐渐成熟，定向长钻孔瓦斯抽采技术在很多矿井应用，且在工作面回采期间应用效果显著，成为矿井开采中可靠的瓦斯抽采技术。

8.5.4　厚硬岩浆岩岩床下工作面冲击地压防治工程

采用钻屑量法、微震监测技术、CT 波速反演监测预警技术等对杨柳煤矿 104 和 106 采区进行了冲击危险监测，分别确定了危险指标与等级，并在掘进和采煤工作面以及工作面过断层时实施了系统的冲击危险防治措施。利用 SOS 微震监测系统，对工作面区域进行了实时监测，对大能量震动信号进行了频谱分析和现场矿压显现情况记录，明确了矿震的发生机制以及区域冲击危险性程度。

8.5.4.1　掘进工作面冲击危险防治措施

（1）两帮防冲措施

在迎头后方 100 m 范围，每隔 5 m 施工一个大直径深孔对两帮煤体卸压，孔径大于或等于 95 mm，孔深 20～25 m，皆垂直于两帮、距离底板 1.0～1.5 m，如图 8-32 所示。

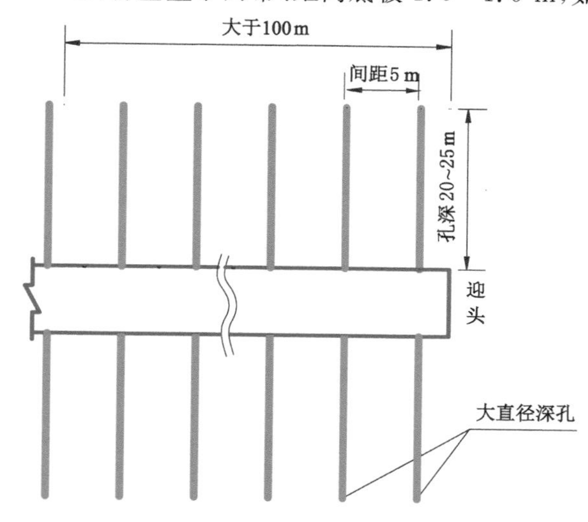

图 8-32　两帮煤体卸压钻孔布置平面示意图

（2）掘进迎头防冲措施

沿掘进方向每掘进 10 m 施工一组大直径深孔对迎头卸压，每组两个钻孔，孔径大于或等于 95 mm，孔深 20～25 m，皆垂直于煤壁、距离底板 1.0 m，如图 8-33 所示。

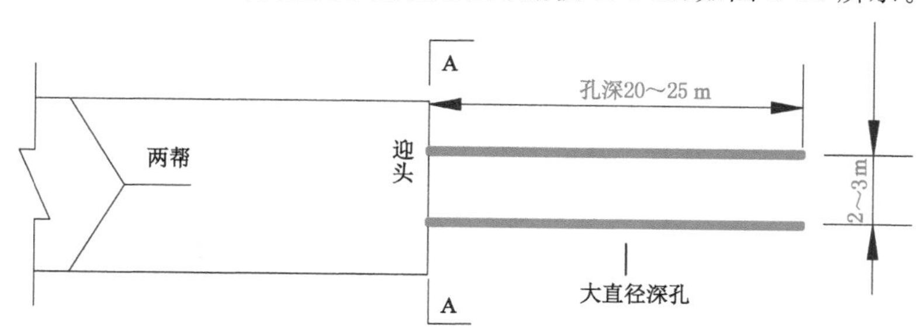

图 8-33　掘进迎头卸压钻孔布置平面示意图

8.5.4.2　采煤工作面冲击危险防治措施

（1）煤层注水

在工作面前方 200 m 范围内采用煤层注水。钻孔垂直巷道，注水孔布置于巷帮内帮中部，角度应略小于煤层倾角。孔径 65 mm，孔深 20 m，封孔长度 10 m，孔间距 20 m。注水压力 8～13 MPa，高压注水时间不小于 30 h，30 h 后可改为静压注水，需要保证煤体全水分达到 4%。

(2) 大直径钻孔卸压

在工作面机、风巷巷帮两侧煤壁施工大直径卸压钻孔。钻孔单排布置，孔径 100 mm 以上，孔深 10 m，孔间距 2 m，距离底板 1.2 m。

在工作面划定的区域和掘进期间出现冲击危险的区域，采用大直径钻孔卸压。在冲击危险区域，应保证大直径钻孔卸压区域始终超前工作面 100 m。钻孔在平行煤层方向单排布置，孔径大于 95 mm，在实体煤侧的孔深 15 m，孔间距 2～3 m，距巷道底板 1.2 m。若留设小煤柱护巷，煤壁侧不需要采取措施。大直径钻孔布置平面示意图如图 8-34 所示。

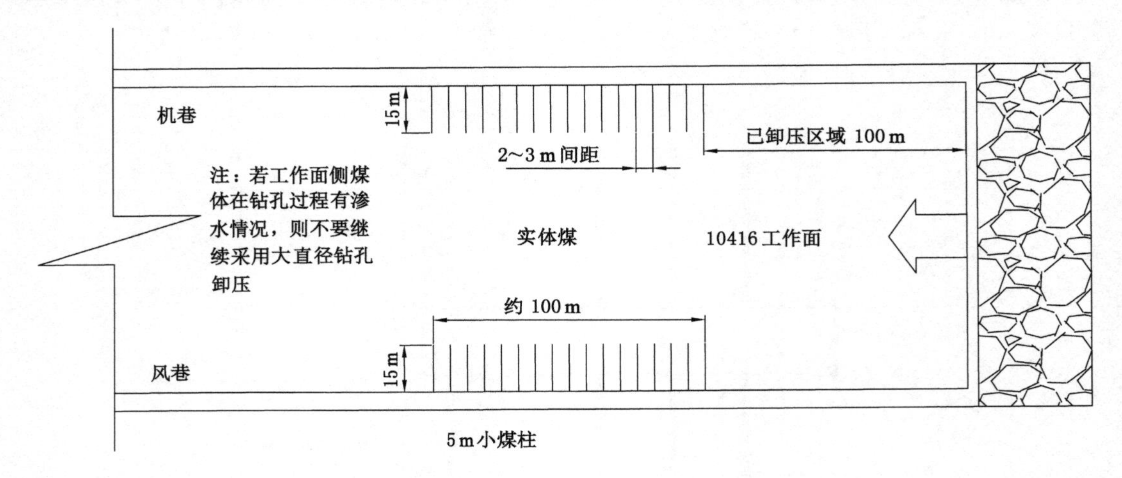

图 8-34　大直径钻孔布置平面示意图

(3) 煤体卸压爆破

在机、风巷中，工作面前方 200 m 范围的危险区域（存在如钻屑量超过临界值区域或在钻进过程中存在吸钻、卡钻、顶钻等现象的监测孔区域）进行爆破卸压，然后利用局部监测手段（如钻屑、电磁辐射以及微震监测等）检测卸压效果，确保降低冲击危险。煤体卸压爆破钻孔布置平面示意图如图 8-35 所示。

(4) 顶板深孔爆破

顶板爆破范围为工作面前方 200 m 区域。在风巷侧，沿工作面推进方向在顶板每 2 m 布置一个钻孔，孔径 65 mm，孔深 30 m，单排布置，与水平方向成 75°夹角且朝向采空区方向，封孔长度 10 m，装药长度 15 m，装药量 30～40 kg。爆破采用煤矿安全许用水胶炸药，毫秒延期电雷管配合发爆器起爆，连线方式为串联，正向一次起爆。顶板爆破深孔布置示意图如图 8-36 所示。

8.5.5 厚硬岩浆岩岩床下离层水水害防治工程

杨柳煤矿 10414 工作面离层水涌突防治技术总体原则为：采用地面直通式离层水导流孔为主（与瓦斯抽采孔共用布置），结合井下少量高位离层水导流孔（延伸少量瓦斯高位抽采孔到 8 煤层顶板）和少量向工作面外离层水截流孔来防治离层水突然涌突。地面直通式离层水导流孔布设间距应不大于 130 m，且尽量布置在厚硬岩浆岩二次破断的中间位置。

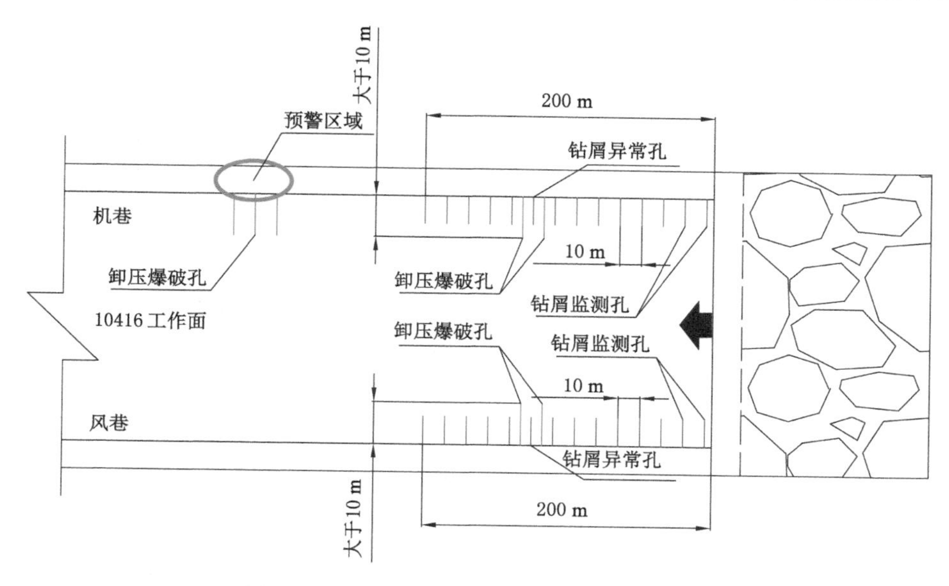

图 8-35　煤体卸压爆破钻孔布置平面示意图

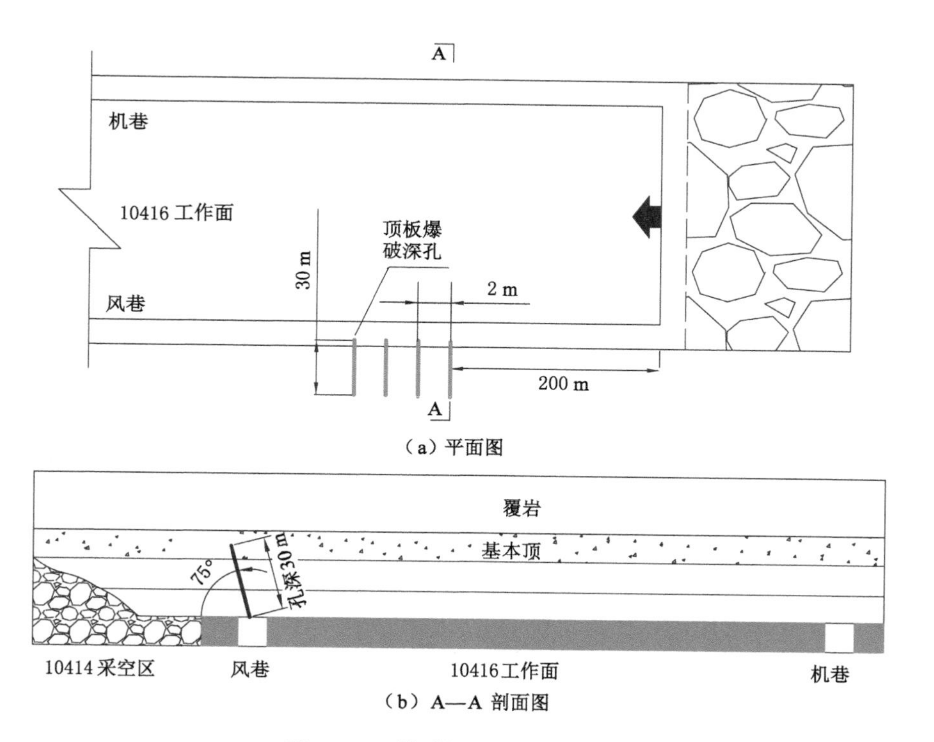

图 8-36　顶板爆破深孔布置示意图

8.5.5.1　离层水防治基本原理

离层水防治工作重点在预防，即防止离层水形成或阻止离层水涌突。其中，防止离层水形成，顾名思义为破坏覆岩离层水形成所需的基本条件，使原采场覆岩中可发育离层水的区域不具备离层水形成所需的条件，即可实现离层水防治目的。一方面，可人为破坏离层的相对封闭性，使其与下部采场一直导通，无法积水；另一方面，可超前疏放离层补给水源，使离层得不到补给而形成“真空离层”。总而言之，可通过破坏离层的“封闭性”和超前疏放离层补给水源两种途径来避免采场顶板离层水的形成，从而彻底防治离层水[15]。

在采场顶板离层水已形成后，需要采取相应措施避免离层水发生涌突事故，从而确保下部采场安全生产。在已确知离层水形成并可危及下部采场安全生产时，应事先对离层水进行疏导(放)。

8.5.5.2　防治离层水水害的关键技术

目前防治采场顶板离层水技术中运用较为广泛且效果较好的为离层水超前疏放技术。依据井下离层水疏放孔防治水目的的不同，采场顶板离层水井下疏放孔主要有离层水导流孔和离层水截流孔(超前疏放孔)两种类型[15]。

在受离层水水害威胁的工作面开采之前就应施工钻孔，并进行疏放水作业。在工作面开采过程中，通过下山方向的离层水截流孔进行煤层开采全过程疏放水作业，并记录其放水量。由于该钻孔位于工作面采动影响范围外，不会因采动破坏而失去疏放水作用，能有效切断离层积水水源。同时，通过上山方向的离层水导流孔在工作面开采过程中进行顶板离层水的动态监测，观测水压、水量等，并进行详细记录，直至工作面开采完毕。由此，可以做到有效切断离层水水源，长期监测离层水水情动态，实现工作面的安全高效开采。

在采矿方面，也可以采取相应的技术措施进行水害防治，包括增加工作面宽度、加快工作面推进速度、限制煤层采高等。

8.5.6　厚硬岩浆岩岩床下工作面复合灾害防治效果分析

(1) 开采期间瓦斯综合治理总体效果

开采实践证明，应用上述瓦斯综合防治措施后，应用矿井未发生煤岩瓦斯动力灾害，回风流瓦斯未超限，实现了煤与瓦斯高效共采。由此说明，上述综合防治措施能够使煤岩瓦斯系统自身存储的能量和外来冲击能量最小化，有效消除岩浆岩岩床结构失稳诱发的煤岩瓦斯动力灾害。上述综合防治措施同样适用于类似地质条件下矿井的煤岩瓦斯动力灾害防治工作，具有普适性和典型性。

(2) 冲击地压灾害治理效果

工作面开采期间，冲击地压防治措施实施到位，无冲击地压灾害发生。以10416工作面的钻屑量指标为例，在整个开采期间，最大钻屑量均未超过临界值3.75 kg/m，如表8-4所列。开采期间，共设置10个SOS微震监测探头，全部正常运行。根据104采区的应用表明，微震监测系统能够很好地监测采区内矿震的演化规律，从而为指导工作面压力控制、冲击危险预警、覆岩运动规律提供技术支持。

表8-4　10416工作面钻屑量指标监测结果

循环数	1	2	3	4	5	6	7	8	9	9	11
最大钻屑量/(kg/m)	2.6	2.1	3.0	2.6	2.6	2.4	1.9	2.4	2.5	2.6	2.4
循环数	12	13	14	15	16	17	18	19	20	21	22
最大钻屑量/(kg/m)	2.5	2.4	2.8	2.7	2.6	2.5	3.2	2.6	2.5	2.6	2.6
循环数	23	24	25	26	27	28	29	30	31	32	33
最大钻屑量/(kg/m)	2.6	2.4	2.3	2.3	2.5	2.5	2.4	2.5	2.5	2.5	2.6

(3) 离层水水害治理效果

在工作面开采期间未发生离层水水害，表明离层水水害治理效果显著。同时，在开采期间进行了离层水水害超前地质预报研究，通过离层水水害危险性分区，对104、106采区的离层水水害危险性分布情况进行了分析，达到了离层水水害超前地质预报目的，为上述两采区的安全生产提供了重要科学依据。

参考文献

[1] 张晓磊. 巨厚岩浆岩下煤层瓦斯赋存特征及其动力灾害防治技术研究[D]. 徐州：中国矿业大学，2015.

[2] 王亮，程远平，翟清伟，等. 厚硬火成岩下突出煤层动力灾害致因研究[J]. 煤炭学报，2013，38(8)：1368-1375.

[3] 舒龙勇，邓志刚，常未斌，等. 厚硬火成岩的关键层复合效应及致灾机理分析[J]. 煤炭科学技术，2014，42(7)：37-41.

[4] 王富强. 矸石粉煤灰混合充填开采控制地表沉降探讨[J]. 能源与节能，2015(2)：46-47，154.

[5] 杨纯东. 白龙山煤矿一井防突和瓦斯治理工程方案研究[J]. 昆明冶金高等专科学校学报，2014，30(3)：5-8.

[6] 徐超，袁亮，程远平，等. 岩浆岩床环境离层瓦斯灾变机制及工程防治方法[J]. 采矿与安全工程学报，2016，33(6)：1152-1159.

[7] 张大卫，李燕. 卧龙湖煤矿8101工作面瓦斯综合治理设计探讨[J]. 内蒙古煤炭经济，2014(5)：201-202.

[8] 秦伟，许家林，胡国忠，等. 老采空区瓦斯储量预测方法研究[J]. 煤炭学报，2013，38(6)：948-953.

[9] 程远平，王海锋，王亮. 煤矿瓦斯防治理论与工程应用[M]. 徐州：中国矿业大学出版社，2010.

[10] 刘云峰，张巨峰，谢亚东，等. 高位钻孔采空区瓦斯抽采与洒浆防灭火技术实践[J]. 煤炭科学技术，2013，41(4)：53-56.

[11] 聂政，徐传田. 海孜煤矿瓦斯治理技术[J]. 华北科技学院学报，2013，10(1)：13-17.

[12] 贺兴元，续文峰. 近距离煤层上行开采技术研究与应用[J]. 煤矿开采，2006，11(4)：41-43，64.

[13] 蒋金泉，武泉森，张培鹏，等. 巨厚岩浆岩下充填开采的动力灾害控制[J]. 金属矿山，2015(7)：139-142.

[14] 许家林，朱卫兵，李兴尚，等. 控制煤矿开采沉陷的部分充填开采技术研究[J]. 采矿与安全工程学报，2006，23(1)：6-11.

[15] 李小琴. 坚硬覆岩下重复采动离层水涌突机理研究[D]. 徐州：中国矿业大学，2011.

[16] 王秉龙，许家林，刘康，等. 巨厚火成岩下岩层注浆充填效果钻孔探测研究[J]. 煤炭科学技术，2014，42(3)：25-27.

[17] 许家林，钱鸣高，金宏伟. 岩层移动离层演化规律及其应用研究[J]. 岩土工程学报，2004，26(5)：632-636.
[18] 许家林，钱鸣高. 覆岩注浆减沉钻孔布置的试验研究[J]. 中国矿业大学学报，1998，27(3)：276-279.
[19] 马志强，任春辉. 巨厚火成岩下采空区注浆充填减灾方案探析[J]. 中国煤炭工业，2015(1)：58-59.